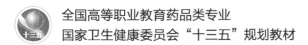

全国高等职业教育药品类专业
国家卫生健康委员会"十三五"规划教材

供药品生产技术、化学制药技术、生物制药技术、
药品质量与安全等专业使用

药品生产技术

主　编　李丽娟

副主编　王　平

编　者　（以姓氏笔画为序）

马东来　（河北中医学院）　　　　　　　　石　磊　（河北化工医药职业技术学院）

马丽锋　（河北化工医药职业技术学院）　　刘爱军　（河北欣港药业有限公司）

王　平　（华北制药股份有限公司倍达分厂）　李丽娟　（河北化工医药职业技术学院）

U0207867

人民卫生出版社

图书在版编目（CIP）数据

药品生产技术 / 李丽娟主编.—北京：人民卫生
出版社，2018

ISBN 978-7-117-26547-8

Ⅰ.①药…　Ⅱ.①李…　Ⅲ.①药物-生产工艺-高等
职业教育-教材　Ⅳ.①TQ460.6

中国版本图书馆 CIP 数据核字（2018）第 122334 号

人卫智网	www.ipmph.com	医学教育、学术、考试、健康，购书智慧智能综合服务平台
人卫官网	www.pmph.com	人卫官方资讯发布平台

药品生产技术

主　　编：李丽娟

出版发行：人民卫生出版社（中继线 010-59780011）

地　　址：北京市朝阳区潘家园南里 19 号

邮　　编：100021

E - mail：pmph @ pmph.com

购书热线：010-59787592　010-59787584　010-65264830

印　　刷：北京铭成印刷有限公司

经　　销：新华书店

开　　本：850×1168　1/16　印张：26

字　　数：612 千字

版　　次：2018 年 12 月第 1 版　　2024 年 1 月第 1 版第 2 次印刷

标准书号：ISBN 978-7-117-26547-8

定　　价：66.00 元

打击盗版举报电话：010-59787491　E-mail：WQ @ pmph.com

（凡属印装质量问题请与本社市场营销中心联系退换）

全国高等职业教育药品类专业国家卫生健康委员会
"十三五"规划教材出版说明

《国务院关于加快发展现代职业教育的决定》《高等职业教育创新发展行动计划(2015-2018年)》《教育部关于深化职业教育教学改革全面提高人才培养质量的若干意见》等一系列重要指导性文件相继出台,明确了职业教育的战略地位、发展方向。为全面贯彻国家教育方针,将现代职教发展理念融入教材建设全过程,人民卫生出版社组建了全国食品药品职业教育教材建设指导委员会。在该指导委员会的直接指导下,经过广泛调研论证,人民卫生出版社启动了全国高等职业教育药品类专业第三轮规划教材的修订出版工作。

本套规划教材首版于2009年,于2013年修订出版了第二轮规划教材,其中部分教材入选了"十二五"职业教育国家规划教材。本轮规划教材主要依据教育部颁布的《普通高等学校高等职业教育(专科)专业目录(2015年)》及2017年增补专业,调整充实了教材品种,涵盖了药品类相关专业的主要课程。全套教材为国家卫生健康委员会"十三五"规划教材,是"十三五"时期人卫社重点教材建设项目。本轮教材继续秉承"五个对接"的职教理念,结合国内药学类专业高等职业教育教学发展趋势,科学合理推进规划教材体系改革,同步进行了数字资源建设,着力打造本领域首套融合教材。

本套教材重点突出如下特点:

1. 适应发展需求,体现高职特色　本套教材定位于高等职业教育药品类专业,教材的顶层设计既考虑行业创新驱动发展对技术技能型人才的需要,又充分考虑职业人才的全面发展和技术技能型人才的成长规律;既集合了我国职业教育快速发展的实践经验,又充分体现了现代高等职业教育的发展理念,突出高等职业教育特色。

2. 完善课程标准,兼顾接续培养　本套教材根据各专业对应从业岗位的任职标准优化课程标准,避免重要知识点的遗漏和不必要的交叉重复,以保证教学内容的设计与职业标准精准对接,学校的人才培养与企业的岗位需求精准对接。同时,本套教材顺应接续培养的需要,适当考虑建立各课程的衔接体系,以保证高等职业教育对口招收中职学生的需要和高职学生对口升学至应用型本科专业学习的衔接。

3. 推进产学结合,实现一体化教学　本套教材的内容编排以技能培养为目标,以技术应用为主线,使学生在逐步了解岗位工作实践,掌握工作技能的过程中获取相应的知识。为此,在编写队伍组建上,特别邀请了一大批具有丰富实践经验的行业专家参加编写工作,与从全国高职院校中遴选出的优秀师资共同合作,确保教材内容贴近一线工作岗位实际,促使一体化教学成为现实。

4. 注重素养教育,打造工匠精神　在全国"劳动光荣、技能宝贵"的氛围逐渐形成,"工匠精神"在各行各业广为倡导的形势下,医药卫生行业的从业人员更要有崇高的道德和职业素养。教材更加强调要充分体现对学生职业素养的培养,在适当的环节,特别是案例中要体现出药品从业人员的行为准则和道德规范,以及精益求精的工作态度。

5. 培养创新意识,提高创业能力　为有效地开展大学生创新创业教育,促进学生全面发展和全面成才,本套教材特别注意将创新创业教育融入专业课程中,帮助学生培养创新思维,提高创新能力、实践能力和解决复杂问题的能力,引导学生独立思考、客观判断,以积极的、锲而不舍的精神寻求解决问题的方案。

6. 对接岗位实际,确保课证融通　按照课程标准与职业标准融通,课程评价方式与职业技能鉴定方式融通,学历教育管理与职业资格管理融通的现代职业教育发展趋势,本套教材中的专业课程,充分考虑学生考取相关职业资格证书的需要,其内容和实训项目的选取尽量涵盖相关的考试内容,使其成为一本既是学历教育的教科书,又是职业岗位证书的培训教材,实现"双证书"培养。

7. 营造真实场景,活化教学模式　本套教材在继承保持人卫版职业教育教材栏目式编写模式的基础上,进行了进一步系统优化。例如,增加了"导学情景",借助真实工作情景开启知识内容的学习;"复习导图"以思维导图的模式,为学生梳理本章的知识脉络,帮助学生构建知识框架。进而提高教材的可读性,体现教材的职业教育属性,做到学以致用。

8. 全面"纸数"融合,促进多媒体共享　为了适应新的教学模式的需要,本套教材同步建设以纸质教材内容为核心的多样化的数字教学资源,从广度、深度上拓展纸质教材内容。通过在纸质教材中增加二维码的方式"无缝隙"地链接视频、动画、图片、PPT、音频、文档等富媒体资源,丰富纸质教材的表现形式,补充拓展性的知识内容,为多元化的人才培养提供更多的信息知识支撑。

本套教材的编写过程中,全体编者以高度负责、严谨认真的态度为教材的编写工作付出了诸多心血,各参编院校对编写工作的顺利开展给予了大力支持,从而使本套教材得以高质量如期出版,在此对有关单位和各位专家表示诚挚的感谢!教材出版后,各位教师、学生在使用过程中,如发现问题请反馈给我们(renweiyaoxue@ 163. com),以便及时更正和修订完善。

人民卫生出版社
2018 年 3 月

全国高等职业教育药品类专业国家卫生健康委员会
"十三五"规划教材
教材目录

序号	教材名称	主编		适用专业
1	人体解剖生理学(第3版)	贺 伟	吴金英	药学类、药品制造类、食品药品管理类、食品工业类
2	基础化学(第3版)	傅春华	黄月君	药学类、药品制造类、食品药品管理类、食品工业类
3	无机化学(第3版)	牛秀明	林 珍	药学类、药品制造类、食品药品管理类、食品工业类
4	分析化学(第3版)	李维斌	陈哲洪	药学类、药品制造类、食品药品管理类、医学技术类、生物技术类
5	仪器分析	任玉红	闫冬良	药学类、药品制造类、食品药品管理类、食品工业类
6	有机化学(第3版)*	刘 斌	卫月琴	药学类、药品制造类、食品药品管理类、食品工业类
7	生物化学(第3版)	李清秀		药学类、药品制造类、食品药品管理类、食品工业类
8	微生物与免疫学*	凌庆枝	魏仲香	药学类、药品制造类、食品药品管理类、食品工业类
9	药事管理与法规(第3版)	万仁甫		药学类、药品经营与管理、中药学、药品生产技术、药品质量与安全、食品药品监督管理
10	公共关系基础(第3版)	秦东华	惠 春	药学类、药品制造类、食品药品管理类、食品工业类
11	医药数理统计(第3版)	侯丽英		药学、药物制剂技术、化学制药技术、中药制药技术、生物制药技术、药品经营与管理、药品服务与管理
12	药学英语	林速容	赵 旦	药学、药物制剂技术、化学制药技术、中药制药技术、生物制药技术、药品经营与管理、药品服务与管理
13	医药应用文写作(第3版)	张月亮		药学、药物制剂技术、化学制药技术、中药制药技术、生物制药技术、药品经营与管理、药品服务与管理

序号	教材名称	主编	适用专业
14	医药信息检索(第3版)	陈 燕　李现红	药学、药物制剂技术、化学制药技术、中药制药技术、生物制药技术、药品经营与管理、药品服务与管理
15	药理学(第3版)	罗跃娥　樊一桥	药学、药物制剂技术、化学制药技术、中药制药技术、生物制药技术、药品经营与管理、药品服务与管理
16	药物化学(第3版)	葛淑兰　张彦文	药学、药品经营与管理、药品服务与管理、药物制剂技术、化学制药技术
17	药剂学(第3版)*	李忠文	药学、药品经营与管理、药品服务与管理、药品质量与安全
18	药物分析(第3版)	孙 莹　刘 燕	药学、药品质量与安全、药品经营与管理、药品生产技术
19	天然药物学(第3版)	沈 力　张 辛	药学、药物制剂技术、化学制药技术、生物制药技术、药品经营与管理
20	天然药物化学(第3版)	吴剑峰	药学、药物制剂技术、化学制药技术、生物制药技术、中药制药技术
21	医院药学概要(第3版)	张明淑　于 倩	药学、药品经营与管理、药品服务与管理
22	中医药学概论(第3版)	周少林　吴立明	药学、药物制剂技术、化学制药技术、中药制药技术、生物制药技术、药品经营与管理、药品服务与管理
23	药品营销心理学(第3版)	丛 媛	药学、药品经营与管理
24	基础会计(第3版)	周凤莲	药品经营与管理、药品服务与管理
25	临床医学概要(第3版)*	曾 华	药学、药品经营与管理
26	药品市场营销学(第3版)*	张 丽	药学、药品经营与管理、中药学、药物制剂技术、化学制药技术、生物制药技术、中药制药技术、药品服务与管理
27	临床药物治疗学(第3版)*	曹 红	药学、药品经营与管理、药品服务与管理
28	医药企业管理	戴 宇　徐茂红	药品经营与管理、药学、药品服务与管理
29	药品储存与养护(第3版)	徐世义　宫淑秋	药品经营与管理、药学、中药学、药品生产技术
30	药品经营管理法律实务(第3版)*	李朝霞	药品经营与管理、药品服务与管理
31	医学基础(第3版)	孙志军　李宏伟	药学、药物制剂技术、生物制药技术、化学制药技术、中药制药技术
32	药学服务实务(第2版)	秦红兵　陈俊荣	药学、中药学、药品经营与管理、药品服务与管理

序号	教材名称	主编		适用专业
33	药品生产质量管理(第3版)*	李 洪		药物制剂技术、化学制药技术、中药制药技术、生物制药技术、药品生产技术
34	安全生产知识(第3版)	张之东		药物制剂技术、化学制药技术、中药制药技术、生物制药技术、药学
35	实用药物学基础(第3版)	丁 丰	张 庆	药学、药物制剂技术、生物制药技术、化学制药技术
36	药物制剂技术(第3版)*	张健泓		药学、药物制剂技术、化学制药技术、生物制药技术
	药物制剂综合实训教程	胡 英	张健泓	药学、药物制剂技术、药品生产技术
37	药物检测技术(第3版)	甄会贤		药品质量与安全、药物制剂技术、化学制药技术、药学
38	药物制剂设备(第3版)	王 泽		药品生产技术、药物制剂技术、制药设备应用技术、中药生产与加工
39	药物制剂辅料与包装材料(第3版)*	张亚红		药物制剂技术、化学制药技术、中药制药技术、生物制药技术、药学
40	化工制图(第3版)	孙安荣		化学制药技术、生物制药技术、中药制药技术、药物制剂技术、药品生产技术、食品加工技术、化工生物技术、制药设备应用技术、医疗设备应用技术
41	药物分离与纯化技术(第3版)	马 娟		化学制药技术、药学、生物制药技术
42	药品生物检定技术(第2版)	杨元娟		药学、生物制药技术、药物制剂技术、药品质量与安全、药品生物技术
43	生物药物检测技术(第2版)	兰作平		生物制药技术、药品质量与安全
44	生物制药设备(第3版)*	罗合春	贺 峰	生物制药技术
45	中医基本理论(第3版)*	叶玉枝		中药制药技术、中药学、中药生产与加工、中医养生保健、中医康复技术
46	实用中药(第3版)	马维平	徐智斌	中药制药技术、中药学、中药生产与加工
47	方剂与中成药(第3版)	李建民	马 波	中药制药技术、中药学、药品生产技术、药品经营与管理、药品服务与管理
48	中药鉴定技术(第3版)*	李炳生	易东阳	中药制药技术、药品经营与管理、中药学、中草药栽培技术、中药生产与加工、药品质量与安全、药学
49	药用植物识别技术	宋新丽	彭学著	中药制药技术、中药学、中草药栽培技术、中药生产与加工

序号	教材名称	主编	适用专业
50	中药药理学(第3版)	袁先雄	药学、中药学、药品生产技术、药品经营与管理、药品服务与管理
51	中药化学实用技术(第3版)*	杨 红　郭素华	中药制药技术、中药学、中草药栽培技术、中药生产与加工
52	中药炮制技术(第3版)	张中社　龙全江	中药制药技术、中药学、中药生产与加工
53	中药制药设备(第3版)	魏增余	中药制药技术、中药学、药品生产技术、制药设备应用技术
54	中药制剂技术(第3版)	汪小根　刘德军	中药制药技术、中药学、中药生产与加工、药品质量与安全
55	中药制剂检测技术(第3版)	田友清　张钦德	中药制药技术、中药学、药学、药品生产技术、药品质量与安全
56	药品生产技术	李丽娟	药品生产技术、化学制药技术、生物制药技术、药品质量与安全
57	中药生产与加工	庄义修　付绍智	药学、药品生产技术、药品质量与安全、中药学、中药生产与加工

说明：* 为"十二五"职业教育国家规划教材。全套教材均配有数字资源。

全国食品药品职业教育教材建设指导委员会
成员名单

主任委员：姚文兵　中国药科大学

副主任委员：刘　斌　天津职业大学　　　　　　马　波　安徽中医药高等专科学校

郑彦云　广东食品药品职业学院　　　袁　龙　江苏省徐州医药高等职业学校

冯连贵　重庆医药高等专科学校　　　缪立德　长江职业学院

张彦文　天津医学高等专科学校　　　张伟群　安庆医药高等专科学校

陶书中　江苏食品药品职业技术学院　罗晓清　苏州卫生职业技术学院

许莉勇　浙江医药高等专科学校　　　葛淑兰　山东医学高等专科学校

昝雪峰　楚雄医药高等专科学校　　　孙勇民　天津现代职业技术学院

陈国忠　江苏医药职业学院

委　　员（以姓氏笔画为序）：

于文国　河北化工医药职业技术学院　杨元娟　重庆医药高等专科学校

王　宁　江苏医药职业学院　　　　　杨先振　楚雄医药高等专科学校

王玮瑛　黑龙江护理高等专科学校　　邹浩军　无锡卫生高等职业技术学校

王明军　厦门医学高等专科学校　　　张　庆　济南护理职业学院

王峥业　江苏省徐州医药高等职业学校　张　建　天津生物工程职业技术学院

王瑞兰　广东食品药品职业学院　　　张　铎　河北化工医药职业技术学院

牛红云　黑龙江农垦职业学院　　　　张志琴　楚雄医药高等专科学校

毛小明　安庆医药高等专科学校　　　张佳佳　浙江医药高等专科学校

边　江　中国医学装备协会康复医学装　张健泓　广东食品药品职业学院

　　　　备技术专业委员会　　　　　张海涛　辽宁农业职业技术学院

师邱毅　浙江医药高等专科学校　　　陈芳梅　广西卫生职业技术学院

吕　平　天津职业大学　　　　　　　陈海洋　湖南环境生物职业技术学院

朱照静　重庆医药高等专科学校　　　罗兴洪　先声药业集团

刘　燕　肇庆医学高等专科学校　　　罗跃娥　天津医学高等专科学校

刘玉兵　黑龙江农业经济职业学院　　邴枝花　安徽医学高等专科学校

刘德军　江苏省连云港中医药高等职业　金浩宇　广东食品药品职业学院

　　　　技术学校　　　　　　　　　周双林　浙江医药高等专科学校

孙　莹　长春医学高等专科学校　　　郝晶晶　北京卫生职业学院

严　振　广东省药品监督管理局　　　胡雪琴　重庆医药高等专科学校

李　霞　天津职业大学　　　　　　　段如春　楚雄医药高等专科学校

李群力　金华职业技术学院　　　　　袁加程　江苏食品药品职业技术学院

莫国民　上海健康医学院

顾立众　江苏食品药品职业技术学院

倪　峰　福建卫生职业技术学院

徐一新　上海健康医学院

黄丽萍　安徽中医药高等专科学校

黄美娥　湖南食品药品职业学院

晨　阳　江苏医药职业学院

葛　虹　广东食品药品职业学院

蒋长顺　安徽医学高等专科学校

景维斌　江苏省徐州医药高等职业学校

潘志恒　天津现代职业技术学院

前　言

根据高职教育的培养目标、药品生产技术专业的人才培养计划,考虑相关课程内容的衔接,以及目前高职学生的实际知识水平编写本教材。

在对药品生产过程进行了全面、深入分析的基础上,本教材以实际生产岗位(群)为主线,按照岗位的先后次序编排。教学内容的选取,以完成每个岗位的工作任务为核心,以完成岗位工作任务所需的知识、技能、素质为要素,进行整合提炼。考虑到不同的专业及相关课程内容的衔接,本教材内容主要面对药品生产技术、化学制药技术、生物制药技术三个专业,重点介绍药品生产过程的上游技术、原料药生产实用技术,并适当延伸与衔接了下游技术。在生物制药模块,主要阐述了应用广泛的"发酵技术",而对于岗位需求相对较少的"基因工程技术""动植物细胞培养技术"没有纳入本教材范围。

加强与岗位对接,突出内容的实用性。从完成各岗位的工作任务与职责要求出发,以职业能力培养为目的,重点阐述岗位工作必需的实用技术,如工艺原理,影响因素,工艺控制方法及措施,开、停车及正常操作要点,药品生产各过程中常见问题分析及其处理手段,安全措施,反应器的结构、功能与日常维护要点,"三废"防治措施等。融入原料药生产岗位实用的药品生产洁净技术与验证技术。使教材内容与药品生产岗位工作需求相一致。

本教材是理论实践一体化教材,共十三章。其中,绪论、第一至三章、第十二章由河北化工医药职业技术学院的李丽娟编写;第五至七章、第九章由华北制药股份有限公司倍达分厂的王平编写;第十至十一章由河北中医学院的马东来编写;第十三章由河北欣港药业有限公司的刘爱军编写;第八章由河北化工医药职业技术学院的石磊编写;第四章由河北化工医药职业技术学院的马丽锋编写。全书由李丽娟统稿。

书稿在编写过程中始终得到人民卫生出版社、编者所在学校以及相关企业的大力支持。河北化工医药职业技术学院的魏转老师提供了大量的能力训练项目。在此一并表示感谢!

由于编者水平所限,本书内容中的疏漏和不妥之处在所难免,欢迎广大读者批评指正,以便今后进一步充实和完善。

编者

2018 年 11 月

目　录

绪　论

一、药品生产过程及技术构成

药品是指用于预防、治疗、诊断人的疾病,有目的地调节人体生理功能并规定有适应证或者功能主治、用法和用量的物质,包括中药材、中药饮片、中成药、化学原料药及其制剂、抗生素、生化药品、放射性药品、血清、疫苗、血液制品和诊断药品等。药品是一种特殊的商品,与人类生命健康息息相关。其种类多,质量要求严格,生产过程长,工艺复杂。

(一) 药品生产过程

药品生产过程一般是指由最初基本的原料,采用各种方法,经过各种转化、加工制得最终药品的全过程。药品生产过程可以分为两个阶段,即原料药生产和制剂生产。原料药属于制药工业的中间体,而制剂才是制药工业的最终产品,可用于防病治病。第一个阶段可以简单概括为,将各种原材料放入特定的设备中,在一定条件下,经过一系列复杂的过程,生产出原料药;第二个阶段可以简单概括为,遵照 GMP 要求,在特定环境条件下,利用专门的设备将原料药加工成各种制剂,经过包装成为用于医疗的药品。第一个阶段是原料药的生产,以过程为主,如氧化、磺化、发酵、萃取、结晶等单元过程,其中伴随着物质的变化和能量的传递。第二个阶段是制剂的生产,以工序为主,如配料、混合、灌装、压片、包衣等,其中物质的结构和形态不变。原料药生产与制剂生产的比较见表 0-1 所示。

表 0-1　原料药生产和制剂生产的比较

比较项目	原料药生产	制剂生产
物质的结构和形态	变化	不变化
实现方法	各种反应及分离过程	不同加工工序
采用设备	釜、罐、塔、泵	制剂设备(定型设备)
产品计量	质量或体积(千克、吨、升等)	件数(片、支、粒等)

(二) 药品生产技术构成

关于"药品生产技术",没有明确的定义,一般泛指药品生产过程所涉及到的全部技术,可包括原料药生产技术和制剂生产技术。

原料药生产又可分为两个阶段:第一阶段为药物成分的获得;第二阶段为药物成分的分离纯化。药物成分的获得,是将基本的原材料通过化学合成、微生物发酵或酶催化反应、中药提取而获得,其中含有目标成分,也含有大量的杂质和未反应的原料,需要进行分离提纯。第二阶段为药物成分的分离纯化阶段,是将第一阶段的产物经过萃取、离子交换、膜过滤、色谱分离、结晶等一系列分离过程的处理,及干燥、成品加工、包装等后续工艺,提高药物成分的纯度,同时降低杂质含量,最终获得原料药产品,使其纯度和杂质含量符合制剂加工要求。

原料药生产的第一阶段也称为"上游过程",它以制药工艺为理论基础,针对所需合成的药物化学结构,制订合理的化学合成工艺路线和步骤,确定出适合的反应条件,设计或选用适当的反应器,完成合成反应操作,以获得含有药物成分的反应产物。中药制药过程这一阶段,则是根据中药提取工艺对中药材进行初步提取,获得含药物成分的粗品。制药技术涵盖化学制药、生物制药以及中药制药,获得药物成分的化学反应、微生物发酵、酶催化合成及中药粗品提取的工艺、方法和技术是原料药制造过程的开端和基础。

原料药生产的第二阶段也称为"下游过程",其目的是采用适当的分离技术,将反应产物、发酵液或中草药粗品中的药物成分进行分离纯化,使其成为高纯度的、符合药品标准的原料药。药品生产技术构成如图0-1所示。

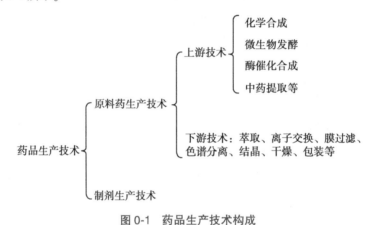

图0-1　药品生产技术构成

就原料药生产的成本而言,分离纯化处理步骤多,要求严,其费用占产品生产总成本的比例一般在50%~70%之间。化学合成药的分离纯化成本一般是合成反应成本费用的1~2倍,抗生素分离纯化成本费用约为发酵成本的3~4倍,有机酸或氨基酸生产则为1.5~2倍,特别是基因工程药物,其分离纯化费用可占总成本的80%~90%。因此,研究和开发分离纯化技术,对提高药品质量、降低生产成本具有举足轻重的作用。

二、药品生产技术的范围

从药品的生产过程和使用上看,药品生产技术包括化学制药、生物制药、中药制药和药物制剂等技术。近些年来,随着生化药物在临床上越来越多地应用,化学合成药物的生物改造、抗生素的化学修饰等,制药技术的涵盖内容越来越丰富,各类药物之间的关联越来越大。它们的制备技术可以自成体系,但又相互关联。

（一）化学制药的含义和生产特点

化学制药是研究化学合成药物的合成路线、工艺条件、工艺原理、生产过程,最终实现生产过程最优化的一门科学。

化学制药工业是高速发展的高投入、高利润、竞争激烈的产业。其特点是:品种多,更新快,生产工艺复杂;需要原辅材料繁多,产量一般不大;产品质量要求严格;基本采用间歇生产方式;原辅材料及中间体大多都易燃易爆、有毒,"三废"多且成分复杂。

（二）生物制药的含义及分类

生物制药是指利用生物体或生物过程生产药物的技术。生物制药按生物工程学科范围分为以下四类。

1. 发酵工程制药　指利用微生物代谢过程生产药物的技术。此类药物有抗生素、维生素、氨基酸、激素等。主要研究微生物菌种筛选、改良,发酵工艺,产品分离纯化等问题。

2. 基因工程药物　指利用重组 DNA 技术生产蛋白质或多肽类药物。这类药物有干扰素、胰岛素等。主要研究相应的基因鉴定、克隆,基因载体的构建与导入,目的产物的表达及分离纯化等问题。

3. 细胞工程制药　利用动植物细胞培养生产药物的技术。利用动物细胞培养可以生产人类生理活性因子,利用植物细胞培养可以大量生产经济价值较大的植物有效成分。

4. 酶工程制药　将酶或活细胞固定化后用于药品生产的技术。它不仅能合成药物分子,还能利用药物进行转化。主要研究酶的来源、酶(或活细胞)固定化、酶反应器及其相应操作条件等。酶工程是发酵工程的延伸,应用前景广阔。

（三）中药含义

"中药"指在传统中医理论指导下应用的药物。一般将供药用的植物、动物、矿物及其制成的各种药物称为中药材;采集后未经加工或初步加工的药物,称为原药材;将完整的药材切制加工成片、段、块、丝等形状以及经水、火炮制或特殊加工后的中药材,称为饮片;根据中医用药理论,以中药材为原料加工配制而成,可供内服或外用的药物,称为中成药。现代所称的我国传统药一般指中药。

（四）制剂含义及分类

药物在供临床使用之前,都必须制成适合于患者应用的最佳给药形式,即药物剂型,如口服液、片剂、胶囊剂、注射剂等。同一药物可以制成多种剂型,应用于多种给药途径。根据药典标准,将药物制成适合临床需要并符合一定质量标准的药剂称为制剂。制剂主要在药厂生产,也可以在医院制剂室制备。常用的药物剂型有 40 余种,可按如下几种分类。

1. 按照形态分类　分为液体剂型、固体剂型、半固体剂型、气体剂型。

2. 按照分散系统分类　分为溶液型、胶体溶液型、乳剂型、混悬型、气体分散型、微粒分散型、固体分散型。

3. 按照给药途径分类　分为经胃肠道给药剂型(即口服给药)、非经胃肠道给药剂型(除口服给药以外的全部给药途径,如注射给药、皮肤给药、呼吸道给药等)。

三、本课程学习内容、学习方法

（一）本课程学习内容

本课程是理论性与实践性都很强的岗位技术课程。教材以实际生产岗位(群)为主线,按照岗位的先后次序编排。教学内容的选取,以完成每个岗位的工作任务为核心,以完成岗位工作任务所需的知识、技能、素质为要素,包括基础理论、影响因素、反应设备及使用技术、"三废"治理及环保技术、岗位职责等形式。配合与岗位工作相关的能力训练项目、目标检测等,以巩固专业知识,培养学生动脑、动手,发现问题、分析问题和解决实际问题的能力。

药品生产技术涉及方方面面,本教材不可能全部囊括。考虑到药品生产技术不同的专业方向及相关课程内容的衔接,本教材内容主要面对药品生产技术、化学制药技术、生物制药技术三个专业,重点学习原料药生产的上游技术、原料药生产实用技术,并适当延伸与衔接了下游技术。在生物制药模块,主要阐述了应用广泛的"发酵技术",而对于岗位需求相对较少的"基因工程技术""动植物细胞培养技术"没有纳入本教材范围。需要特别说明的是,"安全"渗透到药品生产的各个阶段、各个岗位,贯穿药品生产的全过程,限于篇幅本教材没有专门大量编写,可配合"药品安全生产知识"课程共同学习。

(二) 本课程学习方法

学习本课程应该做到以下几点:第一,学会由个别到一般,由具体到普遍,总结规律,避免死记硬背,学会举一反三。第二,理论联系实际,开拓思路。既抓好理论知识的学习,又要重视实践能力的培养。在实训过程中,不能仅限于验证和重复,要善于发现问题,分析和解决实际问题,并了解所学知识在制药生产中的应用。第三,培养自学能力、查阅文献获取知识的能力。通过查阅科技文献可以扩大和丰富专业知识,了解本行业新成果、新技术和发展方向。只有这样,才能适应医药行业发展需要,成为出色的高素质技术技能人才。

四、现代制药工业的基本特点及发展方向

现代医药工业绝大部分是现代化生产,同其他工业有许多共性,但又有其自身的基本特点,主要体现在以下几个方面。

(一) 高度的科学性、技术性

早期的制药生产是手工作坊和工厂手工业。随着科学技术的不断发展,制药生产中现代化的仪器、仪表、电子技术和自控设备得到广泛的应用,无论是产品设计、工艺流程的确定,还是操作方法的选择,都有严格的科学要求,都必须用科学技术知识来解释,否则就难以生产,甚至造成废品,出现事故。所以,只有系统地运用科学技术知识,采用现代化的设备,才能合理地组织生产,促进生产的发展。

(二) 生产分工细致、质量要求严格

制药工业也同其他工业一样,既有严格的分工,又有密切的配合。在医药生产行业有原料药生产企业、制剂生产企业、中成药生产企业,还有医疗器械设备制造企业等。这些企业虽然各自的生产任务不同,但必须密切配合,才能最终完成药品的生产任务。在现代化的制药企业里,根据机器设备的要求,合理地进行分工和组织协作,使企业生产的整个过程、各个工艺阶段、各个加工过程、各道工序以及每个人的生产活动,都能同机器运转协调一致,只有这样,企业的生产才能顺利进行。由于劳动分工细致,对产品的质量自然要严格要求,如果某一个生产环节出了问题,质量不合格,就会影响

整个产品的质量,更重要的是因为药品是直接提供给患者的,若产品质量不合格,就会危害到人们的健康和生命安全。所以,每个国家都有《药品管理法》和《药品生产质量管理规范》,用法律的形式将药品生产经营管理确定下来,这充分说明了医药企业确保产品质量的重要性。药品生产企业必须严格按照《药品生产质量管理规范》(GMP)的要求进行生产;厂房、设施和卫生环境必须符合现代化的生产要求;必须为药品的质量创造良好的生产条件;生产药品所需的原料、辅料以及直接接触药品的容器和包装材料必须符合药用要求;研制新药,必须按照《药物非临床研究质量管理规范》(GLP)和《药物临床试验质量管理规范》(GCP)进行;药品的经营流通必须按照《药品经营质量管理规范》(GSP)的要求进行。

(三) 生产技术复杂、品种多、剂型多

在药品的生产过程中,所用的原料、辅料和产品种类繁多。虽说每个制造过程大致可由回流、蒸发、结晶、干燥、蒸馏和分离等几个单元操作串联组合,但由于一般有机化合物合成均包含有较多的化学单元反应,其中往往又伴随着许多副反应,整个操作变得复杂化了,更何况在连续操作过程中,由于所用的原料不同,反应的条件不同,又多是管道输送,原料和中间体中有很多易燃易爆、易腐蚀和有害物质,这就带来了操作技术的复杂性和多样性。

同时,随着科学技术的发展,医药品种不仅繁多,而且要求高效、特效、速效、长效,纯度高,稳定性好,有效期长,无毒,对身体无不良反应等。这些要求,促进医药工业在发展中不断创新。随着经济的发展和人民生活水平的不断提高,对产品的更新换代,特别是对保健、抗衰老产品的要求越来越强烈,疗效差的产品被淘汰,新产品不断产生,要满足市场和人们健康的需要,就要求每个医药工作者不仅要学习和掌握现代化的文化知识,懂得现代化的生产技术和企业管理的要求,还要加紧研制新产品,改革老工艺和老设备,以适应制药工业的发展和市场的需求。

(四) 生产的比例性、连续性强

生产的比例性、连续性是现代化大生产的共同要求,但制药生产的比例性、连续性有它自己的特点。制药生产的比例性,是由制药生产的工艺原理和工艺设施所决定的。制药企业各生产环节、各工序之间,在生产上保持一定的比例关系是很重要的。一般说来,医药工业的生产过程,各厂之间、各生产小组之间,都要按照一定的比例关系来进行生产,如果比例失调,不仅影响产品的产量和质量,甚至会造成事故,迫使停产。医药工业的生产,从原料到产品加工的各个环节,大多是通过管道输送,采取自动控制进行调节,各环节的联系相当紧密,这样的生产装置,连续性强,任何一个环节都不可随意停产。

(五) 高投入、高产出、高效益

制药工业是一个以新药研究与开发为基础的工业,而新药的开发需要投入大量的资金。一些发达国家在此领域中的资金投入仅次于国防科研,居其他各种民用行业之首。高投入带来了高产出、高效益,某些发达国家制药工业的总产值已跃居各行业的第五至第六位,仅次于军火、石油、汽车、化工等。其巨额利润主要来自受专利保护的创新药物,因此制药工业也是一个专利保护周密、竞争非常激烈的工业。

点滴积累 ∨

1. 药品生产过程分为两个阶段：原料药生产、制剂生产。

2. 原料药生产分为两个阶段：第一阶段为药物成分的获得，即"上游过程"；第二阶段为药物的分离纯化，即"下游过程"，获得高纯度的、符合药品标准的原料药。

3. 现代制药工业特点　高度的科学性、技术性；生产分工细致、质量要求严格；生产技术复杂、品种多、剂型多；生产的比例性、连续性强；高投入、高产出、高效益。

第一章

工艺确定及控制技术

学前导语 ∨

　　化学反应是在一定的条件下实现的，其过程伴随着物质和能量的传递与转化。相同的反应物在不同的温度、压力、pH、时间等工艺条件下可以得到不同的产物，即使反应条件相同，不同的原料配比、不同的加料方式又会带来不同的效果，即药品生产具有原料、产品、工艺、技术等多方案性的特征，这种多方案性源于科学技术，也蕴含着经济的盈亏与环境的优劣。因此，认真学习反应规律，全面了解影响反应效果的各因素，制订和实施优化的工艺方案，是使制药技术进步的源泉和必由之路。

　　药物合成的工艺条件、原料配比、加料方式如何确定？催化剂、溶剂如何使用？如何能够使工艺最优化？…… 这将是本章重点学习内容。

第一节　工作任务及岗位职责要求

ER-1-1　扫一扫，知重点

一、岗位主要工作任务

　　工艺确定及控制技术即通常所指的"工艺研究"，是在设计和选择了较为合理的合成路线后进行的生产工艺条件研究，或者是在工艺改造之前进行的优化试验，是技术含量较高的岗位。其主要任务是：按照工作计划，进行小试试制、放大，确认技术参数，保证新技术快速应用于工业生产；根据车间的工艺改进项目，参与试验方案的设计和调整，对现有工艺存在的问题进行试验改进、优化，以提高产品质量，缩减成本；完成相关项目的原材料、试剂等的申购计划和申报资料等的撰写，确保项目有序进行。

二、主要岗位职责

　　1. 制订工作计划，按要求进行试验设计、试验研究等工作。

　　2. 及时分析、汇总试验数据，从中优选最佳工艺条件。

　　3. 进行物料衡算，对物料平衡发生的偏差及时分析原因，形成报告。

　　4. 做好实验室仪器的日常维护，清洗实验设备和实验仪器，维持实验室正常工作，定期统计损坏仪器，及时维修或替换，并做好登记。

　　5. 按照试验管理要求，准备生产原料，清洁生产场地，维护保养生产设备。

6. 随时监控反应和分离过程的工艺参数,能够熟练处置参数波动。

7. 查阅、调研合成方面相关文献,及时掌握新技术及发展动态,应用于工作中。

8. 做好试验废弃物的回收和处理,保证环境清洁和安全。

9. 完成上级交给的其他工作。

第二节　配料比及加料次序

反应物的配料比是指参与反应的各项物质间量的比例,归根结底是浓度问题。利用质量作用定律可以计算出浓度对反应速度的影响,但这种影响又因反应类型的不同有所不同。

▶ 课堂活动

你做过面包吗?放多少面粉、水、油、盐、酵母……这就叫"配料比";先放什么,后放什么,就叫"加料顺序";设定多少温度,烘烤多长时间,就叫"工艺条件",那么,最终面包的味道、品相如何?这就看你的"技术水平"了。做药也如此。

一、配料比的确定

(一)浓度对化学反应的影响

通常化学反应中各反应物的浓度,会影响到反应的速度和反应的平衡。化学反应一般都可以用质量作用定律来描述浓度与反应速度之间的关系,即在温度不变的前提下,反应速度与该瞬间的反应物浓度的乘积成正比,并且每种反应物浓度的指数等于反应式中各反应物的系数。例如在反应: $a\mathrm{A} + b\mathrm{B} = n\mathrm{C} + m\mathrm{D}$ 中,如用 A 反应物的浓度变化率表示反应速度,可以用以下公式:

$$-\frac{dC_\mathrm{A}}{dt} = kC_\mathrm{A}^a C_\mathrm{B}^b$$

各浓度项的指数称为级数。所有浓度项的指数总和称为反应级数。要从反应质量作用定律正确判断浓度对反应速度的影响,首先必须确定反应原理,了解反应的真实过程。按照化学反应进行的过程可以分为简单反应与复杂反应两大类。

1. **简单反应**　包括单分子反应和双分子反应。

单分子反应,因只有一个分子参与反应,因此反应速度与反应物浓度成正比关系。这类反应包括热分解反应、异构化反应、重排反应等。

双分子反应,两种反应物的浓度均会对反应速度产生影响,反应速度与反应物浓度的乘积成正比。这类反应包括加成反应、取代反应、消除反应等。

零级反应的反应速度与浓度无关,反应速度不受反应物浓度的影响,而是与反应的条件有关,反应速度是常数。这类反应包括光化学反应、电解反应等。

2. **复杂反应**　可逆反应、串联反应、平行反应属于复杂反应,是药物合成中经常遇到的。可逆反应是复杂反应中常见的一种,即两个方向相反的反应同时进行,其正反应和逆反应速度都遵循质量作用定律。例如乙酸和乙醇的酯化反应：

$$CH_3COOH+C_2H_5OH \underset{k_2}{\overset{k_1}{\rightleftharpoons}} CH_3COOC_2H_5+H_2O$$

可逆反应的特点是正反应速度随时间逐渐减小，逆反应速度随时间逐渐增大，直到两个反应速度相等，反应物和生成物浓度不再随时间而变化。这类反应，通常采用不断采出生成物的办法，维持正反应物的高浓度，对反应向正方向进行是非常有利的。例如，以硅醚为原料生产三甲基氯硅烷时，因三甲基氯硅烷的沸点较低，可以通过不断蒸馏采出三甲基氯硅烷，使反应一直进行下去，直至完成。反应式如下：

$$(CH_3)_3Si—O—Si(CH_3)_3+Cl\text{-}PhCCl_3 \longrightarrow 2(CH_3)_3SiCl+Cl\text{-}PhC(O)Cl$$

通常，增加反应物的浓度可以提高反应器的生产能力，减少溶剂的消耗量。增加反应物的浓度还有利于加速主反应速率，但同时也会加速副反应。

ER-1-2　三甲基氯硅烷

在确定反应物浓度时，还要考虑到反应物和生成物的特性，如物料的熔点、混溶性、黏度变化等因素对顺利完成主反应的影响，有时为了使反应顺利进行，必须降低反应浓度。例如在某些低温反应中，常温投入的部分反应物料，在较低的反应温度下一些反应物会呈结晶或凝固的状态，反应就难以进行。这时要通过加入合适的溶剂，使各种反应物溶解在液相中，进行反应。尽管加入溶剂降低了反应浓度，但因能够形成均相反应，改善了微观混合效果，有利于提高反应速度。

另外，一些反应后体积增大的气相化学反应，充入惰性气体，反应平衡会向有利的方向移动，有利于提高反应的收率。

总之，通过加入溶剂或惰性物料，调节反应浓度，是影响反应过程的速度和反应平衡的常用手段。因此，在制订反应配方和工艺时，要考虑到各种物料的性质，考虑到反应进程不断加深可能造成的影响，以确定适当的反应浓度；还可以设法通过各种干预反应的方法，改变反应物或生成物的浓度，使反应向有利的方向进行。

（二）配料比的确定

有机化学反应的过程往往并不单纯，在主反应进行的过程中，会有副反应的竞争，还有串联反应和平行反应等其他因素的影响，都会降低产物的收率。为了最大程度地使反应向理想的方向进行，不但要控制反应条件，还要通过优化反应配方中各种原料的配比来促进主反应，抑制副反应。配料比就是在反应配方中各种原料的关系。通过优化配料比，可以提高产物的收率，降低成本，还可以减轻后处理的负担。

知识链接

平行反应和串连反应

1. 平行反应　又称竞争性相反应，即一个反应系统中同时进行几种不同的化学反应。在生产上，将所需要的反应称为主反应，其余称为副反应。这类反应很多，如氯苯的硝化反应。

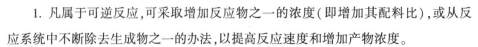

上述氯苯在一定条件下硝化,其邻位和对位生成物比例为 35:65。这类反应,显然不能用改变反应物配比或反应时间的方法来改变生成物的比例,但可以通过温度、溶剂、催化剂等来调节生成物的比例。

2. 串联反应 又称连串反应,即反应产物同时可以进一步反应而生成其他产物。反应通式可表示如下:A→B(产物)→C。其主要特征是随着反应的进行,中间产物浓度逐渐增大,达到极大值后又逐渐减小。这类反应是药物合成中经常遇到的。如乙苯等的生产过程就属于连串反应,可以通过改变反应物配比、反应时间等的方法来改变生成物的比例。

确定配料比时,首先要对反应类型、可能出现的副反应以及在反应过程中发生的物料性质的变化等因素作全面考虑,然后通过试验验证和数据分析,选择比较好的反应配比。最适合的配料比,应在目标产物收率较高,同时昂贵物料单耗较低的范围内。一般可根据以下几个方面来考虑。

ER-1-3 优化乙酸乙酯合成配料比案例

1. 凡属于可逆反应,可采取增加反应物之一的浓度(即增加其配料比),或从反应系统中不断除去生成物之一的办法,以提高反应速度和增加产物浓度。

2. 当反应生成物的生成量取决于反应液中某一反应物的浓度时,则增加该反应物的配料比。最适合的配比应是收率较高,同时又是单耗较低的某一范围内。

例如在下述反应中,对乙酰氨基苯磺酰氯(ASC)的收率取决于反应液中氯磺酸与硫酸两者的比例关系。

ER-1-4 对乙酰氨基苯磺酰氯

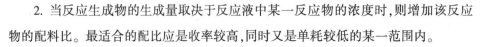

氯磺酸的用量越多,即与硫酸的浓度比越大,对于 ASC 生成越有利。如乙酰苯胺与氯磺酸投料摩尔比为 1.0:4.8 时,ASC 收率为 84%;当摩尔比增加到 1.0:7.0 时,ASC 收率可达 87%。但考虑

到氯磺酸的有效利用率和经济核算,工业生产上采用了较为经济合理的配料比1.0:4.5~5.0。

3. 增加价廉、稳定且利于回收循环利用的原料的配比。下面制备对氯苯甲酰苯甲酸(利尿药氯噻酮中间体)反应中,氯苯过量5~6倍(摩尔比),可提高邻苯二甲酸酐的利用率。

4. 反应中,反应物之一不稳定,则可增加其用量,以保证有足够的量参与主反应。

5. 为防止连续反应(副反应)的发生,有些反应的配料比宜小于理论量,使反应进行到一定程度停止下来。如乙苯是在三氯化铝催化下,将乙烯通入苯中制得。所得乙苯由于乙基的供电性,使得苯环更为活泼,极易继续引入第二个乙基,如不控制乙烯通入量,就易产生二乙苯或多乙苯。

所以,工业生产上控制乙烯与苯的摩尔比为0.4:1.0左右。这样乙苯收率高,过量苯可以回收循环利用。

另外,过量的反应物应该是成本较低,容易得到,或比较稳定,易于在反应后回收循环利用的原料,使原料利用得更充分。例如在用苯和邻苯二甲酸酐合成邻苯甲酰基苯甲酸的反应中,相对便宜的苯为过量原料,苯的过量可高达5~6倍,使邻苯二甲酸酐完全反应,过量的苯通过回收,可以反复使用。

二、加料次序的确定

加料的次序在化工生产过程中往往也是关键点。加料的顺序影响到反应的安全性、反应方向、副反应的控制和生产过程的成本。

1. 加料顺序对反应安全性的影响 对于放热的化学反应,在工业装置上把反应热及时移走是一个重要措施,不能移除的反应热会影响反应按预定的方向进行,严重时容易发生反应失控甚至爆炸事故。在这种情况下,除了反应器要配备良好的换热系统外,还需从改变化学反应速度的方面着手解决,这就涉及到反应的加料顺序、加料快慢等许多问题。对于放热量较大的反应,可以将一种或几种物料缓缓加入反应器(采用滴加或分几份加入的办法),以控制温度。例如在制备过氧乙酸时,因过氧乙酸遇热会发生难以控制的自由基链式分解反应,急剧放热,甚至引发爆炸,因此以滴加的形式,控制好过氧化氢向其他原料中的加料速度,使反应得到限制,及时移出反应热,才能防止事故的发生。

$$CH_3COOH + H_2O_2(滴加) \longrightarrow CH_3COOOH + H_2O$$

2. 加料顺序对反应方向的影响　不同的工艺、不同原料以及不同的预期产物决定了应当采用的加料顺序。例如在芳烃进行硝化反应时，由于生产方式和被硝化物的物理性质的不同，就存在着正加法和反加法两种加料方式。正加法是把混酸加入到被硝化物中进行硝化反应，其优点是：反应比较缓和，可以避免多硝化，适用于容易反应的被硝化物；反加法则是被硝化物加入到混酸中进行硝化反应，在反应中始终保持着过量的混酸和不足量的被硝化物，适用于制备多硝化物，或者硝化物难以进一步硝化的反应。因预期的产物不同，可以采取不同的加料方法。

3. 加料顺序对生产收率和成本的影响　加料顺序也有可能影响生产收率和成本。一般的思路是，尽可能使加料顺序有利于提高原料的利用率，来降低工艺成本。例如，研究合成乙酸乙酯的加料方法：对"滴加加料"和"混加加料"进行了对比，"滴加加料"是把乙酸和部分乙醇组成的混合液，滴加到有浓硫酸和部分乙醇组成的混合液中；"混加"则是将全部的乙酸、乙醇和浓硫酸加入反应器中。试验结果表明，在相同的反应条件下，采用滴加法的合成产率可以达到 53.3%，而混加法的产率仅为 46.7%。分析其原因在于，浓硫酸在与另外两种原料混合时相当于稀释过程，会放出较多的热量，乙醇和乙酸都容易挥发，在反应体系温度升高时，会造成一定损失。采取滴加法时，因控制了反应物加入的速度，能够及时把溶解热传出系统；而采用混加法时，来不及移除反应热，会造成更多乙酸和乙醇的挥发损失，影响了收率和成本。反应底物使用浓硫酸和部分乙醇组成的混合液，也是从成本角度考虑，因为乙酸成本高于乙醇，这样做可以提高乙酸的转化率，节约高成本原料。

在确定加料顺序时，要考虑到每种原料和产物的物理化学性质，合理利用加料顺序，尽可能形成均相反应。例如在有固体原料时，应先将固体原料溶解于溶剂中，创造均相反应的条件，再加入液体原料，使均相反应在平稳状态下进行。此外，还要对可能发生的副反应有全面的了解，才能使工艺的潜力发挥出来。

点滴积累

1. 在温度不变的前提下，反应物浓度越高，反应速度越快。
2. 可逆反应、平行反应、串连反应都属于复杂反应，确定配料比时要分析反应过程和影响因素。
3. 反应物、配料比均相同，不同的加料顺序也影响最终结果。

第三节　合成过程需控制的参数

▶▶ 课堂活动

为什么高压锅蒸饭省时间？为什么夏天蒸馒头发面时间短，而冬天发面时间长？为什么发好的面要用碱（Na_2CO_3）中和口感才会好？这些生活中的常识与制药密切相关。

一、温度的影响、选择与控制方法

（一）温度与反应速率的关系

温度对化学反应速率的影响比较显著,人们很早就知道,升高温度往往能加速反
应。当反应物浓度一定时,温度改变,反应速率会随着改变。早先有人从许多实验结
果归纳出一个近似的规律,即温度每升高 10℃,反应速率大约增大 2 倍。但这个经验
规则只是粗略的估计,适用范围也不大。阿仑尼乌斯总结了温度对化学反应的影响:

ER-1-5 化
学反应的活
化能

$$k = Ae^{\frac{-E_a}{RT}}$$

若以对数关系表示,则为:

$$\ln k = -E_a / RT + \ln A$$

式中,k 为反应速率常数,E_a、A 均为某给定反应的常数,可由实验求得。E_a 为反应的活化能,A
叫作指前因子,R 是摩尔气体常数,T 为绝对温度,e 为自然对数的底。

阿仑尼乌斯公式表明,如果温度 T 增加,则 k 增大,所以反应速度也加快。利用阿仑尼乌斯公
式,可求出一般反应温度变化对反应速率的影响。

然而化学反应种类繁多,阿仑尼乌斯公式仅能较好地说明一般反应的温度与反应速度的规律,
而对于一些复杂反应,如图 1-1 中的(2)(3)(4),它们的反应速度曲线并不是规则的,阿仑尼乌斯公
式对它们就不适用了。其中(2)型反应是爆炸反应,它的规律是当升高到一定温度时,会发生猛烈
的反应,而此前则几乎不反应;(3)型是酶催化反应,则依赖于不同温度下的酶的活性,温度过高时,
酶被破坏,催化能力显著降低,反应速度减缓;(4)型反应为反常反应,温度升高时反应速度反而降
低,较少见到。

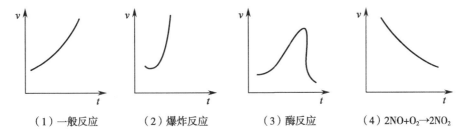

（1）一般反应　　　（2）爆炸反应　　　（3）酶反应　　　（4）$2NO+O_2 \rightarrow 2NO_2$

图 1-1　各类反应的速率与温度的关系

到目前为止,还没有一个公式可以全面揭示反应速率与反应温度的关系,但对大多数化学反应
来说,升高温度确实会加速反应。

（二）温度的选择

温度是影响化学反应的重要因素,温度升高在加速主反应的同时,也有可能使副反应的负面影
响显现出来。这些副反应包括反应物、生成物或中间产物的聚合、降解、异构或者一些杂反应。

例如,阿司匹林合成工艺中的乙酰化反应,从理论上可以通过提高反应温度加快反应速度,但由
于升高温度后,会发生原料水杨酸分子之间的副反应(生成水杨酰水杨酸),和水杨酸与产物阿司匹
林之间的副反应,温度升高到 90℃ 以上时还会缩合阿司匹林产物,因此必须严格控制反应温度。

另一个例子说明了温度影响下的异构现象,例如在用硫酸磺化萘时,60℃以下主要生成 α-萘磺酸,而在 160℃ 主要生成 β-萘磺酸。表 1-1 显示了不同温度对磺化产物组成的影响。

表 1-1　不同温度下磺化产物的组成

温度/℃	80	90	100	110	125	138	150	161
α-萘磺酸/%	96.5	90.0	83.0	72.6	52.5	28.4	18.3	18.4
β-萘磺酸/%	3.5	10.0	17.0	27.4	47.6	71.6	81.7	81.6

复杂的副反应会影响收率,所以对于每一个反应都有比较适宜的反应温度,温度的选择是化学制药工艺的重要内容。在确定一个反应工艺的温度时,一般首先查阅有关该类反应或类似反应的文献,检索每一种原料和产物的化学性质,再根据报道的温度区间进行试验,同时利用气相色谱(GC)、高效液相色谱(HPLC)等分析手段,对反应进行检测,考察转化率和反应产物的质量和收率,逐步优化出合适的反应温度范围。当然,在确定合适的反应温度时,转化率和反应产物的质量和收率,必然还受到反应配比和其他反应条件(如压力、溶剂)的影响,因此在设计试验方案时要系统地考虑各种因素和条件。

(三) 温度的检测

温度是影响化学反应的一个重要条件,因此几乎所有化学反应都需要对温度进行监控。温度计或温度传感器是检测温度的主要仪表设备。以下介绍几种常见的温度计。

1. **双金属温度计**　金属加热时会膨胀,膨胀量受温度和金属的膨胀系数影响。人们利用不同金属的膨胀系数的差别制造了双金属温度计,即把两种膨胀系数不同的金属条固定在一起,当温度改变时,两种金属的膨胀系数不同,会发生弯曲(向膨胀系数低的一侧弯曲),双金属线圈的膨胀产生回转作用。这就是双金属温度计的工作原理。在使用双金属温度计时要注意,表盘枢轴弯曲变形的温度计,是无法准确读数的。因为枢轴弯曲或变形会影响或限制双金属螺旋线圈的膨胀量,从而致使表盘读数不准确。

2. **电阻温度计**　热敏电阻是电的半导体,这类电阻的阻值受温度影响很大,因而可以用于调节通过的电流。热敏电阻具有很高的温度电阻系数,因而极其敏感。当电阻温度计受到外界的加热时,会将热量的变化转变为电压或电流的变化。电阻温度计使用方便可靠,已广泛应用。它的测量范围为-260℃ 至 600℃ 左右。

3. **热电偶温度计**　由两条不同金属连接着一个灵敏的电压计所组成。金属接点在不同的温度下,会在金属的两端产生不同的电位差。电位差非常微小,故需灵敏的电压计才能测得。由电压计的读数,便可知道温度。热电偶温度计不及热电阻温度计准确,但经过选择的各种金属与合金的组合,可以使这种温度计适用于广泛的范围。

4. **玻璃管温度计**　是人们最常见的温度计。它是利用热胀冷缩的原理来实现温度的测量的。由于测温介质的膨胀系数与沸点及凝固点的不同,所以我们常见的玻璃管温度计主要有煤油温度计、水银温度计、酒精温度计。其优点是结构简单,使用方便,测量精度相对较高,价格低廉。缺点是测量上下限和精度受玻璃质量与测温介质的性质限制,不能远传,且易碎。

5. 半导体温度计 半导体的电阻变化和金属不同,温度升高时,其电阻反而减少,并且变化幅度较大。因此少量的温度变化也可使电阻产生明显的变化,所制成的温度计有较高的精密度,常被称为感温器。

(四)温度的控制

从成本和设备维护的角度考虑,人们总是希望化学反应在常温下进行。对于高温或低温条件下进行的反应,在工业生产中利用热传导是向反应供给能量的基本方法。人们使用各种介质(载体)把热量从热源传递到需要加热的设备,或者利用载体把需要冷却的物料中的热量带走。表 1-2、表 1-3 分别表示了工业上常用的加热介质、冷却介质及使用范围。

ER-1-6 饱和蒸汽压与温度的关系

表 1-2　常用加热介质及使用范围

序号	介质名称	适用范围/℃	传热系数 /W/(m²·℃)	性能及特点
1	热水	30~80	50~1400	优点:使用成本低廉,可以用于热敏性物质。 缺点:加热温度低
2	低压饱和蒸汽(表压小于 600kPa)	100~150	1.7×10³~1.2×10⁴	优点:蒸汽冷凝的潜热大,传热系数高,调节温度方便。
3	高压饱和蒸汽(表压大于 600kPa)	150~200		缺点:需要配备蒸汽锅炉系统,使用高压管路输送,设备投资大
4	高压汽-水混合物	200~250		
5	导热油	100~250	50~175	优点:可以用较低的压力,达到较高加热温度,加热均匀。 缺点:需配备专用加热油炉和循环系统
6	道生油(液体)	100~250	200~500	由 26.5% 的联苯和 73.5% 的二苯醚组成的混合物,沸点258℃。
7	道生油(气体)	100~250	1000~2000	优点:可在较低的蒸气压力下获得较高的加热温度,加热均匀。 缺点:需配备专用加热油炉和循环系统
8	烟道气	300~1000	12~50	优点:加热温度高。 缺点:效率低,温度不易控制
9	熔盐	400~540		由 40% 的 $NaNO_2$、53% KNO_3、7% $NaNO_3$ 组成。 优点:蒸气压力低,加热温度高,传热效果好,加热稳定
10	电加热	<500		优点:加热速度快,清洁高效,控制方便,适用范围广。 缺点:电耗较高,一般仅用于加热量较小、要求较高的场合

表 1-3 常用的冷却介质及使用范围

序号	介质及主要设备	适用范围/℃	性能及特点
1	空气(空气冷却器)	10~40	优点:使用成本低廉,设备简单。 缺点:冷却效率低,温度适用范围较窄
2	冷却水(循环水-晾水塔)	15~30	优点:使用成本低廉,设备简单,控制方便,是最常用的冷却剂。 缺点:冷却温度有限
3	冷盐水(溴化锂冷机-7℃水)(螺杆机-冷盐水)	−15~−20	优点:冷却效果好,设备简单,控制方便。 缺点:设备投资较大,需要配备压缩机等制冷系统,对管道系统有腐蚀
4	冷冻机组(深冷压缩机)	−10~−60	优点:冷却效果好,控制方便,能够达到很低的温度。 缺点:设备投资很大,一般会使用破坏臭氧层的氟利昂等制冷剂,在−60℃以下深冷效率降低
5	液氮(液氮储罐)	−60 或更低	优点:冷却效果好,控制比较方便,能够达到极低的温度,与使用深冷机组相比,设备投资少,清洁无污染。 缺点:使用成本较贵,液化气体有比较大的危险性

知识链接

常用加热介质

1. 导热油 组成:有机铜（导热油专用成分）、聚合芳烃（12C 链、24C 链等）、长链烷烃、抗冻剂（乙二醇）等。 特点:价格便宜,但易变黏稠,影响传热。

2. 道生油 组成:26.5%的联苯、73.5%的二苯醚,沸点 258℃。 特点:价格贵,但不易变黏稠,不影响传热,使用时间长。

3. 烟道气 由各种类型炉子烟道排出的热气体,其成分为氮气、二氧化碳、氧和水蒸气等,无污染物占99%以上;灰尘、粉渣和二氧化硫含量低于1%,须经气体净化装置处理后排空,以减少对环境的污染。 若炉子操作不正常,会产生一氧化碳、氧化氮及其他有害气体。 特点:温度较高,可用作高温反应（600~700℃）的热载体。

一般来说,压缩机制冷在中冷温度段有一定的成本优势,液氮制冷在深冷条件下(−40℃以下)效率比冷机高。

液氮制冷有两种不同的方式,一种是把液氮直接通入到物料之中,液氮在物料中通过气化潜热吸收物料的热量,可以急剧地降低物料温度。这种方法降温速度非常快,效率也比较高,但因液氮气化成为气体后,体积膨胀较大(体积约膨胀 700 倍),可能会在反应器中迅速地形成压力,另外,由于物料与正在气化的液氮接触,在氮气排出时会有少量的物料随着氮气的排空而损失。另一种方式是使液氮通过反应器中的盘管等换热装置,通过盘管中液氮的气化,释放出冷量,与管外的物料换热。这种制冷方式在降温速度上不如液氮直接注射快,但液氮的气化不会在反应器内产生超压,还可以联产高纯氮气,杜绝了物料随着氮气的损失。

进入 21 世纪后,使用液氮的技术又有更新,国外的一些液化气体厂家开发出了一些新的液氮制冷方式,通过高效换热器使液氮先给冷媒换热,再用冷媒为物料降温的流程,提高了液氮使用的效率,同时联产高纯度的氮气,增加了液氮使用的经济性。

二、压力的影响与控制

▶▶课堂活动

西藏高原的气压为 65.8kPa(1 大气压是 101.3kPa),为什么在西藏用一般的锅不能将生米煮成熟饭,煮饭一定要用高压锅呢?

多数反应在常压下进行,这是人们所希望的,从工艺角度讲也是合理的。在工业上加压要增加设备的投资,并需要采取相应的措施以保证操作安全,但由于反应条件的制约,有些反应必须在加压下进行才能提高产率。

(一)压力对化学反应的影响

反应压力对有气体参与、产生体积变化的化学反应影响较大,对于单纯的液相反应来说,一般几乎不产生影响。能通过增加反应压力促进反应的情况,可以归纳为以下 4 种情况。

1. 反应物是气体,反应后反应体积减小,加压有利于反应,反之,反应物是气体,反应后反应体积增大,则加压对反应不利。如在甲醇合成反应中,体积或分子数减小。在常压 350℃时,甲醇的理论收率约为 10^{-5},即常压下这个反应无实际意义,但若将压力增加到 300atm(1atm = 10 132.5Pa)则甲醇的收率达到 40%,从而使原来可能性不大的反应变为现实。

$$CO+2H_2 \Longrightarrow CH_3OH$$

2. 参与反应的一种物质是气体,通过溶解或吸附才能与其他反应物接触反应,这时增加反应压力有利于反应的完成。如反应压力对加氢反应过程有非常大的影响,在气相加氢时,提高压力相当于增加了氢的反应浓度,因此反应速度几乎可以按比例增加。对于液相加氢,实际上是溶解于溶液内的氢才会发生反应,在不太高的压力下,氢在液体中的浓度符合亨利定律,所以反应速度也能够明显加快。

3. 反应温度高于反应物或溶剂的沸点的化学反应,可以通过加压,提高反应温度。此类反应一般需在溶剂的沸点进行,当反应温度超过溶剂的沸点,必须通过加压以提高溶剂的沸点,反应才能进行或缩短反应时间。

4. 通过加压,使反应物溶解于液相。例如用 HCl 气体和硅醚生产三甲基氯硅烷的反应中,HCl气体必须溶于硅醚溶液中才能与硅醚反应,在反应时可采用加压的方法,增加 HCl 在液相的溶解度,加压增大了液相反应体系中反应物的浓度,提高了 HCl 的利用率,有利于提高整个反应的收率。

对于一些热敏物料,加热条件下存在副反应,有时人们也利用在负压(真空)状态下物质的沸点降低,降低反应温度,或者加速反应进程。如生成物的沸点较低,就可以通过反应-减压蒸馏的方法移除生成物,在促进反应平衡向有利方向转移的同时也降低反应的温度。

（二）反应压力的控制

出于安全和成本的考虑,人们希望在常压下完成化学反应。加压反应所要求的反应设备,是特殊的压力容器,对设计、材质、制造、防爆措施和安全系数都有比较严格的要求,维护费用较高,运行时也具有一定的安全隐患。

产生反应正压的方法,可以是利用物料(特别是气体物料)自身进料的压力;而产生负压(真空)则需要使用真空泵。真空泵的形式多种多样,其作用一般是通过做功,将气体排出反应体系,降低体系中的各种物料的蒸气压。无论加压反应还是减压反应,都应经常对设备的气密性和安全性进行检查。

气密性试验所采用的气体为干燥、洁净的空气或氮气。因化学合成经常涉及到易燃易爆的危险品,通常使用氮气。对要求脱油脱脂的容器和管道系统,应使用无油的氮气。

进行气密性试验时,升压应分几个阶段进行:先把系统的压力升高到试验压力的 10%～20%,保压 20 分钟左右。检查人员在检查部位(如法兰连接、焊缝等)涂抹肥皂水,如有气泡出现则进行补焊或重新安装;如没有气泡漏出,则可继续升压到试验压力的 50%,如无异常出现,再以 10% 的梯次逐级升压检查,直到达到试验压力。在试验压力下至少保压 30 分钟,进行检查,如没有压降或压降在允许范围内,则为合格。

真空设备在气密性试验后,还要按照设计真空度进行真空度试验。对于未通过气密性试验,经过修补的部位,要按照设计要求,进行酸洗、热处理等加工。

三、酸碱度的影响与控制方法

（一）酸碱度对反应的影响

酸碱度对许多化学反应的影响很大,为了促进主反应的进行,解决某些反应产物在不同酸碱条件下的稳定性以及副反应的问题,常常对反应体系酸碱度加以控制。有关促进主反应进行的反应条件,在"酸碱催化"内容中介绍。以下以苄氯为原料合成苯乙腈的反应过程,来说明酸碱度对副反应和产物稳定性的重要性。在苄氯合成苯乙腈的过程中存在以下反应:

主反应:苄氯和氰化钠水溶液在相转移催化剂的作用下,生成苯乙腈和氯化钠。

$$C_6H_5CH_2Cl+NaCN(aq) \longrightarrow C_6H_5CH_2CN+NaCl(aq)$$

总收率受到苄氯的水解、氰化钠或苯乙腈,以及苄氯和苯乙腈的聚合等很多副反应的影响。

副反应如下:

$$C_6H_5CH_2Cl + H_2O \longrightarrow C_6H_5CH_2OH + HCl \tag{1}$$

$$C_6H_5CH_2Cl + C_6H_5CH_2OH \longrightarrow C_6H_5CH_2OCH_2C_6H_5 + HCl \tag{2}$$

$$NaCN+2H_2O \longrightarrow HCOONa+NH_3 \tag{3}$$

$$C_6H_5CH_2CN + 2H_2O \longrightarrow C_6H_5CH_2COOH + NH_3 \tag{4}$$

在 pH 较高的情况下会出现这些反应。因此在苯乙腈的选择性反应中 pH 是一个重要参数。

过量的苄氯往往导致反应条件呈酸性,在铁和其他金属离子存在下,形成氰化氢和苄氯的聚合物。过量的氰化钠会造成偏碱性的反应条件,这将导致形成苄醇和其他残余杂质。

在以上的例子中,1个主反应伴随着4个与反应体系酸碱度(pH)相关的副反应,可见控制反应的酸碱度对产品质量和收率的重要性。

许多化学合成药物对酸碱不稳定,有时一旦形成了副产物,再从体系分离纯化比较困难。为了保证产品的质量和收率,在反应过程和分离过程时要密切关注体系pH对产物的影响。

(二) pH控制方法

在工业生产过程中,一般采用pH试纸和pH计监控反应体系的酸碱度。

1. pH试纸　pH试纸的应用非常广泛,检测比较快速简便。它一般用来粗略测量溶液pH大小(或酸碱性强弱)。

在用pH试纸检验水溶液的性质时,取一条试纸,用沾有待测液的玻璃棒或胶头滴管点于试纸的中部,观察颜色的变化,与标准色卡比较,就可以判断水溶液的pH。检验气体的性质时,先用蒸馏水把试纸润湿,粘在玻璃棒的一端,用玻璃棒把试纸靠近气体,观察颜色的变化,判断气体的性质。

使用试纸需要注意的是,试纸不可直接伸入溶液,不要将试纸接触试管口、瓶口、导管口等;测定水溶液的pH时,不要事先用蒸馏水润湿试纸,因为润湿试纸相当于稀释被检验的溶液,会导致测量不准确。正确的方法是用蘸有待测溶液的玻璃棒点滴在试纸的中部,待试纸变色后,再与标准比色卡比较来确定溶液的pH。pH试纸湿润后,如与环境中的二氧化碳、氨气接触,会使显色改变,因此在测试时要尽快比较颜色,才能相对准确。pH试纸不能用来检测无水的有机溶剂的酸碱度;取出试纸后,应将盛放试纸的容器盖严,以免被环境气体污染。

2. pH计(酸度计)　用pH计进行电位测量是测量pH的精密方法,性能优良的pH计可分辨出0.005pH单位。pH计具有精度高、反应较快、可以在线实时检测、检测数据可以连接计算机保存等优点,因而在制药行业中大量使用。

ER-1-7　pH计的构成、使用与保养

四、反应时间与反应终点的控制

(一) 反应终点的控制

在化学制药和化工生产过程中,除了以上反应条件以外,反应时间也是一个重要因素。在反应温度、反应压力和反应配比等因素确定之后,都会有相对固定的最佳反应时间,在这时反应的转化率最高,副反应杂质相对少,主产物的收率最高。从技术角度来说,反应时间决定了反应的质量和收率,从经济角度说,反应时间影响着生产周期和生产效率,在一定程度上影响着工厂和产品的经济效益。

多数有机合成反应一般都不能进行彻底,在经历一段时间后,主反应达到平衡,主产物不再显著增加,一些副反应变成了主要的反应,这时就应当终止反应,以减少分解、聚合和串联等副反应对主产物的破坏,减少形成新杂质的机会。在工业生产上,常采用的方法是,在反应到一定的时间后,对反应物料进行检测,当达到标准之后,立即终止本步反应,进行下一步操作。

控制反应终点的方法可以分为两类:一是通过反应器的某些参数的变化来判断;二是通过检测从反应器中取得的样品,来判断反应的终点。

一些化学反应反应器的操作参数会在反应终点发生变化,如温度、压力、pH、回流量等等。例如三甲基氯硅烷的氨化反应,是向三甲基氯硅烷中通入液氨进行反应的,当反应接近终点时,反应器内的压力上升。这时可以通过停止液氨的加料,观察反应器中的压力变化来判断终点:停止液氨加料后,如压力在一定时间内没有明显变化,证明反应物氨几乎不再消耗,反应即为终点。再如青霉素酶裂解生产 6-APA,在反应过程中,随着裂解反应的进行,需要向体系中不断滴加氨水,以中和反应产生的苯乙酸。当反应接近终点时,因青霉素浓度越来越低,裂解反应的速度越来越慢,加入氨水的速度逐渐变慢。停止滴加氨水后,pH 在一定时间不变化时,就可以认为反应结束了。

6-APA

在一些反应精馏的过程中,随着反应,生成物不断通过蒸馏采出系统,当反应出现一段时间没有物料采出,反应器温度开始上升时,反应终点就达到了。利用反应器的参数变化来判断反应终点,简便直观,在现场就可以完成,但这种判断方法比较依赖现场操作人员的经验,不可能做到定量和精确。

在判断反应终点时,现在还经常使用化学分析和仪器分析方法,如滴定、旋光检测、分光光度检测、高效液相色谱(HPLC)、气相色谱(GC)来判断终点。

例如酯化反应的终点可以用酸碱滴定来判断,在反应达到终点时,由于反应物酸的消耗,反应体系的酸较初期明显减少,使用酸碱滴定的方法,就可以简单迅速地确定反应终点。

利用仪器分析方法可以更加准确,甚至定量地观测反应的进程,因而成为了精细有机合成特别是药物合成生产过程分析的发展方向。与化学分析相比,仪器分析有以下优点。

(1)灵敏度高:仪器分析的灵敏度大大高于化学分析法,其检出限量都在 ppm 级;

(2)分析速度快:仅数分钟就可以完成试样的分析,适用于在线中控的检测;

(3)选择性好:适用于复杂组分试样的分析;

(4)使用试样少:使用几十毫克或数微升样品就能满足色谱分析的要求;

(5)便于实现计算机化分析:有利于数据的保存和分析。

当然,仪器分析也存在一些缺点:例如,一般都要使用特殊的、专用的和成套的仪器设备,许多仪器是复杂的,价格昂贵,限制了这种方法的普及。

(二) 常用仪器分析方法

1. 高效液相色谱法 高效液相色谱仪是生产中间控制和成品检测经常用到的检测仪器。它是利用混合物在液-固或不互溶的两种液体之间分配比的差异,对混合物进行先分离,而后进行分析鉴定的仪器。

该色谱仪由输送泵、进样器、色谱柱、检测器和工作站(或记录仪)组成。分离过程是一个吸附-解吸附的平衡过程。

HPLC 适合分子量较大、气化难、不易挥发或对热敏感的物质、有机化合物及高聚物的分离分析,这些化合物大约占有机物的 70%。

ER-1-8 高效液相色谱仪的结构、原理与特点

2. 气相色谱法 对于易挥发的、热稳定的有机化合物的混合物则可以采用气相色谱仪（GC）进行分析。气相色谱工作原理是，利用试样中各组分在气相和固定液液相间的分配系数不同，当气化后的试样被载气带入色谱柱中运行时，组分就在其中的两相间进行反复多次分配（类似于精馏过程），由于固定相对各组分的吸附能力不同，因此各组分在色谱柱中的运行速度就不同，经过一定的柱长后，便彼此分离，按顺序离开色谱柱进入检测器，产生的离子流信号经放大后，在记录器上描绘出各组分的色谱峰。

ER-1-9 气相色谱仪的组成与使用

仪器分析是一种相对分析法，一般需要化学纯品作标准来对照，而化学纯品须经化学分析法制得，所以，两种分析方法是相辅相成的。

▶▶ 边学边练

关于反应控制操作技能训练，见能力训练项目1 阿司匹林的合成与精制。

点滴积累 ᐟ

1. 化学反应、生物反应都需要在适宜的温度下进行，工业生产上控制温度常需要相应的介质。

2. 物质的沸点、蒸气的温度均与压力有关，压力越大其值越高。

3. 控制反应的时间很重要，过分延长反应时间，有可能造成主产物分解、副反应增多，反而使收率、产品质量降低。

4. 控制反应终点的方法有2类：通过反应器某些参数的变化来判断；通过检测从反应器中取得的样品来判断。

第四节　溶剂的选择与使用

在药物合成中，大多数反应是在溶剂中进行的。溶剂可以通过对反应物和催化剂的溶解，降低黏度，使反应体系中分子分布均匀，增加分子碰撞机会，加速反应进程；溶剂的存在还可以改善反应热的传导，缓冲反应条件的变化，使反应条件更趋于温和。在分离过程中，溶剂作为洗涤剂可以洗去物料上的其他杂质；作为萃取剂和重结晶溶剂，可以有效地分离杂质，增加产品的纯度。在药物合成中，溶剂对反应速度、反应方向和产品结构都有可能产生影响。在分离过程中，溶剂的选择决定着去除杂质的效率，决定着产物的质量和收率，有些溶剂还可以与产物形成溶剂化物，使产物失去应有的疗效。总之，溶剂的选择对整个生产过程的经济性有重要的影响。

一、溶剂的性质与分类

（一）溶剂的性质

溶剂的常用性质包括溶解能力、密度、蒸气压、蒸发潜热、共沸特性、挥发速率、熔点、黏度等。从不同的角度，人们会关心溶剂不同方面的性质，如从合成角度，会关心介电常数、沸点、反应性等；从分离角度更关心溶解度(或溶解能力)、密度等;从使用安全角度则会关心蒸发速度、闪点、燃点、爆炸极限、毒性等。

1. 溶解能力 对于水溶液,溶解能力往往用溶解度来衡量;对于有机溶剂,溶解能力则是指溶剂将溶质均匀分散并形成均相的能力。在实际工作中,人们关心溶剂的溶解能力包括以下几个方面:①溶质在溶液中均匀分散的速度;②溶质溶解(与溶液成为均相)的速度;③将溶质在溶剂中配制成指定浓度的速度;④与其他溶剂混溶的能力。

在反应过程中,往往希望找到对各种反应物和催化剂溶解能力均较强的溶剂作为反应介质,以便形成均相,提高反应速度。

2. 密度 密度是不相溶的两种液体分相的主要动力。多数常用小分子有机溶剂的密度比水小,在与水分相时是轻相,处于水相的上面。一些卤素的化合物(如 CH_2Cl_2、$CHCl_3$ 等)则例外,它们的密度比水大,在与水分相时成为重相沉在水底。这在分离水相和溶剂相时要特别注意。

有机溶剂蒸气密度往往比空气密度大,因此会沉到底部并扩散很长的距离而几乎不被稀释。这就使得有机溶剂发生火灾时会发生沿着地面"延燃",这是这类火灾容易出现迅速发展的一个重要原因。

3. 共沸特性 共沸混合物是指处于平衡状态下的气相和液相组成完全相同时的混合溶液,形成这种溶液对应的温度叫作共沸点。一旦形成共沸混合物,就不能用普通的蒸馏方法分开,共沸现象往往给溶剂的回收带来影响。可以利用共沸蒸馏轻易地分离非共沸物组成的杂质,但分离共沸组成却是比较麻烦的问题。分离共沸组成往往采用三元共沸精馏、萃取、膜分离等其他方法,并要具体情况具体分析。如乙醇-水形成共沸物,使用蒸馏的方法只能得到95%的乙醇,要得到无水乙醇必须使用特殊的方法如生石灰脱水法、醇镁脱水法等三元共沸精馏方法达到目的。

4. 蒸发速度、闪点、燃点和爆炸极限 蒸发速度、闪点、燃点和爆炸极限,往往是人们判断溶剂发生火灾、爆炸危险性的指标。

(1)蒸发是液体表面发生的气化现象,蒸发过程在任何温度下都会发生。各种有机溶剂的蒸发速度是不同的。蒸发速度与溶剂的化学结构有关,还受到环境温度、溶剂的导热率、分子量、蒸发潜热等的影响。决定蒸发速度的根本原因是溶剂在环境中的蒸气压。沸点相对较高的溶剂蒸发速度未必就比沸点相对较低的溶剂蒸发速度慢。例如甲醇的沸点为64.5℃,比蒸发速度为370;苯的沸点为79.6℃,其比蒸发速度为500。溶剂在储运过程中往往会使用密闭容器,容器受热以后,蒸发速度快的溶剂会在容器产生内压,容易发生爆破事故。因此在使用蒸发速度大的溶剂需要更加小心。

(2)在规定条件下,把金属杯中的溶剂缓慢加热,并定期地向杯子顶部引入小火焰与杯子上部的溶剂蒸气接触,重复这一操作,直到观察到首次出现闪火,这时溶剂的温度就叫作溶剂的闪点。闪点越低的溶剂,越容易发生闪燃,发生火灾或爆炸的危险性越大。

(3)物质在空气中加热时,开始并继续燃烧的最低温度叫作燃点。温度升高到燃点时,溶剂会自发地开始燃烧而不需要火源。燃点越低的溶剂,发生火灾或爆炸的危险性越大。

(4)爆炸极限又称爆炸浓度极限,指可燃性气体、蒸气或粉尘与空气混合后,在一定浓度范围内,遇火会猛烈燃烧形成爆炸。其最低浓度叫"爆炸低限",最高浓度叫"爆炸高限"。任何蒸气或气体的浓度低于爆炸低限或高于爆炸高限都不会有爆炸的危险。爆炸极限是评定溶剂爆炸危险性大小的主要依据。爆炸下限愈低,爆炸范围愈宽,爆炸危险性就愈大。

(二)溶剂的分类

按化学结构,溶剂可分为质子性溶剂和非质子性溶剂。质子性溶剂含有易取代氢原子,可与含有阴离子的反应物发生氢键结合,发生溶剂化作用,也可与阳离子的孤对电子进行配合,或与中性分子中的氧原子(或氮原子)形成氢键。质子性溶剂有水、醇类、乙酸、硫酸、多聚磷酸、三氟乙酸以及氨或胺类化合物等。

非质子性溶剂不含有易取代的氢原子,主要靠偶极矩或范德华力的相互作用而产生溶剂化作用。介电常数(D)和偶极矩(μ)小的溶剂,溶剂化作用小,一般把介电常数15以上的称为极性溶剂,15以下的称为非极性或惰性溶剂。常用的非质子性极性溶剂有醚类、卤代烃类、酮类、含氮烃类、亚砜类、酰胺类等。芳烃类和脂肪烃类又称为惰性溶剂。

使用溶剂时要根据具体需要综合考虑,具体指标可检索溶剂手册和工具书。

ER-1-10 溶剂 的 其 他 分类

二、溶剂的影响与选择

(一)溶剂对反应过程的影响

1. 溶剂对反应速度的影响 有机反应按其机制来说,大体可分为两大类:一类是自由基反应;另一类是离子型反应。对于自由基反应,溶剂对反应速度没有显著的影响,但对离子型反应,溶剂对反应的影响却很大。在药物合成中选择适当的溶剂可能使反应速度发生很大的变化,甚至使化学反应的速度增加数百倍、上千倍。

溶剂还有可能对催化剂的活性产生影响。如在 C-酰化反应中常用的溶剂有硝基苯、二硫化碳、二氯甲烷、二氯乙烷等,催化剂常选用三氯化铝。硝基苯与三氯化铝可以形成络合物,使催化剂的活性降低,所以只适合较易酰化的反应。再如,某些卤代烃类溶剂在比较高的反应温度下受三氯化铝催化作用的影响,有可能参与芳环上的取代反应,如二氯甲烷作溶剂可发生氯甲基化反应,因此不宜采用过高的温度。

2. 溶剂对反应方向的影响 除对反应速度的影响外,有时溶剂还影响着反应方向。如甲苯的溴化反应,使用 CS$_2$ 作为溶剂时,得到的主要产物为苄基溴,而硝基苯作溶剂时,得到的主要产物是对位和邻位的溴代甲苯。

23

溶剂对产品的构型也会产生影响,这一点对于合成制药特别重要。一般来说,在非极性溶剂中反应,有利于生成反式异构体,在极性溶剂中则利于生成顺式异构体。

溶剂对反应的影响,应该事先了解反应机制,再查阅文献了解前人所做的工作,才能做到心中有数。

知识链接

溶剂共沸的应用

可以利用溶剂的共沸性质提高一些类型反应的收率。例如酯化反应中水的采出,可以利用溶剂和水的共沸点促进反应平衡朝着有利的方向进行。在酯化反应中,酸与醇反应生成酯和水,当反应达到平衡时,就无法继续。这时利用某些溶剂与水的共沸,在共沸温度蒸出共沸物,把生成的水移出反应体系,促进反应平衡向酯化的方向移动。

此法具有产品纯度好、收率高、不用回收催化剂等优点,在酯化反应中被广泛采用。对溶剂的要求是:①共沸点应低于100℃;②共沸物中含水量尽可能高;③溶剂和水的溶解度应尽可能小,以便共沸物冷凝后可以分成水层和有机层两相。常用的有机溶剂有苯、甲苯、二甲苯等。如镇痛药盐酸哌替啶的合成。

---

3. 溶剂对反应温度的影响　在反应温度的控制方面,经常利用溶剂的沸点保持反应温度的稳定。利用溶剂回流控制温度,可以通过溶剂的蒸发潜热,把多余的热量转移出反应体系,防止过高的温度导致的副反应。

4. 溶剂对体系黏度等指标的影响　溶剂对改善反应体系的黏度或稠度还会起到重要作用。例如有的化学反应,反应物为气体或液体,但由于生成物是固体,会使反应的初始阶段和反应后期的黏稠度发生很大变化,甚至会因混合不良而影响反应进程。这时溶剂就可以起到改善反应混合物黏度的作用,反应物和生成物溶解或均匀分散在溶剂中,仍然具有一定的流动性,反应顺利进行下去。例如,在三甲基氯硅烷与氨合成六甲基二硅胺烷的反应中,随着反应的进行,生成了越来越多的氯化铵固体,反应体系的黏度不断增大,甚至会失去流动性,影响氨在反应体系中的分散,无法完成反应。如在反应时加入甲苯作为溶剂,则可以始终保持反应体系的流动性,使反应接近终点。

$$2(CH_3)_3SiCl + 3NH_3 \longrightarrow (CH_3)_3SiNHSi(CH_3)_3 + 2NH_4Cl$$

溶剂质量指标也会对合成反应造成影响。由于溶剂在反应过程中的绝对用量较大,溶剂中的一些杂质,哪怕是微量杂质都有可能会对反应造成不利影响。出现这种现象的原因是:有些杂质会导致催化剂中毒,影响反应速度;有些杂质与反应物发生竞争反应,降低了目标产物的收率;还有些杂质则会与生成物反应,例如在以六甲基硅醚和氯化氢为原料,生产三甲基氯硅烷的反应中,如果在溶剂(二氯甲烷或甲苯)中混有水分,就会大大增加氯化氢的消耗,影响反应速度。原因是溶剂中的水分与生成的三甲基氯硅烷发生反应,发生了可逆反应,需要增加氯化氢的用量。

(二) 溶剂对分离、精制过程的影响

合成产物在分离及精制过程中,溶剂在萃取、脱色、结晶、洗涤、过滤等方面都有应用,直接影响这一单元操作的效率、经济性。

1. 萃取过程溶剂的选择　在萃取过程中,溶剂选择需考虑以下几个问题。

(1)溶解度:不同溶剂对同种化学物质的溶解度是不同的,溶解度的差距可以用分配系数(萃取相与萃余相中溶质浓度之比)来表示,分配系数越大,萃取效果越好。

(2)选择性:所选溶剂应具有一定的选择性,即溶剂对混合液中各组分的溶解能力具有一定的差异。萃取操作中溶剂对溶质的溶解度大,对其他杂质组分的溶解度小,是有利于萃取提纯的。

(3)萃取溶剂与原溶剂的混溶性:一般萃取溶剂和原溶剂应当互不相溶或溶解度很小,才能减少产物在废液中的损失。

(4)萃取溶剂最好还具有化学性质稳定(至少不能与萃取物发生反应),沸点不宜过高,挥发速率较慢,价格便宜,利于回收等特性。

2. 精制过程的溶剂选择　在脱色、洗涤过程中,溶剂的选择也很重要,需要注意的细节主要包括:使用活性炭脱色时,因溶剂对杂质的溶解性不同,使得活性炭在不同的溶剂中的选择性、效率不同;洗涤溶剂要考虑对杂质的溶解度大同时对产品的溶解度小,以及洗涤溶剂要容易干燥等因素。

(三) 重结晶溶剂的选择

1. 溶剂选择依据　药品和中间体必须符合相关质量标准的规定,其外观、性状、含量、有关物质等指标都有比较严格的要求。成品往往需要经过精制,以除去由原辅料和反应带来的杂质,这个精制过程可以是萃取、重结晶、过滤、洗涤和干燥等单元操作。

重结晶是除去固体产品中含有的少量杂质的有效方法之一,经常成为精制过程的核心步骤。重结晶的一般过程是:使提纯物(待结晶物料)在一定条件下,溶解到合适的溶剂或混合溶剂中,再通过萃取、脱色、过滤等方法除去溶液中的杂质,然后改变溶液的条件,使精制物料结晶出来。

在选择溶剂时必须了解提纯物(溶质)的结构,因为溶质往往易溶于与其结构相近的溶剂中。极性物质易溶于极性溶剂,而难溶于非极性溶剂中;相反,非极性物质易溶于非极性溶剂,而难溶于极性溶剂中。溶解度的规律对科学实验和生产实践都有一定的指导作用,但溶剂的最终选择,只能通过试验的方法来决定。

选择重结晶溶剂也要注意溶剂对杂质的影响。有时溶液中所含的杂质会影响晶体的外形(晶型)。例如,氯化钠以纯水作为重结晶溶剂时,得到的结晶为立方体,但如水中含有少量尿素,就会得到八面体的结晶。对药物而言,即使是同种化合物,不同晶体形状的稳定性和药理作用也未必相同。

2. 溶剂的要求与选择方法　选择重结晶溶剂要考虑对提纯物的溶解度、对杂质的溶解度、安全性、经济性、回收的难易程度以及回收费用等诸多方面。理想的重结晶溶剂应具备以下特点。

(1)不与提纯物反应:例如酯类化合物不宜用作醇类或酸类化合物结晶和重结晶的溶剂,也不宜用作氨基酸、盐酸盐结晶和重结晶的溶剂。

（2）容易与提纯物分离：在不同操作条件（如温度、pH）下，对提纯物的溶解度有显著的变化，但对杂质的溶解度很小（可以通过过滤溶液除去）或很大（可以通过结晶将杂质被甩在母液中除去）。

（3）溶剂的沸点合适：一般来说，沸点过低溶剂的操作消耗高；沸点过高难以除去晶体表面吸附的溶剂。药品的残留溶剂不但无治疗作用，还可能危害人体健康，造成环境污染。

（4）来源广泛，价格便宜。

（5）利于回收与综合利用，对环境污染小。

（6）使用安全：制药工业使用的溶剂，不仅要考虑溶剂的毒性、易燃易爆特性，还要考虑溶剂的毒性和药品中残留的可能性。

要使重结晶得到的产品纯且回收率高，溶剂的用量多少相当重要。用量过少，影响提纯物和杂质的溶解，会影响产品的纯度和损失产品；用量太多，则被提纯物残留在母液中的量太多，损失大。因此，可以使用试验方法确定重结晶溶剂的使用量。试验方案的初始用量，一般可比按溶解度计算得出的理论量高 20%~100%。

在重结晶时有时会使用混合溶剂。混合溶剂就是把对此物质溶解度很大的和溶解度很小的而又能互溶的两种溶剂混合起来，这样可获得新的良好的溶解性能。有时使用混合溶剂确实可以改善提纯物的溶解状态，或者降低溶剂的使用成本，但从溶剂回收的角度来说，如能使用单一溶剂，最好不用混合溶剂作重结晶。所以在选择溶剂时对整个重结晶过程的经济性要全面考虑。

药品有比较高的价值，在重结晶后，应该考虑母液回收的问题，即通过浓缩等方法，把溶解在溶剂中的提纯物回收回来。因此在选择重结晶溶剂时，还应当考虑避免给母液浓缩回收带来麻烦。例如，如母液回收采用蒸发浓缩的方法，就要避免使用高沸点溶剂，如只能采用膜浓缩的方法进行母液回收，就要考虑到膜对有机溶剂的耐受性，尽量避免有机溶剂的使用。

▶▶ 边学边练

关于溶剂选择的技能训练，见能力训练项目 2　维生素 C 的精制。

三、水和水的选用

在药品制造过程中，水是经常选用的重结晶溶剂。但药品生产对各种级别水的选用是受到法规约束的。作为原材料，水在不同的药品生产阶段，需要满足不同的质量要求。

ER-1-11　GMP 对制药用水的储存、保护、输送要求

ER-1-12　各国药典对注射用水的要求

制药厂用水一般分为饮用水、纯化水、注射用水三个级别。饮用水的质量，在 WHO 的饮用水指南以及各国和各地区均有标准，在我国，饮用水应符合《中华人民共和国国家标准生活饮用水卫生标准》的相关规定。纯化水通常由饮用水通过离子交换、反渗透、蒸馏等方法制备，除应符合药典理

化标准和微生物限度外,还要求在储存和使用过程中避免污染和微生物的滋生。《中国药典》(2015年版)规定注射用水为纯化水经蒸馏所得的水。

药厂的水系统一般由水处理、储存、分配和使用环节构成,每个环节都必须采取措施,使水的质量符合标准。在实施 GMP 时,特别关注采取消毒和防止微生物滋生措施,保证纯化水、注射用水的微生物学质量。注射用水是制药行业最高级别的用水,因给药途径的特殊性,质量要求也极其严格,使用纯化水蒸馏制备的注射用水是比较可靠的。各级水在原料药生产中的选用原则见表 1-4 所示。

表 1-4 饮用水、纯化水和注射用水在原料药生产中的选用

水的级别	原料药生产中的使用建议
饮用水	(1)所有步骤的工艺:如原料药或使用该原料药的药品不需要无菌或无热原。 (2)原料药最终分离和纯化前的工艺步骤:如原料药或使用该原料药的药品不需要无菌或无热原
纯化水	最后的分离和纯化,如果原料药符合: ——无菌,胃肠道给药制剂; ——非无菌,但主要用于无菌的注射产品中; ——非无菌,但主要用于无菌的注射药品中
注射用水	无菌无热原的原料药的最后分离和纯化

非无菌原料药(API)用于生产无菌制剂时,应对内毒素及微生物加以控制。如果采用无菌制造工艺,即无最终灭菌工艺的产品,如无菌原料药及制剂最后步骤采用的纯化水必须是无菌的。

四、药物中残留溶剂的限制

药物中的残留溶剂系指在原料药或辅料的生产中以及在制剂制备过程中使用或产生而又未能完全去除的有机溶剂。很多有机溶剂对环境、人体都有一定的危害。为保障药物的质量和用药安全,以及保护环境,需要对残留溶剂进行研究和控制。

影响终产物中残留溶剂水平的因素较多,主要有:合成路线的长短,有机溶剂在其中使用的步骤,后续步骤中使用的有机溶剂对之前使用的溶剂的影响,中间体的纯化方法、干燥条件,终产品精制方法和条件等等。

不同种类的制剂因给药方式和作用原理不同,残留溶剂的要求也有所不同,如注射剂与某些局部使用的皮肤用制剂相比,残留溶剂的要求就更严格。

按有机溶剂的毒性和对环境的危害,ICH(人用药物注册技术要求国际协调会,International Conference on Harmonization of Technical Requirements for Registration of Pharmaceuticals for Human Use,ICH)将有机溶剂分为避免使用、限制使用、低毒和毒性依据尚不足四种情况:第一类溶剂是指人体致癌物、疑为人体致癌物或环境危害物的有机溶剂。因其具有不可接受的毒性或对环境造成公害,在原料药、辅料以及制剂生产中应该避免使用。第二类溶剂是指有非遗传毒性致癌(动物实验),或可能导致其他不可逆毒性(如神经毒性或致畸性),或可能具有其他严重的但可逆毒性的有机溶剂。此类溶剂具有一定的毒性,但和第一类溶剂相比毒性较小,建议限制使用。第三类溶剂是 GMP 或其他质量要求限制使用、对人体低毒的溶剂。这类溶剂属于低毒性溶剂,对人体或环境的危害较小,建

议可仅对在终产品精制过程中使用的第三类溶剂进行残留量研究。除上述这三类溶剂外,在药物、辅料和药品生产过程中使用的一些溶剂尚无基于每日允许剂量的毒理学资料,如需在生产中使用这些溶剂,必须证明其合理性。

ER-1-13　药物中常用溶剂残留限度

ER-1-14　各国对药品残留溶剂的要求

点滴积累 ∨

1. 药品生产过程,反应、分离、精制各阶段都需要溶剂,选择溶剂很重要。

2. 在反应阶段,溶剂影响反应速度、反应方向、产品构型等。

3. 重结晶的关键是选择合适的溶剂。

4. 制药厂用水一般分为饮用水、纯化水、注射用水三个级别。

第五节　催化剂的使用

在药物合成反应中,需要使用催化剂的化学反应约占 80% ~ 85%。催化剂只能加速热力学过程,加速达到平衡的进程,但无法改变化学平衡。催化剂可以使反应的活化能大大降低,使得一些原本需要激烈条件(如高温、高压等)才能发生的反应在较温和的条件下即可发生,因此大大加快了反应速率。随着现代制药工业的发展,催化剂的种类、形式越来越丰富,除了传统的固体催化剂、酸碱催化剂之外,酶催化剂、相转移催化剂也得到了广泛使用。

▶▶ 课堂活动

蒸馒头、烤面包发面需要酵母,酿酒需要酒曲,制作豆酱需要加米曲酶(酱曲)……你知道酵母、酒曲、米曲酶……的作用吗? 不加可以吗?

一、固体催化剂

(一) 固体催化剂的性能

催化剂是否适用,主要是从以下三个方面作出评价:催化剂的活性、催化剂的选择性、催化剂的稳定性和寿命。这三项指标影响着生产过程的技术经济性,是在选择催化剂时必须慎重考察的。

1. **催化剂的活性**　催化剂的活性是指催化剂加速反应的能力,通俗地说就是催化剂的工作效率。习惯上以每单位质量或容积的催化剂在单位时间内转化反应物的负荷(即数量)来表示,其单位是 kg/(kg·h),或 L/(L·h)。负荷是连续生产评价催化剂的主要参数之一。

生产中应尽量使实际负荷接近催化剂的额定负荷,负荷不满,会降低催化剂的使用效率,生产能力降低;负荷过高,易使反应转化不完全。

在间歇操作中,也要进行催化剂的活性考察,基本方法是,用相同数量的两种催化剂,进行平行试验,检查达到反应终点的时间,反应时间较短的催化剂活性较好。

2. 催化剂的选择性 催化剂的选择性是指在能够发生多个反应的体系中,同一催化剂对不同反应催化能力的比较。人们总是希望提高催化剂的选择性,以使原料向指定的方向进行,减少副反应的发生。催化剂的选择性通常用目标产物的转化率来表示,即消耗指定原料后,实际生成产物与理论生成产物的摩尔比。因此催化剂加速主反应、抑制副反应的能力越强,说明其选择性越高,技术经济性能越好。

3. 催化剂的稳定性和寿命 催化剂的稳定性是,在使用条件下,催化剂保持活性和选择性的能力,主要指对催化剂毒物的稳定性。在实际的生产操作过程中,催化剂不可避免地会被物料中的杂质污染或者破坏——有的杂质可能造成催化剂中毒;有的杂质可能会附着在催化剂表面,减少催化剂的有效表面积;在搅拌、物料摩擦等作用下,催化剂(或者其载体)的机械性能被破坏等,都是造成催化剂性能下降的原因。

在实际使用过程中,催化剂活性会随时间变化,图1-2是催化剂活性变化示意图。催化剂的活性变化可以用三个时期表示:诱导期(Ⅰ)、稳定期(Ⅱ)和衰退期(Ⅲ)。在诱导期(Ⅰ)催化剂刚刚进入反应环境,催化效率没有达到最佳;很快催化剂的活性会稳定在比较高的水平,进入稳定期(Ⅱ)。随着使用过程中的物理、化学作用,催化剂逐渐被破坏和污染,活性开始下降,最终失活。

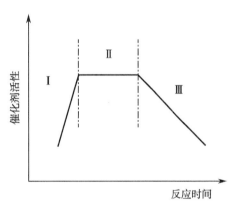

图1-2 催化剂活性变化示意图

因催化剂表面污染而导致催化活性下降的,可以通过再生方法恢复活性。催化剂从开始使用,到因活性下降需要再生的时间成为再生周期。防止催化剂中毒的一般措施是依靠控制原材料的质量,尽可能避免引入催化剂毒物。

在酶催化反应中,洗涤是保养催化剂的必要步骤。如在使用青霉素酰化酶进行青霉素的裂解反应生产过程中,完成每批裂解后,都要进行酶的洗涤,目的就是除去附着在酶表面的杂质。

催化剂从开始使用到完全失去活性的期限叫作催化剂寿命。在使用一些昂贵的催化剂时,催化剂的成本会成为产品成本构成中的主要项目之一,因此催化剂寿命是催化剂的主要经济指标。

(二) 影响催化剂活性的因素

1. 温度 温度对催化剂活性的影响很大,一般催化剂都有自己的活性温度范围,温度过低时催化剂的活性小,反应速率慢;温度过高时催化剂的活性也被破坏。特别是酶催化剂,过高和过低的温度会彻底破坏酶的活性。

有时催化剂对主反应和副反应均有催化作用,但在不同的温度下,对两种反应的催化效率不相同,这时,可以通过控制温度影响反应方向。

2. 催化剂中毒 对催化剂的活性具有抑制作用的物质叫作催化剂毒物。即使系统中只有微量的催化剂毒物,也有可能使催化剂完全失效。为了避免催化剂失效,可以对反应物料进行预处理。例如,胺类是某反应的催化剂毒物,在反应前可对反应物进行酸洗,使胺类成盐脱离有机相。经过预处理后再进行催化反应。

3. 载体　为了减少催化剂的损失,增加机械强度,或者增加催化剂的比表面积,延长使用寿命,催化剂可以被附着在一些惰性物质上,这些惰性物质就成为催化剂的载体。常见的催化剂载体有活性炭、硅藻土、树脂、硅胶、氧化铝等表面积较大的物质。通过载体增大有效面积,可以提高催化剂的使用效率,节约催化剂的用量。

(三) 固体催化剂的选择与要求

固体催化剂在药物合成上有比较广泛的应用,在氧化、还原、酯化等重要的化学反应中经常使用。

尽管均相催化剂的催化效率比非均相催化效率高,有的甚至可以达到1000倍以上,使用固体催化剂与反应物进行非均相反应,仍然因其自身的一些优势,深受欢迎,如生成物与催化剂容易分离,后处理工艺简易;催化剂能够回收循环使用,节约催化剂的用量;容易使催化剂在常态下稳定,例如钯催化剂 $Pd[P(Ph)]_3]_4$ 在空气中容易被氧化,以功能基化的有机高分子作为载体的钯催化剂则稳定。特别是对于高成本催化剂(如贵金属类),使用非均相反应具有明显的优势。

非均相催化反应过程可以看作以下连续的五个步骤:反应物向催化剂表面扩散;反应物附着在催化剂表面(包括物理吸附和化学吸附);反应物在催化剂表面发生化学反应,生成产物;产物从催化剂表面向介质中扩散。

由以上过程可以看出,我们在选择固体催化剂时,需要关注的固体催化剂的性质指标包括:比表面积、孔隙度、孔直径、粒子大小、机械强度、导热性质和稳定性等。

机械强度、稳定性等性质关系到催化剂的寿命。例如在流化床中催化剂会在流态化物料中剧烈运动,磨损是比较大的,要求催化剂有很高的机械强度。

由于重复使用,固体催化剂也要求具有很好稳定性。对于热稳定性而言,不同温度下,固体催化剂表现的机械强度与温度对其微观结构的影响有关。固体催化剂从常温到高温,要脱除吸附的水及其他吸附物。催化剂的体积先膨胀后发生收缩:先是,含有水分的毛细管受热膨胀,加热使水分不断蒸发离去时,毛细管受到巨大的毛细压力被压缩或压碎。再如早期使用骨架镍作为加氢催化剂,干燥状态下本身在空气中就会自燃,只好保存在水中。后来人们进行部分钝化改性,使其不致自燃又保留足够的活性,以方便使用。

催化剂的比表面积、孔隙度、孔直径等指标,关系到催化剂的活性。催化剂的比表面积越大,接触反应物的机会越多,越有利于反应,表现的活性就越强。孔直径越大,反应速率越大。

(四) 氢化催化剂

催化氢化是应用最广的一种还原技术,而用于氢化还原的催化剂种类繁多,大约有百余种,最常用的是金属镍、铂、钯。

1. 镍催化剂　由于其制备方法和活性的不同可分为多种类型,主要有 Raney Ni、载体镍、还原镍和硼化镍。

Raney Ni 又称活性镍,为最常用的氢化催化剂,具有多孔海绵状结构的金属镍微粒。在中性和弱碱性条件下,可用于炔键、烯键、硝基、氰基、羰基等的氢化。在酸性条件下活性降低,如 pH<3 时则活性消失。

Raney Ni 的制备是将铝镍合金粉末加入一定浓度的氢氧化钠溶液中,使合金中的铝形成铝酸钠而除去,而得到比表面很大的多孔状骨架镍。

$$2Ni\text{-}Al+6NaOH \longrightarrow 2Ni+2Na_3AlO_3+3H_2\uparrow$$

2. 钯催化剂 钯催化剂可在酸性、中性或碱性介质中使用,但碱性介质中催化活性稍低。使用钯催化剂进行的催化氢化可在较低温度和较低压力下进行,作用温和,具有一定的选择性,适用于多种化合物的选择性还原。在温和条件下,对炔、烯、肟、硝基及芳环侧链上的不饱和键有很高的催化活性,而对羰基、苯环、氰基等的还原几乎没有活性。钯具有很高的氢解性能,是最好的脱卤、脱苄催化剂。

钯催化剂通常制成氧化钯、钯黑和载体钯三种类型。

(1)氧化钯催化剂:将氯化钯与硝酸钠混合均匀,熔融分解,制得氧化钯催化剂。

$$2PdCl_2+4NaNO_3 \xrightarrow{270\text{-}280℃} 2PdO+4NaCl+4NO_2+O_2\uparrow$$

(2)钯黑:钯的水溶性盐类经还原而成的极细金属粉末,呈黑色,故称钯黑,常用的还原剂可以是氢气、甲醛、甲酸、硼氢化钾、肼等。

$$PdCl_2+H_2 \longrightarrow Pd\downarrow+2HCl$$

$$PdCl_2 \xrightarrow{2HCl} H_2PdCl_4 \xrightarrow{NaOH} Na_2PdCl_4$$

$$16PdCl_2+4KBH_4+30NaOH \longrightarrow 16Pd+K_2B_4O_7+2KCl+30NaCl+23H_2O$$

(3)载体钯:载体是催化剂的重要组成部分。载体是一些具有很大表面积、一般无催化活性的物质。载体不仅是活性成分的骨架,而且增加催化剂的强度,影响催化剂的活性和选择性。

用钯盐水溶液浸渍或吸附于载体上,再经还原剂(H_2、HCHO、KBH_4 等)处理,使其还原成金属微粒,经洗涤、干燥,可得到载体钯催化剂。使用时,不需活化处理。

3. 铂催化剂 铂催化剂是活性最强的催化剂之一。该类催化剂适合于中性或酸性反应条件,在酸性介质中活性高,反应条件温和,常用于烯键、羰基、亚胺、肟、芳香硝基及芳环的氢化或氢解,但与钯催化剂相比,不易发生双键的移位。常用的铂催化剂有氧化铂、铂黑和载体铂。

(1)氧化铂:将氯铂酸铵与硝酸钠混合均匀后灼热熔融,氧化过程中有大量二氧化氮放出,经洗涤等处理后即得氧化铂催化剂。使用时,应先通入氢气使其还原为铂黑,然后再投入底物反应。

$$(NH_4)_2PtCl_6+4NaNO_3 \xrightarrow{500\text{-}1000℃} PtO_2+4NaCl+2NH_4Cl+4NO_2\uparrow+O_2\uparrow$$

(2)铂黑:铂的水溶性盐经还原而得到的极细金属粉末,呈黑色,故称铂黑。如在水或醋酸溶液中,常温常压下以氢气还原铂酸钠或氯铂酸,即得铂黑。用甲醛或硼氢化钠作还原剂,也能将氯铂酸还原成铂黑。

$$H_2PtCl_6+2H_2 \longrightarrow Pt\downarrow+6HCl$$

$$H_2PtCl_6+2NaOH \longrightarrow Na_2PtCl_6+2H_2O$$

$$Na_2PtCl_6+2HCHO+6NaOH \longrightarrow Pt\downarrow +2HCOONa+6NaCl+4H_2O$$

（3）载体铂：将铂黑吸附在载体上即制成载体铂。用氯铂酸盐水溶液浸渍石棉、硅藻土、活性炭和碳酸钙等载体，再用氢气还原，生成的金属微粒吸附在载体上，再经适当处理，就可制成载体铂。载体铂表现出更高的催化活性。常用的载体铂有铂-碳、铂-石棉等。

知识链接

催化氢化还原反应的特点

由于催化氢化技术具备以下特点，使其在医药工业的研究和生产中得到广泛应用。

1. 还原范围广，反应活性高，速度快，能有效地还原作用物中的多种不饱和基团。

2. 选择性好，在一定条件下可优先选择还原对催化氢化活性高的基团。

3. 反应条件温和，操作方便，相当一部分反应可在中性介质中，于常温条件下进行。

4. 经济适用，反应时不需要其他还原剂，只加少量的催化剂，使用廉价氢即可，适合于大规模连续生产，易于自动控制。

5. 后处理方便，反应完毕，滤除催化剂蒸出溶剂即可，且干净无污染。

二、酸、碱催化剂

通常，催化反应是将反应过程分成几步降低活化能。催化剂必须容易与反应物之一作用，形成活泼的中间络合物，即容易与另一反应物发生作用，重新释放出催化剂。对于许多极性分子间的反应，容易放出质子或接受质子的物质，如酸碱很符合这个条件，故而成为良好的催化剂。酸碱催化反应不仅限于 H^+ 和 OH^-，广义的酸碱（Lewis 酸和 Lewis 碱）也可以充当酸碱催化剂。

ER-1-15
不同官能团氢化选择性

（一）酸性催化剂

酸催化的作用是它可以使基团质子化，转化成碳上带有更大正电性、更容易受亲核试剂进攻的基团，从而加速反应进行。

ER-1-16
Lewis 酸

路易斯酸　　　　　　　　质子溶剂

醇、醚、酮、酯以及一些含氮化合物中，都有一个带有剩余负电荷、容易接受质子的原子（如氧、氮等）或基团，它们与酸催化剂先是结合成为一个中间的络合物，进一步起反应，诱发产生正碳离子或其他元素的正离子或活化分子，最后得到产品。

常用的酸性催化剂有无机酸，如盐酸、氢溴酸、氢碘酸、硫酸、磷酸等，因浓硫酸具有强烈的脱水和氧化作用,限制了使用范围;有机酸,如对甲苯磺酸、草酸、磺基水杨酸等。

在无水条件下,常用的 Lewis 酸类催化剂,有 $AlCl_3$、$ZnCl_2$、$FeCl_3$、$SnCl_4$、BF_3、$TiCl_4$ 等。$AlCl_3$ 和 $FeCl_3$ 因价格便宜,催化活性较强,比较常用,但 $FeCl_3$ 商品有时会带有结晶水,可能会影响催化,甚至造成副反应,在使用时必须注意。

在不同类型的反应中酸性催化剂表现出催化能力是不相同的。例如在芳烃的烃化反应中,各种 Lewis 酸催化剂的催化能力顺序为:$AlBr_3 > AlCl_3 > SbCl_5 > FeCl_3 > SnCl_4 > TiCl_4 > BiCl_3 > ZnCl_2$,但在 C-酰化反应中,Lewis 酸催化剂的催化能力顺序则是:$AlBr_3 > AlCl_3 > FeCl_3 > ZnCl_2 > SnCl_4 > TiCl_4 > SbCl_5 > BiCl_3$。因此对于具体反应要作具体的选择。

（二）碱性催化剂

碱催化作用是使较弱的亲核试剂转化成亲核性较强的亲核试剂,从而加速反应。在碱催化的反应中,碱是质子的接受者,那些能被碱催化的反应物必须是容易把质子转移给碱而形成中间络合物的分子,所以它们经常是一些有氢原子的化合物。在 $>C=O$、$-COOR$、$-CN$、$-NO_2$ 等基团旁边的 α-碳原子上的氢(α-氢原子)常呈现这种活泼性。所以这类化合物,常可以用碱来诱发生成负碳离子,以此来推动反应的进行。

碱性催化剂有:金属的氢氧化物、强碱弱酸盐、有机碱、醇钠和金属有机化合物。金属的氢氧化物一般使用 NaOH、KOH、$Ca(OH)_2$ 等;弱酸强碱盐类有 Na_2CO_3、Na_2HCO_3、K_2CO_3、CH_3COONa;有机碱常用吡啶、氨基吡啶、乙醇钠、三乙胺等;醇钠有乙醇钠、甲醇钠、叔丁醇钠等,在醇钠当中,碱性顺序为叔醇钠>仲醇钠>伯醇钠;有机金属化合物的碱性更强,与含有活泼氢的化合物反应往往不可逆。

（三）强酸型离子交换树脂和强碱型阴离子交换树脂

除了以上酸碱催化剂以外,还使用强酸型离子交换树脂和强碱型阴离子交换树脂代替酸碱催化剂催化反应。树脂作为催化剂的优点是催化性能有可能更好,产物与催化剂的分离比较简单,操作简便,易于实现自动化控制。

例如 Vesley 酰化法就是采用强酸型离子交换树脂加硫酸钙法,获得了高速度、高收率的结果。Vesley 酰化法用于制备乙酸甲酯时,在同样配比的条件下,使用对甲苯磺酸为催化剂进行反应,14 小时的收率为 82%,而使用 Vesley 酰化法反应仅 10 分钟收率就可以达到 98%。

$$CH_3COOH + CH_3OH \xrightarrow[10min]{Vesley\ 法} CH_3COOCH_3(98\%)$$

三、相转移催化反应及催化剂

在药物合成中,经常遇到两种互不相溶的物质反应的情况,由于反应物处于不同的相中,所以这类反应速度慢、效率低。通常实验室的解决办法是加入一种溶剂,将两种物质溶解,但这样有时效果并不理想。因为,若选用质子溶剂,质子溶剂能与负离子发生溶剂化作用,使反应活性降低,并伴有副反应;若选用极性非质子性溶剂(如 DMF、DMSO、HMPT、乙腈、硝基甲烷等),效果虽然好,但存在溶剂价格昂贵、不易回收以及后处理麻烦等缺点。并且工业上为节约成本,最好不加或使用成本较低的溶剂,相转移催化技术提供了解决的方法。

ER-1-17
相转移催化
剂的优点

（一）相转移催化原理

两个分子发生反应最起码的条件是分子间必须发生碰撞。如果两分子不接触,不管其中一分子的动能有多大,也无法与另一分子发生反应。例如,对1-氯辛烷与氰化钠水溶液的两相混合物进行充分加热并搅拌,即使长达几天,壬腈的收率也为零。但若加少量适宜的季铵盐或季磷盐,回流1~2小时后即可生成定量收率的壬腈。

$$C_8H_{17}Cl+NaCN \longrightarrow C_8H_{17}CN+NaCl$$

有机相　水相　　有机相　水相

这里的季铵盐或季磷盐被称为相转移催化剂(phase transfer catalyst,以下简称PTC)。它的作用是使一种反应物由一相转移到另一相中,促使一个可溶于有机溶剂的底物和一个不溶于此溶剂的离子型试剂两者之间发生反应。应用了相转移催化剂的反应统称为相转移催化反应。

不同的相转移催化反应机制不完全相同,但其中的共同点是靠催化剂在两相之间不断来回运输,把反应物从一相转移到另一相(通常以离子对的形式),使原来分别处于两相的反应物能够频繁地碰撞而发生反应。

以季铵盐或季磷盐作PTC催化上述反应为例,其催化作用是这样的:首先有一个互不相溶的二相系统,其中一相(一般是水相)含有亲核试剂的盐类;另一相为有机相,其中含有与上述盐类起反应的有机作用物。因为含盐类的那一相不溶于含有机作用物的这一相,因此,如果在两相的界面无任何作用就不会发生反应。在该体系中加入相转移催化剂,一般加入季铵、季磷的卤化物或硫酸氢盐,这些物质的阳离子是亲油性的,它既可溶于水相又可溶于油相。当在水相中接触到分布在其中的盐类时,水溶液中过剩的阴离子便与PTC中的阴离子进行交换。上述阴离子交换过程可用下式表示:

$$Q^+X^-+Na^+CN^- \rightleftharpoons Q^+CN^-+Na^+X^-$$

水相　　水相　　　　水相　　水相

式中Q(quaternary salt)表示季盐。可是,如果阴离子的交换仅限于上式的话,还不能称为阴离子交换。具有亲核作用的阴离子(CN⁻)一定要与Q⁺形成离子对,并且必须萃取入有机相。因此,要使PTC很好起作用的条件是第二个平衡,这种平衡如下式:

$$Q^+CN^- \rightleftharpoons Q^+CN^-$$

水相　　　　有机相

亲核试剂一旦进入有机相,便发生取代反应而形成产物。这种反应可用下述循环图表示:

$$1\text{-}C_8H_{17}X + Q^+CN^- \rightleftharpoons {}^1\text{-}C_8H_{17}CN + Q^+X^- \quad \text{有机相}$$

——————————————————————————相界面

$$NaX + Q^+CN^- \rightleftharpoons NaCN + Q^+X^- \quad \text{水相}$$

在循环中,有机相中所生成的离子对(Q⁺X⁻)不一定非要和一开始作为PTC而加入的离子对一样,只要在溶液中存在亲油性阳离子(Q⁺),而X⁻只要是能与CN⁻进行交换的阴离子就可以了。

（二）相转移催化剂

1. 相转移催化剂的要求　相转移催化剂的作用,主要是在两相系统中与反应物形成离子对而进入有机溶剂中,避免了反应物由于质子溶剂的溶剂化作用,从而加速了反应的进行。作为相转移催化剂具有下列性能:

（1）首先应具备形成离子对的条件,即结构中含有阳离子部分便于与阴离子形成有机离子对,或者能与反应物形成复合离子。前者属季盐类,常用季铵盐（$R_4N^+X^-$）、季磷盐（$R_4P^+X^-$）、季砷盐（$R_4As^+X^-$）等;后者属于聚醚类化合物,它们可借分子中许多氧原子上的孤对电子与阳离子形成复合物而溶于有机相。

（2）无论是季盐或聚醚,必须有足够的碳原子,以便使形成的离子对具有亲有机溶剂的能力。

（3）R 的结构位阻应尽可能小,因此 R 基为直链居多。

（4）在反应条件下,应是化学稳定的,并便于回收。

2. 常用的相转移催化剂　常用的相转移催化剂有季盐类、冠醚和非环多醚等三大类,其中应用最早并且最常用的为季盐类。与冠醚类催化剂相比,季盐类催化剂适用于液-液和液-固体系,季盐能适用于所有的正离子,而冠醚类则具有明显的选择性;季盐价廉而冠醚昂贵,季盐毒性小而冠醚毒性大。季盐在有机溶剂中可以各种比例溶解,故季盐的应用更加广泛。

ER-1-18
三类相转移
催化剂性质
比较

（1）季盐类:季盐类相转移催化剂由中心原子、中心原子上的取代基和负离子三部分组成。季铵盐是应用最广泛的一类催化剂,结构（$R_4N^+X^-$）中 4 个烷基的总碳原子数一般应大于 12,R 基一般为 $C_2 \sim C_{16}$ 左右。常用的季铵盐及其缩写如表 1-5 所示。

表 1-5　常用季铵盐相转移催化剂及其英文缩写

催化剂	英文缩写名	催化剂	英文缩写名
$(CH_3)_4NBr$	TMAB	$(C_8H_{17})_3NCH_3Cl$	TOMAC
$(C_3H_7)_4NBr$	TPAB	$C_6H_{13}N(C_2H_5)_3Br$	HTEAB
$(C_4H_9)_4NBr$	TBAB	$C_8H_{17}N(C_2H_5)_3Br$	OTEAB
$(C_4H_9)_4NI$	TBAI	$C_{10}H_{21}N(C_2H_5)_3Br$	DTEAB
$(C_4H_9)_4NCl$	TBAC	$C_{12}H_{25}N(C_2H_5)_3Br$	LTEAB
$(C_2H_5)_3C_6H_5CH_2NCl$	TEBAC	$C_{16}H_{33}N(C_2H_5)_3Br$	CTEAB
$(C_2H_5)_3C_6H_5CH_2NBr$	TEBAB	$C_{16}H_{33}N(CH_3)_3Br$	CTMAB
$(C_4H_9)_4NHSO_4$	TBAHS	$(C_8H_{17})_3NCH_3Br$	TOMAC

（2）冠醚类:冠醚类也称非离子型相转移催化剂,它具有特殊的复合性能,能与碱金属形成复合物。冠醚的氧原子上的孤对电子位于环的内侧,当适合于环的大小的金属正离子进入环内时,由于偶极形成,电负性大的氧原子和金属正离子借静电吸引而形成复合物。疏水性的亚甲基均匀地排列在环的外侧,使金属复合物仍能溶于非极性有机溶剂中,这样就使原来与金属离子结合的负离子形成非溶剂化的负离子,即"裸负离子",这种负离子在非极性溶剂中,具有较高的化学活性。例如,18-

冠-6可以非常迅速地催化下列两相反应,可用固体氰化钾或其水溶液,冠醚通过与K⁺络合,将整个KCN分子转移至有机相中。

$$^1-C_8H_{17}Cl + KCN \xrightarrow{\text{18-冠-6}} {}^1-C_8H_{17}CN + KCl$$

有机相　　水相或固相　　　　　　　有机相　　水相或固相

常用的相转移催化剂如下:

18-冠-6　　　　　　　　　　二环己基-18-冠-6　　　　　　　　二苯基-18-冠-6

其中,以18-冠-6应用最广,二苯基18-冠-6在有机溶剂中溶解度小,因而在应用上受到限制。一般无机盐不溶于非极性或极性小的有机溶剂中,例如KF、KMnO₄等,但当加入这些冠醚催化剂后,即分别形成复合物而溶于有机溶剂中,并形成F⁻或MnO₄⁻的"裸负离子",具有很高的反应活性,可进行置换、氧化等反应。

(3)非环多醚类:近年来发展的非环多醚或开链聚醚类相转移催化剂,是一类非离子型表面活性剂。非环多醚为中性配体,具有价格低、稳定性好、合成方便等优点。主要有如下几种类型:

聚乙二醇:$HO(CH_2CH_2O)_nH$

聚乙二醇脂肪醚:$C_{12}H_{25}O(CH_2CH_2O)_nH$

聚乙二醇烷基苯醚:$C_3H_7-C_6H_4-O(CH_2CH_2O)_nH$

非环多醚类可以折叠成螺旋型结构,与冠醚的固定结构不同,可折叠为不同大小,可以与不同直径的金属离子复合。催化效果与聚合度有关,聚合度增加催化效果提高,但总的来说催化效果比冠醚差。

ER-1-19　其他相转移催化剂及应用

四、酶催化剂

酶是生物体活细胞产生的具有特殊催化功能的蛋白质。酶催化剂与传统化学催化剂相比,由于生物酶催化剂具有优良的化学选择性、区域选择性、立体选择性和高效的催化性、反应条件温和等优点,在一定条件下利用生物酶作催化剂可顺利地实现有机物的生物转化和合成,在改善合成制药的安全性、提高反应收率、简化加工工序、节约能源、降低成本和减少环境污染等方面起到了积极的作用。

(一)酶催化剂的特点

1. 催化效率高　酶催化的反应效率可以达到非催化的$10^8 \sim 10^{20}$倍,使用酶催化可以达到极高的转化率,甚至可以达到化学定量的配比。

2. 选择性强 具有高度的专一性。酶在一定的条件下,只能催化一种或一类化学反应。例如青霉素酰化酶在 pH=8 左右碱性的条件下,只能催化青霉素和头孢菌素 C 水解,对其他类似反应没有催化作用。酶的专一性是其与其他催化剂的主要区别之一,也是酶催化的一个重要优点。

3. 反应条件温和 酶催化的化学反应一般都是在常温、常压、接近中性的条件,反应比较温和。这使得酶催化的反应不需温度、压力的苛刻条件,可以节约大量的能源。

4. 可以循环使用 酶催化剂和一般的化学催化剂一样,都是通过降低反应的活化能达到催化的目的。从理论上说,其本身并没有变化,也没有消耗。酶的制造技术越来越成熟,有些酶可以循环使用上百次。

当然,使用酶催化剂也有一些缺点:酶的应用还无法做到广泛,并不是所有的反应都可以使用酶作催化剂的;酶的成本相对较高,其价格远高于一般的化学品;由于酶催化反应条件温和,容易滋生杂菌,污染产品和酶本身;酶的稳定性相对较差,劣质的反应原料、过高或过低的使用温度、过酸或过碱的化学环境、溶剂的污染等都有可能使酶受到致命破坏。

(二)影响酶催化的因素

与一般的催化剂一样,酶催化反应也会受到外部因素的影响。

1. 温度 多数酶的催化活性都受温度的影响,不同种类的酶的适宜温度也不相同。一般,最适合的反应温度在 30~60℃ 之间。在特定的适宜温度范围内,温度升高酶的活性增加,反之,则降低。过高或过低的温度都会使酶变性而失去活性。

2. pH 不同的 pH 对酶的催化反应有不同的影响,有的酶需要合适的 pH 才能"充满活力";另一些在不同的 pH 则会催化不同的反应。

3. 辅酶、活化剂和抑制剂 酶的活化剂和辅酶在与酶结合后能够增强酶的活性,活化剂一般是简单的离子如 K^+、Na^+、Zn^{2+} 等;有些辅酶本身也有较弱的催化能力,在与特定的酶结合后,可以表现出高度专一的催化活性。

4. 物理因素 超声波、紫外线可以破坏蛋白质,酶的活性也会因此受到影响。

(三)酶催化反应器

为了改善酶的使用寿命,人们对酶催化反应的反应器进行了许多尝试,目前应用的反应器种类包括:釜式反应器、固定床反应器、流化床反应器、膜反应器等。

釜式反应器优点是设备结构简单,操作弹性大,适应性强,有较大的灵活性;缺点是生产效率较低,剧烈的搅拌对酶的损伤比较严重。

固定床反应器是在塔式(或管式)反应器中填充固定化酶,作为酶催化反应的容器。使用这种反应器,对酶的磨损消耗小,后处理设备投资低,但固定化成本投资略高,传质和传热效果差。

流化床反应器,一般是从反应器底部通入物料,并保证在一定的液体循环速度下,固定化细胞在固、液相流化体系中处于流化状态维持反应。优点是结构简单,底物和酶混合均匀,没有搅拌形成的高剪切力,能耗小,成本低;主要缺点是高速的流体返混会造成固定化酶颗粒破碎和流失。

膜反应器利用了膜的选择透过作用,反应器同时也是固定化载体。在使用时一般与搅拌罐组成联合反应器；将酶固定在膜表面或微孔内，通过控制膜的两侧压差形成环路，酶催化反应在膜界面上发生，膜作为酶催化反应的反应界面、接触界面和分离界面。其最大优点是能实现酶催化转化、催化剂回收和产品分离一步完成，酶不会受到搅拌等机械力的破坏；缺点是设备投资大，效率低，膜易受污染造成生产能力不稳定。

面对成本、安全和环保压力，酶催化已经越来越受到制药界的重视。国际上的一些制药巨头如DSM、Dobfar 等公司，开发了阿莫西林、头孢氨苄、头孢羟氨苄等传统化学合成药物的酶法工艺，这种绿色合成将是传统的化学合成工业的一次进化，也是今后发展的重要趋势。

点滴积累　ᐯ

1. 固体催化剂的性质指标　比表面积、孔隙度、孔直径、粒子大小、机械强度、导热性质和稳定性等。

2. 影响固体催化剂活性因素　温度、毒剂、载体。

3. 常用的相转移催化剂　季盐类、冠醚、非环多醚。

案例分析

案例

2016 年 8 月 9 日，CFDA 在其官网发布《关于开展药品生产工艺核对工作的公告（征求意见）》。此公告明确提出，"如果药品生产工艺与监管部门核准的生产工艺一致，则可以继续生产或进口，并到当地省级监管部门备案；如果不一致，相关药品生产企业应按照相关文件开展充分的研究验证，经研究验证，生产工艺变化对药品质量产生影响的，企业应立即停产。"

分析

此次指导原则主要是针对拟进行的生产工艺变化所开展的研究验证工作，主要方向为因生产工艺变化可能影响药品的安全性、有效性和质量可控性。覆盖范围为化学原料药生产工艺变更和化学药品制剂生产工艺变更。其中化学原料药生产工艺核查的重点是原料药生产过程的关键控制参数，主要涉及的范围包括：

1. 操作过程　反应物配料比、反应温度、反应压力、真空度、反应时间、加料次序、反应时限等。

2. 关键工艺参数　工序名称、工艺参数、控制范围。

3. 中间体、产品粗品质量标准及控制方法　中间体名称、检测项目、分析方法、质量标准。

公告要求，药品生产企业应于 2017 年 6 月 30 日前完成该产品生产工艺的研究验证，提交补充申请等相关工作，其他暂不生产品种应于 2017 年 12 月 31 日前完成上述工作；未按时完成的，应停止生产。

药品生产工艺核对工作是监管部门对药品质量把关趋严的举措，彰显了监管部门对于提升药品质量和安全性的决心。这一系列的政策肯定会驱动并加速质量低下药品的消亡，促进医药行业的洗牌和集中度的提升，可进一步规范药品生产各环节，使药品质量更加有保证。

目标检测

一、选择题

（一）单项选择题

1. 某反应温度为 180℃ ,则宜选择的加热剂为

    A. 低压饱和水蒸气　　　B. 导热油　　　　　　C. 熔盐　　　　　　　D. 烟道气

2. 下列关于可逆反应的说法错误的是

    A. 正反应速率随时间逐渐减小

    B. 逆反应速率随时间逐渐减小

    C. 增加反应物的浓度正反应速率增加

    D. 正逆反应速率相等时反应物与生成物的浓度不再变化

3. 温度对化学平衡影响说法正确的是

    A. 对于吸热反应,温度的升高有利于产物的生成

    B. 对于吸热反应,温度降低有利于产物的生成

    C. 对于放热反应,温度升高有利于产物的生成

    D. 对于放热反应,温度降低不利于产物的生成

4. 关于催化剂说法正确的是

    A. 催化剂能改变化学平衡　　　　　　B. 催化剂能加速热力学上无法进行的反应

    C. 催化剂能改变化学反应速率　　　　D. 催化剂对反应无选择性

5. 影响催化剂活性的主要因素不包括

    A. 温度　　　　　　　B. 助催化剂　　　　　C. 载体和催化毒物　　D. 时间

6. 工业生产对催化剂的要求是

    A. 活性不高　　　　　B. 选择性好　　　　　C. 寿命短　　　　　　D. 稳定性差

7. 温度对反应的影响,一般是温度升高 10 度,反应速度增加

    A. 2 倍左右　　　　　B. 4 倍左右　　　　　C. 6 倍左右　　　　　D. 8 倍左右

8. 反应过程中有惰性气体生成的放热反应,不能提高反应速率的是

    A. 增大压强　　　　　B. 降低温度　　　　　C. 增加反应物配比　　D. 无正确答案

9. 哪个不是影响催化剂活性的主要因素

    A. 温度　　　　　　　B. 压强　　　　　　　C. 助催化剂　　　　　D. 载体

10. 碱性催化剂中属于有机碱的是

    A. 氢氧化钙　　　　　B. 碳酸钾　　　　　　C. 吡啶　　　　　　　D. 醋酸钠

11. 关于反应物的配料比表述不正确的是

    A. 反应物的配料比也称反应物料的摩尔比

    B. 反应物的配料等于化学计量系数之比

    C. 反应物浓度和配料比对反应速率、化学平衡等均有影响

D. 配料比归根结底还是浓度问题。

12. 下列哪类反应的反应速率与浓度无关

  A. 一级反应　　　　B. 单分子反应　　　　C. 二级反应　　　　D. 零级反应

13. 关于溶剂表述不正确的是

  A. 溶剂对产品的构型也有影响

  B. 有时同种反应物由于溶剂的不同而产物不同

  C. 溶剂的改变会显著地改变均相化学反应的速率和级数

  D. 溶剂的极性不影响酮型-烯醇型互变异构体系中两种形式的含量

14. 西藏地区海拔高,关于西藏地区的气压与水的沸点,下列说法正确的是

  A. 气压低,水的沸点高　　　　　　　　B. 气压高,水的沸点高

  C. 气压低,水的沸点低　　　　　　　　D. 气压高,水的沸点低

15. 无菌原料药的精制、直接接触无菌原料药包装材料的最后洗涤应使用

  A. 饮用水　　　　B. 纯化水　　　　C. 注射用水　　　　D. 灭菌注射用水

(二) 多项选择题

1. 常见的加热的介质有

  A. 热水　　　　B. 水　　　　C. 高压蒸汽　　　　D. 导热油

2. 常见的冷却介质有

  A. 冷水　　　　B. 液氮　　　　C. 冰水　　　　D. 蒸汽

3. 下列关于温度对反应的影响,说法正确的是

  A. 反应速率随温度升高而升高　　　　B. 反应速率随温度升高而降低

  C. 反应速率随温度变化有四种曲线图　　D. 温度能影响化学平衡

4. 关于催化剂的描述正确的

  A. 催化剂能改变化学反应速率　　　　B. 催化剂能改变化学平衡

  C. 催化剂有正催化作用也有负催化作用　　D. 催化剂不计入化学反应的计量

5. 制药生产工艺中使用的水包括

  A. 纯化水　　　　B. 注射用水　　　　C. 饮用水　　　　D. 自来水

二、简答题

1. 溶剂对化学反应有哪些影响?

2. 影响催化剂活性的因素有哪些?

3. 简述相转移催化的原理。

三、实例分析

1. 解热镇痛药阿司匹林(乙酰水杨酸)由水杨酸在浓硫酸催化下与醋酐发生酯化反应而得,反应式如下:

已知:(1)配料比:醋酐/水杨酸=2∶1(摩尔比)。

(2)加料顺序:依次加入水杨酸、醋酐,搅拌溶解后,滴加浓硫酸。

(3)反应条件:温度70~75℃,时间0.5小时取样检测。

(4)精制(重结晶)用溶剂:乙醇/水=1∶3(体积比)。

试分析以上工艺条件确定的依据。

2. 确定合成反应的配料比,应考虑哪些方面?试分析下列实例中配料比确定的原因。

(1)合成利尿药氯噻酮的中间体对氯苯酰苯甲酸,反应式如下:

配料比:氯苯∶邻苯二甲酸酐=(5~6)∶1(摩尔比)

(2)合成乙苯,反应式如下:

配料比:苯∶氯乙烷=1∶0.4(摩尔比)

第二章

反应设备及操作技术

学前导语 ∨

　　化学反应是药物合成工艺过程的核心，反应器是完成化学反应的核心设备，它为原料提供适宜的环境以完成一定的反应。其结构、操作方式和操作条件对原料的转化率、产品的质量和生产成本等都有很大的影响。小试阶段是在实验室中用玻璃仪器进行反应的，其传质和传热比较简单。在工业规模的反应器中要做到反应物料的温度、浓度均匀一致就不那么容易。

　　那么，在工业生产中，不同的物料该选用什么类型的反应器，选择何种操作方式？如何使得物料混合均匀？如何控制加热或冷却的温度？若是非均相反应，如何使物料从一个相扩散到另一个相？工业生产设备如何安装、操作和保养维护？如何保证安全生产？如何确保原料的转化率、产品的质量，降低生产成本呢？这些都是完成本章学习要解决的问题。

第一节　工作任务及岗位职责要求

ER-2-1　扫一扫，知重点

一、设备操作岗位工作任务

　　设备操作岗位即药物合成岗位，是化学原料药生产的核心岗位，其总任务是将反应原料转化成符合要求的产品。药物合成技术种类多，可变因素多，技术含量高，其技术的先进程度和生产过程控制的优劣直接关系到健康、安全、环境、质量以及经济效益和社会效益。高质量地完成本岗位的工作，是保证生产合格药品、提高产品质量的关键。

　　生产不同品种的药物，其具体工作任务有所差异，但药物合成岗位的基本任务包括：按工艺操作规程，对反应及辅助设备进行安装、调试、检查、清理、维护等；按要求操作设备，正确开车、停车、投料、放料，控制反应工艺；对操作中存在的问题及时发现、解决，提出合理化建议并加以改进；做好个人及生产现场的安全防护，保证生产正常进行。

二、设备操作岗位职责

　　药物合成岗位是化学原料药生产的关键岗位，岗位技术操作人员除了履行"基本岗位职责要求"的相关职责外，还应履行如下职责。

1. 认真学习工艺操作规程,严格控制反应条件,所有操作必须严格按照操作规程中规定的步骤进行,不得擅自更改。

2. 接收生产指令并按指令进行开车、停车等各项操作,随时监控反应过程的工艺参数,熟练处置参数波动。

3. 认真填写生产记录,字迹要端正,纸张要清洁,数据要完整准确。

4. 做好本岗位各反应釜的安装、使用、维护工作,按照规定做好巡检,按时做好运行记录,发现问题向主管报告。

5. 做好生产用原、辅材料的检查及准备。

6. 进行生产现场以及相关设备、设施的清扫和保养,并对物料进行定置管理。

7. 结合操作经验,协助技术人员进行技术改进工作。

8. 正确穿戴劳保用品,正确操作使用生产设备、消防器材、防护用具,检查消防器材的完好。

9. 不断学习,提高自身操作水平,并完成领导交给的其他任务。

第二节　化学反应器基础

反应、分离、制剂构成了药品生产的主要工艺过程。原料在反应器内进行反应,通过分离等方法获得原料药,原料药经过一定的制剂工艺(如混合、造粒、干燥、压片、包衣、包装等)即成为出厂的药品。其中,反应是整个生产工艺过程的核心,而反应器则是反应过程的核心设备,它为原料提供适宜的环境以完成一定的反应。反应器的结构、操作方式和操作条件对原料的转化率、产品的质量和生产成本等都有很大的影响。

一、反应器的分类

反应器的类型很多,特点不一,可按不同方式进行分类。按物料的聚集状态可分为均相、非均相反应器。均相反应器又包括液相均相与气相均相。许多药物合成反应属于液相均相反应,如阿司匹林的生产、乙酸丁酯的生产等。非均相反应器包括气-液相、气-固相、液-液相、液-固相、气-液-固相等。均相反应,反应速率主要考虑温度、浓度等因素,传质不是主要矛盾;非均相反应过程,反应速率除考虑温度、浓度等因素外还与相间传质速率有关。

按反应器的结构不同,反应器可分为釜式、管式、塔式、床式反应器等。不同结构的反应器如图 2-1 所示。

按反应器结构分类的实质是按传递过程的特征分类,相同结构反应器内物料具有相同流动、混合、传质、传热等特征,是比较通用的分类方式。

按操作方式不同,反应器又可分为分批(或称间歇)式操作、半分批(或称半连续)式操作和连续式操作。

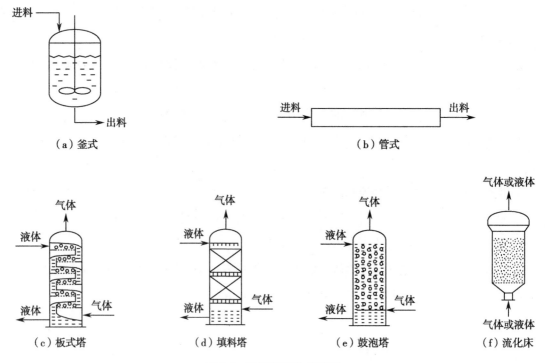

图 2-1　不同结构的反应器

> **知识链接**
>
> 均相反应器选择
>
> 　　均相反应器主要有间歇操作搅拌反应器、连续操作搅拌釜式反应器、多釜串联连续操作搅拌釜式反应器、连续操作管式反应器等。
>
> 　　通常反应器选择的依据如下：
>
> 　　（1）物料相态：反应器的选型很大程度上取决于物系的相态。
>
> 　　（2）物料腐蚀性：反应物料的腐蚀性决定反应器的材质。
>
> 　　（3）反应特征：主副反应的生成途径、主副反应的反应级数、反应速率等。
>
> 　　（4）反应热效应：热效应大小决定反应器的传热方式、传热构件的类型和传热面积的大小。而这些都影响反应器的类型和结构。
>
> 　　（5）反应器特征：返混大小、流动状态等。
>
> 　　（6）生产要求：反应温度、反应压力、反应时间、转化率、选择性、压降、能耗、生产能力等。
>
> 　　对于具体的反应过程而言，并不是上述因素同等重要，常常是其中的一个因素对反应器选型起决定性的作用。因此，在选择反应器类型时，应该对化学反应过程进行具体分析，抓住影响的主要因素，作出合理的选择，使反应器能满足生产效率高、产品质量好、原料消耗少、劳动强度小、设备结构简单、操作费用低、维护维修方便、保证安全生产等要求。

二、反应器操作方式及特点

（一）间歇操作

间歇（或称分批）式操作指一次性加入反应物料,在一定条件下,经过一定的反应时间,达到所要求的转化率时,取出全部物料,然后对反应器进行清理,随后进入下一个操作循环,即进行下一批投料、反应、卸料、清理等过程。属非定态过程,反应器内参数随时间而变。适用于小批量、多品种的生产过程。

间歇反应过程是一个典型的非稳态过程,反应器内物料的组成随时间而变化,这是间歇过程的基本特征。间歇釜式反应器内反应物和产物的浓度随时间的变化关系如图 2-2 所示。

对于不可逆反应,随着反应时间的增加,反应物 A 的浓度将由开始时的 C_{A0} 逐渐降低;对于可逆反应则降至其平衡浓度,但要达到平衡浓度,时间需要无限长。值得注意的是,对于单一反应,产物 R 的浓度随反应时间的增加而增大;但若反应体系中同时存在多个化学反应,如连串反应 A→R（产物）→S,产物 R 的浓度先随反应时间的增加而增大,达一极大值后又随反应时间的增加而减小。

间歇操作通常采用釜式反应器,反应过程中既无物料加入,又无物料输出,因此,可视为恒容过程。如液相反应,反应体积为液体所占据的空间,液体可视为不可压缩流体,反应体积仍可视为恒定。

由于药品的生产规模小,品种多,原料与工艺条件多种多样,而间歇操作的搅拌釜装置简单,操作方便灵活,适应性强,因此在制药工业中获得广泛的应用。

（二）半连续（或称半分批）式操作

原料与产物只要其中的一种为连续输入或输出而其余则为分批加入或卸出的操作。属于非定态过程,反应器内参数随时间而变,也随反应器内位置而变。

（三）连续操作

连续操作是指连续加入反应物料和取出产物的生产过程。属稳态过程,反应器内参数不随时间而改变,适于大规模生产。管式反应器多采用连续操作。连续操作多属于稳态操作,即反应器内任一位置上的反应物浓度、温度、压力、反应速度等参数均不随时间而变化。管式反应器内反应物和产物的浓度随管长的变化关系如图 2-3 所示。

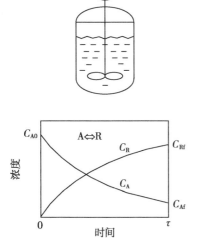

图 2-2　间歇釜式操作浓度随时间变化关系

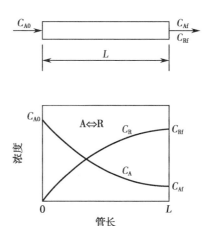

图 2-3　管式反应器连续操作浓度随时间变化关系

沿着反应物料的流动方向,反应物 A 的浓度由入口处的浓度 C_{A0} 逐渐降低至出口浓度 C_{Af},产物 R 的浓度则由入口处的浓度逐渐升高至出口浓度 C_{Rf}。对于不可逆反应,反应物 A 将由入口处的浓度 C_{A0} 逐渐降低;对于可逆反应则降至其平衡浓度,但要达到平衡浓度,管长需要无限长。值得注意的是,对于单一反应,产物 R 的浓度随管长的增加而增大;但若反应体系中同时存在多个化学反应,如连串反应 A→R(产物)→S,产物 R 的浓度先随管长的增加而增大,达一极大值后又随管长的增加而减小。

图 2-2 与图 2-3 有些类似,但前者是随时间而变化,后者是随位置(管长)而变化,这是两种操作方式的本质区别。

连续操作具有生产能力大、产品质量稳定、易实现机械化和自动化等优点,因此,大规模工业生产的反应器多采用连续操作。但连续操作的适应能力较差,系统一旦建成,要改变产品品种往往非常困难,有时甚至要较大幅度地改变产品的产量也不容易办到。

(四) 多釜串联连续操作

釜式反应器既可采用单釜连续操作,也可采用多釜串联连续操作。当采用单釜连续操作时,新鲜原料一进入反应器就立即与釜内物料完全混合,釜内反应物的浓度与出口物料中的反应物浓度相同。单釜连续操作的缺点是,整个反应过程都在较低的反应物浓度下进行,因而反应速度较慢。

管式反应器内反应物的浓度要经历一个由大到小逐渐变化的过程,相应的,反应速度也有一个由大到小逐渐变化的过程,并在出口处达到最小。连续釜式反应器与管式反应器相比,同一反应要达到相同的转化率,连续釜式反应器所需的反应时间较长,因而对于给定的生产任务所需反应器的有效容积较大。

当采用多釜串联连续操作时,对单釜连续操作的缺点可有所克服。例如采用三台有效容积均为 $V_R/3$ 的釜式反应器串联连续操作,以代替一台有效容积为 V_R 的连续釜式反应器。若两者的反应物初始浓度、终了浓度和反应温度均相同,则三釜串联连续操作时仅第三台釜内的反应物浓度 C_{A3} 与单釜连续操作反应器内的反应物浓度 C_A 相同,而其余两台的浓度均较之为高,如图 2-4 所示。

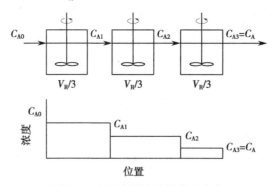

图 2-4　多釜串联连续操作反应釜

三釜串联连续操作时的平均反应速度较单釜连续操作的要快,因而完成相同的反应,若两者的有效容积相同,则三釜串联连续操作的处理量可以增加;反之,若处理量相同,则三釜串联连续操作所需反应器的总有效容积可以减小。可以推知,串联的釜数越多,各釜反应物浓度的变化就愈接近于理想管式反应器,当釜数为无穷多时,各釜反应物浓度的变化与管式反应器内的完全相同,因而为完成相同的任务,两者所需的有效容积相同。但是,当串联的釜数超过某一极限后,因釜数增加而引起的设备投资和操作费用的增加,将超过因反应器容积减少而节省的费用。实践表明,采用多釜串联连续操作时,釜数一般不宜超过 4 台。

点滴积累 ᐯ

1. 按结构不同,反应器可分为釜式、管式、塔式、床式反应器等,相同结构反应器内物料具有相同流动、混合、传质、传热等特征。
2. 间歇操作反应器内,物料的组成随时间而变化,属于非稳态过程,时间是关键控制指标。
3. 连续操反应器内任一位置上的反应物浓度、温度、压力、反应速度等参数均不随时间而变化,属于稳态过程,管长是关键控制指标。

第三节　釜式反应器及附属设备

ER-2-2　设备选型

釜式反应器是制药生产中广泛采用的反应器。它可用来进行均相反应,也可用于以液相为主的非均相反应,如非均相液相、液-固相、气-液相、气-液-固相等。

▶▶ **课堂活动**

大家都会背诵"煮豆燃豆萁,豆在釜中泣",古汉语中"釜"的含义是什么?用来做什么?观察其结构有何特点?实验室中哪个仪器像"釜"?有何用途呢?

一、釜式反应器的结构、材质及特点

(一) 釜式反应器结构

釜式反应器结构简单,加工方便。釜体一般是由钢板卷焊而成的圆筒体,再焊上钢制标准釜底,并配上封头、搅拌器等零部件而制成。根据反应物料的性质,罐体的内壁可内衬橡胶、搪玻璃、聚四氟乙烯等耐腐蚀材料。为控制反应温度,罐体外壁常设有夹套,内部也可安装蛇管、列管。标准釜底一般为椭圆形,根据工艺要求,也可采用平底、半球底或锥形底等。

根据反应釜的制造结构可分为开式平盖式反应釜、开式对焊法兰式反应釜和闭式反应釜三大类。虽然反应釜的材质及结构不尽相同,但基本组成是相同的,它包括传动装置、传热和搅拌装置、釜体(上盖、筒体、釜底)、工艺接管等。反应釜基本结构如图 2-5 所示。

釜内设有搅拌装置,釜外常设传热夹套,传质和传热效率均较高;在搅拌良好的情况下,釜式反应器可近

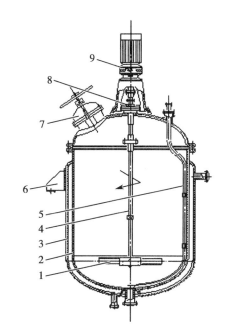

图 2-5　搅拌釜式反应器结构
1. 搅拌器;2. 罐体;3. 夹套;4. 搅拌轴;5. 压出管;
6. 支座;7. 人孔;8. 轴封;9. 传动装置

似看成理想混合反应器,釜内浓度、温度均一,化学反应速度处处相等;釜式反应器操作灵活,适应性强,便于控制和改变反应条件,尤其适用于小批量、多品种生产。因此,釜式反应器在药品生产中有着广泛的应用。

设备的外观尺寸,一般取反应釜有效高度 H/反应釜内径 $D=1.0~1.2$,如果 $H/D>1.5$,则需增设搅拌桨叶数,上、下桨叶的间距应略大于桨径。在设备的结构上设置必要的传热和搅拌装置是为了强化反应过程。反应釜所用的材料、搅拌装置、加热方法、轴封结构、容积大小、温度、压力等各有异同,种类很多。

反应釜操作压力较高,釜内的压力是化学反应产生或由温度升高而形成,压力波动较大,有时操作不稳定,突然的压力升高可能超过正常压力的几倍,因此,大部分反应釜属于受压容器。反应釜操作温度较高,通常化学反应需要在一定的温度条件下才能进行,所以反应釜既承受压力又承受温度。

(二) 釜式反应器的材质

1. 钢制反应釜　最常见的钢制反应釜的材料为 Q235A(或容器钢)、不锈钢。钢制反应釜的特点是制造工艺简单,造价费用低,维护检修方便,适用范围广泛。Q235A 材料制作的反应釜不耐酸性介质腐蚀,不锈钢材料的反应釜可以耐一般酸性介质,但不耐强酸。

2. 搪玻璃反应釜　俗称"搪瓷锅""搪瓷釜",是在碳钢锅的内表面涂上含有二氧化硅玻璃釉,经 900℃ 左右高温焙烧,形成玻璃搪层。搪玻璃反应釜的夹套用 Q235A 型等普通钢材制造,若使用低于 0℃ 的冷却剂时则需改用合适的夹套材料。搪玻璃反应釜对许多介质有良好的抗腐蚀作用,所以,广泛用于药物合成的卤化反应及有盐酸、硫酸、硝酸等存在的各种反应。

我国标准搪玻璃反应釜有 K 型和 F 型两种(图 2-6)。K 型是锅盖与锅体分开,可以安装尺寸较大的锚式、框式和桨式等各种形状的搅拌器。反应釜容积有 50~10 000L 的不同规格,因而适用范围广泛。F 型是盖体不分的结构,盖上都装置人孔,搅拌器为尺寸较小的锚式或桨式,适用于低黏度、容易混合的液液相、气液相反应。F 型反应锅的密封面比 K 型小很多,所以对一些气液相卤化反应以及带有真空和压力下的操作更为适宜。

F型反应器　　　　　　　K型反应器

图 2-6　K 型和 F 型反应器

知识链接

搭玻璃反应釜使用条件

1. 压力 通常筒体设计压力 $P \geq 1.0MPa$，根据使用要求，分 0.25MPa、0.5MPa 和 1.0MPa 三个等级；夹套设计压力为 0.60MPa。

2. 温度 金属胎体材质为 Q235-A、Q235-B 时，设计温度为 0~200℃；金属胎材质为 20R 时，设计温度为−20~200℃。

3. 介质 以下介质不能使用：

①氢氟酸及含氟离子介质；②磷酸：质量分数30%以上，温度高于180℃；③硫酸：质量分数10%~30%，温度高于200℃；④碱液：pH≥12，温度高于100℃。

（三）反应釜的特点与发展趋势

1. 反应釜特点 目前医药生产中，反应釜所用的材料、搅拌装置、加热方法、轴封结构、容积大小、温度、压力等种类繁多，但基本具有以下共同点。

（1）结构基本相同：除有反应釜体外，还有传动装置、搅拌器和加热（或冷却）装置等，以改善传热条件，使反应温度控制均匀，强化传质过程。

（2）操作压力较高：釜内压力是由化学反应产生或温度升高形成的，压力波动较大，有时操作不稳定，压力突然增高可能超过正常压力几倍，所以反应釜大部分属于受压容器。

（3）操作温度较高：化学反应需要在一定温度条件下才能进行，所以反应釜既要承受压力又要承受温度。

（4）反应釜中通常要进行化学反应，为保证反应能够均匀而较快地进行，提高效率，在反应釜中装有相应的搅拌装置，这样就要考虑传动轴的密封和防止泄漏问题。

（5）反应釜多为间歇操作，有时为保证产品质量，每批出料后进行清洗。釜顶装有人孔及手孔，便于取样、观察反应情况和进入设备内进行检修。

2. 制药生产的发展对反应釜的要求和发展趋势

（1）搅拌器改进：反应釜的搅拌器已由单搅拌器发展到双搅拌器，或外加泵强制循环。国外除了装有搅拌器外，还使釜体沿水平线旋转，从而提高反应速率。

（2）生产自动化和连续化：如采用计算机集散控制，既可稳定生产，提高产品质量，增加效益，减轻体力劳动，又可消除对环境的污染，甚至可以防止和消除事故的发生。

（3）合理利用能源：选择最佳的工艺操作条件，加强保温措施，提高传热效率，使热损失降至最小，余热或反应后产生的热能充分利用。

二、釜式反应器的传动装置

反应釜搅拌器传动的方式有带传动、齿轮传动、蜗杆传动。

1. 带传动 带传动由主动带轮、从动带轮和紧套在两带轮上的传动带所组成，利用传动带把主动轴的运动和动力传递给从动轴。带传动的类型一般分为圆带传动、平带传动、V带传动、同步带传动等。带传动的特点是：①传动平稳无噪声，成本低，维护方便；②可用于两轴中心距较大的场合；③不能保证恒定的传动比，带的寿命较短，传动效率较低；④不宜用于易燃烧和有爆炸危险的场合。

2. 齿轮传动 齿轮传动由主动齿轮和从动齿轮组成，依靠轮齿的直接啮合而工作。齿轮传动的类型一般分为平行轴传动、相交轴传动以及交错轴传动。平行轴传动使用直齿圆柱齿轮、斜齿圆柱齿轮、人字齿轮；相交轴传动使用直齿锥齿轮、曲齿锥齿轮；交错轴传动使用交错轴斜齿轮、蜗杆传动。

齿轮传动的特点是：①传递的功率和圆周速度范围较大；②瞬时传动比恒定，传动平稳；③能实现两轴任意角度的传动；④效率高，寿命长；⑤结构紧凑，外廓尺寸小；⑥制造、安装、维护要求较高，成本较高；⑦工作时有噪声，精度较低的传动会引起一定的振动。

3. 蜗杆传动 蜗杆传动由蜗杆和蜗轮组成，用于传递两交错轴之间的运动和动力，蜗杆主动，蜗轮从动。蜗杆传动的类型一般分为圆柱蜗杆传动和环面蜗杆传动。

蜗杆传动的特点是：①可用较紧凑的一级传动得到很大的传动比；②传动平稳无噪声；③具有自锁性；④效率低；⑤有轴向分力；⑥蜗轮用青铜制造，成本高。

4. 减速机 减速机的作用是传递运动和改变转动速度，以满足工艺条件的要求。减速机的选择要考虑传动比、转速、载荷大小及性质，再结合效率、外廓尺寸、重量、价格和运转费用等各项参数与指标，进行综合分析比较，以选定合适的减速器类型与型号。反应釜用减速机常用的有摆线针轮行星减速器、齿轮减速器、V带减速器以及圆柱蜗杆减速器。

三、釜式反应器传热装置

釜式反应器的传热装置是用来加热或冷却反应物料，使之符合工艺要求的温度条件的设备。其结构型式主要有夹套式、蛇管式、列管式、外部循环式等，也可用直接火焰或电感加热，如图2-7。近年来多将半圆形管子焊在反应釜外壁上，既可以取得较好的传热效果又可简化内部结构，便于清洗。

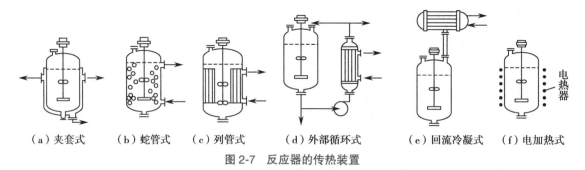

（a）夹套式　（b）蛇管式　（c）列管式　（d）外部循环式　（e）回流冷凝式　（f）电加热式

图2-7　反应器的传热装置

（一）夹套传热

传热夹套一般由普通碳钢制成，它是一个套在反应器筒体外面能形成密封空间的容器，既简单又方便。夹套上设有水蒸气、冷却水或其他加热、冷却介质的进出口。如果加热介质是水蒸气，则进口管应靠近夹套上端，冷凝液从底部排出；如果传热介质是液体，则进口管应安置在底部，液体从底部进入，上部流出，使换热介质能充满整个夹套。传热夹套结构如图2-8所示。

夹套和反应器外壁的间距根据反应器直径的大小采用不同的数值,一般为 25~100mm。夹套的高度取决于传热面积,而传热面积由工艺要求确定。夹套高度一般应高于料液的高度,应比釜内液面高出 50~100mm 左右,以保证传热。

夹套内通蒸汽时,其蒸汽压力一般不超过 0.6MPa。当反应器的直径大或者加热蒸汽压力较高时,夹套必须采取加强措施。夹套传热的优点是结构简单,耐腐蚀,适应性广。

(二) 蛇管传热

当工艺需要的传热面积大,单靠夹套传热不能满足在反应时间内换热的要求时,或者是反应器内壁衬有橡胶、瓷砖等非金属隔热材料时,可采用蛇管、插入套管、插入 D 形管等传热。蛇管传热结构如图 2-9 所示。

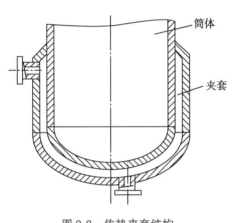

图 2-8　传热夹套结构

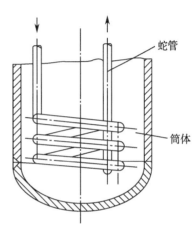

图 2-9　蛇管传热

蛇管浸没在物料中,热量损失少,传热效果好,且由于蛇管内传热介质流速高,它的给热系数比夹套大很多。排列密集的蛇管能起到导流筒和挡板的作用,强化搅拌强度,提高传热效率。对于含有固体颗粒的物料及黏稠的物料,容易引起物料堆积和挂料,影响传热效果。

蛇管的传热系数比直管大,当蛇管过长时,管内换热介质流动阻力大,消耗能量多,因此蛇管不宜过长。另外,蛇管的管径过粗会带来制造和加工的困难,通常蛇管采用的管径在 25~70mm。

(三) 列管传热

对于大型反应釜,需高速传热时,可在釜内安装列管式换热器,如图 2-10 所示。它的主要优点是单位体积所具有的传热面积大,传热效果好,结构简单,操作弹性大。

(四) 外部循环式

当反应器的夹套和蛇管传热面积仍不能满足工艺要求,或由于工艺的特殊要求无法在反应器内安装蛇管而夹套的传热面积又不能满足工艺要求时,可以通过泵将反应器内的料液抽出,经过外部换热器换热后再循环回反应器内。在选取外部换热器时要考虑清洗方便,常用的换热器有板式换热器、套管式换热器或列管式换热器。

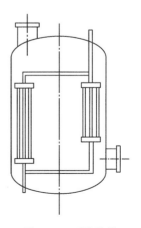

图 2-10　列管传热

在选择合适换热方式的同时,还要对换热介质进行选择,要考虑换热效率和成本等因素。

四、换热介质的选择

(一)高温热源的选择

用一般的低压饱和水蒸气加热时,温度最高只能达到150~160℃,需要更高温度时应考虑加热剂的选择问题。常用的加热剂如下。

1. 高压饱和水蒸气 其来源于高压蒸汽锅炉、利用反应热的废热锅炉或热电站。蒸汽压力可达数兆帕。用高压蒸汽作为热源的缺点是需高压管道输送蒸汽,其建设投资费用大,尤其需远距离输送时热损失也大,很不经济。

2. 高压汽水混合物 当车间内有个别设备需高温加热时,设置一套专用的高压汽水混合物作为高温热源,可能是比较经济可行的。这种加热装置由焊在设备外壁上的高压蛇管(或内部蛇管)空气冷却器、高温加热炉和安全阀等部分构成一个封闭的循环系统。管内充满70%的水和30%的蒸汽,形成汽水混合物。从加热炉到加热设备这一段管道内蒸汽比例高,水的比例低,而从冷却器返回加热炉这一段管道内蒸汽比例低,水的比例高,于是形成一个自然循环系统。循环速度的大小决定于加热的设备与加热炉之间的高位差及汽水比例。

ER-2-3 高压汽水混合物加热装置

这种高温加热装置适用于200~250℃的加热要求。加热炉的燃料可用气体燃料或液体燃料,炉温800~900℃,炉内加热蛇管用耐温耐压合金钢管。

3. 有机载热体 利用某些有机物常压沸点高、熔点低、热稳定性好等特点可提供高的热源。如联苯道生油,YD、SD 导热油等都是良好的高温载热体。联苯道生油是含联苯26.5%、二苯醚73.5%的低共沸混合物,熔点12.3℃,沸点258℃。它的突出点是能在较低的压力下得到较高的加热温度。在同样的温度下,其饱和蒸气压力只有水蒸气压力的几十分之一。

当加热温度在250℃以下时,可采用液体联苯混合物加热,可有三种加热方案。

(1)液体联苯混合物自然循环加热法:被加热设备与加热炉之间保持一定的高位差才能使液体有良好的自然循环。

(2)液体联苯混合物强制循环加热法:采用屏蔽泵或者用液下泵使液体强制循环。

(3)夹套内盛联苯混合物,将管状电热器插入液体内的加热法:应用于传热速度要求不太高的场合。

当加热温度超过250℃时,可采用联苯混合物的蒸气加热。根据其冷凝液回流方法的不同,也可分为自然循环与强制循环两种方案。自然循环法设备较简单,不需使用循环泵,要求加热器与加热炉之间有一定的位差,以保证冷凝液的自然循环。位差的高低决定于循环系统阻力的大小,一般可取 3~5m。如厂房高度不够,可以适当放大循环液管径以减少阻力。

当受条件限制不能达到自然循环要求时,或者加热设备较多,操作中容易产生互相干扰等情况下,可用强制循环流程。

另一种较为简易的联苯混合物蒸气加热装置,是将蒸气发生器直接附设在加热设备上面。用电热棒加热液体联苯混合物,使它沸腾,产生蒸气。当加热温度小于 280℃,蒸气压力小于 0.07MPa 时,采用这种方法较为方便。

4. 熔盐 反应温度在 300℃ 以上可用熔盐作载热体。熔盐的组成为 KNO_3 53%,$NaNO_2$(质量分数,熔点 142℃)。

5. 电加热法 这是一种操作方便、热效率高、便于实现自控和遥控的一种高温加热法。常用的电加热方法可以分为以下三种类型。

(1)电阻加热法:电流透过电阻产生热量实现加热。可采用以下几种结构型式。

1)辐射加热:即把电阻丝暴露在空气中,借辐射和对流传热直接加热反应釜。此种型式只能适用于不易燃易爆的操作过程。

2)电阻夹布加热:将电阻丝夹在用玻璃纤维织成的布中,包扎在被加热设备的外壁。这样可以避免电阻丝暴露在大气中,从而减少引起火灾的危险性。但必须注意的是电阻夹布不允许被水浸湿,否将引起漏电和短路的危险事故。

3)插入式加热法:将管式或棒状电热器插入被加热介质中或夹套浴中实现加热。这种方法仅适用于小型设备的加热。

电阻加热可采用可控硅电压调节器自动调节加热温度,实现较为平稳的温度控制。

(2)感应电流加热:这是利用交流电路所引起的磁通量变化在被加热体中感应产生的涡流损耗变为热能。感应电流在加热体中透入的深度与设备的形状以及电流的频率有关。在生产中应用较方便的是普通的工业交流电产生感应电流加热,称为工频感应电流加热法。它适用壁厚 5~8mm 以上,圆筒形设备加热(高径比最好在 2~4 以上),加热温度在 500℃ 以下。其优点是施工简便,无明火,在易燃易爆环境中使用比其他加热方式安全,升温快,温度分布均匀。

6. 烟道气加热法 用煤气、天然气、石油加工废气或燃料油等燃烧时产生的高温烟道气作热源加热,可用于 300℃ 以上的高温加热。缺点是热效率低,传热系数小,温度不易控制。

(二) 低温冷源的选择

1. 冷却用水 如河水、井水、城市水厂给水等,水温随地区和季节而变。深井水的水温较低而稳定,一般在 15~20℃,水的冷却效果好,也最为常用。随水的硬度不同,对换热后的水出口温度有一定限制,一般不宜超过 60℃,在不宜清洗的场合不宜超过 50℃,以免水垢的迅速生成。

2. 空气 在缺乏水资源的地方可采用空气冷却。其主要缺点是传热系数低,需要的传热面积大。

3. 低温冷却剂 有些制药生产过程需要在较低的温度下进行,这种低温采用一般冷却方法难以达到,必须采用特殊的制冷装置进行人工制冷。在制冷装置中一般多采用直接冷却方式,即利用制冷剂的蒸发直接冷却冷间内的空气,或直接冷却被冷却物体。制冷剂一般有液氨、液氮等。由于需要额外的机械能量,故成本较高。

在有些情况下则采用间接冷却方式,即被冷却对象的热量是通过中间介质传送给在蒸发器中蒸发的制冷剂。这种中间介质起着传送和分配冷量的媒介作用,称为载冷剂。常用的载冷剂有三类,即水、盐水及有机物载冷剂。

（1）水：比热大，传热性能良好，价廉易得，但冰点高，仅能用作制取0℃以上冷量的载冷剂。

（2）盐水：氯化钠及氯化钙等盐的水溶液，通常称为冷冻盐水。盐水的起始凝固温度随浓度而变，如表2-1所示。氯化钙盐水的共晶温度（-55℃）比氯化钠盐水低，可用于较低温度，故应用较广。氯化钠盐水无毒，传热性能较氯化钙盐水好。

表2-1 冷冻盐水起始凝固温度与浓度的关系

相对密度（15℃）	氯化钠盐水			氯化钙盐水		
	质量分数/%	100kg 水加盐量/kg	起始凝固温度/℃	质量分数/%	100kg 水加盐量/kg	起始凝固温度/℃
1.05	7.0	7.5	-4.4	5.9	6.3	-3.0
1.10	13.6	15.7	-9.8	11.5	13.0	-7.1
1.15	20.0	25.0	-16.6	16.8	20.2	-12.7
1.175	23.1	30.1	-21.2	–	–	–
1.20	–	–	–	21.9	28.0	-21.2
1.25	–	–	–	26.6	36.2	-34.4
1.286	–	–	–	29.9	42.7	-55.0

氯化钠盐水及氯化钙盐水均对金属材料有腐蚀性，使用时需加缓蚀剂重铬酸钠及氢氧化钠，以使盐水的 pH 达 7.0~8.5，呈弱碱性。

（3）有机物载冷剂：有机物载冷剂适用于比较低的温度，常用的有如下几种。

1）乙二醇、丙二醇的水溶液：乙二醇无色无味，可全溶于水，对金属材料无腐蚀性，乙二醇水溶液使用温度可达-35℃（质量分数为45%），但用于-10℃（35%）时效果最好，乙二醇黏度大，故传热性能较差，稍具毒性，不宜用于开式系统。

丙二醇是极稳定的化合物，全溶于水，对金属材料无腐蚀性。丙二醇的水溶液无毒，黏度较大，传热性能较差。丙二醇的使用温度通常为-10℃或-10℃以上。乙二醇和丙二醇溶液的凝固温度随其浓度而变。如表2-2所示。

表2-2 乙二醇和丙二醇溶液的凝固温度与浓度关系

体积分数/%		20	25	30	35	40	45	50
凝固温度/℃	乙二醇	-8.7	-12.0	-15.9	-20.0	-24.7	-30.0	-35.9
	丙二醇	-7.2	-9.7	-12.8	-16.4	-20.9	-26.1	-32.0

2）甲醇、乙醇的水溶液：在有机物载冷剂中甲醇是最便宜的，而且对金属材料不腐蚀。甲醇水溶液的使用温度范围是0~35℃，相应的体积分数是15%~40%，在-35~20℃范围内具有较好的传热性能。甲醇用作载冷剂的缺点是有毒和可燃，在运送、贮存和使用中应注意安全。

乙醇无毒，对金属不腐蚀，其水溶液常用于啤酒厂、化工厂及食品化工厂，乙醇也可燃，比甲醇贵，传热性能比甲醇差。

恒温间歇操作釜式反应器的放热规律

为了保持在恒温下操作,化学反应过程所产生的热效应必须与外界进行热交换,而且反应系统与外界进行热交换的热量应该等于反应放出的热量(放热反应)或吸收度热量(吸热反应)。因系统恒温,其关系式如下:

$$KA(T-T_s) = (-\triangle H_A)(-\varGamma a)V_R$$

令 $q = KA(T-T_s)$,则上式变为

$$q = (-\triangle H_A)(-\varGamma a)V_R$$

式中,$-\triangle H_A$ 为以反应组分 A 为基准的反应热,kJ/kmol;q 为反应系统与外界传热速率,kJ/s。

由上式可以看到,因为反应物料体积即反应器有效体积 V_R 和恒温下进行的热效应均为定值,所以,传热量变化规律可以根据化学反应速率来确定。对于不同反应,则可按照其化学反应动力学方程式进行具体计算。

五、釜式反应器安装要点

釜式反应器一般用挂耳支承在建(构)筑物或操作台的梁上,对于体积大、质量大、振动大的设备,要用支脚直接支承在地面或楼板上。两台以上相同的反应器尽可能地排成一直线,反应器之间的距离根据设备的大小、附属设备的管道具体情况而定。管道阀门应尽可能集中在反应器的一侧,以便操作和控制。

间歇操作釜式反应器布置时要考虑便于加料和出料。液体物料通常是经高位槽计量罐靠压差加入釜中,固体物料大多是用吊车从人孔或加料口加入釜内,因此人孔或加料口离地面、楼面或操作平台的高度以 800mm 为宜,如图 2-11 所示。

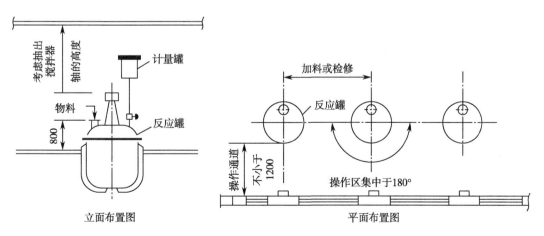

图 2-11　釜式反应器布置示意图

因多数釜式反应器带有搅拌器,以上都要设置安装及检修用的起吊设备,并考虑足够的高度,以

便抽出搅拌器轴等。

　　连续操作釜式反应器有单台和多台串联式,如图 2-12 所示。布置时除考虑前述要点外,由于进料、出料都是连续的,因此在多台串联时必须特别注意物料进、出口间的压差和流体流动的阻力损失。

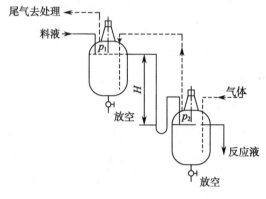

图 2-12　多台连续操作釜式反应器串联布置示意图

ER-2-4　釜式反应器的操作规程及使用维护

点滴积累

1. 釜式反应器特点　高径比(H/D)小,可内衬防腐材料,装有搅拌器、换热装置。

2. 釜式反应器传热装置有夹套(半管)、蛇管、列管、外循环。

3. 获得一定的温度,常用的加热介质有热水、饱和水蒸气、导热油、电加热等;冷却介质有冷水、冷盐水等。

案例分析

案例

2012 年 2 月 28 日上午 9 时 4 分左右,位于河北省石家庄市某化工有限责任公司生产硝酸胍的一车间发生重大爆炸事故,造成 25 人死亡,4 人失踪,46 人受伤。 8 时 40 分左右,1 号反应釜底部放料阀(用导热油伴热)处导热油泄漏着火;9 时 4 分,一车间发生爆炸事故并被夷为平地,造成重大人员伤亡,厂区遭到严重破坏,周边 2 公里范围内部分居民房屋玻璃被震碎。

分析

事故直接原因是:该公司一车间的 1 号反应釜底部放料阀(用导热油伴热)处导热油泄漏着火,造成釜内反应产物硝酸胍和未反应完的硝酸铵局部受热,急剧分解发生爆炸,继而引发存放在周边的硝酸胍和硝酸铵爆炸。 根据目前事故初步调查的情况,此事故暴露出该公司存在以下突出问题:

一是装置本身安全水平低,工厂布局不合理。 装置自动化程度低,反应温度缺乏有效、快捷的控制手段。

二是企业安全管理不严格,变更管理处于失控状态。 该公司在没有进行安全风险评估的情况下,擅自改变生产原料,改造导热油系统,将导热油最高控制温度从 210℃提高到 255℃。

三是车间管理人员、操作人员专业素质低。包括车间主任在内的绝大部分员工为初中文化水平，对化工生产的特点认识不足，理解不透，处理异常情况能力低，不能适应化工安全生产的需要。

四是厂区内边生产，边建设。事故企业边生产，边施工建设，厂区作业单位多，人员多，加剧了事故的伤亡程度。

五是安全隐患排查治理不认真。

之后，按照相关要求，该企业进行了全面彻底的整改，目前情况良好。

第四节　搅拌器

搅拌为一化工单元操作，广泛应用于化学制药工业中，几乎所有的反应设备都装有不同类型的搅拌装置，原料药生产的许多过程都是在有搅拌器的釜式反应器中进行的。搅拌能使物料的质点相互接触，扩大反应物间的接触面积，提高传热和传质速率，从而加速反应的进行。

▶▶ 课堂活动

观察炒菜过程，要用锅铲不断翻炒，想想翻炒的作用有哪些？观察家里豆浆机，为什么要安装搅拌器？搅拌器的结构、形状如何？

一、搅拌的目的与分类

（一）搅拌目的

1. 物料均匀混合　制药过程中常见的物料状态有以下几种：互溶液体、悬浮液、乳浊液、泡沫液，其中后三种物料为非均相物系，要使悬浮液中的固体颗粒、乳浊液中的液滴、泡沫液中的气泡均匀地分散在整个液相当中，使物料达到均匀混合，就一定要进行搅拌；而互溶液体为均相的物系，但也必须进行搅拌，这样两个互溶液体才能在短时间内达到很好的混合。

2. 强化传质　搅拌可以增大相际之间的接触面积，降低液膜阻力，从而强化传质。

3. 强化传热　当流体湍流程度加剧后，对流传热系数就会提高，传热效果也会增强。

（二）搅拌的分类

搅拌操作可分为机械搅拌和气流搅拌。气流搅拌是利用气体在液体层中鼓泡，从而对液体产生搅拌作用，或使气泡群以密集状态在液体层中上升，促使液体产生对流循环。与机械搅拌相比，气流搅拌的作用比较弱，尤其对于高黏度液体，气流搅拌很难适用。因此，在实际生产中，搅拌操作多采用机械搅拌，而气流搅拌仅用于一些特殊场合。搅拌器的材质通常为铸铁或锻钢，与轴的连接是通过轴套用平键或紧定螺钉固定，轴端加固定螺母，并加轴头保护帽，以防螺纹腐蚀。

二、常用搅拌器

(一) 小直径高转速搅拌器

1. 推进式搅拌器 推进式搅拌器有 2 到 4 片短桨叶(一般为 3 片),桨叶是弯曲的,呈螺旋推进器形式,尤如轮船上的推进器。图 2-13 是常见的三叶推进式搅拌器的结构示意图。搅拌器叶轮直径一般为釜径的 0.2~0.5 倍,常用转速为 100~500r/min,切向速度可达 5~15m/s,故制造时应作静平衡试验。高速旋转的搅拌器使釜内液体产生轴向和切向运动。液体的轴向分速度可使液体形成如图 2-14 所示的总体循环流动,上下翻腾的效果好,起到混合液体的作用;而切向分速度使釜内液体产生圆周运动,并形成漩涡,不利于液体的混合,且当物料为多相体系时,还会产生分层或分离现象,因此,应采取措施予以抑制。

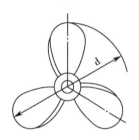

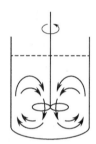

图 2-13 推进式搅拌器　　　　　图 2-14 推进式搅拌器的总体循环流动

推进式搅拌器产生的湍动程度不高,但液体循环量较大,常用于低黏度(<2Pa·s)液体的传热、反应以及固液比较小的悬浮、溶解等过程。推进式搅拌器在应用时,通常安装两组搅拌叶:第一组搅拌叶安装在反应釜的上部,用以将液体或气体往下压;第二组搅拌叶安装在下部,将液体往上推。搅拌时,能使物料在反应釜内循环流动,所起的作用以容积循环为主。当需要有更大的流速时,反应釜内设有导流筒。

2. 涡轮式搅拌器 涡轮式搅拌器和离心泵相似,高速旋转,液体的径向流速较高,冲击在内壁上,变成沿壁上下流动,基本上形成比较有规则的循环作用。图 2-15 是几种涡轮式搅拌器的结构示意图。此类搅拌器叶轮直径一般为釜径的 0.2~0.5 倍,常用转速为 100~500r/min,叶端圆周速度可达 4~10m/s。高速旋转的搅拌器使釜内液体产生切向和径向运动,并以很高的绝对速度沿叶轮半径方向流出。流出液体的径向分速度使液体流向壁面,然后形成上、下两条回路流入搅拌器,其总体循环流动如图 2-16 所示。流出液体的切向分速度使釜内液体产生圆周运动,同样应采取措施予以抑制。

与推进式搅拌器相比,涡轮式搅拌器不仅能使釜内液体产生较大的循环量,而且对桨叶外缘附近的液体产生较强的剪切作用。由于这种搅拌器能最剧烈地搅拌液体,因而它主要应用在下列的场合:混合黏度相差较大的两种液体;气体在液体中的扩散过程;混合含有较高浓度固体微粒(达60%)的悬浮液;混合比重相差较大的两种液体。涡轮式搅拌器适用于黏度为 2~25Pa·s,密度达 2000kg/m³ 的液体介质,用于液体的传热、反应以及固液悬浮、溶解和气体分散等。

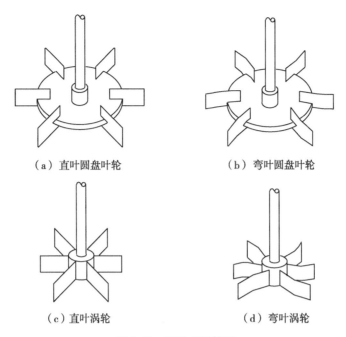

（a）直叶圆盘叶轮　　　（b）弯叶圆盘叶轮

（c）直叶涡轮　　　（d）弯叶涡轮

图 2-15　涡轮式搅拌器

（二）大直径低转速搅拌器

液体的流速越大，流动阻力就越大；而在达到完全湍流区之前，随着液体黏度的增大，流动阻力也随之增大。因此，当小直径高转速搅拌器用于中、高黏度的液体搅拌时，其总体流动范围会因巨大的流动阻力而大为缩小。例如，当涡轮式搅拌器用于与水相近的低黏度液体搅拌时，其轴向所及范围约为釜径的 4 倍；但当液体的黏度增大至 50Pa·s 时，其所及范围将缩小为釜径的一半。此时，距搅拌器较远的液体流速很慢，甚至是静止的。所以，对于中、高黏度液体的搅拌，宜采用大直径低转速搅拌器。

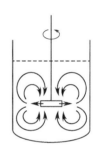

图 2-16　涡轮式搅拌器的总体循环流动

1. **桨式搅拌器**　桨式搅拌器是搅拌器中最简单的一种，制造方便，图 2-17 为几种桨式搅拌器的结构示意图。桨式搅拌器的旋转直径一般为釜径的 0.35~0.8 倍，用于高黏度液体时可达釜径的 0.9 倍以上，桨叶宽度为旋转直径的 1/10~1/4，常用转速为 1~100r/min，叶端圆周速度为 1~5m/s。平桨式搅拌器可使液体产生切向和径向运动，可用于简单的固液悬浮、溶解和气体分散等过程。当釜内液位较高时，应采用多斜桨式搅拌器，或与螺旋桨配合使用。当旋转直径达到釜径的 0.9 倍以上，并设置多层桨叶时，可用于较高黏度液体的搅拌。

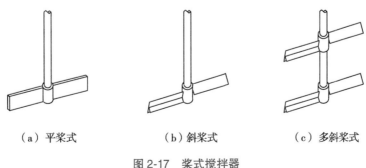

（a）平桨式　　　（b）斜桨式　　　（c）多斜桨式

图 2-17　桨式搅拌器

2. 框式和锚式搅拌器　框式搅拌器是由水平的及垂直的桨叶组成,有时还包括斜的桨叶。锚式搅拌器的形状和框式相似,但具有弧形等曲的桨叶,根据反应釜底的形状,它的曲面可以是圆形的、椭圆形的和锥形的。如图 2-18 所示。此类搅拌器的旋转直径较大,一般可达釜径的 0.9~0.98 倍,常用转速为 1~100r/min。搅拌器主要使液体产生水平环向流动,基本不产生轴向流动,故难以保证轴向混合均匀。但此类搅拌器的搅动范围很大,且可根据需要在浆上增加横梁和竖梁,以进一步增大搅拌范围,所以一般不会产生死区。此外,由于搅拌器与釜内壁的间隙很小,故可防止固体颗粒在釜内壁上的沉积现象。锚式和框式搅拌器常用于中、高黏度液体的混合、传热及反应等过程。

3. 螺带式搅拌器　为进一步提高轴向混合效果,可采用螺带式搅拌器。图 2-19 为螺带式搅拌器的结构示意图。此类搅拌器一般具有 1~2 条螺带,其旋转直径亦为釜径的 0.9~0.98 倍,常用转速为 0.5~50r/min,叶端圆周速度小于2m/s。此类搅拌器亦在层流状态下操作,但在螺带的作用下,液体将沿着螺旋面上升或下降形成轴向循环流动,故混合效果比锚式或框式好,常用于中、高黏度液体的混合、传热及反应等过程。

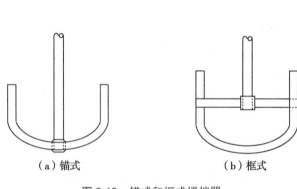

（a）锚式　　　　　（b）框式

图 2-18　锚式和框式搅拌器

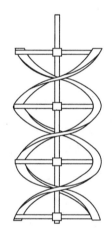

图 2-19　螺带式搅拌器

三、提高搅拌效果的措施

(一) 造成搅拌不良的原因

使用推进式或涡轮式搅拌器,当搅拌器置于容器中心搅拌低黏度液体时,若叶轮转速足够高,液体就会在离心力的作用下涌向釜壁,使釜壁处的液面上升,而中心处的液面下降,结果形成了一个大漩涡,这种现象称为打旋,如图 2-20 所示。

叶轮的转速越大,形成的漩涡就越深,液体轴向流动效果非常好,但各层液体之间几乎不发生轴向混合,且当物料为多相体系时,还会发生分层或分离现象。更为严重的是,当液面下凹至一定深度后,叶轮的中心部位将暴露于空气中,并吸入空气,使被搅拌液体的表观密度和搅拌效率下降。此外,打旋还会引起功率波动和异常作用力,加剧搅拌器的振动,甚至使其无法工作。

图 2-20　打旋现象

（二）提高搅拌效果的措施

1. 装设挡板 在釜内装设挡板,既能提高液体的湍动程度,又能使切向流动变为轴向和径向流动,制止打旋现象的发生。图 2-21 是装设挡板后釜内液体的流动情况。装设挡板后,釜内液面的下凹现象基本消失,釜内液体流动形成湍流,使搅拌效果显著提高。

挡板的安装方式与液体黏度有关。对于低黏度(<7Pa·s)液体,可将挡板垂直纵向地安装在釜的内壁上,上部伸出液面,下部到达釜底。对于中等黏度(7~10Pa·s)液体或固液体系,应使挡板离开釜壁,以防液体在挡板后形成较大的流动死区或固体在挡板后积聚。对于高黏度(>10Pa·s)液体,应使挡板离开釜壁并与壁面倾斜。由于液体的黏性力可抑制打旋,所以当液体黏度为 5~12Pa·s 时,可减小挡板的宽度;而当黏度大于 12Pa·s 时,则不需安装挡板。挡板的常见安装方式如图 2-22 所示。

图 2-21 有挡板时的流动情况

（a）低黏度液体　　　（b）中等黏度液体　　　（c）高黏度液体

图 2-22 挡板的安装方式

2. 偏心安装搅拌器 将搅拌器偏心或偏心且倾斜地安装,不仅可以破坏循环回路的对称性,有效地抑制打旋现象,而且可增加流体的湍动程度,从而使搅拌效果得到显著提高。搅拌器的典型偏心安装方式如图 2-23 所示。

3. 设置导流筒 导流筒为一圆筒体,其作用是使浆叶排出的液体在导流筒内部和外部形成轴向循环流动。导流筒可限定釜内液体的流动路线,迫使釜内液体通过导流筒内的强烈混合区,既提高了循环流量和混合效果,又有助于消除短路与流动死区。导流筒的安装方式如图 2-24 所示。应注意,对于推进式搅拌器,导流筒应套在叶轮外部;而对涡轮式搅拌器,则应安装在叶轮上方。

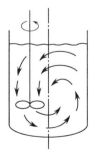

图 2-23 搅拌器的垂直偏心安装

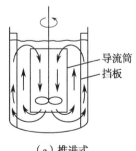

（a）推进式

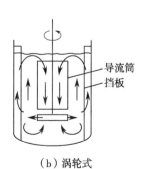

（b）涡轮式

图 2-24 导流筒的安装方式

四、搅拌装置的选型

(一)搅拌器选型

搅拌器的选型主要根据物料性质、搅拌目的及各种搅拌器的性能特征来进行。

1. 按物料黏度选型 在影响搅拌状态的诸多物理性质中,液体黏度的影响最大,所以可以根据液体黏度来选型。对于低黏度液体,应选择小直径、高转速搅拌器,如推进式、涡轮式;对于高黏度液体,应选择大直径、低转速搅拌器,如锚式、框式、桨式。

2. 按搅拌目的选型 搅拌目的、工艺过程对搅拌的要求是选型的关键。对于低黏度的均相液体混合,要求达到微观混合程度,已知均相液体的分子扩散速率很快,控制因素是宏观混合速率,亦即循环流量。各种搅拌器的循环流量从大到小顺序排列:推进式>涡轮式>桨式。因此,应优先选择推进式搅拌器。

对于非均相液液分散过程,要求被分散的"微团"越小越好,以增大两相接触面积;还要求液体涡流湍动剧烈,以降低两相的传质阻力。因此,该类过程的控制因素为剪切作用,同时也要求有较大的循环流量。各种搅拌器的剪切作用从大到小顺序排列:涡轮式>推进式>桨式。所以,应优先选择涡轮式搅拌器。特别是平直叶涡轮搅拌器,其剪切作用比折叶和弯叶涡轮搅拌器都大,且循环流量也较大,更适合液液分散过程。

对于气液分散过程,要求得到高分散度的"气泡"。从这一点来说,与液液分散相似,控制因素为剪切作用,其次是循环流量。所以,可优先选择涡轮式搅拌器。但气体的密度远远小于液体,一般情况下气体由液相的底部导入,如何使导入的气体均匀分散,不出现短路跑空现象,就显得非常重要。开启式涡轮搅拌器由于无中间圆盘,极易使气体分散不均,导入的气体容易从涡轮中心沿轴向跑空。而圆盘式涡轮搅拌器由于圆盘的阻碍作用,圆盘下面可以积存一些气体,使气体分散均匀,也不会出现气体跑空现象。因此,平直叶圆盘涡轮搅拌器最适合气液分散过程。

对于固体悬浮操作,必须让固体颗粒均匀于液体之中,主要控制因素是总体循环流量。但固体悬浮操作情况复杂,要具体分析。如固液密度差、固体颗粒不易沉降的固体悬浮,应优先选择推进式搅拌器。当固液密度差大、固体颗粒沉降速度大时,应选用开启式涡轮搅拌器。因为推进式搅拌器会把固体颗粒推向釜底,不易浮起来,而开启式涡轮搅拌器可以把固体颗粒抬举起来。在釜底呈锥形或半圆形时更应注意选用开启式涡轮搅拌器。当固体颗粒对叶轮的摩蚀性较大时,应选用开启弯叶涡轮搅拌器。因弯叶可减小叶轮的磨损,还可以降低功率消耗。

对于固体溶解,除了要有较大的循环流量外,还要有较强的剪切作用,以促使固体溶解。因此,开启式涡轮搅拌最合适。在实际生产中,对于一些易溶的块状固体则常用桨式或框式等搅拌器。

对于结晶过程,往往需要控制晶体的形状和大小。对于微粒结晶,要求有较强的剪切作用和较大的循环流量,所以应选择涡轮式搅拌器。对于颗粒较大的结晶,只要求一定的循环流量和较低的剪切作用,因此可选择桨式搅拌器。

对于以传热为主的搅拌操作,控制因素为总体循环流量和换热面上的高速流动。因此,可选用涡轮式搅拌器。

根据搅拌目的及主要控制因素,搅拌器的选型可总结为表2-3。

表2-3　搅拌器选型表

搅拌目的	主要控制因素	搅拌器型式
混合(低黏度均相液体)	循环流量	推进式、涡轮式,要求不高时用桨式
混合(高黏度液体)	(1)循环流量 (2)低转速	涡轮式、锚式、框式、螺带式、带横挡板的桨式
分散(非均相液体)	(1)液滴大小(分散度) (2)循环流量	涡轮式
溶液反应(互溶体系)	(1)湍流强度 (2)循环流量	涡轮式、推进式、桨式
固体悬浮	(1)循环流量 (2)湍流强度	按固体颗粒的粒度、含量及比重决定采用桨式、推进式或涡轮式
固体溶解	(1)剪切作用 (2)循环流量	涡轮式、推进式、桨式
气体吸收	(1)剪切作用 (2)循环流量 (3)高转速	涡轮式
结晶	(1)循环流量 (2)剪切作用 (3)低转速	按控制因素采用涡轮式、桨式或桨式的变形
传热	(1)循环流量 (2)传热面上高流速	桨式、推进式、涡轮式

（二）电动机的选型原则

1. 选定的电动机型号和额定功率要满足搅拌装置设备开车时启动功率增大的要求。

ER-2-5　常见物料体系特点及搅拌要求

2. 对于气体或蒸气爆炸危险环境,根据爆炸危险环境的分区等级或爆炸危险区域内气体或蒸气的级别和电动机的使用条件,选择防爆电动机的结构型式和相应的级别。

3. 处于化学腐蚀环境时,根据腐蚀环境的分类选择相适应的电动机。

4. 除上述因素外,还应考虑可能引起机械和电器损坏的环境,如灰尘、温度、雨水、潮湿、虫害等的影响,选择合适的防护型电动机。

（三）减速机的选型原则

1. 应考虑减速机在振动和载荷变化情况下工作的平稳性、连续工作的稳定性。

2. 轴旋转方向要求正反双向传动的,不宜选用涡轮蜗杆减速机。

3. 对于易燃、易爆的工作环境,一般不采用皮带传动减速,否则必须有防静电措施。

4. 搅拌轴原则上不应由减速机轴承承受,若必须由减速机承受时,须验算核定。

5. 减速机额定功率应大于或等于正常运行中减速机输出轴的传动功率(输出轴传动功率包括

搅拌轴功率、轴封处摩擦损耗功率以及机架上传动轴承损耗等功率之和),同时还须满足搅拌设备开车时启动轴功率增大的要求。

6. 输入轴转速应与电动机转速相匹配,输出轴转速应与工艺要求的搅拌转速相一致。当不一致时,可在满足工艺过程要求的前提下相应改变搅拌转速。

7. 输入和输出轴相对位置的选择应适合釜顶或釜底传动布置的要求。

▶▶ 边学边练

关于反应釜的操作技能训练,见能力训练项目3 10L玻璃反应釜操作实训。

点滴积累 ∨

1. 机械搅拌器可分为两大类:大直径低转速(桨式、锚式、框式、螺带式)、小直径高转速(推进式、涡轮式)。

2. 提高搅拌效果的措施 装设挡板、偏心安装、装设导流筒。

3. 搅拌器的选型主要根据物料性质、搅拌目的及各种搅拌器的性能特征来进行。

ER-2-6 搅拌器的安装与操作

第五节 其他类型反应器

一、管式反应器

在化工生产中,连续操作的长径比较大的管式反应器可以近似看成是理想置换流动反应器。它既适用于液相反应,又适用于气相反应。由于其能承受较高的压力,用于加压反应尤为合适。具有容积小、比表面大、返混少、反应参数连续变化、易于控制的优点,但对于慢速反应,则有需要管子长、压降大的不足。

管式反应器结构主要有直管式、盘管式、多管式等,如图 2-25 是盘管式反应器。

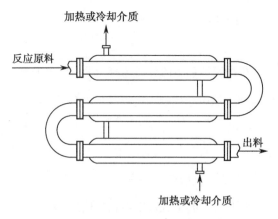

图 2-25 盘管式反应器

对于热效应不大的放热反应,常用绝热变温操作,主要控制参数为反应时间(通过流量控制)、压力。对于高温(高压)的反应,采用等温操作。液相反应为等容过程,主要控制参数为反应时间

（通过流量控制）、温度、压力。气相反应为变容过程,主要控制参数为反应时间（通过流量控制）、压力、温度。

二、气固相催化反应器

（一）固定床反应器

在反应器中,若原料气以一定流速通过静止催化剂的固体层,通常把这类反应器称为固定床反应器。其优点包括:①操作中气流可看成是理想置换,完成相同的生产任务所需要的有效体积小,催化剂用量少;②气体的停留时间可以严格控制,有利于选择性的提高;③催化剂不易磨损,可长时间连续使用;④可用于高温高压下操作。

其缺点包括:①导热性能差,温控难;②难于使用小颗粒催化剂;③催化剂再生、更换均不方便等。

（二）流化床反应器

若原料气通过反应器时,固体颗粒受流体的影响而悬浮于气流中,这类反应器称为流化床反应器。其优点包括:①传热效率高,床内温度易于维持均匀。这对于热效应大而对温度又很敏感的过程非常重要,因此特别适合应用于氧化、裂解、焙烧以及干燥等各种过程。②大量固体粒子可方便地往来输送。这对于催化剂迅速失活而需随时再生的过程（如催化裂化）来说,正是能否实现大规模连续生产的关键。此外,单纯作为粒子的输送手段,在各行业中也得到广泛应用。③可采用细颗粒催化剂,可以消除内扩散阻力,充分发挥催化剂的效能。

其缺点包括:①气流状况不均,不少气体以气泡状态经过床层,气-液两相接触不够有效,在要求高转化率时,这种状况更为不利。②粒子运动基本上是全混式,因此停留时间不一,在以粒子为加工对象时,可影响产品质量的均一性,且转化率不高;另外粒子的全混也造成气体的部分返混,影响反应速度和造成副反应的增加。③粒子的磨损和带出造成催化剂的损失,并要有旋风分离器等粒子回收系统。

（三）鼓泡塔反应器

鼓泡塔反应器在操作时塔内充满液体,气体从反应器底部通入,分散成气泡沿着液体上升,既与液相接触进行反应,同时搅动液体以增加传质速率。这类反应器适用于液体相也参与反应的中速、慢速反应和放热量大的反应。

鼓泡塔反应器的优点是结构简单,造价低,易控制,易维修,防腐问题易解决,用于高压时也无困难。但存在鼓泡塔内液体返混严重,气泡易产生聚并,故效率较低的缺点。

点滴积累 ∨

1. 管式反应器用于连续操作,适合气相、液相反应,具有容积小、比表面大、单位容积传热面积大的特点。
2. 原料气以一定流速通过静止催化剂的固体层,这类反应器称为固定床反应器。
3. 原料气通过反应器时,固体颗粒受流体的影响而悬浮于气流中,这类反应器称为流化床反应器。

目标检测

一、选择题

（一）单项选择题

1. 对于釜式反应器,下列说法正确的是

    A. 所有在间歇釜式反应器中进行的反应,反应时间越长则收率越高

    B. 间歇操作时,反应器内物料的温度和组成均随时间和位置而变化

    C. 连续操作时,反应器内物料的温度和组成均随时间和位置而变化

    D. 在间歇釜式反应器中进行的反应均可按等容过程处理

2. 下列哪种搅拌器属于高转速式搅拌器

    A. 圆盘涡轮搅拌器　　　　　　　　B. 桨式搅拌器

    C. 锚式和框式搅拌器　　　　　　　D. 螺带式搅拌器

3. 气-固相反应多用

    A. 固定床、移动床反应器　　　　　B. 塔式反应器

    C. 管式反应器　　　　　　　　　　D. 釜式反应器

4. 间歇式反应器适用于

    A. 大批量、多品种的反应　　　　　B. 反应激烈的场合

    C. 小批量、多品种及反应速率慢的反应　　D. 无正确答案

5. 釜式反应器不适用的反应物系相态为

    A. 液相均相　　　B. 气相均相　　　C. 气-液-固　　　D. 气-液

6. 下列哪种反应器适用于气-固相反应

    A. 釜式反应器　　B. 填料塔　　　C. 板式塔　　　D. 固定床

7. 下列哪种换热装置属于内置式换热装置

    A. 夹套　　　　　B. 蛇管　　　　C. 外部循环　　　D. 回流冷凝

8. 对于低黏度的液体,一般应选择哪种搅拌器

    A. 锚式　　　　　B. 框式　　　　C. 桨式　　　　D. 涡轮式

9. 在釜式反应器中,对于物料黏稠性很大的液体混合,应选择

    A. 锚式搅拌器　　B. 桨式搅拌器　　C. 螺带式搅拌器　　D. 涡轮式搅拌器

10. 搅拌低黏度液体时,(　　)不能消除打旋现象

    A. 釜内装设挡板　　　　　　　　B. 增加搅拌器的直径

    C. 釜内设置导流筒　　　　　　　D. 将搅拌器偏心安装

11. 某反应体系的温度为260℃,则宜采用

    A. 低压饱和水蒸气加热　　　　　B. 导热油加热

    C. 道生油加热　　　　　　　　　D. 电加热

12. 对于热效应很大的反应,若仅从有利于传热的角度考虑,则宜采用

A. 间歇釜式反应器　　　　　　　　　B. 单台连续釜式反应器

C. 多台串联连续操作釜式反应器　　　D. 管式反应器

13. 对于固体药物的溶解过程,宜采用

A. 螺旋桨式搅拌器　　　　　　　　　B. 涡轮式搅拌器

C. 锚式或框式搅拌器　　　　　　　　D. 螺带式搅拌器

14. 釜式反应器串联操作时,串联的釜数以不超过(　　　)个为宜。

A. 2　　　　　　　B. 3　　　　　　　C. 4　　　　　　　D. 5

15. 对于反应速度较慢,且要求的转化率较高的液相反应,宜选用

A. 间歇釜式反应器　　　　　　　　　B. 单台连续釜式反应器

C. 多台串联连续操作釜式反应器　　　D. 管式反应器

(二)多项选择题

1. 根据物料在反应器内的聚集状态不同,反应器可包括

A. 均相反应器　　　B. 理想反应器　　　C. 等温反应器　　　D. 非均相反应器

2. 釜式反应器的操作方式有

A. 间歇操作　　　　　　　　　　　　B. 半连续或半间歇操作

C. 连续操作　　　　　　　　　　　　D. 分批操作

3. 以下哪些是间歇操作的釜式反应器的特征

A. 物料一次加入,反应完毕后一起放出　　B. 非稳态

C. 釜内各组分浓度随时间而变化　　　　　D. 可按恒容过程处理

4. 以下哪些是连续操作的管式反应器的特征

A. 各组分的浓度与管长(位置)有关　　　　B. 非稳态

C. 各组分浓度随时间而变化　　　　　　　D. 稳态

5. 反应器种类、型式多样,特点不一,通常可按照以下哪些方式进行分类

A. 按反应时间　　　　　　　　　　　B. 按反应器结构

C. 按照操作方式　　　　　　　　　　D. 按反应规模

二、简答题

1. 分别简述推进式和涡轮式搅拌器的结构特点。

2. 简述可以采用的提高搅拌效果的措施有哪些?

3. 对于推进式和涡轮式搅拌器,其导流筒的安装方式有何不同?

4. 简述反应釜的基本特点及发展趋势。

三、实例分析

1. 准备生产每罐产量达 100kg 的阿司匹林(乙酰水杨酸),采用水杨酸、醋酐为主要原料,浓硫酸为催化剂,反应温度 75~80℃。已知阿司匹林的收率为 92%,试分析,应选用何种材质、何种结构的反应器。

2. 青霉菌是好氧菌,其发酵过程需要大量的氧气供应,而发酵罐中物料成分主要是各种培养基、前体、水等。氧气在水、培养基中的溶解度很小,为了使氧气均匀、充分地分散在菌丝周围,完成正常的发酵过程,请分析应该选用何种搅拌器。

ER-02复习题

第三章

中试放大技术

学前导语

在明亮、整洁的小型制药车间（中试车间），工程技术人员、一线技术人员正在紧张有序地工作：开车、投料、开蒸汽、取样、分析、计算……工作有条不紊，严肃认真。

这些工作人员在做什么呢？原来是进行新品种头孢呋辛酯的中间试验。头孢呋辛酯是该公司的计划盈利品种，其小试工作已经完成，工艺路线已确定，收率稳定，操作条件可靠。那么，如何成功投入工业化大生产呢？如何从实验室规模过渡到工业生产规模呢？可以将小试的条件直接放大吗？显然不行。

这中间需要做很多工作，要验证、复审和完善"小试"所确定的反应条件，要确定工业化生产设备的结构、材质、安装和车间布置等，确定材料消耗、生产成本等，还要编写生产工艺规程。同时，也为临床试验和其他深入的药理研究提供一定数量的样品。

第一节　工作任务及岗位职责要求

ER-3-1

ER-3-1　扫一扫，知重点

一、中试岗位主要工作任务

中试放大（又叫中间试验）是产品从小试到工业化生产过程中必不可少的阶段，是两者之间的桥梁。通过中试放大可以得到先进、合理的生产工艺；并获得较确切的消耗定额，为物料衡算以及经济、有效地生产创造条件。

中试生产是小试的扩大，是工业生产的缩影，应在工厂或专门的中试车间进行。主要任务如下：

1. 考核小试提供的合成工艺路线，在工艺条件、设备、原材料等方面是否有特殊要求，是否适合于工业生产。

2. 验证小试提供的合成工艺路线是否成熟、合理，主要经济技术指标是否接近生产要求。

3. 在中试放大研究过程中，进一步考核和完善工艺路线，对每一反应步骤和单元操作均应取得基本稳定的数据。

4. 根据中试研究的结果制订或修订中间体和成品的质量标准，以及分析鉴定方法。

5. 制备中间体及成品的批次一般不少于 3 批，一些专题验证性的中试放大试验甚至会连续进行几十批，以便积累数据，完善中试生产资料。

6. 根据原材料、动力消耗和工时等，初步进行经济技术指标的核算，提出生产成本。

7. 对各步物料进行计算、规划,提出回收套用和"三废"处理的措施。

8. 提出整个合成路线的工艺流程、各个单元操作的工艺规程、安全操作要求及制度。

9. 通过中试进行设备选型和布局规划,为下一步的工业化设计提供依据。

二、中试岗位职责

中试工作具有较强的探索性质,要求参与人员的技术素质较高。工艺操作人员会负责对中试物料的混合、反应和分离过程进行操作和监控,通常情况,一名操作人员会指定操作固定工序的设备装置,以便能够提供准确的工艺数据。为使试验数据具有良好的重现性,操作人员需要熟悉过程原理,掌握工艺过程的结构单元和单元操作,并了解优化工艺过程的技术。中试操作岗位的关键职责包括:

1. 按照物料清单检查本工序的所有物料及本工序的设备状态。

2. 按规程要求,调解控制设备,设定操作参数并报告不正常情况。

3. 检查设备,判断电负荷、物理受力和设备运行温度的正常。

4. 根据操作规程运行设备,投料开车。

5. 巡检各种仪表、仪器,监控参数,并记录有关数据。

6. 调解操作参数,确保工艺的条件在正常范围。

7. 处理出现的报警,并校正偏差。

8. 按照规程采集样品,送检分析或进行现场检测。

9. 记录并报告数据,对出现的异常情况详细记录和报告。

10. 根据规程停止设备,安全停车。

11. 能够按照应急预案,在应急状态下进行工艺过程的停车。

12. 清洗维护管道设备。

13. 参与制订或修订标准操作规程。

14. 计算并提供生产率文件和交接班记录。

中试的技术岗位应具有良好的理论知识,对工艺更加熟悉。除了能够达到操作人员的标准外,还应能做到:

1. 清晰地描述工艺过程的特征。

2. 对操作人员进行指导,包括:每项工艺操作;重要物料的物理化学性质和危险性;关键物质的结构式;工艺过程的化学反应;表征工艺或影响安全的化学平衡、化学方程式;相关的安全、环保事项。

3. 绘制、查看工艺流程图,识别各物料的流程,控制环路和采样设备的类型,各台泵、阀及其他设备的用途。

4. 提供超出控制参数条件下的恢复、调整策略。

5. 熟悉仪表设备的操作和特点。

6. 熟悉工艺过程优化和物料衡算的方法。

第二节　中试放大的研究内容

中试放大的目的就是验证、复审和完善实验室工艺(又称小试)所确定的反应条件及研究选定的工业化生产设备结构、材质、安装和车间布置等,为正式生产提供设备数据以及物质量和消耗等。同时,也为临床试验和其他深入的药理研究提供一定数量的药品。中试放大与制订生产工艺规程是互相衔接、不可分割的两个部分。

原料药的研发规律,一般按照小试-中试-工业化生产的顺序进行。原料药及中间体开发的一般步骤是:文献查阅-小试探索-中试研究-工业化生产。

一、中试放大的重要性

中试放大阶段进一步研究在一定规模的装置中各步化学反应条件的变化规律,并解决实验室中所不能解决或发现的问题。虽然化学反应的本质不会因试验生产的不同而改变,但各步化学反应的最佳反应工艺条件,则可能随试验规模和设备等外部条件的不同而改变。因此,中试放大很重要。

当化学制药工艺研究的实验室工艺任务完成后,即药品工艺路线经论证确定后,一般都要经过一个比小型试验规模放大50~100倍的中试放大(或称中间试验阶段),以便进一步研究在一定规模装置中各步反应条件变化的规律,并解决实验室阶段所未能解决或尚未发现的问题。新药开发阶段也需要一定数量的样品,以供临床试验和作为药品检验留样观察之用。根据该药品剂量大小、疗程长短,通常需要2~10kg,这一般是实验室条件所难以完成的。确定工艺路线后每步化学合成反应或生物合成反应一般不会因小试验、中试放大和大量生产的条件不同而有明显变化,但各步的最佳工艺条件,则随试验规模和设备等外部条件的不同而可能需要调整。如果把实验室使用玻璃仪器条件下所获得最佳工艺条件原封不动地搬到工业生产中去,有时影响收率和质量;发生溢料或爆炸等安全事故以及其他不良后果;甚至会使产品一无所得。如在维生素C生产中,制备山梨醇的高压加氢工艺;在氯霉素的生产中,制备对硝基苯乙酮的氧化反应工艺等都有一定的控制要求和设备条件,因此必须先从中试放大中获得必要的化工参数和经验才能放大生产。

案例分析

实验室到工业化规模生产的过程中往往会出现"放大效应",严重的放大效应可能导致实验室工艺无法在规模生产实现。 中试就是发现和解决这些问题的关键步骤,在中试过程中发现问题,通过工艺方法、设备选型或流程重建给以解决,可以为后续的大规模生产的工程设计提供依据。

案例

某药厂在开发头孢羟氨苄的小试工艺中,需要向水相溶液中加入DMF,以制备中间产物——DMF溶剂化物,要求温度不超过30℃。 中试过程,按照小试得到的工艺数据,加料时出现了迅速升温至50℃以上。 中试技术人员立即中止加料,以便控制温度,待温度降低后再次缓慢滴加物料。 总结经验后,试验人员在后续批次中采取了预冷的方法，先将物料降温到5℃以下，再控制速度流加，温度平稳控制在30℃以内，并保证了本工序的操作工时，效果良好。预冷物料的方法应用到工业化生产的设计中，投料规模在500kg的大生产线，仍然可以稳定操作。这是在中试过程中发现小试无法发现的异常，并成功解决、指导大生产设计的案例。

分析

DMF加入水中时会放出溶解热，但由于在实验室的投料量小（20g），加入DMF溶剂的过程升温不明显；实验室投料量放大到100g时，仍然很容易把温度控制在30℃以内。当进入中试验证时，投料量增加到50kg，由于放大效应，设备传热效率下降，致使温度迅速升高。

二、中试放大一般方法

中试放大的方法有经验放大法、相似放大法和数字模拟放大法。

1. 经验放大法 主要是凭借经验通过逐级放大(实验装置、中间装置、中型装置和大型装置)来摸索容器的特征。在合成药的工艺研究中，中试放大主要采用经验放大法。它也是目前化工科研采用的主要方法。

2. 相似放大法 主要是应用相似理论进行放大。此法有一定的局限性，一般只适用于物理过程的放大，不宜用于化学反应过程的放大。

3. 数字模拟放大法 是应用计算机技术的放大法，它是今后中试放大的发展方向。此外，近年来微型中间装置的发展也很迅速，即用微型中间装置代替大型中间装置，为工业化装置提供精确设计数据。其优点是节省费用，建设快，在一般情况下不必做全工艺流程的中试放大(中间试)而只做流程中某一关键环节的中型试验，总之，近年来工业化中间试验的方法迅速发展，为加快中试放大的速度提供了良好的手段。

中试放大采用的装置，可以根据反应要求、操作条件等进行选择或设计，并按照工艺流程进行安装。中试放大也可以在适应性很强的多功能车间中进行。这种车间，一般有各种中小型反应罐和萃取罐、结晶罐、离心机、干燥机等后处理设备，各个反应罐除装有搅拌器外，还有各种配管可通蒸汽、冷却水或冷冻盐水等，罐上附有蒸馏装置，可以进行回流(部分回流)反应，或边反应边分馏或减压分馏等。因此，能够适应一般化学反应的各种不同操作条件。有的反应罐还配有中小型离心机等。液体过滤一般采用小型移动式压滤机。此外，高压反应、加氢反应、硝化反应、烃化反应、酯化反应、格氏反应等以及有机溶剂的回收和分馏精制也都有通用型设备。这种多功能车间可以适应多种产品的中试放大，或新药样品的制备，或多品种的小批量生产。在这种多功能车间中进行中试或生产试制，不需要强调按生产流程来布置生产设备，而是按照工艺过程的需要来选用反应设备，但应注意安全生产，尤其要预防某些有毒物质的溢漏。

四、中试放大的研究内容

一般，实验室小试工艺的确定应符合下面几点：①小试工艺收率稳定，质量可靠；②操作条件的确定;③产品中间体原料分析方法的确定;④工业原料代替小试用试剂不影响收率质量;⑤进行物料衡算及计算所需原料成本;⑥"三废"量的计算;⑦工艺中的注意事项、安全问题提出,并有防范措施。

ER-3-2 有关"小试"研究

中试放大是对已确定的工艺路线的实践审查。不仅要考查产品质量、经济效益,而且要考察工人劳动强度。中试放大阶段对车间布置、车间面积、安全生产、设备投资、生产成本等也必须进行审慎的分析比较,最后审定工艺操作方法、工序的划分和安排等。

> **知识链接**
>
> 小试研究主要任务
>
> 　　新药苗头确定后,应立即进行小量试制(简称小试)研究,提供足够数量的药物供临床前评价。其主要任务是:对实验室原有的合成路线和方法进行全面的、系统的改革。在改革的基础上通过实验室批量合成,积累数据,提出一条基本适合于中试生产的合成工艺路线。小试阶段的研究重点应紧紧围绕影响工业生产的关键性问题,如缩短合成路线,提高产率,简化操作,降低成本和安全生产等。

(一) 生产工艺路线的复审

一般情况下,单元反应的方法和生产工艺路线应在实验室阶段已基本选定。在中试放大阶段,只是确定具体的工艺操作和条件以适用工业生产。但当选定的工艺路线和工艺过程在中试放大时暴露出难以克服的重大问题时,就需要复审实验室工艺路线,修正其工艺过程。如盐酸氮芥的生产工艺曾用乙醇精制,所得产品熔距很长,杂物较多,难以保证质量。推测它的杂质可能是未被氯化的羟基化合物,中试放大时,改变氯化反应条件和采用无水乙醇溶解,然后加入非极性溶剂二氯乙烷,使其结晶析出,解决了产品质量问题。又如据文献报道由硝基苯电解还原经苯胲一步制备对乙酰氨基酚的中间体对氨基酚,是最适宜的工业生产方法,也已经过实验室工艺研究证实,但在中试放大工艺路线复审中,发现此工艺尚需解决一系列问题,如铅阳极的腐蚀问题、电解过程中产生大量的硝基苯蒸气的排出问题,以及电解过程中产生的黑色黏稠状物附在铜网上,致使电解电压升高,必须定期拆洗电解槽等。因而在工业生产上目前不得不改用催化氢化工艺路线。

ER-3-3 盐酸氮芥

(二) 设备材质与型式的选择

开始中试放大时应考虑所需各种设备的材质和型式,并考查是否合适,尤应注意接触腐蚀性物料的设备材质的选择。例如,含水 1% 以下的二甲基砜(DMSO)对钢板的腐蚀作用极微,当含水达到 5% 则对钢板有强的腐蚀作用。后经中试发现含水 5% 的 DMSO 对铝的作用极微弱,故可用铝板制作其容器。一般来讲,如果反应是在酸性介质中进行,则应采用防酸材料的反应器,如搪玻璃反应釜。如果反应是在碱性介质中进行,则应采用不锈钢反应釜。

(三) 搅拌器型式与搅拌速度的考查

药物合成反应中的反应大多为非均相反应,其反应热效应较大。在实验室中由于物料体积较小,搅拌效果好,传热、传质的问题表现不明显,但在中试放大时,由于搅拌效率的影响,传热、传质的问题就突出地暴露出来。因此,中试放大时必须根据物料性质和反应特点注意研究搅拌器的型式,考察搅拌速度对反应规律的影响,特别是在固-液非均相反应时,要选择合乎反应要求的搅拌器型式和适宜的搅拌速度。有时搅拌速度过快也不一定合适,如合成小檗碱中间体胡椒环的反应:

$$\text{邻苯二酚} + CH_2Cl_2 + NaOH \xrightarrow{DMSO} \text{胡椒环} + 2NaCl + 2H_2O$$

中试放大时,起初因采用180r/min的搅拌速度,反应过于激烈而发生溢料。经多次试验,将搅拌速度降至56r/min,控制反应温度90~100℃(实验室为105℃),结果产品收率超过小试水平,达到90%以上。

(四) 反应条件的进一步研究

实验室阶段获得的最佳反应条件不一定能符合中试放大的要求,应该就其中的主要影响因素,如热反应中的加料速度、反应罐的传热面积与传热系数,以及制冷剂等因素进行深入的试验研究,掌握它们在中试装置中的变化规律,以得到更适合的反应条件。

(五) 工艺流程和操作方法的确定

中试放大阶段由于处理的物料量增加,有必要考虑使反应与后处理的操作方法如何适应工业生产的要求,特别注意缩短工序,简化操作。从加料方法、物料分离和输送等方面考虑,提出整个合成路线的工艺流程、各个单元操作的工艺规程、安全操作要求及制度。要考虑使反应和后处理操作方法适用工业生产的要求,提高劳动生产率,从而最终确定生产工艺流程和操作方法。

例如,对氨基苯甲醛可由对硝基甲苯用多硫化钠在乙醇中氧化还原制得,反应式如下:

$$O_2N-\text{苯环}-CH_3 \xrightarrow[C_2H_5OH]{Na_2S+S} O_2N-\text{苯环}-CHO$$

小试时,分离对氨基苯甲醛的方法是将反应液中乙醇蒸出后,用有机溶剂提取或冷却结晶。中试放大时,由于冷却较慢,反应物本身由于希夫碱而呈胶状,使得结晶困难。在小试时,由于采用冰水冷却,较长时间放置,使生成的希夫碱重新分解为对硝基苯甲醛,结晶析出,得与母液分离。在中试放大时,成功地改用乙醇后,使得碱浮在反应器上层,趁热将下面母液放出,反应罐内希夫碱可直接用于下一批反应。

ER-3-4　希夫碱

(六) 进行物料衡算,对各步物料进行初步规划,提出回收套用和"三废"处理的措施

当各步反应条件和操作方法确定后,就应该就一些收率低、副产物多和"三废"较多的反应进行物料衡算。反应产品和其他产物的重量总和等于反应前各个物料投量的总和是物料衡算必须达到的精确程度,以便为解决薄弱环节,挖潜节能,提高效率,回收副产物并综合利用以及防治三废提供数据。对无分析方法的化学成分要进行分析方法的研究。

(七) 原辅材料和中间体的质量监控

1. 原辅材料、中间体的物理性质和化工参数的测定　为解决生产工艺和安全措施中的问题,需测定某些物料的性质和化工参数,如比热、黏度、爆炸极限等。如二甲基甲酰胺(DMF)与氧化剂以一定比例混合时易引起爆炸,必须在中试放大前和中试放大时作详细考查。在使用化学品前必须仔细阅读其物料安全数据表(MSDS),常用的化学品的卫生和安全数据可以从《化学试剂手册》和官方的网站检索。

2. 原辅材料、中间体质量标准的制订　根据中试研究的结果制订或修订中间体和成品的质量标准,以及分析鉴定方法。小试中这些质量标准未制订或制订但欠完善时,应根据中试放大阶段的实践进行修改或制订。

ER-3-5　物料安全数据表(MSDS)

ER-3-6　原辅材料质量标准

(八) 安全生产与"三废"防治措施的研究

小试时由于物料量少,对安全及"三废"问题只能提出一些设想,但到中试阶段,由于处理物料量增大,安全生产和"三废"问题就明显暴露出来,因此,在该阶段应就使用易燃、易爆和有毒物的安全生产和劳动保护等问题进行研究,提出妥善的安全技术措施。

(九) 消耗定额、原料成本、操作工时与生产周期的计算

消耗定额是指生产 1kg 成品所消耗的各种原料的 kg 数;原料成本一般是指生产 1kg 成品所消耗的各种物料价值的总和;操作工时是指每一操作工序从开始至终了所需的实际作业时间(以小时计);生产周期是指从合成的第一步反应开始到最后一步获得成品为止,生产一个批号成品所需时间的总和(以工作天数计)。

点滴积累 ∨

1. 中试放大目的　验证、复审和完善小试所确定的反应条件、工业化生产设备等,为正式生产提供设备数据、物质量和消耗等。
2. 中试放大方法　经验放大法、相似放大法、数字模拟放大法。
3. 消耗定额:生产 1kg 成品所消耗的各种原料的 kg 数;原料成本:生产 1kg 成品所消耗的各种物料价值的总和。

第三节　物料衡算

物料衡算是以质量守恒定律为基础,对物料平衡进行计算。物料平衡是指"在单位时间内进入系统(体系)的全部物料质量必定等于离开该系统的全部物料质量,再加上损失掉的和积累起来的物料质量"。物料衡算是化工计算最基本,也是最重要的内容之一。通过物料衡算,可深入分析生产过程,对生产过程有定量了解,就可以知道原料消耗定额,揭示物料利用情况;了解产品收率是否达到最佳数值,设备生产能力还有多大潜力;各设备生产能力是否平衡等。据此,可采取有效措施,进一步改进生产工艺,提高产品的产率和产量,另外,物料衡算也是"三废"处理的依据之一。

物料衡算反映了生产过程的实际情况和完善程度。如果对一个生产过程的物料衡算作的很完善,就表示我们对这个生产过程的了解比较深入。反之,如果对一个生产过程的研究还不够,就无法进行正确的物料衡算,因而也就很难进一步改进生产。

一、物料衡算的理论基础

物料衡算有两种情况:一种是对已有的生产设备和装置,利用实际测定的数据,计算出另一些不能直接测定的物料量,利用计算结果,可对生产情况进行分析,找出生产过程的薄弱环节,提出改进措施;另一种是为了设计一种新的设备或装置,根据设计任务,先作物料衡算,求出每个主要设备进出的物料量,然后再作能量衡算,求出设备或过程的热负荷,从而确定设备尺寸及整个工艺流程。

物料衡算是研究某一个体系内进、出物料及组成的变化,即物料平衡。所谓体系就是物料衡算的范围,它可以根据实际需要,人为地选定。体系可以是一个设备和几个设备,也可以是一个单元操作或整个化工过程。进行物料衡算时,必须首先确定衡算的体系。

物料衡算的理论基础是质量守恒定律,根据这个定律可得到物料衡算的基本关系式为:

进入反应器的物料量−流出反应器的物料量−反应器中的转化量=反应器中的积累量

在化学反应系统中,物质的转化服从化学反应规律,可以根据化学反应方程式求出转化的定量关系。

二、确定物料衡算的计算基准及每年设备操作时间

(一) 物料衡算的基准

为了进行物料衡算,必须选择一定的基准作为计算的基础。通常采用的基准有以下三种:

1. 以每批操作为基准,适用于间歇操作设备、标准或定型设备的物料衡算。

2. 以单位时间内处理物料量,或者是在单位时间内生成多少成品或半成品作为基准,适用于连续操作设备的物料衡算。

3. 以千克产品为基准,以确定原辅材料消耗定额。

基准的选择是按具体情况而定的,在大型的设计计算中,往往是对设计提出设计任务,并且依次折算成每昼夜生产多少成品作为基准;如某一反应的生产量是由参与反应的某一种原料的供应情况来控制的,那么就以每昼夜处理这种原料的量为基准较为合适。在小批生产时,通常以每批操作的投料量作为计算基准。

(二) 每年设备操作时间

车间每年设备正常开工生产的天数称每年工作日,一般为330天,其中余下的35天作为车间检修时间。对于工艺技术尚未成熟或腐蚀性大的车间一般采用300天或更少一些时间计算。连续操作设备也有按每年7000~8000小时为设计计算的基础。如果设备腐蚀严重或在催化反应中催化活化时间较长,寿命较短,所需停工时间较多,则应根据具体情况决定每年设备工作时间。

三、收集有关计算数据

为了进行物料衡算,应根据制药生产企业操作记录和中间试验数据收集有关数据,如反应物的配料比,原辅材料、半成品、成品及副产品等的浓度、纯度或组成,车间总产率,阶段产率、转化率等。常涉及到以下几个概念。

1. **转化率**　对某一组分来说,反应产物所消耗掉的物料与投入反应物料量之比简称该组分的转化率,一般以百分数表示。若用符号 X_A 表示组分的转化率,则得:

$$X_A = \frac{反应消耗 A 组分的量}{投入反应 A 组分的量} \times 100\%$$

2. **收率**　某主要产物实际得到的量,与按投料量计算理论上应该得到的产量之比,也以百分率表示。若用符号 Y 表示,则得:

$$Y = \frac{产物实际得量}{按某一主要原料计算的理论产量} \times 100\%$$

或

$$Y = \frac{产物收得量折算成原料量}{原料投入量} \times 100\%$$

收率一般要说明是按哪一种主要原料计算的。

3. **选择性**　各种主、副产物中,主产物所占分率或百分率,可用符号 Z 表示,则得:

$$Z = \frac{主反应生成量折算成原料量}{反应掉原料量} \times 100\%$$

$$Y = X \cdot Z$$

例 1　甲苯用浓硫酸磺化制备对甲苯磺酸。已知甲苯的投料量为 1000kg,反应产物中含对甲苯磺酸 1460kg,未反应的甲苯 20kg。试分别计算甲苯的转化率、对甲苯磺酸的收率和选择性。

解:化学反应方程式为

则甲苯的转化率为

$$x_A = \frac{1000-20}{1000} \times 100\% = 98\%$$

对甲苯磺酸的收率为

$$y = \frac{1460 \times 92}{1000 \times 172} \times 100\% = 78.1\%$$

对甲苯磺酸的选择性为

$$\varphi = \frac{1460 \times 92}{(1000-20) \times 172} \times 100\% = 79.7\%$$

4. **总收率**　产品的生产工艺过程通常由若干个物理工序和化学反应工序所组成,各工序都有一定的收率,各工序的收率之积即为总收率。总收率与各工序收率的关系为:

$$Y = Y_1 Y_2 Y_3 Y_4 \cdots$$

在计算收率时,必须注意质量的监控,即对各工序中间体和药品纯度要有质量分析数据。

例2 邻氯甲苯经 α-氯代、氰化、水解工序可制得邻氯苯乙酸,邻氯苯乙酸再与2,6-二氯苯胺缩合即可制得消炎镇痛药——双氯芬酸。已知各工序的收率分别为:氯代工序 $y_1 = 83.6\%$、氰化工序 $y_2 = 90\%$、水解工序 $y_3 = 88.5\%$、缩合工序 $y_4 = 48.4\%$。试计算以邻氯甲苯为起始原料制备双氯芬酸的总收率。

解: 设以邻氯甲苯为起始原料制备双氯芬酸的总收率为 y_T,则

$$y_T = y_1 \times y_2 \times y_3 \times y_4$$
$$= 83.6\% \times 90\% \times 88.5\% \times 48.4\%$$
$$= 32.2\%$$

5. 单程转化率和总转化率 某些化学反应过程,主要反应物经一次反应的转化率不高,甚至很低,但未反应的主要反应物经分离回收后可循环套用,此时的转化率有单程转化率和总转化率之分。

例3 用苯氯化制备一氯苯时,为减少副产二氯苯的生成量,应控制氯的消耗量。已知每100mol 苯与40mol 氯反应,反应产物中含38mol 氯苯、1mol 二氯苯以及61mol 未反应的苯。反应产物经分离后可回收60mol 的苯,损失1mol 苯。试计算苯的单程转化率和总转化率。

解: 苯的单程转化率为

$$x_A = \frac{100-61}{100} \times 100\% = 39.0\%$$

设苯的总转化率为 x_T,则

$$x_T = \frac{100-61}{100-60} \times 100\% = 97.5\%$$

可见,对于某些反应,主要反应物的单程转化率可以很低,但总转化率却可以提高。

四、物料衡算的步骤

1. 收集和计算所必需的基本数据;

2. 列出化学反应方程式,包括主反应和副反应,根据综合条件画出流程简图;

3. 选择物料衡算的基准;

4. 进行物料衡算;

5. 列出物料平衡表 ①输入与输出的物料平衡表;②"三废"排量表;③计算原辅材料消耗定额(kg)。

在化学制药工艺研究中,特别需要注意成品的质量标准、原辅材料的质量和规格、各工序中间体的化验方法和监控、回收品处理等,这些都是影响物料衡算的因素。

ER-3-7 生产安替比林物料衡算

例4 在间歇釜式反应器中用浓硫酸磺化甲苯生产对甲苯磺酸,其工艺流程如图 3-1 所示,试对该过程进行物料衡算。已知每批操作的投料量为:甲苯 1000kg,纯度 99.9%(质量百分比,以下同);浓硫酸 1100kg,纯度 98%;甲苯的转化率为 98%,生成对甲苯磺酸的选择性为 82%,生成邻甲苯磺酸的选择性为 9.2%,生成间甲苯磺酸的选择性为 8.8%;物料中的水约 90% 经连续脱水器排出。此外,为简化计算,假设原料中除纯品外都是水,且在磺化过程中无物料损失。

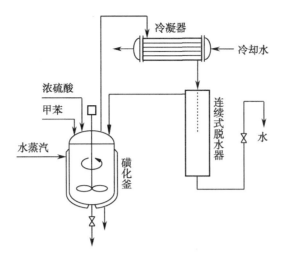

图 3-1　浓硫酸磺化甲苯生产对甲苯磺酸工艺流程图

解: 以间歇釜式反应器为衡算范围,绘出物料衡算示意图,如图3-2所示。

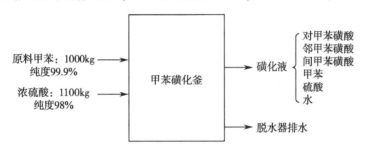

图 3-2　甲苯磺化过程物料衡算示意图

图中共有4股物料,物料衡算的目的就是确定各股物料的数量和组成,并据此编制物料平衡表。

对于间歇操作过程,常以一个操作周期内的投料量为基准进行物料衡算。

进料:

原料甲苯中的甲苯量为

$$1000 \times 0.999 = 999 \text{kg}$$

原料甲苯中的水量为

$$1000 - 999 = 1 \text{kg}$$

浓硫酸中的硫酸量为

$$1100 \times 0.98 = 1078 \text{kg}$$

浓硫酸中的水量为

$$1100 - 1078 = 22 \text{kg}$$

进料总量为

$$1000 + 1100 = 2100 \text{kg}$$

其中含甲苯 999kg,硫酸 1078kg,水 23kg。

出料:

反应消耗的甲苯量为

$$999\times98\%=979kg$$

未反应的甲苯量为

$$999-979=20kg$$

生成目标产物对甲苯磺酸的反应方程式(主反应方程式)为:

分子量　　92　　98　　　　　172　　18

生成副产物邻甲苯磺酸的反应方程式(副反应方程式)为

分子量　　92　　98　　　　　172　　18

生成副产物间甲苯磺酸的反应方程式(主反应方程式)为:

分子量　　92　　98　　　　　172　　18

反应生成的对甲苯磺酸量为

$$979\times\frac{172}{92}\times82\%=1500.8kg$$

反应生成的邻甲苯磺酸量为

$$979\times\frac{172}{92}\times9.2\%=168.4kg$$

反应生成的间甲苯磺酸量为

$$979\times\frac{172}{92}\times8.8\%=161.1kg$$

反应生成的水量为

$$979\times\frac{18}{92}=191.5kg$$

经脱水器排出的水量为

$$(23+191.5)\times90\%=193.1kg$$

磺化液中剩余的水量为

$$(23+191.5)-193.1=21.4kg$$

反应消耗的硫酸量为

$$979\times\frac{98}{92}=1042.8kg$$

未反应的硫酸量为

$$1078-1042.8=35.2kg$$

磺化液总量为

$$1500.8+168.4+161.1+20+35.2+21.4=1906.9kg$$

根据物料衡算结果,可编制甲苯磺化过程的物料平衡表,如表 3-1 所示。

表 3-1　甲苯磺化过程的物料平衡表

	物料名称	质量/kg	质量组成/%		纯品量/kg
输入	原料甲苯	1000	甲苯	99.9	999
			水	0.1	1
	浓硫酸	1100	硫酸	98.0	1078
			水	2.0	22
	总计	2100			2100
输出	磺化液	1906.9	对甲苯磺酸	78.70	1500.8
			邻甲苯磺酸	8.83	168.4
			间甲苯磺酸	8.45	161.1
			甲苯	1.05	20.0
			硫酸	1.85	35.2
			水	1.12	21.4
	脱水器排水	193.1	水	100	193.1
	总计	2100			2100

点滴积累　∨

1. 物料衡算目的　设计新的生产装置;找出生产的薄弱环节,提出改进措施。

2. 物料衡算的理论基础是"质量守恒定律",基准关系式:

　进入反应器的物料量-输出反应器的物料量-反应器中的转化量=反应器中的积累量。

3. 物料衡算常用指标　转化率、收率、选择性、总收率、单程转化率、总转化率。

第四节　生产工艺规程

一个药物可以采用几种不同的生产工艺过程,但其中必有一种是在特定条件下最为合理、最为经济又最能保证产品质量的,人们把这种生产工艺过程的各项内容归纳写成文件形式即称为生产工艺规程。

由于生产的医药品种种类不同,药品生产规程的繁简程度也有很大差别。通常都认为,拟定工艺路线是制订生产工艺规程的关键,也是生产工艺过程和进行生产的重要依据。因此,生产工艺规程是指导生产工艺的重要文件,也是组织管理生产的基本依据,更是工厂企业的核心机密。先进的生产工艺规程是工程技术人员、岗位工人和企业管理人员的集体创造,属于知识产权的范畴,要积极组织申请专利,以保护发明者和企业的合法权益。同时,还要严守机密。

中试放大阶段的研究任务完成后,便可依据生产任务进行基建设计,遴选和确定定型设备以及非定型设备的设计和制作,然后按照施工图进行生产车间或工厂的厂房建设、设备和辅助设备安装等。如经试车合格和短期试生产达到稳定后,即可着手制订生产工艺规程。当然,生产工艺规程并不是一成不变的。随着科学技术进步,生产工艺规程也将不断地改进和完善,以便更好地指导生产,但这绝不意味着可以随便更改生产工艺规程。要更改生产工艺规程必须履行严格的审批手续,有组织有领导地进行,必须遵循"一切经过试验"的原则。

知识链接

SOP 与生产工艺规程

SOP 是标准操作程序(standard operation procedure)。所谓标准,有最优化的概念,即不是随便写出来的操作程序都可以称作 SOP,而一定是经过不断实践总结出来的在当前条件下可以实现的最优化的操作程序。

SOP 是一种作业程序,是一种操作层面的程序,是实实在在的,具体可操作的,不是理念层次上的东西。如果结合 ISO9000 体系的标准,SOP 是属于三级文件,即作业性文件。

SOP 是一种标准的作业程序,其中文意思是标准作业流程指导书,也就是将一件事给它量化、细化、优化的分工模式。而生产工艺流程不像 SOP 这么详细,SOP 是每一个工位都会有的。

SOP 不是单个的,是一个体系,虽然我们可以单独地定义每一个 SOP,但真正从企业管理来看,SOP 不可能只是单个的,必然是一个整体和体系,也是企业不可或缺的。

一、生产工艺规程的主要作用

生产工艺规程是依据科学理论和必要的生产工艺试验,在生产一线人员及技术人员生产实践经验基础上的总结。由此总结所制订的生产工艺规程,在生产企业中需经一定部门审核。经审定、批准的生产工艺规程,企业有关人员必须严格执行。在生产车间,还应编写与生产工艺规程相应的岗位技术安全操作法。后者是生产岗位操作人员工作的直接依据和对培训工人的基本要求。生产工艺规程的作用如下。

(一)生产工艺规程是组织工业生产的指导性文件

生产的计划、调度只有根据生产工艺规程安排,才能保持各个生产环节之间的相互协调,才能按计划完成任务。如维生素 C 生产工艺过程中,既有化学合成过程(高压加氢、酮化、氧化等),又有生物合成(发酵、氧化和转化),还有精制后处理及镍催化剂制备、活化处理,菌种培育等,不同过程的操作工时和生产周期各不相同,原辅材料、中间体质量标准及各中间体质量监控也各不相同,还需注意安排设备及时检修等。只有严格按照工艺规程组织生产,才能保证药品质量,保证生产安全,提高生产效率,降低生产成本。

(二) 生产工艺规程是生产准备工作的依据

化学合成药物在正式投产前要做大量的生产准备工作。企业应根据工艺过程供应原辅材料,须有原辅材料、中间体和产品的质量标准,还有反应器和设备的调试、专用工艺设备的设计和制作等。如维生素 C 生产工艺过程要求有无菌室、三级发酵种子罐、发酵罐、高压釜等特殊设备。又如,制备次氯酸钠需用液碱和氯气,加压氢化需氢气和 Raney 镍制备等,还有不少有毒、易爆的原辅材料,这些设备、原辅材料的准备工作都要以生产工艺规程为依据进行。

(三) 生产工艺规程又是新建和扩建生产车间或工厂的基本技术条件

在新建和扩建生产车间或工厂时,必须以生产工艺规程为依据。先确定生产所需品种的年产量,其次是反应器、辅助设备的大小和布置,进而确定车间或工厂的面积。还有原辅材料的储运,成品的精制、包装等具体要求。最后确定生产工人的工种、等级、数量、岗位技术人员的配备,各个辅助部门如能源、动力供给等也都以生产工艺规程为依据逐项进行安排。

二、制订生产工艺规程的原始材料和基本内容

制订生产工艺规程要保证药品质量,要有高的生产率、"三废"治理措施、安全生产措施,要减少人力和物力的消耗,降低生产成本,使它成为最经济合理的生产工艺方案。此外,还必须尽量降低工人的劳动强度,使操作人员有良好的安全的工作条件和工作环境。药品质量、劳动生产率、收率、经济效益和社会效益,这五者相互关系,但又相互制约。提高药品质量会增加社会效益,增强药品竞争力,但有时会影响劳动生产率和经济效益。采用了先进生产设备虽可提高生产率,减轻劳动强度,但因设备投资较大,若产品产量不够大时,其经济效益就可能较差。有时收率虽有提高,但药品质量会受影响。有时可能因辅助材料涨价或"三废"问题严重,而影响生产成本或不能正常生产。制订生产工艺规程,需具备下列原始材料和包括的基本内容。

(一) 产品介绍

叙述产品规格、药理作用等,包括:①名称(商品名、化学名、英文名);②化学结构、分子式、分子量;③性状(物化性质);④质量标准及检验方法(鉴别方法、准确的定量分析方法、杂质检查方法和杂质最高限度检验方法等);⑤药理作用、毒副作用(不良反应)、用途(适应证、用法);⑥包装与贮存。

(二) 化学反应过程

按化学合成或生物合成,分工序写出主反应、副反应、辅助反应(如催化剂的制备、副产物处理、回收套用等)及其反应原理。还要包括反应终点的控制方法和快速化验方法。

（三）生产工艺流程

以生产工艺过程中的化学反应为中心,用图解形式把冷却、加热、过滤、蒸馏、提取、分离、中和、精制等物理化学处理过程加以描述。

（四）设备一览表

包括岗位名称、设备名称、规格、数量(容积、性能)、材质、电机容量等。

（五）设备流程和设备检修

设备流程图是用设备示意图的形式来表示生产过程中各设备的衔接关系。

（六）操作工时与生产周期

记叙各岗位中工序名称、操作时间(包括生产周期与辅助操作时间并由此计算出产品生产总周期)。

（七）原辅材料和中间体的质量标准

按岗位名称、原料名称、分子式、分子量、规格项目等列表。也可以逐项逐个把原辅材料、中间体性状、规格以及注意事项列出来(除含量外,要规定可能产生和存在的杂质含量限度)。必要时应和中间体生产岗位或车间拟订或修改规格标准。

（八）生产工艺过程

在制订生产工艺规程时应深入生产现场进行调查研究,特别要重视中试放大时的各个数据和现象。对异常现象的发现和处理及其产生原因要进行分析。生产工艺过程应包括:①配料比(摩尔比和重量比、投料量);②工艺操作;③主要工艺条件及其说明和有关注意事项;④生产过程的中间体及其理化性质和反应终点控制;⑤后处理方法以及收率等。

若为生物合成工艺过程,则应对菌种的培育移种、保存、传代驯养,无菌室操作方法,培养基的配制,异常现象的处理及产生原因等主要工艺条件加以说明。

（九）生产技术经济指标

1. 生产能力 包括成品(年产量、月产量)和副产品(年产量、月产量)。

2. 中间体、成品收率、分步收率和成品总收率、收率计算方法。

3. 劳动生产率及成本 即全员和工人每月每人生产数量和原料成本、车间成本及工厂成本等。

4. 原辅材料及中间体消耗定额。

（十）技术安全与防火、防爆

制药工业生产过程除一般化学反应外,还包括高压、高温反应及生物合成反应,必须注意原辅材料和中间体的理化性质,逐个列出预防原则和技术措施、注意事项。如维生素 C 的生产工艺过程应用的 Raney 镍催化剂应随用随制备,贮备期不能超过 1 个月,暴露于空气中便急剧氧化而燃烧。氢气更是高度易燃易爆的气体,氯气则是有窒息性的毒气,并能助燃。

（十一）主要设备的使用方法与安全注意事项

例如,离心机使用时一般必须采用起动加料的方式,离心泵严禁先关闭出料门后停车;吊车起重量不准超过规定负荷,不用时必须落到地面;搪瓷玻璃罐应避免骤冷骤热的冲击,避免−20℃以下的低温条件,夹层压力不得超过 $5.884×10^5$ Pa$(6kg/cm^2)$,受压容器的承受力不得超过其允许限度等。

（十二）成品、中间体、原料检验方法

如维生素 C 工艺规程中有发酵液中山梨酸的测定、山梨糖水分含量测定、古龙酸含量测定、转化母液中维生素 C 含量测定等中间体化验方法，以及硫酸、氢氧化钠、冰醋酸、丙酮、活性炭、工业葡萄糖等原辅材料的化验方法等。

（十三）资源综合利用和"三废"处理

如维生素 C 工艺规程中应有硫酸钠、氧化镍、丙酮、苯、乙醇等母液或残渣的回收利用等，或如何进行"三废"处理。

（十四）附录(有关常数及计算公式等)

三、生产工艺规程制订和修订

医药品必须按照生产工艺规程进行生产。对于新产品的生产，在试车阶段，一般是制订临时生产工艺规程；有时不免要作些设备上的调整，待经过一段时间生产稳定后，再制订生产工艺规程。

生产技术是在不断地发展，人们的认识也是在不断地发展，需要加强工程技术人员对化学工程的研究。药品生产通常更新快，生产工艺改进提高潜力大，对产品质量的要求也在不断提高，数量变化也大；随着新工艺和新材料的出现和采用，已制订的生产工艺规程在实践中也常常会出现问题和遇到困难，或发现不足之处。因此，就必须对现行生产工艺规程进行及时修订，以反映出经过实践考验的技术革新的新成果和国内外的先进经验。如我国抗坏血酸于 1957 年投产以来，先后进行了"液体糖氧化""高浓度发酵""单酮糖再酮化""发酵一勺烩""低温水解转化"以及"二步发酵工艺"等一系列工艺革新，使抗坏血酸的收率由小试和中试的 40% 左右，提高到 1989 年的 70% 以上。不仅简化了工艺，而且使生产成本降低很多。

制订和修改生产工艺规程的要点和顺序简述如下。

1. 生产工艺路线是拟定生产工艺规程的关键。在具体实施中，应该在充分调查研究的基础上多提出几个方案进行分析比较、验证。

2. 熟悉产品的性能、用途和工艺过程、反应原理；明确各步反应或各工序、中间体的技术要求、技术条件的依据、安全生产技术等，找出关键技术问题。

3. 审查各项技术要求是否合理，原辅材料、设备材质等选用是否符合生产工艺要求。如发现问题，应会同有关设计人员共同研究，按规定手续进行修改与补充或进行专家论证。

4. 规定各工序和岗位采用的设备流程和工艺流程，同时考虑本厂现有车间平面布置和设备情况。

5. 确定或完善各工序或岗位技术要求及检验方法。

6. 审定"三废"治理和安全技术措施。

7. 编写生产工艺规程。

四、中试设备的维护

中试车间会承担各种各样的工艺试验，设备的操作条件变化较大，物料复杂，而工艺验证数据的准确性要求又非常高,因此,中试设备的维护对有效操作非常重要。特别是设备的预防性维护,不但能够增强安全性,提高操作效率,而且可以减少泄漏和非计划性停车,确保中试的进度,提高数据的可靠性。在中试车间,工艺操作人员的责任往往不仅是运行设备,还要承担设备点检、润滑等维护工作。工艺操作人员是申请/执行维护程序中的第一道防线,对保证工艺过程的连续性非常关键。

当工艺参数连续偏离预定条件时,操作人员就应判断是否需要对设备、仪表进行维护,及时纠正正在发生的偏差,避免小问题变成大问题。

现代化学(生化)工艺对温度、压力、流量、酸度等工艺参数,一般都通过自控仪表在线控制。在线控制仪表的作用就像是人的眼睛,有助于维持设备安全、连续、稳定地运行。因此,操作人员需要有自控仪表的一般常识,特别是知道如何判断不正常的指示和动作,避免仪表故障引起的破坏。

案例分析

案例

某工厂在进行医药中间体 6-APA 的中试时,采用在线 pH 计监测萃取罐酸度。在一次操作中,中试人员发现按预定数量加入盐酸后,操作物料 pH 偏高,操作人员没有盲目地补加盐酸投料量,而是从萃取罐取出试样,使用校准后的手持 pH 计复测,结果发现 pH 已经达到预定范围。后来经检查发现在线 pH 计接线松动。

操作人员利用自己的经验判断出仪表故障,避免了过量加入盐酸造成的损失。

分析

pH 计需要定期校准,否则容易出现偏差。工艺技术人员应该正确使用各种仪器、设备,并且当工艺参数偏离预定条件时,应判断是否需要对设备、仪表进行维护,及时纠正正在发生的偏差,避免小问题变成大问题。

清洗和清场也是中试车间设备维护的一项重要内容。中试车间试验条件(或生产品种)多变,更换品种的周期难以确定,如不加强清洗和清场的管理,出现品种间物料污染的风险极大,清洗不彻底可能导致设备腐蚀的重大损失。

一般要求,在中试验证同品种产品时,批间必须进行简单清洗和清场,这样做,一方面可防止批间物料交叉对反应、收率的影响,保证试验数据准确,另一方面,通过批清场,可以把物料、中间产品和成品分类定置,及时发现物料偏差,减少出错的机会。

更换品种时的清场、检查更加重要。清场不彻底,会造成上品种污染下品种,不仅影响下品种的反应和产品质量的偏差,有时还可能发生安全事故和设备事故。

例如,某医药中间体生产单位进行“苯甘氨酸甲酯盐酸盐的中试盐”的中试验证,因工艺原因,在反应罐内会产生较多的氯化氢气体。中试结束时,操作人员仅对反应系统进行了简单清洗,就关闭了车间。1周后,中试人员检查设备时发现,反应系统的所有设备均严重锈蚀,部分仪表已经腐蚀损坏,直接经济损失超过 20 万元。

这是比较典型的因清场不彻底导致的重大损失。在中试中断或结束试验后,会有一段时间的设备闲置。如不进行设备的彻底清洗保养,在设备闲置期间,极易发生腐蚀。物料在中试现场长时间存放,受存放条件和容器没有密封的影响,物料有吸潮、变质甚至发生火灾的可能。因此在使用或产生腐蚀性物料时,应及时彻底清洗设备;结束一个阶段的中试试验就必须彻底清场。

五、中试生产过程注意事项

1. 严格按操作规程、安全规程操作,不能随意更改。如发现新问题需更改,必须有充分的小试作基础。

2. 严格控制反应条件如温度、pH 等,万一超标应及时进行处理(小试就应考虑到,小试应做过破坏性试验,找出处理办法)。

3. 注意中试试生产温度计的传热敏感度与小试不一样,温度变化存在滞后性,应提前预计到这一点进行有关操作。

4. 真空系统出现漏气如何检查和应急处理,尤其在高温情况下应及时采取应急措施。

5. 建立应急预案,做好突发故障的应对准备。突发停电、停汽、停水、停冷冻盐水应按应急预案立刻分别采取必要的应急措施(必要时配备和启用备用电源、N_2 保护等)。

6. 注意生产中的放大效应,一般应逐步放大,不能单考虑进度,否则"欲速而不达",要循序渐进。

7. 由于不可预计因素和放大效应的存在,对单批投料量必须进行控制,实行分级审批制度。

8. 对反应过程中的现象进行认真仔细的观察,及时做好记录并及时分析出现的现象,要做好小试的先导或跟踪验证工作。各相关人员必须有高度的责任心,密切关注整个生产过程的情况,及时采取措施解决出现的问题。

9. 每一步骤的终点如何判断要有明确的指标和方法,每一步进行严格控制,可与反应中出现的现象综合起来判断。

10. 正确选择后处理方法。选择溶剂时一定要在考虑工艺的适用性的同时,要考虑经济性和可行性,如价格、毒性及是否可回收和易回收等。

点滴积累 ╲

1. 生产工艺规程是规定生产工艺和操作方法等的工艺文件,是在具体的生产条件下,将最合理或较合理的工艺过程和操作方法,按规定的形式制成工艺文本,经审批后用来指导生产并严格贯彻执行的指导性文件。

2. 生产工艺规程作用 指导生产的重要文件;组织管理生产的基本依据;企业的核心机密。

3. 更改生产工艺规程必须履行严格的审批手续,有组织地进行,必须遵循"一切经过试验"的原则。

目标检测

一、选择题

（一）单项选择题

1. 中试放大的规模一般比小型试验规模放大

    A. 10 倍   B. 100 倍   C. 200 倍   D. 500 倍

2. 药品生产企业进行所有的生产加工应依据

    A. 批准的工艺规程   B. 日常的工作经验

    C. 下达的生产计划   D. 法定的质量标准

3. 下列表述不正确的是

    A. 工艺条件的探索，从实验室研究开始，一直延伸到中试放大和规模生产过程中

    B. 影响反应的因素很多，如反应物浓度、压力、温度、催化剂、溶剂、设备等

    C. 小试工艺研究可以清楚地掌握各反应的类型、热力学性质、动力学规律、质量与热量传递规律

    D. 有时，较简单的工艺无须经过中试放大阶段

4. SOP 是指

    A. 岗位操作法   B. 标准操作程序

    C. 生产工艺规程   D. 批生产记录

5. 选择性是指

    A. 该反应物转化为目的产物的量与投料量的比值

    B. 该反应物转化为目的产物的量与已转化的反应物的量的比值

    C. 已转化的反应物的量与投料量的比值

    D. 理论的量与投料量的比值

6. 在反应系统中，反应消耗掉的反应物的摩尔数与反应物的起始摩尔数之比称为

    A. 总收率   B. 选择率

    C. 转化率   D. 反应速率

7. 药物合成的总收率是指

    A. 各步工艺过程中最低的收率   B. 各步工艺过程中最高的收率

    C. 各步收率的连乘积   D. 各步收率的加和

8. 下列反应过程的总收率为

$$A \xrightarrow{90\%} B \xrightarrow{90\%} C \xrightarrow{90\%} D \xrightarrow{90\%} E \xrightarrow{90\%} F \xrightarrow{90\%} G \xrightarrow{90\%} H$$

    A. 47.8%   B. 72.9%   C. 59%   D. 53.1%

9. 下列(　　)不是制药工艺在中试阶段的主要研究内容

    A. 制订或修订中间体和成品的质量标准，以及分析鉴定方法

B. 寻找新的工艺路线

C. 进行经济技术指标的核算,计算生产成本

D. 对各步物料进行步规划,提出回收套用和"三废"处理的措施

10. 用苯氯化制备一氯苯时,为减少副产二氯苯的生成量,应控制氯的消耗量。已知每 100mol 苯与 40mol 氯反应,反应产物中含 38mol 氯苯、1mol 二氯苯以及 61mol 未反应的苯。反应产物经分离后可回收 60mol 的苯,损失 1mol 苯,则苯的总转化率为(　　)

A. 39.0%　　　　　　　　　　　　B. 60%

C. 61%　　　　　　　　　　　　　D. 97.5%

11. 工艺规程的主要内容包括

A. 生产工艺主要工作要点

B. 主要技术经济指标和成品质量指标的检查项目及次数

C. 工艺技术指标的检查项目及次数

D. 以上都包括

12. 每年设备操作时间一般为

A. 260 天　　　　　　　　　　　　B. 330 天

C. 360 天　　　　　　　　　　　　D. 350 天

13. 对于工艺尚未成熟或腐蚀性大的车间,每年设备操作时间一般采用(　　)或更少一些时间

A. 300 天　　　　　　　　　　　　B. 330 天

C. 360 天　　　　　　　　　　　　D. 350 天

14. 下列说法正确的是

A. 一般化学反应,收率与转化率相等

B. 一般化学反应,收率大于转化率

C. 对于化学反应,收率等于转化率与选择性的乘积

D. 选择性越小,反应越有利

15. 在反应系统中,反应消耗掉的反应物的摩尔数与反应物的起始摩尔数之比称为(　　)

A. 总收率　　　　　　　　　　　　B. 选择率

C. 转化率　　　　　　　　　　　　D. 反应速率

(二)多项选择题

1. 一般中试放大的方法包括

A. 经验放大法　　　　　　　　　　B. 数学模拟放大法

C. 相似放大法　　　　　　　　　　D. 局部放大法

2. 中试研究内容包括

A. 生产工艺路线的复审　　　　　　B. 设备材质与型式的选择

C. 反应条件的进一步研究　　　　　D. 原辅材料与中间体的质量监控

3. 工艺规程的主要内容包括

A. 产品特征、质量标准

B. 原材料、辅助原料特征及用于生产应符合的质量标准

C. 生产工艺流程

D. 主要工艺技术条件、半成品质量标准

4. 物料衡算的基准,通常采用的有

A. 以每批操作为基准 　　　　　　B. 以单位时间为基准

C. 以每千克产品为基准 　　　　　D. 以每个班组操作为基准

5. 关于生产工艺规程说法正确的是

A. 是组织工业生产的指导性文件

B. 是生产准备工作的依据

C. 是新建和扩建生产车间或工厂的基本技术条件

D. 以上说法均正确

二、简答题

1. 中试放大的目的、研究内容是什么?

2. 何为物料衡算?物料衡算的目的或作用是什么?

3. 解释下列名词

(1)中试放大　(2)消耗定额　(3)原料成本　(4)操作工时　(5)生产周期　(6)转化率
(7)产率(收率)　(8)选择性

ER-03章习题

第四章

化学制药生产实例

ER-04章PPT

学前导语 ∨

　　10 个月的小宝病了，发烧至 39.5℃，情绪烦躁不安，哭闹不停，甚至出现了抽搐症状，全家人很着急。年轻的妈妈拿出一瓶滴剂，向小宝口中滴入几滴。不到半个小时，小宝出了大量的汗，体温降至 37℃，情绪也正常了。

　　小宝妈妈用的是什么药，为什么作用这么快，效果这么好呢？

　　原来小宝妈妈用的是"对乙酰氨基酚滴剂"，专门适合儿童。那么，对乙酰氨基酚是什么物质，如何生产出的呢？用什么原材料，经过了什么样的化学转化呢？

第一节　对乙酰氨基酚（扑热息痛）的生产

ER-4-1　扫一扫,知重点

一、对乙酰氨基酚理化性质、临床应用

　　对乙酰氨基酚,化学名为对乙酰氨基苯酚、N-(4-羟基苯基)乙酰胺、对羟基苯基乙酰胺,曾用名扑热息痛(APAP)。

　　结构式为:

$$CH_3CNH OH \qquad C_8H_9NO_2 = 151.16 \qquad CAS:103-90-2$$

　　本品为白色、类白色结晶或结晶性粉末,无气味,味苦。从乙醇中得棱柱体结晶。熔点为 168～172℃,相对密度 1.293(21/4℃)。能溶于乙醇、丙酮和热水,难溶于水,不溶于石油醚及苯。

　　对乙酰氨基酚是目前临床上常用的解热镇痛药,口服吸收迅速,可用于发热、疼痛。其解热镇痛作用与阿司匹林基本相同,但无抗炎抗风湿作用,对血小板和尿酸排泄无影响,正常使用剂量下对肝脏无损害,毒副作用小,尤其适用于胃溃疡患者及儿童,是世界卫生组织推荐的小儿首选退热药,也是目前临床多种抗感冒复方制剂的活性成分。

　　对乙酰氨基酚作用机制主要是通过抑制环氧化酶,选择性抑制下丘脑体温调节中枢前列腺素的合成,导致外周血管扩张、出汗而达到解热的作用,其解热作用强度与阿司匹林相似,镇痛作用较阿司匹林弱,仅对轻、中度疼痛有效。

ER-4-2　对乙酰氨基酚

二、对乙酰氨基酚生产原理、工艺过程、反应条件及控制

合成对乙酰氨基酚的方法很多,这里主要介绍以苯酚为原料的生产方法。其过程包括三步:①由苯酚亚硝化制得对亚硝基苯酚;②对亚硝基苯酚还原得对氨基苯酚;③对氨基苯酚再经乙酰化反应制得对乙酰氨基酚。反应过程如下:

$$
\text{苯酚} \xrightarrow{\text{HNO}_2} \text{对亚硝基苯酚} \xrightarrow{\text{Na}_2\text{S}} \text{对氨基苯酚} \xrightarrow{(\text{CH}_3\text{CO})_2\text{O}} \text{对乙酰氨基酚}
$$

对乙酰氨基酚的合成路线很多,但无论哪条路线,其共同的中间体都是对氨基苯酚,最后一步乙酰化是相同的。其他合成路线见数字资源。

> **知识链接**
>
> 对乙酰氨基酚(扑热息痛)的临床应用
>
> 对乙酰氨基酚为解热镇痛药,是目前主要用于解热镇痛的 OTC 药物。它被认为较安全,近年广泛用于感冒发热、关节痛、神经痛、偏头痛和手术后止痛。
>
> 本品为口服制剂,有片剂、胶囊、滴剂、口服液等,吸收迅速,服后 0.5~2 小时血药浓度达峰值。另外还有栓剂,起效快。对乙酰氨基酚也是其他感冒类复方制剂中的常用成分。在美国,对乙酰氨基酚是消耗量最大的非处方镇痛药(每年大约有 1 亿人次服用),有 200 多个品种;在我国,对乙酰氨基酚也被广泛推荐用于成人和儿童的感冒发热、头痛以及其他疾病所致的发热和疼痛,有 50 多个品种。美、英、日等国药典和《中国药典》均已收载此药,是全世界应用最广泛的药物之一。但该药的滥用和过量使用引起的不良反应已日益引起人们的重视。

ER-4-3 对乙酰氨基酚合成路线(含两条合成路线)

ER-4-4 对乙酰氨基酚合成新工艺

(一) 对亚硝基苯酚的制备

1. 工艺原理　苯酚的亚硝化反应过程是亚硝酸钠先与硫酸在低温下作用生成亚硝酸和硫酸氢钠。生成的亚硝酸即在低温下与苯酚迅速反应生成对亚硝基苯酚。由于亚硝酸不稳定,故在生产上采用直接加亚硝酸钠和硫酸进行反应。

主反应：

$$NaNO_2 + H_2SO_4 \longrightarrow HNO_2 + NaHSO_4$$

亚硝化反应的副反应是亚硝酸在水溶液中分解成一氧化氮和二氧化氮，后者为红色有强烈刺激性的气体。它们与空气中的氧气及水作用可产生硝酸。

$$2HNO_2 \longrightarrow H_2O + N_2O_3 \longrightarrow H_2O + NO + NO_2$$

$$H_2O + NO + NO_2 + O_2 \longrightarrow 2HNO_3$$

反应生成的硝酸又可氧化对亚硝基苯酚，生成苯醌或对硝基苯酚。

苯醌能与苯酚聚合生成有色聚合物，对亚硝基苯酚也可与苯酚缩合生成靛酚（在碱性溶液中呈蓝色）

靛酚钠盐（蓝色）

2. 工艺过程 配料比：苯酚∶亚硝酸钠∶硫酸 = 1∶1.3∶0.8（摩尔比）。

在反应罐中加入规定量的冷水和亚硝酸钠（4∶1），剧烈搅拌下加入碎冰，然后倾入酚溶液（液态酚中加入约酚重10%的水使成均匀絮状微晶）。维持温度在−5~0℃下，约在2小时内滴加规定量的40%硫酸。酸加完后，反应液 pH 为1.5±0.3，呈红棕色，有大量红烟（NO_2）出现。此后再继续搅拌1.5~2.0小时，反应液色泽变浅，反应毕。静置，经离心分离得浅黄色对亚硝基苯酚固体。于冰库中存放，供短期内使用，避免曝露于空气及日光中，防止变黑和自燃。

制备对亚硝基苯酚工艺流程方框图见图4-1。

3. 反应条件与影响因素

（1）温度的控制：苯酚的亚硝化反应是个放热反应，同时亚硝酸又不稳定，容易引起产物对亚硝基苯酚的氧化和聚合等副反应。因此，亚硝化时温度的控制（−5~0℃）是很重要。生产上用冰盐水

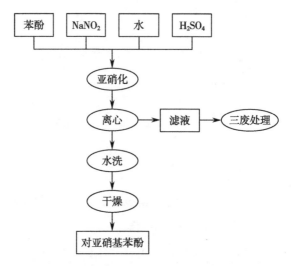

图 4-1 对亚硝基苯酚的制备工艺流程方框图

冷却,也可用亚硝酸钠与冰形成低熔物(溶液温度可达−20℃)达到降温的目的,同时在反应时通过向反应罐投入碎冰,控制投料速度和强烈搅拌,避免反应液的局部过热。

(2)配料比:理论上,亚硝酸钠与苯酚的分子比应为 1∶1,但由于亚硝酸钠易吸潮和氧化,反应过程中难免有少量分解。为使亚硝化反应完全,在生产工艺上应适当增加亚硝酸钠用量。

(3)原料苯酚的分散状况:工业用苯酚的熔点为 40℃ 左右。因此,亚硝化反应是在固态(苯酚)与液态(亚硝酸水溶液)间进行,必须注意苯酚的分散状况。若苯酚凝结成较粗的晶粒,则亚硝化时仅在其表面生成一层对亚硝基苯酚,阻碍亚硝化反应的继续进行,这将影响对亚硝基苯酚的质量和收率。所以必须采用强力搅拌使苯酚分散成均匀的絮状微晶,同时投入碎冰块,进行亚硝化反应。

(二) 对氨基苯酚的制备

1. 工艺原理 对亚硝基苯酚与硫化钠溶液共热,在碱性条件下还原生成对氨基苯酚钠,用稀硫酸中和,即析出对氨基苯酚。此系放热反应,温度只需控制在 38~48℃ 之间就能进行。

$$2 \underset{NO}{\overset{OH}{\bigcirc}} + 2Na_2S + H_2O \xrightarrow{38-48℃} 2 \underset{NH_2}{\overset{ONa}{\bigcirc}} + Na_2S_2O_3$$

$$2 \underset{NH_2}{\overset{ONa}{\bigcirc}} + H_2SO_4 \longrightarrow 2 \underset{NH_2}{\overset{OH}{\bigcirc}} + Na_2SO_4$$

若反应不完全,则有 4,4-二羟基氧化偶氮苯、4,4-二羟基偶氮苯和 4,4-二羟基氢化偶氮苯等中间产物生成。

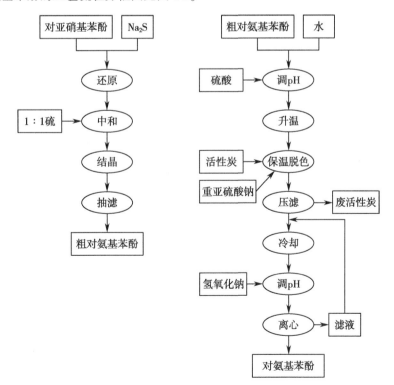

（反应式图：对亚硝基苯酚经 Na₂S 还原过程）

2. 工艺过程　对亚硝基苯酚还原成对氨基苯酚的工艺过程分两步进行。

（1）粗品对氨基苯酚制备：还原反应配料比：对亚硝基苯酚：硫化钠＝1：1.2（摩尔比）。

在 38~50℃搅拌下，将对亚硝基苯酚缓缓加入盛有 38%~45%浓度的硫化钠溶液的还原罐中，约 1 小时加毕，继续搅拌 20 分钟，检查终点合格，升温至 70℃保温反应 20 分钟，冷至 40℃以下，用 1：1 硫酸中和至 pH＝8，析出结晶，抽滤，得粗对氨基苯酚。

（2）精制对氨基苯酚：配料比：粗对氨基苯酚：硫酸：NaOH：活性炭＝1：0.477：0.418：0.108（摩尔比）

将粗对氨基苯酚加入水中，用硫酸调节 pH＝5~6，加热至 90℃，加入用水浸泡过的活性炭，继续加热至沸腾，保温 5~10 分钟，静置 30 分钟，加入重亚硫酸钠，压滤，滤液冷却至 25℃以下，用 NaOH 调节至 pH＝8，离心，用少量水洗涤，甩干得对氨基苯酚精品。收率为 80%。

制备对氨基苯酚的工艺流程方框图见图 4-2。

（工艺流程方框图）

图 4-2　制备对氨基苯酚工艺流程方框图

3. 反应条件与影响因素

（1）配料比：生产中硫化钠的投料应比理论量高些。若硫化钠用量过少，反应有停留在中间还原状态的可能。实际生产中，对亚硝基苯酚与硫化钠的分子配料比为 1.00∶1.16～1.23 左右，若低于 1.00∶1.05，则反应不完全，影响产品质量。

（2）反应温度：还原反应是放热反应，若反应温度超过 55℃，不仅使生成的对氨基苯酚钠易被氧化，且对亚硝基苯酚有自燃的危险。一般控制在 38～50℃ 为好。若低于 30℃，则该还原反应不易完成。生产上采取缓慢加入对亚硝基苯酚、加强搅拌和冷却等措施来控制反应温度。

（3）中和时的 pH、温度和加酸速度：制备粗对氨基苯酚时，须用硫酸中和析出，pH 控制在 8 左右比较适宜。因 pH 为 10 时，对氨基苯酚已基本游离完全，pH 为 8 时析出少量硫黄和对氨基苯酚，继续中和到 pH 为 7.0～7.5 时，则有大量硫化氢有毒气体产生。因此，调节 pH，必须考虑加酸速度，注意避免硫黄析出或局部硫酸浓度过大，防止硫酸加入反应液时放出热量而使局部温度过高。

温度过高产生的另一个副反应是反应生成的硫代硫酸钠遇酸分解析出硫黄，其析出速度与温度有关，40℃ 左右析出较快。工艺上利用对氨基苯酚在沸水中溶解度较大（100℃ 时 59.95mg/100ml，0℃ 时 1.10mg/100ml）的性质与析出的硫黄和活性炭分离。析出的对氨基苯酚以颗粒状结晶为好。

（三）对乙酰氨基酚的生产工艺

1. 工艺原理　对氨基苯酚与乙酸（或醋酐）加热脱水，反应生成对乙酰氨基酚。这是一步可逆反应，通常采用蒸去水的方法，使反应趋于完全，以提高收率。

该反应在较高温度下（达 148℃）进行，未乙酰化的对氨基苯酚有可能与空气中的氧作用，生成亚胺醌及其聚合物等，致使产品变成深褐色或黑色，故需加入少量抗氧剂（如亚硫酸氢钠等）。

此外，在较高温度下，对氨基苯酚也能缩合，生成深灰色的 4,4-二羟基二苯胺。

4，4-二羟基二苯胺

如用醋酐为乙酰化剂，反应迅速，反应也可在较低温度下进行，且容易控制以上副反应的发生。用乙酸酐-乙酸作酰化剂，可在 80℃ 下进行反应；用醋酐-吡啶，在 100℃ 下可以进行反应；用乙酰氯-

吡啶-甲苯为酰化剂,反应在60℃以下就能进行。

因为乙酸酐成本高,生产上一般采用稀乙酸(35%~40%)与醋酐混合使用,即先套用回收的稀乙酸,蒸馏脱去反应生成的水(生产上称为一次脱水),再加入冰醋酸回流去水(生产上称为二次脱水),最后加乙酸酐减压,蒸出稀乙酸。取样测定反应终点,即测定对氨基苯酚的剩余量和反应液的酸度。该工艺充分利用了生产中过量的乙酸,但也增加了氧化等副反应发生的可能性,为避免氧化等副反应的发生,保证对乙酰氨基酚的质量,反应前可先加入少量抗氧剂。

乙酰化时,采用适量的分馏装置严格控制蒸馏速度和脱水量,是反应的关键。也可利用三元共沸的原理把乙酰化生成的水及时蒸出,使乙酰化反应完全,节约成本。

2. 工艺过程　配料比:对氨基苯酚：冰醋酸：母液(含酸50%以上)=1∶1∶1(重量比)。

将配料液投入酰化罐内,加热至110℃左右,打开反应罐上冷凝器的冷凝水,回流反应4小时,控制蒸出稀酸速度为每小时蒸出总量的1/10,待内温升至135℃以上,取样检查对氨基苯酚残留量低于2.5%时为反应终点,加入稀酸(含量50%以上),转入结晶罐冷却结晶。离心,先用少量稀酸洗涤,再用大量水洗涤至滤液近无色,得对乙酰氨基酚粗品。

在精制釜中,投入计量的粗品对乙酰氨基酚、水及活性炭,搅拌下加热至沸腾,用1∶1盐酸调节pH=5~5.5,保温5分钟。将温度升至95℃时,趁热压滤,滤液冷却结晶,加入适量亚硫酸氢钠,冷却结晶,离心,滤饼用大量水洗至近无色,再用蒸馏水洗涤,甩干,干燥得对乙酰氨基酚成品。滤液经浓缩、结晶,离心后再精制。

合成、精制对乙酰氨基酚的工艺流程方框图见图4-3、图4-4所示。

3. 反应条件与影响因素

(1)在有水存在时,醋酐可以选择性酰化氨基而不与酚羟基作用,酰化剂醋酐虽然比较贵,但是操作方便,产品质量好,若用醋酸反应时间长,操作麻烦,少量制备时很难控制氧化副反应,产品质量差。

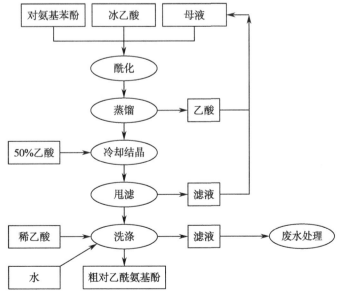

图4-3　合成对乙酰氨基酚工艺流程方框图

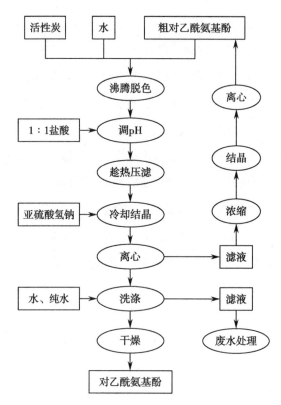

图 4-4　精制工艺流程方框图

（2）反应终点要取样测定，也就是测定对氨基苯酚的剩余量和反应液的酸度。只有保证对氨基苯酚的剩余量低于 2%，才能确保对乙酰氨基酚成品的质量和收率。

（3）对氨基苯酚的质量是影响对乙酰氨基酚质量和产量的关键，选购原材料一定要合格，白色或者淡黄色，纯度要求 99% 以上。

（4）在乙酰化时和精制时，为避免氧化等副反应的发生，反应前可先加入少量抗氧剂（亚硫酸氢钠）。

4. 对乙酰氨基酚收率的计算

（1）总收率＝酰化收率×精制收率×干燥收率

$$=\frac{成品量}{对氨基苯酚量×1.385×对氨基苯酚含量}×100\%$$

（2）酰化收率$=\frac{粗品量}{对氨基苯酚量×1.385×对氨基苯酚含量}×100\%$

（3）精制收率$=\frac{精制品}{粗品}×100\%$

（4）干燥收率$=\frac{成品量}{精制品量}×100\%$

三、环境保护与资源循环利用

生产对乙酰氨基酚过程,"三废"治理非常重要,除了按照正常化学制药"三废"防治技术治理外,这里介绍一发明专利,能够很好地控制废水对环境的污染,同时实现资源循环利用。

其步骤为:调节对氨基苯酚生产废水 pH,过滤后,通过疏水性大孔树脂选择性地除去对硝基氯苯和对硝基苯酚等有机杂质,然后通过磺酸修饰复合功能树脂选择性吸附和回收对氨基苯酚,得到无色透明的出水。该出水可经后续深度处理达到隔膜电解的要求,回收废水中的氯化钠。疏水性大孔吸附树脂可用有机溶剂洗脱,磺酸修饰复合功能吸附树脂可用有机溶剂洗脱,磺酸修饰复合功能吸附树脂采用稀酸和水脱附。复合功能吸附树脂脱附后得到的高浓度脱附液,可回收对氨基苯酚,低浓度脱附液套用于下一批脱附操作,可回收对氨基苯酚。该发明削减了废水对水环境的有机污染,同时实现了资源利用(CN 1712365,2005-12-28)。

▶▶ 边学边练

关于实验室合成对乙酰氨基酚的技能训练, 见能力训练项目 4　对乙酰氨基酚的制备与定性鉴别。

点滴积累

1. HNO_2、HNO_3 是亚硝化、硝化试剂; Na_2S 是还原剂; CH_3COOH、$(CH_3CO)_2O$ 是乙酰化试剂。

2. $NaHSO_3$ 是还原剂, 常用作抗氧化剂, 防止产品被氧化。

3. 实际投料时, 各反应物配比并不等于反应的分子比, 要考虑副反应、稳定性、物料状态等因素。

第二节　酶裂解法生产 6-氨基青霉烷酸（6-APA）

▶▶ 课堂活动

你生病了吃过阿莫西林、氨苄西林吗? 这些"西林"类药与"青霉素"是什么关系呢? 6-APA 不是"药",但它的重要性可不亚于"药",没有它,就没有青霉素的"大家族",那么, 6-APA 是怎么生产出来的呢?

一、6-氨基青霉烷酸（6-APA）及青霉素下游产品

6-氨基青霉烷酸(6-APA)是青霉素分子的母核,也是生产各种半合成青霉素的重要中间体。其化学结构式为:

$$\text{（分子式：} C_8H_{12}O_3N_2S \text{分子量：} 216\text{）}$$

白色或微黄色结晶粉末,熔点208~209℃（分解）,微溶于水,不溶于乙酸丁酯、乙醇或丙酮,遇碱分解,对酸较稳定。

6-氨基青霉烷酸(6-APA)抑菌能力小,但可引入不同的侧链,而获得抗菌力较强的各种半合成青霉素(即青霉素下游产品),形成青霉素的"大家族",如阿莫西林、氨苄西林等,对大多数致病的G$^+$菌和G$^-$菌(包括球菌和杆菌)均有强大的抑菌和杀菌作用。

目前临床上使用的6-APA系列产品有30多个品种,其中阿莫西林、氨苄西林、苯唑西林、哌拉西林等大品种占有相当大的市场份额,并以非常快的速度增长,已成为一类不可或缺的抗生素。

知识链接

6-APA 与青霉素 "家族"

由于青霉素具有抗菌作用强、疗效高、毒副作用小、价格低等优点,在近一个世纪被广泛应用。但是多年的临床使用,也使青霉素暴露了许多弱点,如不耐酸,不能口服,过敏率较高且后果严重,抗菌谱窄,由于临床使用时间长而产生了耐药性等。

针对青霉素的缺点,科学家们希望通过对它的结构进行改造而加以克服。最早试图在青霉素发酵过程中加入不同的前体,得到性能优良的新型青霉素。经过多年努力,一共发酵得到了8种天然青霉素。但从结果看,除了个别青霉素在某些局部性能上有所改善外,总体变化不大,基本未克服上述的缺点。

20世纪70年代,科学家发现了6-APA能从青霉素经裂解除去侧链苯乙酰基而制得,并成功地推向工业生产。6-APA的发现和投入生产,为青霉素的结构修饰开辟了广阔的前景。通过对6-APA结构修饰,合成了千余种类似物,经进一步的筛选已开发出耐酶、耐酸、广谱甚至可抗铜绿假单胞菌、厌氧菌的半合成青霉素,使得青霉素的应用领域得到了不断扩大,新品种不断涌现。其中阿莫西林、氨苄西林、苯唑西林、哌拉西林等大品种占有相当大的市场份额,已成为一类不可或缺的抗生素。

二、6-APA 生产原理、工艺过程、反应条件及控制

6-APA的制备方法有两种,即酶解法和化学裂解法。化学裂解是在极低的温度下,先将青霉素的羧基转变成硅酯保护起来,再使侧链上的酰胺活化,通过形成青霉素取代亚胺醚衍生物,然后在极温和的条件下,选择性地水解断链成6-APA,主要经过缩合、氯化、醚化、水解及中和5步制备6-APA。该法反应条件要求严格,需要使用多种昂贵的化学试剂,并要求在-40℃极低的温度下反应;另一方面产生环保难处理的高浓度的有机废水。因此化学法基本被淘汰。

目前,各企业基本均采用酶裂解法生产6-APA,其固定化酶能反复使用上千次,收率也比化学法高3%~5%,因此在很大程度上提高了生产效率,降低了生产成本,并减轻了环保压力。下面具体介

绍酶解法制备6-APA。

（一）酶解法制备6-APA生产原理

酶解法是制备6-APA的主要方法,应用较广泛。在适当的条件下,酰胺酶能裂解青霉素分子中的侧链而获得6-APA和苯乙酸。再将水解液加明矾和乙醇除去蛋白质,用甲苯萃取分出苯乙酸,然后用氨水调节pH为3.7~4.0,即析出6-APA。

ER-4-5　固定化酶

（二）工艺过程

青霉素钾盐在青霉素酰胺酶(固定化的酰胺酶)的作用下裂解为6-APA与苯乙酸。裂解液再经甲苯萃取除去副产物苯乙酸,水相经pH调节、结晶、离心、干燥得产物6-APA。

1. 裂解　经三合一干燥的青霉素钾盐粉末投入溶解罐中,加入纯化水,降温至5~10℃,开始搅拌,使其充分溶解,经过滤器过滤进入裂解罐。

开启热水循环系统使裂解罐温度控制在30~32℃。开动搅拌,向裂解罐中加入一定量的固定化酶,开启氨水配制罐,用氨水调节裂解罐pH在8.0~8.1,在酶的作用下,进行裂解反应,观察pH变化与氨水加入量,当5分钟氨水不再加入且pH变化<0.05时,裂解反应结束,得到6-APA(6-氨基青霉烷酸)。

2. 6-APA萃取　打开盐酸贮罐向萃取罐中加入盐酸,开启温度自控使用冷盐水使萃取罐降温至5~10℃,再打开甲苯计量罐向萃取罐中加入甲苯,搅拌均匀后接入前一步工艺过程中裂解罐输送来的裂解液。搅拌30分钟后停止搅拌,静置、分层30分钟,重相为水相,水相pH应为0.6~1.0。通过观察视孔将水相分出,经精密过滤器过滤后进入下一步工艺过程。轻相可作为原料液进行苯乙酸的提取。

3. 6-APA结晶　萃取水相进入结晶罐,在搅拌下由氨水贮罐加入氨水,调节pH为2.0±0.2;降低搅拌转速,控制温度小于20℃,养晶30分钟,继续加氨水调节pH为3.0±0.1时开始降温,结晶终点pH为3.8±0.1,降温到10℃,养晶2小时,6-APA晶体大量析出,结晶结束。

4. 离心、干燥　调整结晶罐罐内压力,使料液缓缓流入离心机,进行离心。母液甩干后,用纯化水清洗结晶罐,清洗水压入离心机洗涤滤饼并甩干。由丙酮贮罐向离心机加入丙酮洗涤滤饼2次并甩干。结束离心操作后将滤布上的湿粉铲出投入到锥形真空干燥机内,启动真空系统使锥形真空干燥机内压力达到-0.08MPa以下,控制热水罐温度为50~55℃进入干燥机夹套进行干燥,2小时后,经测定水分合格后停机,得6-APA粉末。

（三）反应条件及控制

酰胺酶分解青霉素为6-APA时,温度、pH、分解时间都非常重要,不同来源的酶所需要的分解条件也不同。所以,用酰胺酶分解青霉素,特别要注意反应条件的控制。

1. 大肠埃希菌酰胺酶分解青霉素时,温度为30~35℃,pH为8.0±0.1为宜,分解时间随设备和产量大小有所不同,一般为3小时左右。但如果条件控制不好,如pH为5时,酰胺酶也可使6-APA和侧链缩合成青霉素。

2. 分解时间(反应终点的判定)也很关键。青霉素酶裂解生产6-APA过程中,随着裂解反应的进行,需要向体系中不断滴加氨水,以中和反应产生的苯乙酸。当反应接近终点时,因青霉素浓度越来越低,裂解反应的速度越来越慢,加入氨水的速度逐渐变慢。停止滴加氨水后,pH在一定时间不变化时(一般控制5分钟,氨水不再加入且pH变化<0.05时),认为裂解反应结束了。

三、侧链苯乙酸的回收、循环利用与环境保护

6-氨基青霉烷酸在生产过程中,产生苯乙酸废水,该废水成分复杂,排到环境中会严重污染环境。该废水回收溶媒后的苯乙酸含量在20%～25%左右,可处理回收苯乙酸,再将苯乙酸返回到青霉素生产中,实现苯乙酸的循环利用,大大降低生产成本。

(一) 甲苯萃取法

侧链苯乙酸的回收处理方法大多以甲苯萃取法为主,是将废液进行酸化,使苯乙酸钾转变为苯乙酸,然后用甲苯萃取,硫酸脱色除杂质,液碱或者氨水反萃,酸化,提取,脱色,结晶,离心,干燥等工艺。具体工艺流程图如图4-5所示。

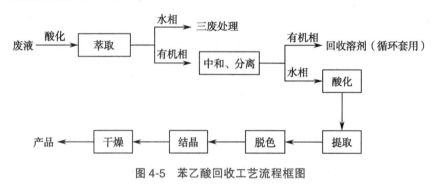

图4-5 苯乙酸回收工艺流程框图

但该工艺过程存在以下不足:

1. 需要两步酸化,每步酸化都产生大量的酸化废水,第一步酸化得废水COD大约在40 000～50 000左右,处理代价相当高。第二步的酸化废水在20 000左右。

2. 第一步酸化废水含有甲苯,污染相当严重。

3. 由于苯乙酸在水中有一定的溶解度,每步酸化都有一定量的苯乙酸带入水中,使得提取收率最高在90%。

4. 硫酸脱色过程中产生大量的焦油状物质,极难处理。

5. 该工艺路线较长,且每步的处理都带来一定的环境污染。

(二) 吸附净化工艺

目前,有些企业提出一种环保全回收的苯乙酸回收并循环利用的方法,并已经在几个厂家应用。该方法不用甲苯,生产工艺简单,工艺过程只是经过吸附净化,就可将苯乙酸废液处理成能够直接应用于青霉素生产的合格的苯乙酸钠。苯乙酸的回收率95%～98%,如果加工成苯乙酸钠,可采用树

脂吸附的方式,使得苯乙酸全回收利用。该法的优势如下:

1. 该法生产苯乙酸经过一步酸化,避免了甲苯法两步酸化带来的收率减低和污水难处理难题。

2. 运行费用低,只是利用搪玻璃反应釜及其相关设备进行处理,只是消耗净化剂的费用,没有大量的原材料消耗。

3. 安全环保。该工艺常温常压运行,没有"三废"排放。

4. 如果加工成苯乙酸钠,不用酸化直接配制合乎要求的苯乙酸钠用于青霉素的生产,大大减少外购苯乙酸的数量。

点滴积累

1. 两性化合物常采用等电点法结晶,6-APA 同时含有氨基、羧基,是两性化合物,即采用等电点法结晶。

2. 固定化酶稳定,使用方便,可反复利用。

3. 青霉素酶法裂解生产 6-APA 过程中,判断裂解反应的终点,通过观察滴加氨水速度及体系 pH 变化这两个指标。

目标检测

一、选择题

(一)单项选择题

1. 对乙酰氨基酚为

    A. 解热镇痛药   B. 抗精神失常药   C. 抗震颤麻痹药   D. 镇静催眠药

2. 药物纯度合格是指

    A. 含量符合药典的规定   B. 绝对不存在杂质

    C. 不超过该药杂质限量的规定   D. 符合分析纯的规定

3. 制备青霉素类药物的关键中间体为

    A. 6-APA   B. 7-ADCA   C. 7-ACA   D. 青霉素

4. 青霉素类药物的结构母核为

    A. 四氢噻唑环和四元 β-内酰胺环稠合而成

    B. 四元 β-内酰胺环与噻唑环

    C. 四元 β-内酰胺环与噻嗪环

    D. 以上都不对

5. 关于 6-APA 表述不正确的是

    A. 是制备青霉素类药物的关键中间体   B. 是制备头孢菌素类药物的关键中间体

    C. 熔点 208~209℃   D. 等电点 4.3

6. 要同时除去 SO_2 气体中的 SO_3(气)和水蒸气,应将气体通入

    A. NaOH 溶液   B. 饱和 $NaHSO_3$ 溶液   C. 浓 H_2SO_4 D. CaO 粉末

7. 除去混在 Na_2CO_3 粉末中的少量 $NaHCO_3$ 最合理的方法是

    A. 加热　　　　　　B. 加 NaOH 溶液　　　C. 加盐酸　　　　　　D. 加 $CaCl_2$ 溶液

8. 下列物质,不能作酰化试剂的是

    A. 酰氯　　　　　　B. 酸酐　　　　　　C. 酯类　　　　　　D. 氯化亚砜

9. 常用酰化试剂活性规律是

    A. 酰氯>酸酐>羧酸>羧酸酯

    B. 酰氯>酸酐>羧酸酯>羧酸

    C. 酸酐>羧酸酯>羧酸>酰氯

    D. 酰氯>羧酸酯>羧酸>酸酐

10. (　　　)不属于酰化反应的应用

    A. 制备羧酸酯　　　B. 制备酰胺　　　　C. 制备芳香脂肪酮　　D. 制备伯胺

11. 生产半合成青霉素类药,需要在 6-APA 的侧链上引入

    A. 烷基　　　　　　B. 酰基　　　　　　C. 羧基　　　　　　D. 烷氧基

12. 研究、生产半合成抗生素,其目的不包括

    A. 增强药效　　　　B. 方便使用　　　　C. 减少毒副作用　　D. 降低成本

13. 生产半合成头孢类药,需要在 7-ADCA 的侧链上引入

    A. 烷基　　　　　　B. 羧基　　　　　　C. 酰基　　　　　　D. 烷氧基

14. 下列药物中制成钠盐或钾盐,供注射给药的是

    A. 青霉素　　　　　B. 链霉素　　　　　C. 四环素　　　　　D. 红霉素

15. 药物结构修饰的目的有

    A. 延长药物的作用时间　　　　　　　B. 降低药物的毒副作用

    C. 提高药物的生物利用度　　　　　　D. 以上皆是

(二) 多项选择题

1. 下列关于对乙酰氨基酚的叙述正确的是

    A. 作用机制是抑制花生四烯酸环氧化酶的活性

    B. 具有解热、镇痛的功效

    C. 是儿童解热镇痛的首选药物

    D. 可用作抗结核的药物

2. 常见的酰化试剂有

    A. 酰氯　　　　　　B. 羧酸　　　　　　C. 酰胺　　　　　　D. 酸酐

3. 对乙酰氨基酚的生产过程中,苯酚在亚硝酸钠和硫酸作用下生成对亚硝基苯酚,可能生成的副产物有

    A. NO　　　　　　B. NO_2　　　　　C. 硝酸　　　　　　D. 苯醌

4. 具有解热镇痛作用的药是

    A. 布洛芬　　　　　B. 对乙酰氨基酚　　C. 卡托普利　　　　D. 阿司匹林

5. 可供选择的苯胺乙酰化试剂有

    A. 醋酸   B. 醋酐   C. 乙酰氯   D. 水杨酸

二、简答题

1. 写出以苯酚为起始原料,制备对乙酰氨基苯酚的反应方程式,说明每一步制备的工艺原理。

2. 制备对乙酰氨基苯酚,乙酰化反应时,为何产物中有少量深褐色或黑色物质?如何避免这些物质的产生?

3. 制备 6-APA 时,"裂解"过程的终点如何判断?为什么?

三、实例分析

1. 制备对乙酰氨基苯酚时,反应终点要取样测定,也就是测定对氨基苯酚的剩余量和反应液的酸度。只有保证对氨基苯酚的剩余量低于 2%,才能确保对乙酰氨基酚成品的质量和收率。试分析原因。

2. 酶裂解法生产 6-APA 的主要工艺过程是裂解、萃取、结晶,这三个阶段的 pH 控制各不相同,分别为 pH 8.0~8.1、pH 0.6~1.0、pH 3.8±0.1。试分析原因。

第五章

培养基制备技术

学前导语 ∨

  微生物同其他生物一样，需要不断地从外部环境摄取所需要的各种营养物质，方能合成自身的细胞物质和提供机体进行各种生命活动所需的能量，从而使机体能够正常地生长和繁殖，保持其生命的连续性。各种必需的营养物质是微生物进行生命活动的物质基础。失去这个基础，生命也就停止，合成产物更无从谈起。

  那么，在发酵工业生产中，微生物需要什么样的营养？如何设计培养基以满足微生物的生长、代谢和合成产物需求？应该为微生物提供什么样的生长环境？如何确保营养物质的质量，最大程度降低生产成本呢？本章我们将带领同学们学习微生物所需的营养知识以及培养基制备的整个过程。

ER-5-1 扫一扫,知重点

第一节　工作任务及岗位职责要求

一、培养基配制岗位工作任务

  发酵车间培养基配制岗位的主要工作任务是：严格按照工厂或车间下达的工艺指令、生产任务和进度安排，及时、准确地完成车间生产所需各种培养基和其他物料的配制工作，对各种原材料的质量进行投料前的把关和监督，确保车间生产技术水平的稳定和持续提升。

二、培养基配制岗位工作职责

  发酵车间培养基配制岗位的工作职责主要包含以下内容：

  1. 根据工厂或车间工艺指令和生产进度安排，按照培养基配制操作规程配制好当班所需的种子罐培养基、发酵罐培养基以及生产所需的补料用物料。

  2. 对照各种原、辅材料的质量标准，对进入本岗位的各种原、辅材料进行投料前的质量把关和监督，确保有问题的原、辅材料不进入生产环节，确保生产的稳定。

  3. 按照工厂物料管理制度，做好本岗位各种原、辅材料的库存管理并及时上报。

  4. 按照工厂设备管理制度，做好本岗位所辖设备、仪表、仪器的日常维护和保养。

  5. 按照工厂质量管理制度，做好本岗位各项配料操作记录、原辅材料领取和使用记录、库存记录、设备维护和保养记录、岗位交接班记录等。

6. 按照工厂现场管理制度、劳动纪律管理制度等做好本岗位的现场定置管理、现场清洁管理以及劳动纪律管理等。

7. 在工作中善于学习,加强自身的理论素养和实践操作能力,不断总结工作经验,提升操作技能。

第二节　培养基的成分类型及选用

培养基是指人工配制的,供微生物或动、植物细胞生长、繁殖、代谢和合成产品所需要的多种营养物质的混合物。培养基不仅为微生物提供所必需的营养,而且为微生物的生长创造了必要的生长环境。在生产中,培养基的组成和配比是否恰当,对微生物的生长、产物的合成和产量、提取工艺的选择和产品质量都会产生相当大的影响。

▶▶ 课堂活动

我们的一日三餐离不了糖类、蛋白类、脂类、无机盐、维生素和微量元素。你知道微生物的必需营养物质包含哪些吗?你知道工业生产中是怎么给微生物调配各种"营养餐"的吗?

对微生物生长、代谢过程而言,保持其活力必须同时具备两方面的营养要素和环境要素。第一,是提供给微生物细胞代谢过程所需的能源。各种不同的微生物能以不同的方式从环境中获得所需的能源,例如光合细菌能利用太阳光照射的能源,这种菌类称为光能利用菌。然而,大多数的微生物只能利用各种化合物贮存的化学键能,这些微生物称为化能利用微生物,其中能以二氧化碳等无机物作为能源物质的又称为自养微生物;能以有机物质作为能源物质的又称为异养微生物。能产生抗生素的微生物都是异养微生物。第二,是在微生物的生长、代谢和合成产物过程中为菌体提供所需的碳源、氮源、无机元素、水和生长因子等,对好氧微生物还需要提供氧。这些元素会在微生物体内进行代谢,以不同形式的组合形成微生物的细胞物质或产物。除此之外,还需要满足微生物生长和代谢过程所需的 pH、温度、湿度、压力等环境条件。

在发酵生产过程中,微生物所处的环境,很大程度取决于生长培养基的组成成分。培养基的设计一般也要遵循一定的目的和原则,例如,菌种选育培养基有时需要在培养基中添加或去除某种特定的营养物质,使符合选育条件的菌种才能生长;菌种保藏培养基是为了在不利于菌体生长的条件下使菌种处于休眠状态,从而可以长时间保存其生存和生产能力;种子培养基是为了使微生物快速生长,获得大量的菌体,从而为发酵培养和产物合成打好基础;发酵培养基则是通过控制培养基的成分,在保持菌体适当生长的同时,使菌体处于"半饥饿状态",使菌体从初级代谢转到次级代谢,这样就能使微生物不断生产所需的产物。这些条件在设计、选择和配制培养基时都必须要考虑,而且,在发酵生产中,生产工艺不同,使用的培养基不同;各种菌种的生理生化特性不一样,培养基的组成也要改变;甚至同一菌种,在不同的发酵时期其营养要求也不完全相同。因此,生产中要依据不同的微生物、微生物不同的生长阶段、不同的发酵产物以及不同的培养要求,制备和使用不同成分与配比的培养基。

一、培养基的主要成分及其功能

工业微生物绝大部分是异养型微生物,它需要碳水化合物、蛋白质、前体等物质提供能量,构成细胞组分以及合成特定产物。因此,培养基的成分一般大致分为碳源、氮源、无机盐、微量元素、生长因子、前体、促进剂和水等几大类。

（一）碳源

碳源一方面是作为微生物菌体的组分,被微生物分解后用于组成菌体细胞成分的碳架(如蛋白质、糖类、脂类、核酸等);另一方面用于构成代谢产物的碳架,是代谢产物(如抗生素、维生素、氨基酸等)分子中碳元素的主要来源。碳源也是异养微生物生长和代谢的主要能源。由于各种微生物菌种所含的酶系统不完全一样,因此各种菌种所能利用的碳源也不相同。常用的碳源物质包括糖类、脂类、有机酸、低碳醇等。

1. **碳水化合物**　在微生物发酵过程中,普遍以碳水化合物作为碳源物质。碳水化合物的化学通式为$(CH_2O)_n$,对细菌、放线菌、真菌、酵母等微生物而言是很好的碳源,同时又是氧源、氢源以及代谢的能源。这些碳水化合物可以是单糖或是糖的聚合物,如葡萄糖、蔗糖、麦芽糖、乳糖、糊精、淀粉、纤维素等。一般微生物菌体干重的近50%为碳元素,所以碳水化合物在培养基中的浓度远高于其他成分。

ER-5-2　微生物菌体成分

现代发酵工业生产过程中常用的碳源及其主要来源见表5-1所示。

表 5-1　发酵工业常用的碳源及其主要来源

碳源	主要来源
葡萄糖	玉米淀粉或马铃薯淀粉水解
蔗糖	甘蔗、甜菜汁液提取
麦芽糖	淀粉经淀粉酶液化和糖化酶糖化后制成饴糖
乳糖	牛乳等去脂肪、脱蛋白质后得到乳清
糊精	淀粉水解
淀粉	玉米、马铃薯、小麦、大米等

(1)单糖:葡萄糖可以由玉米淀粉或马铃薯淀粉经酸或酶水解进行生产。随着国家环保标准的日益提高,污染较大、产率较低的酸水解生产葡萄糖的工艺日渐被淘汰,目前各生产厂家基本都采用酶水解工艺制取葡萄糖。

知识链接

葡萄糖

葡萄糖(化学式$C_6H_{12}O_6$)是自然界分布最广且最为重要的一种单糖,它是一种多羟基醛,呈白色结晶性颗粒或粉末,无臭,味甜,易溶于水。在碳源中它最容易被利用,几乎所有的微生物都能利用葡萄糖。所以葡萄糖常作为培养基的一种主要成分。在目前的生产过程中,为了保证发酵生产水平的稳定和不断提升,同时为了尽量减少杂质对提取等后工序操作和质量的影响,获得高纯优质产品,一般都采用纯葡萄糖(固体葡萄糖或液体葡萄糖)进行生产。

目前市售商品葡萄糖一般分为固体葡萄糖(一水葡萄糖、无水葡萄糖、全糖粉等)和液体葡萄糖。固体葡萄糖一般用于食品行业较多,而工业微生物发酵生产过程一般使用50%～70%浓度规格的液体葡萄糖,这样在保证葡萄糖质量的同时一方面降低了采购成本,另一方面也减少了生产过程把固体葡萄糖再次进行溶解配料的巨大工作量。

ER-5-3　全酶法生产结晶葡萄糖工艺

葡萄糖母液是由淀粉生产葡萄糖后所剩的结晶母液,呈浆状物,含有68%～78%的葡萄糖(干重),其余物质为麦芽糖以及不可发酵的寡多糖、糊精等。葡萄糖母液过去曾被大量用于微生物发酵生产,是物美价廉的原料,但随着制糖工业的技术提升以及发酵产品生产水平的提升和质量要求的提升,葡萄糖母液越来越多地被纯固体或液体葡萄糖所替代。

(2)双糖:常见的双糖有蔗糖、麦芽糖、乳糖等。生活中常见的白糖、红糖、冰糖都属于蔗糖,它的分子式$C_{12}H_{22}O_{11}$。蔗糖存在于很多植物体内,其中以甘蔗(含糖质量分数11%～17%)和甜菜(含糖质量分数14%～26%)的含量为最高。在生物酶的催化作用下,蔗糖水解生成葡萄糖和果糖:

$$C_{12}H_{22}O_{11}+H_2O \xrightarrow{催化剂} C_6H_{12}O_6+C_6H_{12}O_6$$
蔗糖　　　　　　　　　　葡萄糖　果糖

饴糖的主要成分是麦芽糖,在硫酸催化下,麦芽糖水解生成葡萄糖:

$$C_{12}H_{22}O_{11}+H_2O \xrightarrow{催化剂} 2C_6H_{12}O_6$$
麦芽糖　　　　　　　　　　葡萄糖

蔗糖和麦芽糖互为同分异构体。麦芽糖主要来源于大米、小米和玉米等。由于蔗糖必须先经过水解后才能被微生物摄取,因此蔗糖作为一种缓慢利用的碳源被广泛运用于微生物发酵过程中,尤其是没有补料过程的发酵罐和种子罐等。

乳糖在自然界仅存在于人和动物的乳汁中,植物中不含。一分子乳糖消化可得一分子葡萄糖和一分子半乳糖。半乳糖能促进脑苷脂类和黏多糖类的生成,因而对幼儿智力发育非常重要。乳糖由于可以被缓慢水解和利用,常用于抗生素的生产,而且其对抗生素的合成几乎不产生抑制或阻遏作用,因此能在高浓度条件下应用。

(3)多糖:淀粉、糊精和纤维素都属于多糖,常用于发酵工业生产,它们一般都要菌体产生的胞外酶水解成单糖后再被吸收利用,由于这个过程相对较为缓慢,克服了葡萄糖代谢过快容易造成酸的积累,进而导致pH降低影响菌体生长和产物合成的弊端。

淀粉是由葡萄糖分子聚合而成的,通式$(C_6H_{10}O_5)_n$,它是细胞中碳水化合物最普遍的储藏形式,具有典型的颗粒结构。在热水中,淀粉颗粒膨化变成胶状,失去了原有的固态。淀粉在加热、酸或酶的作用下进行水解,当大分子的淀粉经低度水解成为小分子中间产物时称为糊精,当继续水解到二糖阶段即为麦芽糖(化学式是$C_{12}H_{22}O_{11}$),完全水解后得到葡萄糖(化学式是$C_6H_{12}O_6$)。淀粉有直链淀粉和支链淀粉两类。直链淀粉含几百个葡萄糖单元,支链淀粉含几千个葡萄糖单元。在天然淀粉中直链的占20%～26%,它是可溶性的,其余的则为支链淀粉。当用碘溶液进行检测时,直链淀粉液显蓝色,而支链淀粉与碘接触时则变为红棕色。各类植物中的淀粉含量都较高,培养基中所用的淀粉来源作物成分列于表 5-2。

表 5-2 培养基中淀粉来源作物成分

成分(%)	玉米	马铃薯	小麦
淀粉	65~72	17.02	57~75
蛋白质	11.0	1.97	14.0
脂肪	5.0	0.15	1.8
纤维素	2.0	0.98	2.2
水分	12~14	76.64	13.0
灰分	1.4	1.08	1.6

糊精是淀粉酶初步降解淀粉的产物。糊精作为缓慢利用的碳源常和快速利用的碳源葡萄糖共同作为培养基的主要成分进行抗生素工业生产。纤维素在植物细胞壁中,以结晶形态和半纤维素、木质素并存,是单一的葡萄糖聚合体,通过酸或酶的水解成为单糖或寡多糖被微生物所利用。

2. 有机酸和醇类 一些微生物对许多有机酸(如乳酸、乙酸、柠檬酸等)有很强的氧化能力,因此这些有机酸或它们的盐也能作为微生物的碳源。生产中一般使用的是有机酸的盐,有机酸的利用会伴随着发酵液 pH 上升,同时,有机酸氧化时常常伴随着碱性物质的产生,进一步提升发酵体系的 pH。

甲醇、乙醇等化工产品也已成功应用于发酵工业的许多领域中,成为微生物发酵重要的碳源。如甲醇已作为生产蛋白菌体的主要碳源,乙醇已作为生产蛋白和部分氨基酸菌体的主要碳源。

这类碳源对于整个发酵体系的杂质带入量很少,发酵液纯度较高,因此对于发酵体系的生产稳定和提取和精制工序非常有利。

3. 脂肪 油和脂肪也能被许多微生物消化降解用作碳源和能源。例如,真菌和放线菌具有比较活跃的脂肪酶,在脂肪酶的作用下,油或脂肪被降解为甘油和脂肪酸,然后在溶解氧的参与下,甘油和脂肪酸被进一步氧化成为二氧化碳和水,同时释放出大量生物能。如果培养基中同时存在糖类和脂肪等几种碳源,菌体一般是先利用较好利用的碳源,如糖类。只有当培养基中糖类物质缺乏或在发酵的某一阶段,才开始利用脂类物质。微生物利用脂类作为碳源时,由于需要氧的参与,代谢过程所消耗的氧量增加,需要提供比糖代谢更多的氧,否则大量的脂肪酸和代谢中产生的有机酸累积,会导致培养基 pH 的下降,进而影响微生物酶系统的活性。常用的脂类有豆油、玉米油、葵花子油、猪油、棉籽油等。

(二)氮源

氮源物质是构成菌体细胞结构(如氨基酸、蛋白质、核酸等)及合成含氮代谢产物(如抗生素等)的重要营养来源。在微生物发酵过程中,常用的氮源可分为两大类,即有机氮源和无机氮源。

1. 有机氮源　常用的有机氮源有玉米浆、麸质粉(又名玉米蛋白粉)、黄豆粉、花生饼粉、酵母粉、谷朊粉(又名面筋蛋白)、棉籽饼粉、蛋白胨等。有的企业将青霉菌或顶头孢霉菌菌丝体也作为氮源用于青霉素、头孢菌素 C、酵母等发酵生产,取得了很好的效果,既减少了菌丝的处置费用,又减少了其他氮源的使用量,降低了生产成本。从青霉菌菌丝体的元素含量进行分析,其作为氮源也是相当不错的一种选择,如表 5-3,但在配方用量上需要摸索合适的碳氮比例。这些有机氮源在微生物分泌的蛋白酶的作用下,水解成为氨基酸等小分子物质,供菌体利用吸收。

表 5-3　青霉菌菌丝元素分析(干重的百分比%)

品名	C	H	N	S	O
青霉菌菌丝	44.08	6.261	9.45	1.436	32.84

有机氮源除了含有丰富的蛋白质、多肽和游离氨基酸外,还含有糖类、脂肪、无机盐、维生素和某些生长因子,微生物可以直接利用这些氨基酸和其他含氮有机化合物来合成细胞中所需的蛋白质和其他细胞物质,而无须通过糖代谢过程合成,这就大大节省了分解代谢和合成代谢的时间,因而,微生物在含有有机氮源的培养基中经常表现出生长旺盛,菌丝浓度增长迅速,菌丝浓度高,产物积累迅速等特点。

虽然有机氮源在一定程度上可以促进菌体的生长、代谢和产物的合成,但对于某种具体的微生物菌体而言,并不是所有的氨基酸都有这方面的明显效果,而是有一定的选择性。例如,头孢菌素 C 发酵培养基中加入甲硫氨酸(蛋氨酸)可以促进头孢菌素 C 的合成;红霉素发酵培养基中加入缬氨酸可以明显提升红霉素的产量;螺旋霉素发酵培养基中加入色氨酸,可使螺旋霉素产量大幅提高,等等。

工业生产中用得最多的有机氮源是玉米浆,它是玉米淀粉生产过程的副产品,图 5-1 是从玉米到玉米浆、麸质粉、淀粉、玉米油等玉米深加工产品工艺流程。

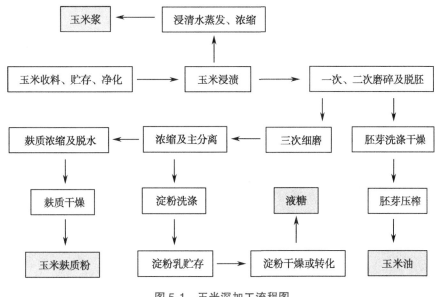

图 5-1　玉米深加工流程图

知识链接

玉米浆的制备

玉米浆主要生产工艺:用 0.16% ~ 0.18% 的稀亚硫酸溶液浸泡玉米 48 小时左右,浸泡液再经过多效蒸发浓缩,成为含固量 40% ~ 50% 的黄褐色带有香甜气味的浓稠液体。在浸泡的过程中,玉米中的许多营养物质被浸泡出来,同时,在乳酸菌和酵母的发酵作用下,营养物质被分解为小分子,因此,玉米浆中含有丰富的氨基酸(丙氨酸、赖氨酸、谷氨酸、缬氨酸、苯丙氨酸等)、还原糖、磷、微量元素和生长因子等,成为抗生素发酵培养基中非常好的氮源。

发酵过程种子罐培养基和发酵罐培养基一般使用干物质范围在 40% ~ 50% 的液体玉米浆,而在菌种选育和种子制备过程中,需要质量更为稳定的玉米浆,这就需要将液体玉米浆进一步浓缩,成为试剂级固体玉米浆。

ER-5-4 玉米浆成分

麸质粉(又名玉米蛋白粉)是淀粉生产过程的副产品,外观呈黄色,主要由玉米蛋白组成,含有少量淀粉和纤维素。由于其蛋白含量高(含氮量一般可达 9.6%),麸质粉目前大量应用于制药发酵工业和饲料行业。

黄豆粉是将黄豆脱水磨粉过筛后所得,含有丰富的蛋白质和油脂,常作为发酵工业的主要有机氮源。

ER-5-5 黄豆粉的主要成分及其含量

谷朊粉又称活性面筋粉、小麦面筋蛋白,是从小麦(面粉)中提取出来的天然蛋白质,由多种氨基酸组成,蛋白质含量高达 75% ~ 85%,在头孢菌素 C 等抗生素的发酵培养基中大量使用,也是发酵行业的一种重要有机氮源。

利用玉米、黄豆等天然原料加工制作的有机氮源成分复杂,而且不同产地的原料和不同的加工工艺其氮源成分也不同。且有机氮源并非仅仅含有氮,还含有脂肪、糖类、无机盐等其他成分,所以在配制培养基时,应该将其他物质的含量也考虑进去。

2. 无机氮源　常用的无机氮源有硫酸铵、氯化铵、硝酸铵等铵盐,硝酸钾、硝酸钠等硝酸盐以及氨水、尿素等。微生物对它们的吸收利用一般比有机氮源快,因此也称之为快速利用的氮源或速效氮源。

微生物发酵过程中常常多种无机氮源复合使用,例如在青霉素发酵过程中,既要加入硫酸铵,又要加入氨水,这两种无机氮源都属于速效氮源,都具有双重作用,硫酸铵是作为青霉菌菌丝体和产物青霉素分子结构中的氮源和硫源,而氨水既提供氮源,又主导着发酵过程 pH 的调控作用。其他抗生素如链霉素、红霉素、金霉素等的发酵过程中也以氨水作为主要的氮源,同时调控发酵液的 pH。

(三) 无机盐及微量元素

▶▶ **课堂活动**

儿童缺钙会得佝偻病,缺铁会得贫血,缺碘会得"大脖子病"……而摄入盐过多会得高血压……同样,微生物对各种营养元素的需求也要适当,才会健康生长。

各种微生物在生长繁殖和生物合成产物过程中,需要多种无机盐和微量元素作为其生理活性物质的组成成分或生理活性物质的调节物,这些无机盐和微量元素包括磷、镁、硫、铁、钾、钠、氯、锌、钴、锰等。无机盐和微量元素一般在较低浓度时作为酶的激活剂对细胞的生长和产物合成有促进作用,而在高浓度时常表现出抑制作用。不同的微生物对无机盐和微量元素的需要量各不相同,即使是同一种微生物,在其初级代谢和次级代谢不同的阶段对这些物质的最适需求量也各不相同,因此,生产中一般都是通过试验预先了解菌种对无机盐和微量元素的最适需求量,以稳定和提高产量。

在工业生产中,发酵过程所需的磷、镁、钙、钾、硫、钠、氯等一般都在培养基配料时通过无机盐的形式(如硫酸镁、硫酸钠、磷酸二氢钾、磷酸氢二钾、碳酸钙、氯化钠等)加入,而一些微量元素如钴、铜、锰、铁、锌、钼等由于需求量小,而且在一些天然碳源或有机氮源中已经含有,不需要另外添加。但是,随着发酵工业生产水平的不断提升,发酵过程不断向精细化控制发展,复合培养基逐步向合成培养基发展。目前在青霉素发酵培养基中,如铜、锰、铁、锌等多种微量元素均是以硫酸铜、硫酸锰、硫酸亚铁、硫酸锌的形式加入的;而对于另一种情况,如果某种微量元素是作为生产产物的组分,则需要另外按需添加该微量元素,如在维生素 B_{12} 的生产过程中,因为钴是维生素 B_{12} 的组成成分,所以必须随维生素 B_{12} 产量的增加而增加钴的供应量。

磷是细胞中核酸和蛋白质的重要组分,在核酸和蛋白质的合成过程中都需要磷;磷也是重要的能量传递者——腺苷三磷酸(ATP)的主要成分。磷在微生物的生长、繁殖和代谢活动中起着重要的调节作用:一方面磷有利于糖代谢的进行,对微生物的生长有明显的促进作用;但在另一方面,当磷的浓度超过一定范围时,又会抑制许多产物的合成。工业生产中磷都是以 $H_2PO_4^-$ 或 HPO_4^{2-} 的形式加入培养基的,因此在配制培养基时,加入磷酸盐的浓度一定要适量,以满足微生物自身生长和产物合成代谢的需求。同时,以 $H_2PO_4^-$ 和 HPO_4^{2-} 的形式复配培养基时,这两种磷酸盐对发酵体系 pH 的稳定也起到了重要的缓冲作用。除了磷酸盐外,玉米浆也是磷元素的重要来源。

硫和磷同样重要,首先它是胱氨酸、半胱氨酸、甲硫氨酸等许多含硫氨基酸的主要组成成分;其次它还是辅酶 A、谷胱甘肽等的活性基;而且,它还是构成某些含硫产物分子结构的主要组分。例如,在青霉素和头孢菌素分子结构中都含有一个硫元素,是由硫酸盐中的硫还原得到的。青霉素生产过程中需要加入硫酸铵、硫酸钠等含硫化合物作为硫的来源。

铁元素是细胞色素、细胞色素氧化酶、过氧化物酶的组成成分,缺少铁时,这些酶的合成和活力均受到影响,是微生物有氧代谢必不可少的元素。不同的微生物对铁的需求量不同,研究结果显示,青霉菌发酵过程的铁离子最适浓度应保持在 20μg/ml 以下,如果超过 25μg/ml,就会对青霉素的生物合成产生影响;如果达到 60μg/ml,青霉素的生物合成将降低 30%;60μg/ml 的铁离子浓度也会对链霉菌的发酵产生影响,大大降低链霉素的发酵水平。

知识链接

发酵罐与铁含量的关系

20 世纪 90 年代之前的发酵工业生产中多使用碳钢材质的发酵罐,由于碳钢的缓慢腐蚀为发酵液提供了铁离子,再加上天然培养基原料中也含有一定量的铁,以及当时的发酵水平本身不高,对铁的需求量也不大，因此发酵液中即使不加任何含铁化合物，铁离子的浓度足以满足菌体的需求。但随着发酵工业生产水平的不断提升，生产装备的不断完善以及工艺控制的不断精细化，目前的发酵罐等装备基本都换为不锈钢材质，其腐蚀裕量很小，因此需要额外加入适量的铁盐化合物（一般以硫酸亚铁的形式加入）。

镁、锌、钴、铜、锰等微量元素大部分是作为某些酶的辅酶或激活剂。例如，镁是己糖磷酸化酶、柠檬酸脱氢酶、羧化酶等的激活剂，同时它还对核糖体、核酸、细胞膜有稳定作用。缺少镁，细胞生长将受到影响。镁离子还可提高链霉素、新霉素和卡那霉素产生菌对自己产生的抗生素的耐受能力，促进合成的抗生素向培养液中分泌。锌在青霉素、链霉素等抗生素发酵过程中，能够促进菌体生长和抗生素的生物合成，但过量也会对抗生素合成产生抑制作用。钴离子是维生素 B_{12} 组成元素，也是某些酶激活剂，需适量加入刺激产物合成，当浓度过大时会对菌体引起毒性。

钠、钾、钙等离子虽不参与细胞的组成，但其与细胞生物活性的维持密切相关。钠离子与维持细胞渗透压有关；钾离子与维持细胞渗透压和细胞透性有关；钙离子能控制细胞透性，同时还能影响培养基中磷酸盐的浓度，当培养基中的钙盐过多时，会形成磷酸钙沉淀，降低可溶性磷的含量。钙的另一个作用是起到缓冲培养基 pH 的作用。发酵生产中钙一般以碳酸钙的形式加入培养基。碳酸钙本身不溶于水，几乎是中性，发酵代谢过程产生各种有机酸就会与碳酸钙发生中和反应，形成二氧化碳和水，二氧化碳以气体的形式排出，对发酵液的 pH 能产生稳定和调节的作用。

（四）前体

在生物合成抗生素的过程中，有些化合物能被微生物直接利用结合到抗生素分子结构中，而该化合物自身结构并没有大的改变，但是抗生素的产量却因为加入该化合物而有很大的提高。

前体最早是在青霉素生产过程发现的。人们发现在青霉素发酵液中加入适量苯乙酸或苯乙酰胺都能极大地促进青霉素的生物合成。进一步研究发现，苯乙酸或苯乙酰胺作为青霉素的侧链分子结构，不仅能被青霉菌优先结合到青霉素分子中，提高了青霉素的产量，而且还能大大提升青霉素在培养基中所占的比例，控制微生物生物合成抗生素的方向，增加特定组分在发酵液中的含量。表 5-4 列举了几种典型抗生素和维生素在生产过程中添加的前体的例子。

表 5-4 几种典型抗生素和维生素的前体

产物	前体
青霉素	苯乙酸、苯乙酰胺
青霉素 V	苯氧乙酸
链霉素	肌醇
红霉素	正丙醇、丙酸
金霉素	氯化物
维生素 B_{12}	氯化钴、5,6-二甲基苯骈咪唑

微生物在抗生素生物合成过程中所需要的前体物质,有的是微生物自身能够合成的,例如组成青霉素分子母核的缬氨酸和半胱氨酸,组成链霉素的肌醇,合成四环类抗生素的乙酰辅酶 A 等。但有的前体物质微生物自身不能合成,需要从外界加入,例如表 5-4 中所列的苯乙酸、苯氧乙酸、氯化钴等。

前体在使用过程中要注意控制其在培养基中的浓度。有些前体化合物,例如苯乙酸、丙酸等浓度过高时会对菌体产生毒性,一般在发酵过程中需要采取分次加入或滴加的方式加入,并控制一定的浓度。

发酵过程中前体的加入量一般是按照所需产物分子结构中前体的摩尔数和利用率来定的,即:首先计算单位时间内菌体预计产生产物的量(发酵总亿或摩尔数),根据产物的量及产物分子中前体的摩尔数计算出理论上需加入前体的量,然后除以微生物对前体的利用率即可算出实际需要加入的前体数量。各种微生物对前体的利用率各不相同,取决于菌体对前体氧化分解能力的大小。(具体计算示例详见第四节"物料平衡在培养基设计中的应用")

(五)促进剂(诱导剂)和抑制剂

ER-5-6 促进剂应用实例

在发酵过程中加入某种化合物,它们并不是营养物质或前体,但却可以影响微生物的代谢途径,可以促进中间代谢产物的积累,提高次级代谢产物的产量,或诱导某种抗生素生物合成酶的生成,这类化合物被称为某抗生素生物合成的促进剂或诱导剂。

ER-5-7 改变代谢途径的抑制剂

在发酵过程中加入某种化合物,该化合物会抑制某些代谢途径的进行,同时刺激另一代谢途径,从而获得所需的产物或使正常代谢过程的某一中间代谢产物积累,该化合物称为抑制剂。如酵母厌氧发酵中加亚硫酸盐或碱类,可以促使酒精发酵转入甘油发酵。

知识链接

微生物的营养类型

自然界中的生物可以根据它们生长所需的营养物质的性质不同将它们分成两类基本的营养类型:一类是在生长时需要以复杂的有机物质作为营养物质,这类生物通常称为异养型生物;另一类是在生长时能以简单的无机物质作为营养物质,这类生物通常称为自养型生物。 人和动物属于异养型生物,他们的合成能力差,不能由简单的无机物合成复杂的细胞物质。 植物属于自养型生物,它们的合成能力强,能由简单的无机物合成复杂的细胞物质。 对于微生物,既有自养型的又有异养型的,但大多数微生物属于异养型,需要以复杂的有机物作为生长的营养物质。

微生物在生长过程中需要能量,根据能量的来源不同,又可分为两种类型:一种是依靠物质氧化过程释放的能量进行生长,称为化能营养型生物;另一种是依靠光能进行生长,称为光能营养型生物。

依据上述原则,微生物可以分为四种基本营养类型,即:光能自养型、光能异养型、化能自养型和化能异养型。

二、培养基的类型与选择

(一) 培养基的类型

产生抗生素的微生物,在其整个生长、代谢和生物合成抗生素的过程中,可以大致分为菌体生长阶段和生产阶段。每一个阶段菌体对培养基的营养需求不完全相同,所达到的目的也不同。因此,各种类型的培养基都是为了满足这两个阶段的不同需求而设计的。

培养基有不同的分类方法,种类也有很多种。一般可以根据培养基的成分、所处的状态及其用途进行分类。

按照培养基组成可分为合成培养基和天然培养基。合成培养基是由成分非常明确的碳源、氮源、无机盐等成分构成,发酵过程稳定,提取后处理难度小,过去多用于研究和育种,但目前正逐步应用于大规模工业生产,例如青霉素培养基,随着发酵水平越来越高,培养基全合成化的趋势越来越快。天然培养基的原料是一些天然动植物产物,其营养丰富,价格低廉,虽然适合于工业大生产,但由于其成分非常复杂,并未完全搞清,而且不同的产地会造成成分的差异,批与批之间的稳定性稍差,质量波动大,提取后处理难度大。

按照培养基所处的状态可分为固体培养基、半固体培养基和液体培养基。最早的青霉素生产是用瓶装固体培养基培养的,工作量巨大,产量极低。目前固体培养基主要用于菌种的培养和保存,也广泛用于产生子实体真菌的生产,如香菇、黑木耳等。半固体培养基即在配好的液体培养基中加入少量琼脂、明胶或硅胶等凝固剂(一般用琼脂作凝固剂时加量为 0.2% ~ 0.7%),使培养基呈半固体状态,主要用于菌种鉴定,观察菌体在培养基中的运动特性等。液体培养基是在水中投入可溶性和不溶性的营养成分,是目前大规模工业生产使用最多的培养基,液体体系有利于氧、营养物质和代谢产物的传递,极大地提高了生产水平。

按照微生物生长、代谢和生物合成抗生素的各个不同的阶段对营养的需求不完全相同,设计出适合于不同阶段、不同用途的培养基,该类培养基又可分为孢子培养基、种子培养基、发酵培养基和补料培养基。

1. 孢子培养基　孢子培养基主要是供菌种繁殖孢子的。对这类培养基的要求是产生菌能在这种培养基上迅速生长,产生丰盛优质的孢子,并且不会引起菌种变异。考虑到孢子生长的特性,该类培养基大多采用固体培养方式。

一般来说,孢子培养基要创造有利于孢子形成的环境条件,主要包括三个方面:首先,培养基的营养不能太丰富,碳、氮源量要控制,特别是有机氮源要低一些,否则孢子不易形成。其次,所用无机盐的浓度要适量,否则会影响菌体的生长进而影响到孢子的颜色和孢子的数量。第三,培养基要创造出有利于菌体生长和产孢子的 pH 和湿度,pH 要控制在合适范围,湿度不能过大或过小,否则孢子生长受影响。

生产上常用的培养基包括小米培养基、大米培养基以及用葡萄糖、蛋白胨、牛肉膏和 NaCl 等配制的琼脂斜面培养基。小米、大米等营养物质所含的碳、氮源量适当(大米和小米的营养成分含量见表 5-5 数据),同时又含有必需的生长素和微量元素,制成的培养基比较疏松,比表面积大,有利于孢子的大量形成,常用来配制真菌孢子培养基,例如产黄青霉能在含有营养液的小米培养基上很好地生长并且产生丰盛优质的孢子,灰色链霉菌则在含有葡萄糖、蛋白胨的琼脂培养基上很好地生长并且产生丰盛优质的孢子。

表 5-5 大米和小米的营养成分含量比较(干重的百分比%)

名称	碳水化合物	蛋白质	脂肪	粗纤维	灰分	磷	水分
大米	78	6.7	0.7	0.2	0.5	0.12	14
小米	77	9.7	1.7	0.1	1.4	0.24	11

2. 种子培养基 种子培养基一般指一级种子罐、二级种子罐的培养基和摇瓶种子培养基,主要目的是为孢子快速发芽,菌体健壮生长和菌体大量繁殖而设计的。这类培养基主要含有能够被菌体快速利用的碳源、氮源、无机盐和微量元素等,例如碳源主要用葡萄糖、乳糖、蔗糖等;氮源主要用玉米浆、酵母膏、蛋白胨等有机氮源以及 $(NH_4)_2SO_4$、尿素等无机氮源;磷酸盐和维生素等含量可以适当高一些,一般玉米浆等有机氮源即可满足这方面的需求。在这种培养基环境下,接入的孢子能够很快萌发、生长、繁殖出大量健壮的菌丝体,为下一步正式发酵做好准备。

种子生长质量的好坏直接关系到发酵生产水平的高低和产品的质量稳定。而且,对于多级种子培养,最后一级种子培养基的成分应该接近于发酵培养基,以便种子进入发酵培养基后,能迅速适应发酵环境,快速生长;对于只有一级种子的两级发酵,种子培养基的设计也要考虑到尽量接近于发酵培养基。

3. 发酵培养基 发酵培养基除了在发酵前期能够提供菌体快速生长和繁殖的环境外,更主要的是使产生菌能在尽可能长的时间内旺盛地生物合成所需产物。因此,对于发酵培养基既要有利于生长繁殖,防止菌体过早衰老,又要有利于产物的大量合成,因此需要考虑到碳源与氮源合适的比例,速效碳、氮源和迟效碳、氮源的合理搭配,无机盐和微量元素的需求,发酵过程的 pH 控制,前体的浓度控制以及培养基营养物质对提取工序的难易程度和对质量的影响等。

对于分批发酵,一般要求发酵培养基中含有一定比例的快速利用的碳、氮源和缓慢利用的碳、氮源,这样在发酵前期,菌体能快速利用速效碳源和氮源,菌体快速生长和繁殖,当到了一定阶段,速效碳源、氮源和磷酸盐等基本耗尽时,菌体被迫转向利用迟效碳源和氮源,随后菌体从初级代谢转向次级代谢,开始大量生物合成抗生素等产物。在这其中,磷酸盐、葡萄糖、铵离子等成分又对产物的生物合成产生抑制或阻遏的调控作用,必须控制其基本耗尽才能启动菌体的次级代谢和产物的生物合成。

对于补料分批发酵,其基础培养基的组成一般只考虑发酵前期菌体生长所需的营养物质的供应,而生物合成产物阶段则需要通过专门的补料系统将所需的营养物质、前体物质、pH 和氨氮调控物质等补入发酵罐,而且需要控制速度和补入量,既要保持菌体浓度的总体稳定,又不能让菌体大量生长,不能造成产物生物合成发生代谢途径逆转,这就是发酵调控过程所掌握的

"半饥饿状态"。

4. 补料培养基 早期的发酵模式都是批发酵,而且一直延续至今,许多产品仍在使用。批发酵的模式是把菌体所有需求的营养物质一次性投入发酵罐内,中间不再额外补充营养,待某几种营养物质接近耗尽之时就是发酵过程的终点。随着发酵工艺和装备技术的不断完善,为了使发酵过程控制稳定,尽可能保持住菌体旺盛的生长和代谢,延长发酵周期,提高生产水平和产品产量,间歇或连续补加各种必需营养物质的控制工艺应运而生,相应的也就有了补料培养基。补料培养基多种多样,有的是把发酵基础培养基稀化一些,以补全料的方式一次性或少量多次补入。也有的按碳源、氮源、前体等单一成分分别配制,在发酵过程中各自独立控制加入或协同加入。例如,在青霉素发酵过程中,液糖、苯乙酸、硫酸铵、氨水、油等营养物质各自独立,根据参数控制需求按需加入。这种补料分批发酵的控制工艺,对提高抗生素发酵产量起到了至关重要的作用。

(二) 培养基的选择和优化

不同的微生物对培养基的需求是不同的,同一种微生物在其发酵的不同阶段对培养基的营养要求也不尽相同。在生产过程中,必须从实际出发,根据微生物营养要求和生产的工艺特点选择合适的培养基配方,该培养基不仅能够满足微生物自身生长和繁殖的需要,更要满足其生物合成所需产物的条件。此外,从保持生产的稳定性和追求低成本的角度出发,还要考虑到培养基中各种原材料供应的质量稳定性和价格问题。如果某一种产品的几个生产厂家生产工艺和装备基本相似,原材料的供应和价格将是决定该产品是否具有市场竞争能力的关键之一。

知识链接

如何选择培养基

目前人们还不能单纯地从菌体自身组分、产物组分以及代谢过程的生化反应来推断出适合某种菌体的培养基配方,只能在生化基本原理的指导下,参照前人所使用的适合某种微生物的经验配方,再结合所用菌种的生理特性和产物特性,采用摇瓶试验和小型实验罐逐级放大的模式对各种营养成分逐个验证,最后得到适合所用菌种的生产配方。在这个过程中,为了提高试验效率,一般较多采用"正交试验设计"和方差分析的数学处理方法来确定各种培养基的组分和适合的浓度,以期取得满意的结果。目前生产上使用的培养基都是经过长期生产实践、科学试验和不断改进所取得的综合结果。而且,培养基的配方绝不是一成不变的,随着菌种的改良、装备的改进以及原材料等其他条件的不断变化,这种改进还需不断进行,才能推动生产水平的持续提升。

在进行培养基具体成分的选择时,需要注意以下问题:

1. 不同类型的微生物应选择与其自身代谢需求和产物形成相适应的培养基 采用细菌、酵母、真菌和放线菌等不同类型的菌种生产不同的产物,其培养基成分也各不相同。在生产过程中,需要借鉴文献中前人总结的经验,在其基础上通过试验进行合理调配营养成分及其配比。表5-6列举了各种不同的菌种所适合的培养基成分。

表 5-6　不同类型的菌种所适合的培养基成分

产物	产生菌	培养基主要成分
青霉素	产黄青霉	葡萄糖、玉米浆、麸质粉、苯乙酸、无机盐等
头孢菌素 C	顶头孢霉	葡萄糖、玉米浆、糊精、甲硫氨酸、豆油、无机盐等
利福霉素	地中海诺卡菌	葡萄糖、液化淀粉、黄豆饼粉、蛋白胨、鱼粉、无机盐等
红霉素	红色链霉菌	葡萄糖、液化淀粉、黄豆饼粉、正丙醇、无机盐等
多黏菌素 E	多黏芽孢杆菌	玉米粉、液化淀粉、尿素、玉米浆等
植酸酶	毕赤酵母	甘油、氨水、无机盐等
梅岭霉素	南昌链霉菌	淀粉、玉米粉、黄豆饼粉、无机盐等

2. 不同的使用目的应选用不同类型的培养基成分　对于微生物的科学研究和产品的生产过程,需要用到各种不同类型的培养基。例如,在青霉素菌种选育过程中,为了选育出耐苯乙酸的菌株,需要在正常培养基中加入高剂量的苯乙酸;为了定向选育出潜在的诱变高产菌株,需要根据青霉素生物合成代谢途径,加入青霉素合成过程各种酶的抑制剂(如赖氨酸),在这种培养基上如果能生长起来,就有可能是高产菌株。在孢子生产过程中,为了得到丰盛优质的孢子,一方面控制孢子培养基的营养成分必须适当(碳源、氮源不能太多),另一方面要选取比表面积尽可能大的固体基质(如小米)供菌种生长。对于发酵培养基成分的选取和配比的确定,不仅要考虑碳源和氮源的恰当比例,速效和迟效的搭配,还要考虑到前体、诱导剂等物质的添加。

3. 从提取过程的难易程度、收率水平以及产品的质量水平来进行培养基具体成分的选择　培养基成分的选取是一个系统工作,不仅要满足菌种生长、代谢和高产稳产的需求,还要考虑到发酵终点发酵液提取后处理的难易程度,尤其是大量采用天然动植物产品作为营养物质的培养基。如果选取不当或配比不当,当到达发酵终点时,仍有大量的有机营养物质剩余,就会给后续提取工序带来很大的困难,色素、蛋白、其他代谢中间产物等大量杂质不仅会影响提取过程的收率水平和产品的质量水平,而且会造成提取成本的大幅上升。因此,在设计配方时,所选取的营养物质不能给后工序处理带来麻烦,要容易分离,还要根据菌体对各种营养物质的需求合理搭配,发酵到达终点时各种营养物质基本消耗完毕,不能剩余太多,尽可能减少带入后处理工序的杂质。例如,过去在头孢菌素 C 发酵过程中需要大量消耗豆油,培养基中豆油量要和菌体代谢程度相匹配,做到放罐时残油量基本消耗完毕,否则剩余的油带入后工序造成提取过程的困难和质量的下降。为了解决残油的问题,同时从原材料价格方面平衡,目前的头孢菌素 C 发酵已经做到了用滴加葡萄糖的方式替代豆油,使得生产水平、收率水平和质量水平均有了大幅度的提升。

4. 补料培养基成分的选择　补料分批发酵工艺的实施使得发酵过程碳源、氮源、前体等物质不断得到补充,整个发酵环境持续稳定,有效地延长了发酵周期,大幅提升了发酵水平。补料基质的选择,一般是选在发酵过程中消耗快的(如葡萄糖),它的缺乏容易引起菌体生长或产物合成受限,或浓度太高容易引起菌体代谢途径受到抑制(如铵离子),或对产物生物合成具有调控作用(如葡萄糖),或浓度高时易对菌体产生毒性(如前体物质)。这些基质最好能采用液体形式,以补料的方式缓慢加入。

5. 从生产成本方面考虑合适的培养基原料　对于规模发酵工业企业而言,发酵成本占产品总成本的比重非常大(抗生素发酵成本可达总成本的 70%),而原材料成本的比重又可达发酵总成本的 70%。因此,在选择培养基原材料时,为尽可能降低成本,除了必须考虑微生物的生长代谢和生物合成方面的需求外,还应该考虑到生产成本,必须以优质、价廉、来源丰富、运输方便等为原则来选择原料。

对于无机盐、微量元素、前体等成分根据菌体的生长和产物的需求来确定,质量也较为稳定。而对于来源于动植物的碳源、氮源等原材料而言,需要依照以下原则根据试验结果进行选择:

(1)消耗的每克底物能使产物和菌体的得率最大;

(2)在发酵液中能形成最大的菌体或产物浓度,降低产品的分离提纯成本;

(3)使产物的生成速率最大,提高设备的生产能力;

(4)降低和抑制副反应,减少副产品的生成;

(5)质量稳定,而且供应充足;

(6)提取、精制及废物处理等其他工艺过程都比较容易。

点滴积累 ╲

1. 培养基作用　为微生物提供必需的营养;为微生物的生长创造必要的生长环境。

2. 培养基成分　碳源、氮源、无机盐、微量元素、生长因子、前体、促进剂、水等。

3. 碳源功能　作微生物菌体的组分;构成代谢产物的碳架;作为异养微生物生长和代谢的主要能源。

4. 根据用途,培养基分为孢子培养基、种子培养基、发酵培养基、补料培养基。

第三节　影响培养基质量的因素

微生物发酵过程中,有时会遇到生产水平波动或代谢异常的问题。导致这种问题的原因主要有:发酵关键原材料质量波动(现有生化检测参数未能有效覆盖该原材料的内在质量),工艺控制出现问题(如发生漏料或少加料,控制参数超范围等),染菌,季节变换(气候发生较大变化而工艺控制未及时调整到位)以及灭菌过程对培养基营养成分造成过多破坏等。其中,关键原材料质量波动又是造成发酵生产水平波动的最主要因素。

▶▶ 课堂活动

玉米是发酵工业的主要原材料。我国玉米产区主要集中在东北、华北和中原地区。但是,你知道玉米的质量会随种植地域的不同而不同吗? 除地域外,你知道不同的玉米品种、不同的加工工艺和不同的贮存条件,对所深加工的产品如葡萄糖、玉米蛋白粉、玉米浆等也会出现质量波动,进而影响到发酵水平吗?

一、关键原材料质量的影响

培养基中的关键原材料特别是用量较大的原材料,其质量对发酵水平的稳定和提高起着至关重要的作用。其中,有机氮源的质量波动是最常见的,也是影响发酵水平的最主要因素。常见的有机氮源如玉米浆、麸质粉、(黄)豆饼粉、花生饼粉、酵母膏、蛋白胨等,其原材料玉米、大豆、黄豆等不同的品种、不同的产地、不同的加工方法以及不同的贮存条件等因素均可能造成该有机氮源的质量不同。

ER-5-8 国内外玉米生产消费状况

> **知识链接**
>
> ### 产地、加工方式对氮源质量的影响
>
> 我国东北地区的玉米和河北、山东、河南等华北、中原地区的玉米内在质量就有所不同;玉米浆生产过程中玉米浸渍过程也会发生很大的差异,特别是浸渍时各种微生物的发酵作用对玉米浆的质量影响很大,如果是乳酸菌和酵母占主导,那么玉米浆的质量就好;如果是细菌占了主导,那么该批次玉米浆的质量就差。同时,玉米浆中磷的含量(一般在 0.11%~0.40%)也是造成发酵过程出现波动的重要因素。对以大豆作为原材料生产的豆饼粉而言,一般认为东北地区的大豆质量最好,其生产的豆饼粉用于抗生素发酵时,比用其他地区产的大豆发酵单位高而且稳定。而且大豆榨油的加工方法分为冷榨法和热榨法两种,不同的抗生素发酵培养基,需要不同加工方法所制得的豆饼粉,具体哪种合适需要预先进行试验验证,否则发酵单位就会发生波动。

碳源对发酵的影响,虽然没有有机氮源那么明显,但因为其用量大,也会因成分含量及杂质含量的不同而引起发酵代谢方面的问题。对于葡萄糖,以目前的生产技术,无论是固体葡萄糖还是液体葡萄糖,其纯度可以做得很高(DE 值可以达到 98%以上),只要符合国家标准和发酵企业的质量标准,一般是没什么大问题的。蔗糖、淀粉、糊精等也是如此。

油类作为碳源同时兼有消沫剂的作用,目前常用的有玉米油、豆油等。随着世界各国对药品质量的把控越来越严,发酵过程中动物性来源的油脂逐步受到限制。植物性的油脂质量相对比较稳定,但如果储藏温度过高和时间过长,都会引起酸败,进而导致质量变化,影响发酵生产。

培养基中所用的无机盐、前体等化工产品,其结构式明确,生产工艺相对成熟,质量规格都有国家标准和企业标准,较容易控制。但对于部分物质,如青霉素发酵过程的前体苯乙酸,其生产过程原料及中间产物涉及到氯苄、氰化钠、苯乙腈等,都是毒性非常大的物质,如果在生产过程中其残留量偏高,带入了产品,会对微生物产生毒性,导致生产水平的异常,必须严格检测其杂质成分。

对于微生物发酵,由于是生物化学反应过程,产品生物合成的许多影响因素尚未完全了解,部分有机质原材料成分复杂,其质量仅仅依靠有限几个质量标准进行分析化验还远远不够。因此,生产上除了分析化验其关键质量指标外,还要进行摇瓶测试或小型实验发酵罐测试,没有问题才能用于生产,确保生产的稳定性。

二、水质的影响

水是微生物细胞结构的主要组分,在液体深层培养基中水也是主要成分。工业发酵过程所用的水有深井水、地表水和纯化水(包括去离子水、蒸馏水等)。不同来源的水,其硬度不同,钙、镁离子以及微量元素含量不同,水质差异也较大。水质的变化不仅对微生物发酵会产生较大影响,而且对发酵用原材料的生产和质量也会产生较大影响。因此,对水质进行定期化验检查,使用符合要求的水配制各种培养基也是工业发酵保持生产稳定的关键一环。

去离子水、纯化水、蒸馏水或超纯水作为培养基用水一般多用于实验室进行科学研究(例如动植物细胞培养、基因工程、代谢工程研究以及生产用孢子培养基的制作等),而工业发酵大生产由于用水量大,水中的无机盐成分也可以补充发酵过程对无机盐的部分需求,一般直接加一次水(深井水或地表水)进行培养基配制。

三、pH 的影响

每种微生物都有其最适合的生长和代谢 pH 环境,在该环境下,菌体才能发挥出最佳生产能力。一般来说,细菌和放线菌生长的最适 pH 在中性和微碱性之间(pH 7.0~7.5),酵母和真菌生长的最适 pH 通常偏酸性(pH 4.5~6.5)。因此,培养基的配制必须将 pH 调整到该菌体的最适范围,以满足其生长繁殖和累积代谢产物的需要。

一般控制培养基 pH 的措施主要有以下一些方法:

1. 首先依靠培养基中的酸性原材料或碱性原材料来调节培养基的 pH,如玉米浆本身就是酸性的,液糖(葡萄糖)自身也是酸性的,菌体在利用葡萄糖的过程中产生大量酸性有机中间代谢产物,使发酵体系 pH 降低。

2. 随着营养物质的利用和代谢产物的形成,发酵液的 pH 会发生变化。为了缓冲发酵过程中 pH 的大幅波动,通常需要在培养基中加入一定量的 pH 缓冲物质,如碳酸钙、磷酸盐等。碳酸钙是一种难溶于水的盐,不会使培养基的 pH 大幅升高,但它能不断中和菌体代谢过程所产生的酸。磷酸盐主要是依靠一氢和二氢磷酸盐(如 K_2HPO_4 和 KH_2PO_4)组成的混合物进行缓冲。K_2HPO_4 溶液呈碱性,KH_2PO_4 溶液呈酸性,如果代谢过程中酸性物质积累,H^+ 含量增加,这时弱碱性物质转化为弱酸盐,发酵体系 pH 不会降幅很大。

$$K_2HPO_4 + H^+ \longrightarrow KH_2PO_4 + K^+$$

如果代谢过程中 pH 变碱性,则弱酸性盐化合物转化为弱碱性化合物,发酵体系 pH 不会升幅很大。

$$KH_2PO_4 + KOH \longrightarrow K_2HPO_4 + H_2O$$

3. 当培养基配后如果 pH 偏低,一般采用加液碱(30%氢氧化钠)的方式进行调整;消后或发酵过程中需要调高 pH 时一般加无菌氨水(根据氨氮需求量)进行调整;如果培养基配后或发酵过程中 pH 本身就有增高的趋势,需要调低时一般根据菌体代谢需要进行调整:首先考虑采取加糖的方式,通过糖代谢使 pH 降低;其次,如果加糖不足以将 pH 控制下来,需要根据发酵体系中对阴离子的需求而定,即如果发酵体系需求 SO_4^{2-} 则加入硫酸,如果需求 Cl^- 则加入盐酸。生产中各种后期补料必须协同控制,既要稳定 pH,又不能造成残糖、氨氮等其他参数偏离。具体控制方法将在工艺控制章节详述。

四、培养基黏度的影响

培养基中如果含有大量固体不溶性成分,如淀粉、谷朊粉、黄豆粉、酵母粉等,这些物质会大幅增加培养基的黏度。培养基黏度大幅上升,不仅增加了培养基灭菌过程的难度,增加了灭菌过程营养物质的损失,也增加了运转过程中搅拌功率的消耗,对发酵通气、溶氧等过程造成影响,而且还会直接影响到菌体对营养物质的利用程度,同时也给目标产物的分离提取造成困难。

点滴积累

1. 发酵过程出现波动的主要原因　关键原材料质量波动,工艺控制出现问题,染菌,季节变换而工艺控制未及时调整到位,灭菌过程对培养基营养成分造成过多破坏等。
2. 控制培养基 pH 的措施　依靠基础培养基中的酸性原材料或碱性原材料来调节;加入 pH 缓冲物质,如碳酸钙、磷酸盐等;发酵过程中通过加糖、加氨水。
3. 培养基中的关键原材料,对发酵水平的稳定和提高起至关重要的作用。 其中,有机氮源的质量波动最突出;碳源质量相对比较稳定,但由于其用量大,也会因成分含量及杂质含量的不同而引起发酵代谢方面的问题。

第四节　培养基的设计及制备过程

一、培养基的设计

培养基的设计必须从满足微生物的生长、代谢和形成产物所需的各种营养元素为出发点,同时满足菌体生物合成和细胞维持活力所需要的能量。迄今为止,还没有任何一个现成的培养基设计规范能够普遍适用于各种微生物的生长、代谢和生物合成。目前工业发酵大生产所用的培养基都是根据过去的生产经验、文献报道以及一系列发酵试验结果所确定的,而且随着原材料的变化不断进行优化。在这个不断优化的过程中,根据菌体和产物对各种元素的需求进行物料平衡设计法是应用最广泛的,在物料平衡的基础上,通过实践不断优化配方又起到了决定性的作用。

▶▶ 课堂活动

我们已经知道微生物生长、繁殖和合成产品需要碳源、氮源等各种营养物质,但是你知道这些营养物质被微生物利用后都变成什么了吗？ 在工业发酵调控过程中,我们是如何知道每种营养物质该添加多少量的？ 在培养基配制过程中,我们应该注意哪些问题呢？

（一）物料平衡设计原理

根据物质质量守恒原理，发酵体系内，所有输入到发酵罐内的原材料各种元素总量和发酵体系输出的各种元素总量是平衡的，包含碳、氮、氧、磷、硫等的平衡，如图5-2所示。如果是青霉素发酵，还存在苯乙酸的平衡。

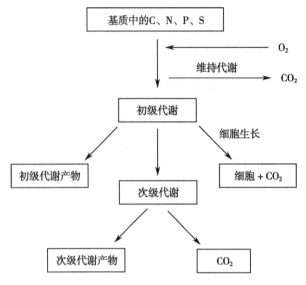

图 5-2　发酵过程物质守恒示意图

以碳源为例，Cooney 于 1979 年计算出了青霉素发酵过程中碳源转化为青霉素的化学反应计量关系和经验数据，如下式：

$$\frac{10}{6}C_6H_{12}O_6 + 2NH_3 + \frac{1}{2}O_2 + H_2SO_4 + C_8H_8O_2 \longrightarrow C_{16}H_{18}O_4N_2S + 2CO_2 + 9H_2O$$

（葡萄糖）　　　　　　　　　（苯乙酸）　　　　（青霉素）

由上述计量关系可以算出青霉素的理论得率为每克葡萄糖得到 1.1g 青霉素。但是，上述数据只体现了次级代谢生产青霉素所需葡萄糖的量，没有考虑初级代谢过程中用于菌体生长和维持所需更大的葡萄糖的量。根据文献报道及经验数据，用于青霉素生产过程的葡萄糖，既作为碳源，又作为能源，其去向只有约 10% 用于青霉素的生物合成，而 90% 都用于菌体自身的生长和生命活动的维持，如图 5-3 所示。

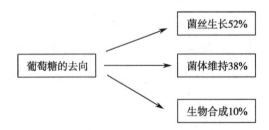

图 5-3　青霉素发酵过程中葡萄糖的去向示意图

对于氮源、硫源等的平衡而言，所有加入到发酵体系的氮或硫元素一定是和从发酵罐出来的氮或硫平衡的。以青霉素发酵过程为例（如图 5-4 和图 5-5 所示），所有加入发酵罐的原材料中的氮或硫是可以测定和计算的,由经验数据,所有从发酵罐输出的物质含氮量也是可以测定的,通过这种平衡可以进行培养基的优化、补料的调控以及原材料的替代设计等。

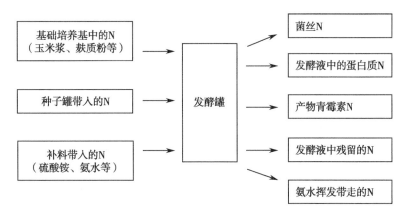

图 5-4　青霉素发酵过程中氮的平衡示意图

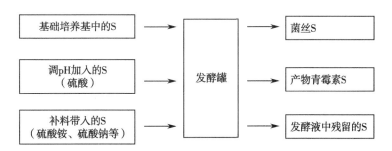

图 5-5　青霉素发酵过程中硫的平衡示意图

用一个数学综合式子表示

$$(-\Delta S) = (-\Delta S)_{\mathrm{M}} + (-\Delta S)_{\mathrm{G}} + (-\Delta S)_{\mathrm{P}}$$

式中,$(-\Delta S)$——培养过程中消耗的基质总量,mol 或 g;

$(-\Delta S)_{\mathrm{M}}$——用于菌体维持消耗的基质量,mol 或 g;

$(-\Delta S)_{\mathrm{G}}$——用于菌体生长消耗的基质量,mol 或 g;

$(-\Delta S)_{\mathrm{P}}$——用于产物合成消耗的基质量,mol 或 g。

对于微生物培养过程中基质与产物之间碳元素平衡而言,微生物培养过程中碳源主要用于:

(1)满足菌体生长繁殖的消耗,即菌体中的碳,可用$\left[\Delta C(S) \right]_{\mathrm{G}}$表示。

(2)表示菌体代谢生存的消耗(如微生物运动、物质传递,其中包括营养物质的摄取和代谢产物的排泄),即 CO_2 中的碳,用$\left[\Delta C(S) \right]_{\mathrm{M}}$表示。

(3)代谢产物积累的消耗,即产物中的碳,用$\left[\Delta C(S) \right]_{\mathrm{P}}$表示。

因此,培养过程中的总碳消耗 $\Delta C(S)$ 为:

$$\Delta C(S) = \left[\Delta C(S) \right]_{\mathrm{G}} + \left[\Delta C(S) \right]_{\mathrm{M}} + \left[\Delta C(S) \right]_{\mathrm{P}}$$

培养过程中总碳平衡为:

总投入基质的含碳量 = 总碳消耗量 + 发酵液中未被消耗的基质含碳量

对于微生物生长代谢过程中氮的平衡而言,氮平衡的计算与碳平衡的计算相同,即培养过程中

的总氮消耗 $\Delta N(S)$ 为：

$$\Delta N(S) = [\Delta N(S)]_G + [\Delta N(S)]_M + [\Delta N(S)]_P$$

式中，$\Delta N(S)$——培养基质中总氮消耗量，g；

$[\Delta N(S)]_G$、$[\Delta N(S)]_M$、$[\Delta N(S)]_P$——用于生长、维持、产物合成消耗的氮量，g。

培养过程中总氮平衡为：

总投入基质的含氮量=总氮消耗量+发酵液中未被消耗的基质含氮量。

（二）物料平衡在培养基设计中的应用

例：计算青霉素发酵过程中苯乙酸前体的加入量。

解：青霉素分子结构（如图5-6）中含有一个苯乙酸侧链分子，青霉素和苯乙酸摩尔比为1∶1。青霉素分子量356，苯乙酸分子量136。1BOU（十亿）青霉素折算重量为0.625kg。

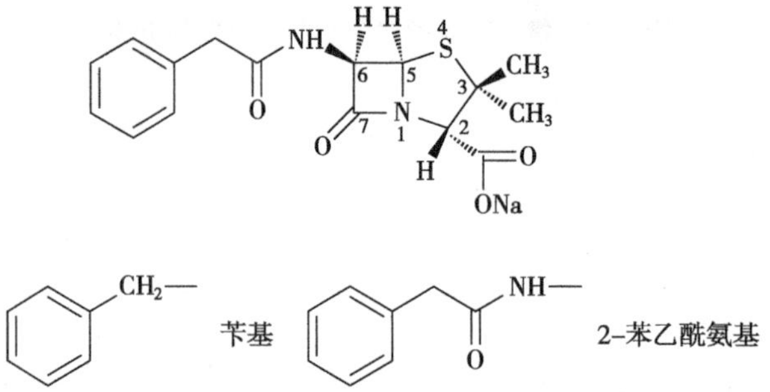

图5-6　青霉素及其侧链分子结构

理论加入的苯乙酸（PAA）千克数 = 青霉素效价提高消耗 PAA +发酵液残留 PAA

每小时应该补入量=（每小时预计合成青霉素用量+当前残留量−控制残留量）/利用率

每小时应该补入苯乙酸千克数=每小时合成青霉素总亿（十亿）×0.625×136/356/利用率

实际生产过程中，不同的菌种对苯乙酸的利用率不同，需要根据生产情况及时调整，同时，上述计算应该加入量只作为调整参考，实际加入量要以 HPLC 检测苯乙酸浓度为准。

二、工业发酵培养基的制备过程

以工业发酵头孢菌素 C 为例，培养基的制备过程包含以下各个环节：

（一）准备

1. 清洗配料罐　用少量水清洗配料罐，并将洗水通过罐底排污阀排放至污水处理站。

2. 记录准备和备料　准备好投料记录和书面工艺指令，经检查核实后，按照配方开始备料，并将物料分开摆放，以便于清点。

3. 将玉米浆等液体物料压入计量罐中准确计量。

（二）配料

1. 按照工艺指令及配方准确称量及复核各种物料。

2. 检查罐底排污阀是否关好，确认后向罐内加入定量水，以没过搅拌叶为准，再向罐内加入玉米浆，开动搅拌，向罐内缓慢加入谷朊粉，加料时间不得小于 40 分钟，加完后搅拌 20 分钟，取样观察溶解情况,确保谷朊粉全部溶解。

3. 依次加入花生饼粉、玉米粉、淀粉、糊精、豆油及无机盐等。每种物料确保完全溶解。

4. 搅拌10分钟,取样观察溶解情况及测配后自然pH,再用液碱少量多次地粗调pH至略低于工艺规定数值,再将碳酸钙加入,搅拌均匀,补水至工艺规定体积,并将pH细调至工艺规定最终数值,取样送真菌室测配后pH、总糖、总氮等生化数据并留样。

5. 联系消毒岗位接料时间,确定开始加温时间,开蒸汽阀门加温至50℃左右。

（三）打料

1. 接到消毒岗位打料通知后打开罐底阀及输送泵,开始打料,控制泵压力保持在规定范围内。

2. 待罐内底层搅拌露出后,停止搅拌,用少量清水冲洗罐壁。打料结束后用水将打料管道冲洗,将消前体积用水补够,关闭打料泵,打料完成。

（四）配料及打料过程安全注意事项

1. 原材料中豆油属于易燃物质,应严防接触火种,引起火灾。

2. 配料岗位接触粉尘较多,注意每批配制完毕搞好现场卫生,防止粉尘积聚。

3. 调pH所用液碱属于危险化学品,打料时应严防冒罐,使用时应小心谨慎,压料所用压力不得超过0.3MPa。

4. 在开启蒸汽阀门加温时,应站在阀门侧面开启,开启时应小心缓慢,避免蒸汽漏出伤人。

▶ 边学边练

　　培养基的制备技能训练,见能力训练项目5　马铃薯蔗糖培养基制备。

三、配料过程中需要注意的问题及处理措施

1. 配制好的培养基如果pH未在规定范围之内,一般用酸或碱直接在配料罐中调节。

2. 配制过程中发生沉淀反应或其他反应使培养基质量下降。发生反应主要是由于加料顺序不合理或者是物料之间容易发生化学反应。一般可调整加料顺序,如先加入缓冲化合物,溶解后加入主要物质,然后加入维生素、氨基酸等生长素类物质。但对易发生反应的物料必须分开配制,切忌混在一起。

3. 使用淀粉时,如果浓度过高培养基会很黏稠,所以培养基中淀粉的含量大于2.0%时,应先用淀粉酶糊化,然后再混合、配制、灭菌,以免产生结块现象。糊精的作用和淀粉极为相似,因其在热水中的溶解性,所以补料中一般不补淀粉而补糊精。

4. 培养基中使用谷朊粉(俗称面筋粉)时,由于谷朊粉见水容易生成筋道致密的物质,必须少量、缓慢、谨慎地投料,同时剧烈搅拌促使溶解。如果将整袋谷朊粉一次性投入配料罐,将会结成非常筋道致密的硬块或在配料罐中形成类似"饺子"的团块,团块外面包一层筋道致密的皮,里面是未和水接触的干谷朊粉。未溶解的谷朊粉将会堵塞过滤器、管道、泵,同时也会给灭菌过程带来隐患,必须避免。

5. 培养基中的碳酸钙起着缓冲 pH 的作用,因此只能在投完其他各种物料,调节好 pH 后再投加,顺序不能颠倒。

6. 如果固体物料用量太多,造成培养基黏度太大,可采用将原料用酶水解的方式进行预处理,降低大分子物质;如果是由于固体颗粒过大,可预先粉碎并过筛处理。

7. 配料过程中一边投料一边需要用蒸汽给料液加热。加热时间一定要控制好,不能提前时间过长,否则细菌生长速度快,对培养基中的糖等营养物质大量消耗,造成培养基成分发生变化。

点滴积累 ⋁

1. 培养基的设计必须从满足微生物的生长、代谢和形成产物所需的各种营养元素为出发点,同时满足菌体生物合成和细胞维持活力所需要的能量。
2. 发酵体系内,所有输入到发酵罐内的原材料各种元素总量和发酵体系输出的各种元素总量是平衡的,包含碳、氮、氧、磷、硫等的平衡。
3. 培养基配制过程中,必须注意各种物料的投加顺序不能颠倒,对于比较难溶的物料,必须少量、缓慢、谨慎地投料,同时辅之以剧烈搅拌,确保其全部溶解。

案例分析

案例

头孢菌素 C 发酵培养基配制过程中,员工没有按照操作规程要求缓慢加入谷朊粉,而是将整袋谷朊粉一下倒入配料罐,结果造成大量谷朊粉成为硬块,在打料过程中将泵前过滤器及泵堵塞,对生产进度造成严重影响。

分析

谷朊粉见水容易生成非常筋道致密的物质。如果将整袋谷朊粉一下投入配料罐,将会出现由于溶解不好而结成的非常筋道致密的硬块或内包粉料的团块,进而将过滤器、管道、泵等堵塞,清理起来也非常费时费力。

正确的投料方法是:配料时需先将水位加至搅拌叶平齐位置,使液面被搅拌叶剧烈搅动,然后将谷朊粉少量、缓慢、谨慎地撒入水中,使其在搅拌的强力作用下迅速溶解,边投边观察溶解状况,确保不出现团块。

也有的厂家采用油溶的方式投料,即先在配料罐中加入工艺规定量的豆油,然后将谷朊粉投入油中溶解,再加入水溶解其他物料。

目标检测

一、选择题

（一）单项选择题

1. 自然界中分布最广且最为重要的单糖是

  A. 葡萄糖   B. 果糖

  C. 蔗糖   D. 麦芽糖

2. 微生物细胞中碳的含量大约为

  A. 20%~30%   B. 30%~40%

  C. 45%~50%   D. 55%~60%

3. 下列糖类中不属于双糖的是

  A. 蔗糖   B. 麦芽糖

  C. 乳糖   D. 糊精

4. 菌种保藏的目的是

  A. 保持种的存活   B. 保持种的纯粹

  C. 保持菌株遗传性状稳定 D. 以上 A、B 和 C 均正确

5. 发酵培养基中常用的麸质粉属于

  A. 碳源   B. 氮源

  C. 硫源   D. 磷源

6. 谷朊粉又称为面筋粉,在头孢菌素 C 发酵过程中作为( )大量使用

  A. 碳源   B. 氮源

  C. 硫源   D. 磷源

7. 葡萄糖是

  A. 生理酸性物质   B. 生理碱性物质

  C. 主要由酸水解法制备 D. 缓慢利用的碳源

8. 下列说法错误的是

  A. 孢子培养基大多采用固体培养方式

  B. 孢子培养基的营养需要丰富些

  C. 种子培养基成分的设计要尽量接近于发酵培养基

  D. 发酵调控过程需要掌握"半饥饿状态"

9. 青霉素发酵过程中关于葡萄糖的去向说法错误的是

  A. 葡萄糖既作为碳源又作为能源

  B. 只有约30%的葡萄糖用于青霉素的生物合成

  C. 菌丝生长消耗约50%的葡萄糖

  D. 90%的葡萄糖都用于菌体自身的生长和生命活动的维持

10. 关于培养基的说法有错误的是

  A. 培养基不仅为微生物提供所必需的营养,而且为微生物的生长创造了必要的生长环境

  B. 有机氮源的质量波动是最常见的,也是影响发酵水平的最主要因素

  C. 油类作为消沫剂和碳源使用,也不可以长时间存贮

  D. 培养基中所用的无机盐、前体等化工产品,其结构式明确,生产工艺相对成熟,质量规格

都有国家标准和企业标准,一般不会对发酵过程产生影响

(二) 多项选择题

1. 下列物质属于有机氮源的是

  A. 玉米浆   B. 麸质粉

  C. 硫酸铵   D. 玉米蛋白粉

2. 下列糖类:①葡萄糖、②果糖、③蔗糖、④麦芽糖、⑤乳糖、⑥糊精,其中互为同分异构体的是

  A. ①+②   B. ③+④

  C. ②+⑤   D. ③+⑥

3. 抗生素培养基按生产目的的分类主要有

  A. 孢子培养基   B. 合成培养基

  C. 种子培养基   D. 发酵培养基

4. 发酵过程中营养物质的消耗主要去向有以下哪些方面

  A. 构成细胞物质   B. 提供能量

  C. 合成代谢产物   D. 被氧化分解

5. 影响原材料质量的因素主要有

  A. 来源   B. 产地

  C. 加工方法   D. 储存条件

6. 对于金属离子微量元素叙述正确的是

  A. 钴是维生素 B_{12} 的组成成分

  B. 铁元素是细胞色素、细胞色素氧化酶、过氧化物酶的组成成分

  C. 镁、锌、钴、铜、锰等微量元素大部分是作为某些酶的辅酶或激活剂

  D. 钾离子与维持细胞渗透压和细胞透性有关

二、简答题

1. 种子培养基和发酵培养基的成分要求上有什么不同?

2. 青霉素发酵过程中所需氮元素的来源有哪些? 它的去向又到了哪里?

3. 培养基的功能有哪些?

4. 控制培养基 pH 的措施一般有哪些?

5. 培养基中如果使用淀粉时需要注意哪些问题?

三、实例分析

1. 工业微生物绝大部分是异养型微生物,它需要从周围环境摄取营养物质为自身提供能量,构成细胞组分以及合成特定产物。请分别举例分析培养基的主要成分及其功能。

2. 目前生产上使用的培养基都是经过长期生产实践、科学试验和不断改进所取得的综合结果。而且,培养基的配方绝不是一成不变的,随着菌种的改良、装备的改进以及原材料等其他条件的不断变化,这种改进还需不断进行,才能推动生产水平的持续提升。请分析在进行培养基具体成分的选

择时,需要注意哪些问题?

3. 微生物发酵过程中,有时会遇到生产水平波动或代谢异常的问题。导致这种问题的原因有很多,其中关键原材料质量波动是造成发酵生产水平波动的最主要因素。请从构成培养基的主要成分及其参数出发分析影响培养基质量的因素有哪些?

ER-05复习题

第六章

种子制备和菌种保藏

学前导语 ∨

菌种是发酵工业的核心，是企业赖以生存的根本和可持续发展的保障。生产菌种一旦发生能力衰退，被杂菌污染或灭失，对企业而言将是致命的。因此，必须对生产菌种进行严格的管控，以确保随时可以提供优良的菌种，满足生产需求。

种子制备和菌种保藏是种子岗位的基本职责。种子制备从保藏菌种开始，经逐级扩大培养，最后获得供发酵罐接种的足够数量和优良质量的种子；而菌种保藏的目标是实现种的存活、种的纯粹以及遗传性状的稳定。

那么，生产种子是如何制备出来的？如何确保其生产水平？菌种保藏需要满足什么条件？带着这些问题，就让我们开始这个重要岗位的学习吧。

ER-6-1 扫
一扫,知重点

第一节　工作任务及岗位职责要求

一、种子制备和菌种保藏岗位工作任务

发酵车间种子制备、菌种保藏岗位的主要工作任务是：严格按照工厂或车间下达的工艺指令、生产任务和进度安排，保质保量地完成生产用种子的制备，同时，对生产菌种不断地进行筛选、育种和保藏。

二、种子制备和菌种保藏岗位职责

发酵车间种子制备、菌种保藏岗位的工作职责主要包含以下内容：

1. 根据工厂或车间工艺指令和生产进度安排，按照种子制备操作规程，保质保量地完成生产用种子的制备。

2. 根据生产菌种的特性，灵活运用自然选育、诱变选育、原生质体融合、基因工程等各种技术手段对生产菌种进行筛选、育种和保藏，确保生产菌种的优良特性得到保持，确保发酵生产技术水平持续稳定和不断提升。

3. 严格按照工厂洁净区管理制度，做好种子制备、菌种选育、菌种保藏过程中的洁净区无菌管理，确保生产用种子不受杂菌污染。

4. 按照工厂物料管理制度，做好本岗位各种原、辅材料的库存管理并及时上报。

5. 按照工厂设备管理制度，做好本岗位所辖设备、仪表、仪器的日常维护和保养。

6. 按照工厂质量管理制度,做好本岗位各项菌种制备操作记录和菌种销毁记录、菌种谱系记录、原辅材料使用记录、库存记录、洁净区域监测记录、灭菌记录、设备维护和保养记录、岗位交接班记录等。

7. 按照工厂工艺管理制度、现场管理制度、劳动纪律管理制度等做好本岗位的洁净区域人流、物流控制管理,现场定置管理,现场清洁管理以及劳动纪律管理等。

8. 在工作中善于学习,加强自身的理论素养和实践操作能力,不断总结工作经验,提升操作技能。

第二节　生产种子制备技术

和传统的食品发酵、堆肥以及废水处理过程不同,抗生素等药品的生产必须采用纯种发酵的方法,即发酵体系中只允许单一的抗生素(或其他药品)产生菌生长,不允许杂菌生长。一旦发酵体系中污染了杂菌,轻者影响发酵水平,导致产率降低,代谢出现异常,提炼收率和成品质量下降,重者直接导致整个发酵罐颗粒无收,甚至污染到其他发酵罐,进而导致整个发酵车间生产系统崩溃。

▶▶ 课堂活动

> "春种一粒粟,秋收万颗子"。 我们都知道农业生产中春天需要播下"种子",秋天才会有收获。 在发酵工业生产中也有"种子"。 你知道它们两者之间的相似点和不同点吗? 你知道发酵生产过程中是如何把一支小小的试管种子扩大到上百吨发酵罐那么大的规模的吗?

生产种子制备就是将保存在砂土管、冷冻干燥管或液氮罐等低温保藏装置中处于休眠状态的生产菌种接入试管斜面活化后,再经扁瓶或摇瓶及种子罐逐级扩大培养而获得一定数量和质量的纯种过程。这些纯种培养物称为种子。

目前,工业规模用于抗生素等药品生产的发酵罐容积一般都在几十至几百立方米。为了使这样大规模的发酵能够按照工艺要求正常进行,必须投入几立方米至几十立方米的液体种子。而要从一支砂土管或冷冻干燥管产生如此大量的液体生产种子,通用方法就是逐级扩大培养。种子制备就是这样一系列的扩大培养过程。通过这样的扩大培养,使用较小规模的设备使种子量逐步放大,从而可以最大程度地缩短发酵罐的生产周期,提升设备利用率。

种子制备的方法和条件随不同的生产品种和菌种种类而异。根据细菌、放线菌、真菌或酵母生长的快慢和产孢子能力的大小,在生产上一般可以划分为一级种子、二级种子和三级种子。当把生产菌种(如孢子或菌丝)接入到体积较小的种子罐中,经培养后形成较多的菌体,这样的种子称为一级种子;如果一级种子的量已足够进行发酵生产,直接把一级种子转入发酵罐内发酵,这样的"一级种子+发酵罐"的过程称为二级发酵。如果一级种子的量不能满足发酵需求,须将种子进一步接入体积较大的下一级种子罐内,经过第二级种子罐的培养产生更多的菌体,这样制备的种子称为二级种子;如果二级种子的量已足够进行发酵生产,将二级种子转入发酵罐内发酵,这样的"一级种子 + 二级种子 + 发酵罐"的生产模式称为三级发酵。同样道理,如果二级种子的量仍然不能满足发酵需求,需要进入三级种子继续培养,这样的"一级种子 + 二级种子 + 三级种子 + 发酵罐"的生产模式称为四级发酵。工业大生产中,细菌、酵母等生长速度比较快的菌种发酵一般采用二级发酵,而真菌、放线菌等生长速度比较慢的菌种一般采用三级发酵或四级发酵。例如：青霉素（高单位菌种）发酵目前多数是三级发酵（过去的低单位菌种通常采用二级发酵），头孢菌素 C 和链霉素发酵一般为四级发酵。

　　生产用种子的制备，一般从砂土管、冻干管或液氮管保藏的菌种开始，经过一级斜面、二级斜面或米孢子、母瓶（一级摇瓶种子）、子瓶（二级摇瓶种子）、一级种子罐、二级种子罐、三级种子罐等，然后移种到发酵罐。这一过程如图 6-1 所示。

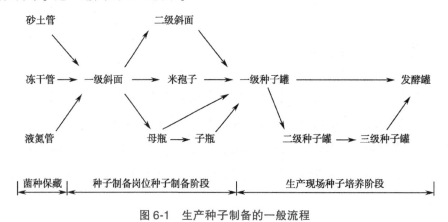

图 6-1　生产种子制备的一般流程

　　为了减少污染杂菌的机会，同时为了避免因多次传代而造成菌种生产能力的退化，应当尽量缩短种子制备过程的中间环节，能用一级种子直接进发酵罐的就不用二级种子。对某一个产品发酵过程而言，究竟应该采用几级种子制备，除了由发酵罐和种子罐的规模决定之外，关键还是该菌种的生长特性。一般来说，生长比较快的菌株，应该用较少的种子级数；生长比较慢的、遗传性状比较稳定、不易退化的菌株可以增加种子罐的级数；不产生孢子的菌株，一般不用斜面进种子罐，而是采用摇瓶接种。

　　生产种子的类型一般包括斜面种子、米孢子、摇瓶种子和种子罐种子，其制备过程都包括培养基配制、灭菌、接种、培养、质量检查等环节，但不同阶段的种子，其操作过程和要求有所不同，以下详述。

知识链接

抗生素产生菌的来源

　　抗生素产生菌主要来源于土壤。有些抗生素产生菌虽然是从植物、昆虫或海洋中分离得到的，但其实也间接来源于土壤。

　　土壤是微生物的宝库。数据表明：1g 土壤中含有约 1 亿个细菌、1 千万个放线菌、1 百万个真菌。这些微生物在土壤中的分布比例，会随着土壤中有机物的含量、含氧量、温度、湿度、酸碱度等不同而有所不同。一般而言，在含有机氮少的酸性土壤中，真菌所占的比例较大，在含有机氮多的中性土壤中，细菌和放线菌的所占的比例较大。真菌和细菌一般较多存在于浅表土层中，而放线菌多数位于较深层的土壤中。

　　土壤中放线菌约 30% 都能产生抗生素，而现有抗生素的大约 65% 均由放线菌产生。

　　从土壤中分离得到的原始的抗生素产生菌其生产能力一般非常低，必须经过长期的诱变育种、杂交育种和自然分离来形成较高的生产能力。目前，以基因工程为代表的现代生物技术的发展已经非常成熟，在遗传基因的层面上对菌种进行构建和重组，已经大幅度地提升了抗生素的生产水平和产量。

一、斜面种子的制备

将加入琼脂的培养基固化平铺在试管或扁瓶内,然后接入菌种,菌种在培养基表面生长的培养物称为斜面种子。对产生分生孢子的放线菌或真菌而言,这种培养物以产孢子为目的,所以又称为斜面孢子。对于不产生分生孢子的细菌,斜面培养的目的是为了获得菌体或芽孢。

斜面种子一般分为一级斜面和二级斜面。一级斜面是直接由保藏的砂土管、液氮管、冻干管或其他处于保藏状态的菌种接种,在试管斜面上进行培养,其目的是为了活化菌种,将处于休眠状态的菌种进行培养活化,然后挑选长势、形态好的菌落进行传代,确保菌种的生产能力不下降;二级斜面是将一级斜面上挑选出来的好的菌落进一步进行扩大培养,以满足后续种子制备过程对种子量和质量的需求。

(一) 斜面种子的制备过程及操作要点

斜面种子的一般制备流程是:

斜面培养基配制→加入琼脂→加热融化→保温分装→蒸汽灭菌→冷却放置成斜面→无菌检测→无菌室接种→恒温培养→斜面种子

操作说明及要点:

斜面种子培养基要用蒸馏水配制。各种营养物质要根据配方要求和培养基总需求量分别精确称量。铁、锰、钾、铜、锌等微量元素由于需求微量,加量小,直接天平称量误差大,需采用先配成一定浓度的液体再按配方吸取定量液体的形式添加。

培养基配好后,按配方比例加入琼脂。琼脂的加量事先根据菌种的生长需求和斜面的软硬程度由试验确定。琼脂起着培养基固化的作用,和明胶等其他固化剂比较,琼脂作为固化剂有着非常突出的优点:①稳定性好,加热不分解,也不被微生物代谢;②溶化温度(90℃左右)和凝固温度(40℃左右)的温差大,非常有利于固体培养基的制作;③能够很方便地通过控制琼脂的加量(一般控制1.0%~2.5%)调节固体培养基的硬度,可以适应不同培养条件的需求。

含琼脂的培养基加热融化搅拌均匀后,要趁热分装到试管或扁瓶中,用棉塞盖好口,用牛皮纸包好棉塞和试管口或瓶口,再用绳子将牛皮纸和试管口或瓶口绑好,然后在灭菌器(图6-2)内进行灭菌。灭菌参数一般控制121℃,30分钟。灭菌器要定期进行温度传感器的校验和温度分布的验证,以确保灭菌过程的有效性。

灭菌完成后,将试管或扁瓶从灭菌器中取出,试管口或扁瓶口向上枕在一条扁平木板上,使试管或扁瓶内的液体培养基平铺成为斜面。注意使斜面长度控制在试管或扁瓶长度的三分之二左右,不能太长或太短,更不能使培养基浸湿棉塞,以免污染杂菌。待培养基冷却后,即固化成为所需的琼脂培养基斜面。斜面表面应软硬适中,光滑,无游离水,无裂纹,无杂菌污染。制备好的斜面可在4℃冰箱中冷藏保存1个月左右。若放置时间太长,斜面可能发生干裂而不能使用。

斜面接种必须在无菌室的超净工作台(图6-3)上进行,所有的操作工具必须事先严格灭菌,人

图 6-2　灭菌器

员进出无菌室和操作过程必须严格和规范,无菌室和超净工作台都必须定期进行无菌检测和无菌验证,结果必须符合相应的无菌级别 A 或 B 级要求,如表 6-1 所示。

表 6-1　无菌级别分级标准

无菌级别	静态过程粒子个数		操作过程粒子个数	
	0.5μm	5.0μm	0.5μm	5.0μm
A	3520	20	3520	20
B	3520	29	352 000	2900
C	352 000	2900	3 520 000	29 000
D	3 520 000	29 000	—	—

图 6-3　超净工作台

　　无菌接种完毕后,要将肉汤培养基加入已刮或铲过菌落的废斜面上,在25℃或37℃恒温室培养至少48小时,同时辅助以肉眼或显微镜观察的方法以验证操作斜面是否被污染。

　　接种后的斜面在恒温室培养过程中必须倒置培养,以防止蒸发凝水从管或瓶壁上滴落到菌苔上,进而影响菌苔的正常生长。培养好的斜面种子一般可在4℃冰箱中保存1个月。如果想将斜面种子保存更长时间,可以采取将斜面种子瓶口用融化石蜡凝固密封或将灭菌后的医用石蜡油倒入试管或扁瓶,将菌苔覆盖液封等方法。

　　在生产过程中一级斜面也可由无菌双碟替代,主要起活化、分离和挑选单菌落的作用。将按照梯度稀释法稀释好的菌液吸取定量加到无菌双碟培养基上,用刮棒涂匀后放工艺要求培养温度的恒温室进行培养。一般控制每个双碟长出1~3个菌落为宜。

知识链接

梯度稀释法

　　操作过程:提前将双碟进行灭菌,然后在无菌室的超净工作台上将融化好的琼脂培养基倒入双碟,晾凉备用。 按无菌操作要求,用提前灭好菌的不锈钢小勺或吸管将砂土孢子或液体冷冻孢子取出少量放无菌试管中,加入定量无菌水摇匀制成孢子悬液(原液)。 然后吸取1ml原液加入盛9ml无菌水的试管中,振荡摇匀成为10^{-1}液,从10^{-1}液吸出1ml加入盛9ml无菌水的第二支试管中,振荡摇匀成为10^{-2}液,依此类推,一直制成10^{-5}液,即原液稀释到10^{-5},这种逐级稀释的方法称为梯度稀释法,如图6-4所示。 这样逐级稀释操作的目的主要是为了活化的同时将菌落较好地分离,便于下一步挑形态和长势好的菌落进行传代,否则由于菌液浓度高,大量的菌落连成一片无法分离,无法选择。

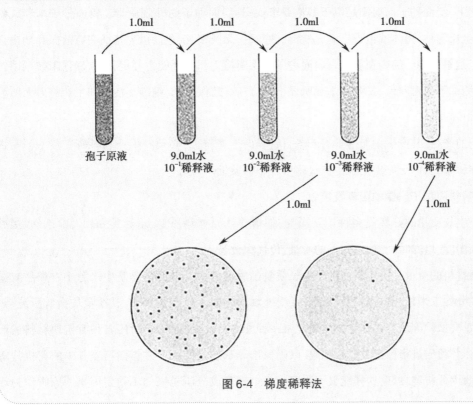

图6-4　梯度稀释法

（二）斜面种子的质量要求

斜面种子是种子制备的第一步，也是任何工业发酵过程的不可缺少的一步，它不仅关系到长期保存菌种的活化，而且需要把生产能力高的菌种从众多存在变异的菌种中分离出来，以确保生产水平的稳定。因此，保持斜面种子的纯种和优质，对于发酵过程而言是至关重要的。

针对不同的菌种和不同的产品，其对斜面种子的质量有着不同的控制标准，例如对于青霉菌菌落的颜色、褶皱条纹数量、菌落直径、旋转方向、顶部开口大小等衡量质量的指标，如图6-5所示。

图6-5　青霉菌菌落照片

通常情况下，斜面种子需要满足以下基本要求：一是斜面种子的外观质量。斜面种子培养成熟后，应当外观生长匀称，菌体或孢子丰满，呈特征性颜色，无杂菌、杂色。以上特征在有效保存期内无明显变化。二是斜面种子的内在质量。斜面种子经无菌检查和生产能力鉴定，必须确保未被杂菌污染，生产能力测试不比对照低，发酵水平无明显下降。在有效保藏期，细胞存活率和生产能力无明显下降。

对于不同的产品，其产生菌菌落都有着各自特异的形态特征，必须在生产和科研实践中不断进行总结和观察积累，从而更好地把控生产过程中种子的质量。

（三）影响斜面种子质量的因素及控制

斜面种子生长质量的好坏受多种因素影响，如培养基原材料质量、培养基 pH、灭菌条件、接种量、培养温度、湿度、培养时间、棉塞制作的质量、传代次数等。

培养基原材料的质量是决定斜面种子生长质量的关键因素。斜面培养基中来源于农产品或微生物等营养成分如玉米浆、酵母粉/膏、红糖等，受地域影响或生产工艺影响，其质量均会有所波动。因此，当通过正交试验等培养基优化方法确定某一种配方后，应同时确定所用各种有机原材料的产地、厂家、规格、各项质量指标以及贮存期限，以确保培养基质量的稳定。斜面培养基中的无机盐等化工产品，一般用分析纯较好，这样能最大程度减小培养基成分所带来的不稳定因素。琼脂作为培养基的固化剂，虽然它不被菌体代谢，但琼脂所含杂质成分、杂质含量以及琼脂在培养基中的用量也会影响到斜面种子的生长。琼脂最好用较高纯度的琼脂粉。如果使用普通的琼脂条,则需用蒸馏水漂净晾干。琼脂的生产厂家和用量都必须用试验验证后确定,要做到斜面固化后软硬适当,光滑,无游离水,无裂纹,斜面种子生长良好。

每种微生物都有其最适合的生长 pH 环境,在该环境下,菌体才能发挥出最佳生长能力。如果培养基的 pH 偏离最适范围,斜面种子的生长势必受到制约。一般来说,细菌和放线菌生长的最适 pH 在中性和微碱性之间(pH 7.0~7.5),酵母和真菌生长的最适 pH 通常偏酸性(pH 4.5~6.5)。因此,斜面种子培养基的配制必须将 pH 调整到该菌体的最适范围,以满足其生长繁殖的需要。

灭菌条件主要影响斜面培养基的消后质量。一般控制灭菌温度 121℃,灭菌时间 30 分钟左右。如果控制温度过高,或时间过长,都将导致培养基营养成分的过多破坏,从而对斜面种子的生长造成不良影响。因此,在生产和试验过程中,灭菌过程的参数应该严格控制,如果发现灭菌后的培养基颜色明显偏深或有其他异常现象时,应将之废弃重新配制。

接种量对斜面种子质量的影响主要体现在单菌落的挑选及菌苔生长的疏密上。从砂土管(冻干管、液氮管等)活化菌种时,必须首先将单菌落分离出来,这样才能挑选生长形态好的菌落进行传代培养,这个过程一般在双碟平板中进行,比在试管斜面上操作更为方便,通常采用梯度稀释法控制接种量,确保菌落较好分离。在菌落分离的基础上,将挑好的菌落进一步接种到试管或扁瓶斜面上,充分利用斜面面积,控制好接种量(不能太多或太少,具体接种量大小根据菌体生长快慢进行试验确定),使菌落在斜面上生长密集而丰满,生成大量营养菌体或孢子,为进一步扩大培养做好准备。

培养温度和湿度是斜面种子生长质量的基础条件。每种微生物都有各自最适生长的温度和湿度范围,斜面种子只有在菌种的最适温、湿度范围内生长,才能确保生长的速度和质量。如果培养温度偏低,种子生长则变缓慢;如果培养温度偏高,生长则过快,一旦温度超出了菌体承受范围,菌体就会死亡。培养湿度的大小直接决定了营养菌体或孢子生成的数量和质量。一般而言,湿度太低对营养菌体的生长不利,而湿度太高则影响孢子的生成。在斜面种子制备过程中,温度的控制要严格限定在菌种的最适范围,而湿度的控制一方面通过调节培养环境的湿度来保证,另一方面可以通过控制试管或扁瓶内斜面固化后的初始水分来调节:初始湿度高一些,有利于营养菌体的生成,随着试管或扁瓶内水分挥发而湿度降低,有利于孢子的生成。大环境的湿度决定了斜面自身小环境湿度的变化速度。

培养时间的确定是以斜面种子菌苔生长疏密、丰满程度达到较好的生长状态为依据,同时经过有效时间的保藏后细胞的存活率和生产能力没有明显的下降。这个时间一般通过试验和实际生产状况来确定。

棉塞对于斜面种子而言至关重要。一方面给试管或扁瓶封口,阻止杂菌侵入;另一方面又需要保持试管或扁瓶内空气的流通,为斜面上的菌体供氧。棉塞根据管口或瓶口大小手工制作,制作时要注意塞入试管口或扁瓶口的松紧度适当,一般以手感觉稍紧、有弹性、不易脱落为宜。过紧影响通气效果,且接种时打开不方便;过松则容易脱落而引起染菌。需要注意的是,无论在铺斜面时还是接种时,一定注意不能让培养基或菌体沾污棉塞,要始终保持棉塞的干燥,否则容易引起染菌。

传代次数也是影响斜面种子质量的重要因素。对于容易产生退化(生产能力下降)的菌种而言,控制传代次数不能太多。要把传代和单菌落分离纯化相结合,通过梯度稀释法,从众多菌落中找出外观、形态好的菌落进行传代,进而进行生产验证。这个过程其实就是菌种自然选育、保持生产能力稳定、防止退化的有效的方法。

二、米孢子制备过程及操作要点

以真菌、放线菌作为生产菌种的种子制备过程中,常用灭菌后的小米或大米作为营养物质的载体,经过一段时间的培养就在米粒表面生成大量分生孢子,即称为米孢子。小米或大米自身所含的碳、氮源量适当,同时又含有必需的生长素和微量元素,制成的培养基比较疏松,有利于孢子的大量形成。由于米粒的比表面积非常大,在同样的扁瓶内,米孢子所含的孢子量较斜面孢子大得多,生产效率高。同时,米孢子可以进行真空干燥,干燥后瓶口以融蜡密封,可以保存更长的时间。因此,米孢子(尤其是小米孢子)作为生产种子罐的种子,一方面以最少的孢子制备工作量保证了生产所需的接种量,避免了进一步传代扩大培养而造成的遗传性状不稳定;另一方面可以大批量制备和保存,满足工业化大生产需求的同时最大程度避免了批间差异。

(一) 米孢子的制备流程和操作要点

小米孢子的一般制备流程是:

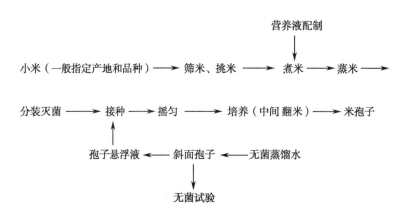

操作说明和要点:

小米的产地和品种要相对固定,固定之前必须通过试验确认其质量。挑米时要注意挑选颜色金黄、颗粒饱满的新鲜小米,20目筛去碎粒,做加水量、孢子生长和效价对照等试验,合格的才能上生产。

为了强化接种到小米上的菌种快速发芽,促进营养菌丝体的生长,通常在小米中适当补充碳源、氮源、无机盐等营养液。营养液和小米的混合浸润必须适度,既要将水分充分吸收,确保灭菌时能容易熟,防止夹生,又要避免水分过大,造成灭菌后的米粒粘连。为了保证营养液和小米混合后水分的适度,营养液一般和小米混合均匀后灭菌。

分装米粒一般不用试管,而是用茄子瓶,又称扁瓶,如图6-6。扁瓶内部空间要大一些。每瓶分装量要控制在25g左右,这样的装量把瓶子放平可以铺成2~3cm厚度的薄层。瓶口用松紧适度的棉塞塞紧,再用纱布和牛皮纸包好瓶口。

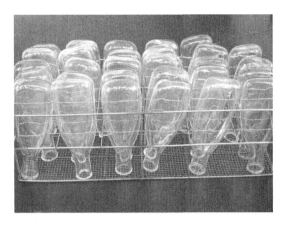

图 6-6　茄子瓶(扁瓶)

米粒一般采用孢子悬浮液接种。所有的接种操作过程必须在无菌室的超净工作台上进行,避免杂菌污染。孢子悬浮液可由长好的斜面孢子(扁瓶斜面或试管斜面,根据用量而定)加入定量无菌水,刮棒刮下孢子形成孢子悬液,混合均匀而成。接种量的大小和扁瓶内米的分装量直接关联。接种后要充分振摇,使孢子悬浮液在米粒间均匀分散,确保每粒米都能长出丰满的营养菌丝和孢子。

接种并摇匀后的扁瓶在恒温恒湿的培养间内平放培养,使米粒平铺。注意不能使米粒接触棉塞以防污染。培养第 40 小时左右(孢子还未形成前)要注意翻米,一方面可以促进菌丝的均匀生长,另一方面避免米粒粘结成大块而影响孢子的生成。孢子开始生成后即不再翻动,直至孢子生长成熟、丰满。

培养成熟的米孢子可以放进 4℃ 冰箱冷藏,保存期一般不超过 3 个月。如果放的时间太长,就会出现由于瓶内湿度大而发生孢子粘壁的问题,影响孢子的质量。如果想保存更长时间,可以将米孢子放进真空干燥器内抽真空,使孢子水分挥发,再用融蜡密封瓶口,这样在 4℃ 冰箱中可保存半年左右。

(二) 米孢子的质量指标

作为生产用种子,米孢子的质量直接决定着种子罐菌丝生长的质量。其控制指标如下:

一是确保无杂菌污染。在米孢子的制备过程中,所有的器具必须严格灭菌;无菌室和超净工作台要作到定期监测,确保符合相应无菌级别标准;人工操作过程必须规范、谨慎和细心,确保严格的无菌操作过程。每批米孢子都要随机取样进行无菌检查,接种后的残余米粒也要倒入酚红肉汤培养基,在不同温度环境下进行培养检查,确保无杂菌污染。

二是对米孢子进行镜检显微计数,确保孢子数量。

三是对孢子进行生产能力的摇瓶试验,确保生产水平的稳定。每批米孢子制备完成后,都要随机取样进行摇瓶发酵试验,和对照比较,确保米孢子的生产能力不低于对照,保存数个月后,生产能力无明显下降。

(三) 影响米孢子质量的因素及控制措施

影响米孢子质量的因素主要可归结为制作米孢子的原材料、米孢子的制作过程及培养过程所涉及的各种因素。

原材料方面的影响因素首先是小米的质量,这是关键。所选用的小米产地及品种必须是经过长期生产验证固定下来的,不能随意变动。小米本身的质量要求一定要先过 20 目筛,之后人工选择颗粒饱满、均匀、完整、无杂物、色泽金黄鲜亮、无杂色的米。正式生产使用之前要做加水量、孢子生长、效价等对照试验,合格才能冷藏备用。米的采购量要适当,尽量用当年的新米。在挑米过程中这些要求都要注意到。

小米中所加入的营养液成分是影响米孢子质量的另一重要因素。为了促进营养菌丝体的生长和孢子的大量生成,在小米中适当补充碳源、氮源、无机盐等营养液是必要的,但需要掌握补什么和补多少的问题。不同的生产品种需要不同的营养成分,补什么需要根据菌种自身的需求、文献资料和试验结果来验证,不能盲目和随意;补多少也需要试验验证控制适当,否则补得过多则营养菌丝体大量生长而不形成孢子,补得过少则孢子生成缓慢,孢子量小。

小米和营养液的比例要恰当,不能太干或太湿,否则都会影响孢子的质量和数量。新米用于生产之前要做加水试验,确定小米的吸水能力。煮米时要水沸下米,边煮边搅,待营养液水分吸收后,将米倒入盘中放灭菌锅内蒸一定时间,然后趁热搓散,确保小米不夹生、不粘连、不结块,然后按定量分装扁瓶灭菌。

接种后的小米要注意摊平但不接触棉塞。40 小时左右把米翻动一次,促进菌丝均匀生长,避免米粒粘结成大块而影响孢子的生成。整个培养过程要保持恒温室的温度和湿度控制在菌体的最适范围,否则均会影响米孢子的生长。

三、摇瓶种子制备过程及操作要点

摇瓶又称为三角瓶,如图 6-7 所示。摇瓶种子是将配制好的液体培养基定量分装入三角瓶内,灭菌后将斜面种子或米孢子接入三角瓶无菌培养基中,然后将三角瓶安放在摇床上进行一定时间的振荡培养所得到的液体种子。生产上的摇瓶种子一般分为两种类型:第一种是进行摇瓶试验,即采用摇瓶培养的方法对生产用斜面孢子、米孢子进行生产能力鉴定,判断其生产能力是否满足要求。和发酵过程类似,摇瓶试验过程中所用的摇瓶又可分为种子瓶和发酵瓶,种子瓶为第一代,也称为"母瓶";从种子瓶接种到发酵瓶为第二代,也称为"子瓶"。这里的摇瓶种子一般指代"母瓶"。第二种类型的摇瓶种子是为生产种子罐所培养的种子,即采用摇瓶的方法先进行培养,然后将培养好的摇瓶种子以液体种子的形式接入种子罐进一步进行扩大培养。这里的摇瓶种子既包含"母瓶",又包含"子瓶",范围有所扩大。

图 6-7　三角瓶(摇瓶)

（一）摇瓶种子的制备流程和操作要点

摇瓶种子的一般制备流程是：

培养基配制 ⟶ 分装 ⟶ 八层纱布制成的纱布垫折叠封口（外包牛皮纸用绳

绑好瓶口） ⟶ 灭菌 ⟶ 无菌室接种 ⟶ 八层纱布外翻用绳子绑好瓶口 ⟶

↑
斜面种子或米孢子

恒温室摇床(图6-8)上振荡培养 ⟶ 摇瓶种子

图 6-8　摇床

操作说明和要点：

培养基配制过程要注意各种营养物质的全面和均衡。摇瓶种子主要是为获得健壮的营养菌体为目的，因而在培养基配制过程必须满足菌体对碳源、氮源、无机盐、微量元素等各种营养物质的需求。同时，菌体在生长和代谢过程中所产生的中间产物势必会对培养基的 pH 等环境造成影响，因而一般在培养基的配制上采取生理酸性物质和生理碱性物质的合理搭配以及添加适量碳酸钙等缓冲培养基的 pH，确保菌体在相对稳定的环境中快速生长。

摇瓶中液体的装量直接决定了瓶内的溶氧大小，装量越大，溶氧越低。但也不能装的太少，在数天的摇动培养过程中，液体不断蒸发，如果装量太少，可能到最后培养结束时培养物被浓缩得非常浓，直接影响菌体生长，甚至蒸干了，造成摇瓶培养的失败。一般在生产或试验过程中，250ml 摇瓶一般装量 50ml，500ml 摇瓶一般装量 80ml。为了使摇瓶培养过程中培养基水分蒸发量保持相对恒定，恒温室的湿度一般也要控制在最适范围。

定量分装培养基后，摇瓶瓶口采用棉塞或八层纱布制成的纱布垫进行封口，一般八层纱布用得更多些。用八层纱布封口时，要掌握一定的操作技巧：先把纱布垫两角对折，中心对准瓶口，用手指将纱布中心按压，插入瓶口大约 2~3cm，然后将纱布垫另外两角向瓶中心对折，使纱布垫折叠成类似棉塞状，之后用单层纱布盖在折叠好的八层纱布上，向下包裹瓶口，再用细绳绑好瓶口，最后再在纱布外覆盖一层牛皮纸，用细绳绑好瓶口后即可进行灭菌。灭菌前用牛皮纸覆盖包裹瓶口的目的是为了灭菌过程中纱布不被蒸汽打湿。接种后包裹瓶口的牛皮纸和单层纱布要整理好供下次再用。

知识链接

为什么采用"八层纱布"封口？

原因有二：一是为接种后摇瓶培养考虑，八层纱布既保证了不易染菌，又保证了充足的空气能够进入摇瓶为菌体的生长提供足够的溶氧，而棉塞由于相对厚实，摇动培养过程中空气的进入和二氧化碳的排出均不如八层纱布；二是为了操作方便考虑，灭菌前将纱布折叠成棉塞状，接种时将折叠的纱布取出，接种后将折叠的纱布打开下翻包裹并绷紧瓶口，用细绳快速绑好，整个过程非常顺畅。

摇瓶灭菌时，灭菌锅的温度、压力和时间等参数要严格按照工艺参数控制。灭菌结束时一定要缓慢泄压，否则由于泄压太快容易造成摇瓶内液体爆沸而冲湿纱布或棉塞。

摇瓶种子的接种一定要在无菌室超净台上操作。接种方式也有多种，可以将长好的斜面用小铲挖一小块接入摇瓶，也可以将米孢子按一定粒数接入。这两种接种法无法控制精确的接种量，可能造成摇瓶生长瓶间的差异很大。生产过程中一般采用更精确也更方便操作的接种方法，即先在长好的试管斜面、扁瓶斜面或米孢子扁瓶内加入定量的无菌水，用刮棒或其他器具将斜面或米孢子上的孢子洗下，制成孢子悬液，然后用刻度吸管吸取孢子悬液定量接入摇瓶，这样就能保证摇瓶之间差异降至最小。

接种之后要快速将摇瓶安放在恒温室内的摇床上。安放时要务必保证摇床的卡子牢固，卡口不松也不紧。卡口太松摇瓶固定不牢，容易在摇动过程中把摇瓶甩出；卡口太紧则容易造成摇瓶破裂。摇瓶在摇床上的安放位置也有讲究，中间或边缘的位置，上层或下层的位置，有时由于温度场分布存在梯度，或者不同位置的空气流动不同而造成供氧能力的不同，都会导致摇瓶之间生长的差异，需要在实践过程中仔细摸索其规律。一般同一批次的摇瓶尽量放置在同一层，日常也需要对恒温室的温度分布场进行定期校验，确保符合误差范围。

摇床一般分为旋转式和往复式两种，旋转式的用得更多一些。旋转的偏心距一般控制在 25～50mm。在旋转过程中，摇瓶内的液体随摇瓶旋转而在摇瓶内贴壁振荡，以利于培养过程气体的交换和氧的传递。

摇瓶种子培养成熟后一般立即使用，不建议在冰箱中存放。

（二）摇瓶种子的质量指标

作为生产用液体种子，摇瓶种子的质量直接决定着种子罐的生长质量。其质量指标控制如下：

一是确保无杂菌污染。这是后续工作的基础，也是底线。

二是要保证一定的菌体浓度。摇瓶种子培养的目的就是要获得具有强生命力的营养菌体，菌体浓度可直接反映出菌体生长状态的好坏，它直接决定着后续种子罐接种量的大小以及生长质量。一般要控制摇瓶内菌体浓度适当，不能太低也不能太高。菌体浓度太低说明摇瓶生长状态不好，没有长起来；而菌体浓度太高长得太稠又会直接影响溶氧的传递，进而导致菌体生长受影响。菌体浓度一般可通过观察摇瓶培养一定时间后的稠度、菌体挂壁情况或随机挑选摇瓶进行静置沉降量和离心浓度的检测来确定。

三是要将摇瓶的生长周期尽量控制在对数生长期。这样就既满足了菌体活力高的要求,也满足了菌体浓度尽量高的要求。这个过程的控制可以采用摇瓶正交试验进行确定。

(三) 影响摇瓶种子质量的因素及控制措施

摇瓶种子的质量必须首先建立在无菌良好的基础上。在摇瓶种子的制备过程中,除了所有的操作器具、无菌室、超净工作台等必须严格保证无菌外,人工操作过程和培养过程是造成摇瓶染菌的主要原因。这其中,从斜面刮孢子的操作、吸管吸取孢子悬液的操作、往摇瓶接种的操作、摇瓶取出折叠纱布和打开纱布重新盖上绑好瓶口的操作以及在摇动培养过程中八层纱布是否失效等过程均可能导致染菌。因此在所有的操作过程中必须严格、规范、谨慎和细心。由于每个摇瓶装量是有限的,因此摇瓶种子培养所涉及的摇瓶数量比较多,培养成熟后把所有的摇瓶进行合瓶来进行下一级接种操作,这就更增加了染菌的风险,一旦某个摇瓶染菌,就会导致整个过程前功尽弃。在实践过程中,摇瓶取样不方便操作,不可能做到把每个摇瓶都进行无菌培养检查,但可以采取隔着纱布用鼻子闻的方法进行筛检。以青霉菌或链霉菌为例,无菌良好的摇瓶闻到的是青霉菌或链霉菌发酵过程中特有的气味,而染菌的摇瓶可闻到发酸或发臭的气味。一旦检查到某个摇瓶气味异常,必须果断弃之不用。鉴于上述原因,摇瓶制备数量一般要比实际需要稍大一些。

摇瓶种子培养基中各种原材料质量、培养基 pH、灭菌条件、接种量、培养温度、湿度、培养时间等均是影响摇瓶种子质量的关键因素,这些方面都是和斜面种子的质量影响因素相同的,必须从严格控制原材料的质量入手,操作过程中严格控制培养基灭菌温度和时间,确保培养基的消后质量,将培养基的 pH、培养温度、湿度等调整到菌体生长的最适范围,通过试验验证最佳的培养时间等。

摇瓶种子培养从本质上接近于种子罐的培养,因此其培养基的组成配方要和种子罐类似:各种营养成分能够均衡地满足菌体生长的需求,相对丰富些对获得较高的菌体浓度有利,但也不能太过量。

摇瓶的装量也是决定摇瓶种子生长质量的重要因素,它直接决定了摇瓶内的通气效果和氧的传递。一般而言,装量越小,通气效果和溶氧就越好;但装量也不能特别小,否则在摇动培养过程中会发生由于水分蒸发而导致培养基蒸干的问题,造成培养失败。日常生产或试验过程中,250ml 摇瓶一般装量 50ml,500ml 摇瓶一般装量 80ml,750ml 摇瓶一般装量 100ml。

除摇瓶培养基的装量外,摇床的转速也决定着通气效果和溶氧水平。摇床转速越高,偏心距越大,摇瓶内液体和气体的氧传递速度越快,溶氧就越好。目前普遍应用的摇床偏心距为 25mm,转速一般控制 200~250r/min。如果偏心距太大摇动太剧烈,或者转速太快,容易造成瓶内液体剧烈振荡,一方面可能导致液体沾湿瓶塞,另一方面可能造成蒸发剧烈而快速浓缩最终导致培养失败。

摇瓶在摇床上的放置位置也会影响到菌种的生长。尽管摇床培养间的温度相对恒定,但由于摇瓶在摇动过程中产生的机械热能和菌种生长产生代谢热的影响,摇瓶内的温度势必比周围的环境温度略高,而且摇床上不同的位置也会产生不同的温度分布。这样的温度差异,也会造成不同位置的摇瓶种子生长状态的不同和摇瓶种子质量的波动。为了避免这种差异和波动,一般可将同一批摇瓶集中安放在摇床的同一区域,如同一层的中心区域或边缘区域。

四、种子罐种子制备过程及操作要点

将种子组制备好的米孢子或摇瓶种子接入种子罐,在种子罐中培养繁殖形成的大量菌体称为种子罐种子。种子罐的作用在于扩大培养,使较少数量的孢子或菌丝快速生长并繁殖成大量的菌丝体,其目的就是要大量培养用于发酵罐接种的活力强的、无杂菌的种子。根据生产规模的大小和菌体的生产速度,一般需要一级、二级或三级种子的扩大培养,根据不同的菌种生长代谢特性而决定选择种子级数。

(一) 种子罐种子的制备流程和操作要点

种子罐种子一般的制备流程是:

操作说明及要点:

种子罐种子是以制备生长活力强的营养菌体为目的,因此其培养基配方的营养成分要更丰富,而且更接近于发酵罐的培养基成分,这样更有利于菌体从种子罐生长环境向发酵罐的生长环境过渡。

不同的菌种和不同的生产工艺适用于不同的种子罐级数,需要针对具体生长代谢特性和培养环境进行验证。例如,过去的青霉素生产过程一般是两级发酵,即一级种子培养后直接进入发酵罐发酵;随着青霉素生产水平的不断提升,目前的高单位生产菌种基本采用三级发酵模式,即一级种子到二级种子然后到发酵罐。头孢菌素 C 和链霉素的发酵均为四级发酵,从一级种子到二级种子再到三级种子,然后才到发酵罐。

针对种子罐体积的大小,培养基的配制方法也略有不同。当种子罐的体积只有一二百升时,其培养基一般先在不锈钢桶内配制好,然后从种子罐手孔加入罐内,培养基、种子罐及相关管线一起灭菌;当种子罐体积较大(几百升至几十吨)时,为方便操作,一般设计专门的种子配料罐进行培养基配制,然后通过泵打入种子罐进行灭菌等操作。

种子罐培养基成分丰富,灭菌过程如果控制不好,容易产生大量泡沫。因此在配制培养基时,要预先加入适量消沫剂。消沫剂的选择要慎重,不同的行业应用不同类型的消沫剂。对发酵行业而言,不仅消泡和抑泡效果要好,而且不能对菌体生长产生毒性。这些方面必须经过大量试验验证才能作出结论。

种子罐一般都设计有接种口,采用专用的接种帽或其他特殊装置进行封闭。种子罐的接种方法随菌种和工艺的不同也有所差异,一般分为几种:火焰接种法、压差接种法以及专用接种瓶接种法。火焰接种法先要用乙醇浸润的棉花火圈保护好接种口,然后缓慢旋开接种帽,在火焰的保护下将摇瓶种子液或米孢子从接种口快速倒入种子罐,然后立即旋紧接种帽,封闭接种口,完成接种。压差接种法分为两种类型：一种类型是从种子组生产的液体摇瓶种子向种子罐内接种，这种情况的液体种子在无菌室内被装入一个可耐压的不锈钢制容器，接种时将该容器的出料口用专用管路接到种子罐接种口，管路灭菌后打开种子罐接种口阀门和不锈钢容器的出料口阀门，这时种子罐的压力和该容器的压力平衡，当种子罐泄压时，容器内的压力大于种子罐的压力，在压差的作用下，种子液就从不锈钢容器内流入了种子罐，完成接种；另一种类型是从前一级种子罐向后一级种子罐或发酵罐移种，这种情况比较简单，即把移入罐的罐压适当降低，移出罐的罐压适当升高，这时种子就从高罐压的罐通过移种管道流向了低罐压的罐，完成接种。为了最大可能地降低种子在管道中输送时由于缺氧而造成的影响，接种时间应尽可能缩短。专用接种瓶接种法和第一种类型的压差接种法类似，不同的是接种瓶口和种子罐接种口采用快接头直接连接，用蒸汽将快接头短节灭菌后，利用重力将种子液或米孢子接入种子罐。

接种量对于种子罐的生长至关重要。接种量的大小与菌体生长繁殖的速度、发酵工艺条件等因素有关。较大的接种量可以缩短种子罐中菌丝繁殖到达高峰的时间，但是如果接种量过多，菌丝往往生长过快、过稠，培养液黏度增加，造成营养基质缺乏或溶解氧不足，影响种子的生长活力。

种子罐的培养过程一般都在通气和搅拌下进行，同时控制适合菌体生长的温度、压力、pH、通气量和搅拌转速（溶氧）等。种子培养基的 pH 一般在配制时调整到合适的值后，在生长过程一般不进行调整，让其自然维持在适宜的范围。这就要求种子罐各种生理酸性、碱性营养物质的配比一定要合适以及发挥出碳酸钙等物质的较强缓冲能力。

一般情况下，种子罐的种龄以处于生命力旺盛的对数生长期的菌丝最为合适，此时培养液中的菌体量基本达到高峰，移种至发酵罐后种子能很快适应环境，生长繁殖快，可大大缩短在发酵罐中的调整期，缩短在发酵罐中的非产物合成时间，提高发酵罐的利用率，节省动力消耗。种龄控制过老或过年轻均将导致生产能力衰退。最适接种龄一般要经过多次试验，根据发酵罐中产物的产量来确定。

（二）种子罐种子的质量指标

种子质量的好坏直接决定着发酵过程生产水平的高低，因此，种子罐种子在培养过程中，要重点考察以下质量指标。

1. 确保无杂菌污染　和前述斜面、摇瓶等其他类型的种子类似，确保无杂菌污染是后续正式发酵的基础，也是底线。生产上检查种子罐和发酵罐的无菌状态一般采取无菌培养检查法，即先用无菌试管在罐上取样口进行无菌取样，然后将取回的种子液或发酵液在无菌室接到斜面或液体培养基中进行培养，观察培养斜面和液体培养基的变化即可判断是否染菌。

2. 要保证一定的菌体浓度　菌体浓度直接反映出菌体量及其生长状态的好坏，它决定着后续发酵罐的生长状态。种子罐的菌体浓度也要适当，不能太低也不要太高。菌体浓度太低说明种子生长状态不好，没有长起来；而菌体浓度太高长得太稠又会直接影响溶氧的传递，进而导致菌体生长受影响。菌体浓度一般可通过测定静置沉降量、离心浓度甚至核酸检测等方法来确定。

3. pH 的变化　pH 是种子罐菌体代谢状况的综合反映。一般情况下，pH 会随着菌体的快速生长和糖的快速利用而下降，当糖耗尽时，pH 又出现上升现象。因此，pH 可作为种子生长和代谢状况的间接判断依据。如果 pH 变化发生异常,则有可能出现生长不良或杂菌污染,这样的种子要果断放弃,不能进入发酵。

4. 代谢状况　碳源、氮源等营养物质的利用程度也是判断种子罐生长好坏的重要指标。一般长势正常的种子,长好时其残糖和氨氮均大幅下降。如果糖、氮等营养物质利用迟缓,则发生了生长不良和代谢异常;如果糖、氮过早快速下降,则可能出现了染菌。种子罐的残糖等参数下降到低点,pH 则会出现回升的现象,这个点即是种子罐移种的时机。

5. 菌体形态等其他参数　要确保种子罐菌体生长形态正常,无明显的自溶现象。其他参数还可通过测定种子罐尾气中的氧气和二氧化碳成分等进行生长和代谢状态的追踪,更能确切地反映出菌体的生长和代谢状况。

（三）影响种子罐种子质量的因素及其控制

无菌良好是种子罐最重要的基础条件。通常影响种子罐无菌状况的因素分为几个方面:一是种子罐培养基的灭菌条件,必须确保培养基的配制质量以及温度、压力、时间等各项灭菌参数符合操作规程的要求;二是种子罐及其附属管线、阀门、搅拌系统(包括桨叶、联轴器、机械密封、螺栓等)不能有死角,而且必须定期进行检查清理;三是要确保上一级种子罐、摇瓶或米孢子的无菌状况,防止因来源种子带菌而导致种子罐种子培养失败;四是在移种前后一定要确保移种管线灭菌彻底和移种操作的严格和规范。

种子罐培养基中各种原材料质量、培养基 pH、接种量、培养温度、湿度、培养时间、通气量、搅拌转速等均是影响种子罐种子质量的关键因素,这些方面都是和摇瓶种子、斜面种子的质量影响因素相同的,必须从严格控制原材料的质量入手,确保培养基的消后质量,通过试验验证培养基的 pH、培养温度、湿度、通气量、搅拌转速、最佳的培养时间等,稳定到菌体生长的最适范围。通过稳定这些最适培养条件,从而稳定种子罐种子的质量。

种子罐生长代谢的状态和移种时间点的把握也是影响种子质量的关键因素。生产上一般通过测定种子罐的自然沉降体积、离心沉降体积、pH、残糖、氨氮等参数或通过显微镜观察菌体形态来判断种子生长的状态和把握移种时机。一般,当自然沉降体积或离心沉降体积不再上升,pH 持续下降到一定时间后出现回升的迹象,残糖和氨氮也基本上下降到最低点,镜检菌体无衰老自溶现象,即可认为种子生长已经达到移种的质量标准。如果在正常的生长时间内达不到上述质量标准,即种子生长缓慢,需适时延长培养时间,若仍无法达标,应当考虑放弃种子而采取倒种方案(从其他正在运行的发酵罐倒出部分发酵液作为种子给待移种罐)。如果在正常培养时间内提前长好,出现 pH 或氨氮大幅回升的现象,则需立即移种,如果不能立即移种则需采取降温措施缓解继续生长等措施,防止种子衰老自溶。

点滴积累　∨

1. 生产种子的类型　斜面种子、米孢子、摇瓶种子、种子罐种子。

2. 斜面种子质量影响因素　原材料质量、pH、灭菌条件、接种量、培养温度、湿度、培养时间、棉塞制作的质量、传代次数等。

3. 米孢子和摇瓶种子质量影响因素　原材料质量、pH、灭菌条件、接种量、培养温度、湿度、培养时间等。

4. 种子罐质量影响因素　原材料质量、pH、接种量、培养温度、湿度、培养时间、通气量、搅拌转速等。

5. 接种后的斜面在恒温室培养过程中必须倒置培养，以防止蒸发凝水从管或瓶壁上滴落到菌苔上，进而影响菌苔的正常生长。

案例分析

案例

2008 年 8 月，某企业青霉素发酵车间多批种子罐长势较之前明显偏慢，而且连续出现此类问题，对发酵罐的正常生产造成很大影响。

分析

从种子罐原材料、运行参数以及孢子制备过程调查发现，近期种子罐主要有两个方面的明显变化：一是原材料消沫剂换了供货厂家，灭菌过程泡沫明显偏大，因此配料过程消沫剂的加量进行了调整，每批多加 5L；二是夏季气候潮湿，接种所用的孢子瓶内壁湿润，部分孢子有结块现象。

针对这两方面的问题，一是立即恢复消沫剂原先的供货厂家，并恢复原来的加量；二是立即停用返潮的孢子批号，全部用新鲜制作的孢子。种子罐的生长随即恢复了正常。

第三节　菌种保藏技术

菌种保藏就是根据微生物的生理生化特性，人工创造条件，使孢子或菌体的生长代谢活动尽量降低，以减少其变异，从而保持菌种的存活、纯粹和遗传性状的稳定。

工业生产菌株经过人工选育和改造之后，虽然其生产能力远超原始菌株，但其生命力和遗传性状变得不稳定，容易退化。要想使保藏的菌株长期存活，保持纯种和不退化，必须创造合适的环境条件，让微生物细胞处于生长和代谢停滞的休眠状态。

▶ 课堂活动

冰箱是我们司空见惯的家用电器，通过冰箱的冷藏或冷冻，我们可以把食物保存相对较长的时间而不发生变质。那么你知道冰箱为什么可以做到这一点吗？微生物生长繁殖和环境温度之间有什么关系？工业生产过程中是如何做到生产水平不降低的前提下实现菌种的长时间保存的？

一、菌种保藏原理

一般，要想让微生物细胞生长和代谢接近于停滞，可通过保持培养基营养成分处于最低水平，缺氧、低温和干燥条件，使微生物处于"休眠"状态，从而抑制其繁殖能力。

ER-6-2 世界各国菌种保藏机构

各种微生物的孢子或细菌芽孢本身就是一种处于休眠状态的细胞形态,且对于干燥、高温、化学药剂等耐受力强,因而是理想的保藏形态。因此,对于产生孢子的微生物都以孢子的形态保藏,产生芽孢的细菌以芽孢的形态保藏。

菌种保藏需要满足几个方面的条件:低营养甚至无营养、干燥的环境、缺氧、低温、密封等。实际生产中上述条件可以同时满足,也可以满足其中的部分条件,区别在于保藏的期限有所不同。

二、菌种保藏方法及操作要点

不同的微生物有不同的保藏方法。一种好的保藏方法,首先应能长期保持菌种原有的优良性状不变,同时考虑保藏方法本身的简便和经济性。菌种保藏方法多种多样,一般常用的有以下几种。

(一)冰箱保藏法

冰箱保藏分为普通冰箱冷藏和低温冰箱冷冻两种类型。

普通冰箱冷藏温度一般为4℃。用新鲜的斜面或米孢子培养基接种后,在最适条件下培养到菌体或孢子生长成熟后,将斜面或米孢子置于4℃冰箱保存。由于这一温度只是减慢生长和代谢速度,并不能使菌体处于休眠状态,因此这一方法只适用于短期或过渡性的保藏。一般液体培养物最多保存1周,斜面孢子或米孢子可保存2~3个月。

低温冰箱冷冻的保存温度为-50~-70℃。为了防止在低温冷冻的过程中形成的冰晶对细胞造成损伤,一般采用10%~20%的甘油水溶液作为冷冻保护剂,将微生物营养细胞或孢子悬浮在保护剂中,然后放入低温冰箱保藏。在这么低的温度条件下,微生物细胞基本处于休眠状态,因此保藏期限可达到1年以上。

(二)砂土管保藏法

这是对于真菌等产孢子微生物最常用的一种保藏方法。其操作方法是:①制备石英砂土:将白色粉状石英砂用稀盐酸洗涤,然后用自来水浸泡,每天换一次水,洗到pH为中性,换蒸馏水浸泡,直至pH为中性,然后放入盘内烤干,再用40~60目筛子筛过,用吸铁石除铁后备用;②将上述石英砂分装于250ml三角瓶中,每瓶200g,瓶口塞棉塞,二层纱布包好,外包牛皮纸121℃、30分钟间歇灭菌10次,烤干;③将效价好的准备保藏的小米孢子1瓶(茄子瓶)真空干燥6~8小时,无菌操作转移至500ml三角瓶内;④将灭菌石英砂倒入500ml小米孢子三角瓶内,封口置摇床轻摇3分钟;⑤无菌室倒出小米颗粒,石英砂孢子留在底层,将石英砂孢子分别倒入3个无菌三角瓶内(每瓶100ml),用棉塞、纱布、牛皮纸、塑料纸包好瓶口,置2~4℃冰库备用。

(三)石蜡油封存法

将培养成熟的试管斜面或扁瓶斜面上倒入一层灭菌石蜡油,石蜡油的液面要高出斜面1cm,这样整个斜面就被石蜡油密封,然后将斜面存放于冰箱保藏。这种方法适用于不能利用石蜡油作为碳源的细菌、真菌、酵母等微生物的保藏。保藏期限约1年左右。

(四)真空冷冻干燥保藏法

这种保藏方法需要同时满足低温、干燥和真空三个条件。其基本原理和操作方法是:先将微生物菌体细胞制成悬浮液,再与离心脱脂后的牛奶或血清混合,然后分装入特制的安瓿管内,置冷冻干燥机内于冰冻状态和高真空条件下直接升华除去水分,取出后在高真空状态下将安瓿管熔封,置4℃冰箱中保藏。这种方法几乎可用于所有微生物的保藏,所创造的低温、干燥、真空等环境使微生物的生长和代谢都暂时停止,不易发生变异,有利于长期有效地保藏,一般期限可达 5 年左右。

采用脱脂牛奶或血清作为保护剂的作用主要是:冷冻干燥过程中保护剂代替结合水而稳定细胞膜,防止冰晶损伤细胞膜而造成细胞死亡;同时,真空干燥后,保护剂呈疏松固态结构,微生物可疏松地固定支撑在上面。所用的牛奶必须先离心脱脂,其原因在于脂具有吸湿性,如果不把脂脱除,真空干燥时不易抽干。

(五) 液氮超低温保藏法

用液氮长期保藏菌种,其原理在于液氮的温度可达-196℃,已经远远低于微生物新陈代谢停止的温度(-130℃),因此在这么低的温度下,菌体的代谢活动已完全停止。这种保藏法是迄今为止最有效同时也是保藏时间最长的一种方法。

具体操作方法:将微生物细胞均匀悬浮于灭菌的 10%甘油水溶液中,分装入带螺帽的无菌聚丙烯小管中,拧紧螺帽。从常温过渡到低温要控制冷冻的速度不能太快,防止形成冰晶造成细胞死亡,一般先要在-50℃冰箱中预冻 1 小时,然后移入液氮罐的蒸发气相中进行超低温保藏。

▶▶ 边学边练

菌种培养及保藏,见能力训练项目6　细菌的液体培养及菌种的保存与复苏。

点滴积累　∨

1. 菌种保藏需条件　低营养甚至无营养、干燥的环境、缺氧、低温、密封等。 实际生产中上述条件可以同时满足,也可以满足其中的部分条件。

2. 常用菌种保藏方法　冰箱保藏法、砂土管保藏法、石蜡油封存法、真空冷冻干燥保藏法、液氮超低温保藏法。

目标检测

一、选择题

(一) 单项选择题

1. 琼脂作为培养基固化剂有着非常突出的优点,下列优点中说法错误的是

    A. 稳定性好   B. 加热不分解

    C. 容易被微生物代谢   D. 溶化温度和凝固温度温差大

2. 以下对 A 级洁净区描述正确的是

    A. 每立方米空气中大于等于 0.5μm 的粒子数不超过 3520 个

    B. 每立方英尺空气中大于等于 0.5μm 的粒子数不超过 3520 个

    C. 每立方米空气中小于 0.5μm 的粒子数不超过 100 个

    D. 每立方英尺空气中小于 0.5μm 的粒子数不超过 100 个

3. 菌种保藏的目的是

    A. 保持种的存活　　　　　　　　　　　B. 保持种的纯粹

    C. 保持菌株遗传性状稳定　　　　　　　D. 以上 A、B 和 C 均正确

4. 在发酵摇瓶培养基中 $CaCO_3$ 的主要作用是

    A. 维持渗透压　　　　B. 调节 pH　　　　C. 碳源　　　　D. 能源

5. 无菌室中最大的污染源是

    A. 水　　　　　　　　B. 空气　　　　　　C. 人　　　　　　D. 物料

6. 试管或扁瓶内的培养基灭菌后冷却平铺斜面时,要注意使斜面长度控制在试管或扁瓶长度的(　　)左右。

    A. 2/3　　　　　　　　B. 1/3　　　　　　　C. 1/2　　　　　　D. 3/4

7. 一般采用梯度稀释法将处于保藏状态下的菌种活化和较好地分离。梯度稀释法最终稀释浓度下一般控制每个双碟长出菌落(　　)个。

    A. 8~10　　　　　　　B. 3~5　　　　　　　C. 1~3　　　　　　D. 5~8

8. 下列关于斜面培养基的说法错误的是

    A. 斜面培养基中来源于农产品或微生物等营养成分质量容易波动

    B. 斜面培养基中的无机盐等化工产品,一般用化学纯较好

    C. 琼脂最好用较高纯度的琼脂粉

    D. 配制斜面培养基必须将 pH 调整到该菌体的最适范围

9. 关于试管、扁瓶或摇瓶棉塞,下列说法错误的是

    A. 棉塞起封口、阻止杂菌侵入的作用

    B. 棉塞起为菌种供氧的作用

    C. 棉塞松紧要适当,保持内外空气的流通

    D. 棉塞制作要紧一些,不易脱落

10. 下列哪一项不是摇瓶种子菌体浓度的判断方法

    A. 观察摇瓶液体的稠度　　　　　　　　B. 观察摇瓶液体的颜色

    C. 菌体挂壁情况　　　　　　　　　　　D. 检测沉降量和离心浓度

(二) 多项选择题

1. 预防菌种退化的措施有哪些?

    A. 合理的保藏菌种　　B. 增加传代次数　　C. 不断复壮　　D. 自然选育

2. 种子罐生长的好坏直接影响到发酵大罐的生长,因此对于种子的生长有着明确的质量指标。种子罐移种前需要严格控制的质量指标有

    A. 无杂菌　　　　　　　　　　　　　　B. 菌丝形态良好,生长代谢活力强

    C. 菌丝总量符合发酵需求　　　　　　　D. 种龄适当

3. 菌种保藏的原理是控制菌体处于什么状态?

    A. 营养成分最低　　　B. 缺氧　　　　　　C. 干燥　　　　　　D. 低温

4. 发酵菌种的选育有哪些要求

    A. 生产力高　　　　　　B. 操作性好　　　　C. 稳定性强　　　　D. 安全性高

5. 摇瓶溶氧水平的决定因素有

    A. 摇瓶的装量　　　　　　　　　　　　B. 摇床的转速

    C. 摇床的偏心距　　　　　　　　　　　D. 摇床间温度和湿度

6. 常用的菌种保藏方法有

    A. 冰箱保藏法　　　　　　　　　　　　B. 砂土管保藏法

    C. 石蜡油封存法　　　　　　　　　　　D. 液氮超低温保藏法

二、简答题

1. 种子生长缓慢的主要原因可能有哪些？如何处理？

2. 菌种制备过程经常需要用到梯度稀释法，为什么要这样操作？请叙述具体操作过程。

3. 发酵大罐移种前，需要控制种子罐的哪些质量指标？

4. 摇瓶培养时，一般较多采用八层纱布封口，其原因是什么？

5. 菌种退化的原因和防止退化的措施有哪些？

三、实例分析

1. 种子罐培养基中各种原材料质量、培养基 pH、接种量、培养温度、培养时间、通气量、搅拌转速等均是影响种子罐种子质量的关键因素。如果出现种子生长缓慢的问题，请从上述方面分析其可能的原因并提出解决方案。

2. 无菌良好是种子罐最重要的基础条件。请从设备和操作角度分析造成种子罐染菌的可能原因。

3. 请分析斜面培养、摇瓶培养以及种子罐培养各自的目的是什么？对培养基营养要求有何变化？

ER-06 章习题

第七章

发酵生产设备及操作技术

学前导语

　　"工欲善其事，必先利其器。" 发酵生产设备为细胞生长和形成代谢产物提供传质、传热等各种适宜条件，促进生物细胞的新陈代谢，以最小的原料消耗实现目标产物的最大积累。 发酵生产设备在很大程度上决定着发酵水平和成本水平的高低。

　　不同的发酵类型对应不同的生产设备。 设备型式、结构、放大规模、操作方式等均会对细胞生长和代谢产物的形成产生关键影响。

　　那么，发酵生产设备具体有哪些类型？ 它们各自的结构特点是什么？ 操作过程中应该注意哪些问题？ 如何核算过程中的传质和传热？本章将带领同学们了解设备和操作技术方面的基础知识。

第一节　工作任务及岗位职责要求

ER-7-1　扫一扫,知重点

一、发酵设备管理岗位工作任务

发酵车间设备管理岗位的工作任务是:根据工厂设备点检制度和保养制度要求,通过日常巡检和润滑维护,保障生产设备正常运行,及时发现设备事故苗头,最大限度地延长设备使用寿命,同时做好设备管理和技改技措等工作,确保关键设备始终处于有效受控状态。

二、发酵设备管理岗位职责

发酵车间设备管理岗位的工作职责主要包含以下内容:

1. 根据工厂设备管理制度,起草和修订车间设备操作规程。

2. 编制车间设备维护保养计划、检修计划、备品备件的采购计划并落实。

3. 组织进行针对车间设备操作规程、设备基础知识的员工培训。

4. 监督检查岗位操作员工设备操作是否符合设备操作规程要求并对错误的操作及时纠正和培训。

5. 对车间设备出现的故障进行调查分析,提出解决方案,并组织改进实施。

6. 编制车间技改技措计划并组织实施。

7. 编制车间设备大修计划,做好大修的技术准备、物资准备并组织实施。

8. 配合企业专业部门完成车间特种设备的检测与管理。

9. 做好车间工程项目管理、现场施工组织和施工过程监督等工作。

10. 做好车间设备台账及 ERP 设备管理数据库的维护等工作。

11. 对车间存在的安全隐患落实施工整改。

12. 指导车间各岗位员工做好设备运行监测、设备维护保养等记录并进行日常巡查,发现问题及时解决。

第二节　生物反应器类型、结构及操作特点

一、基本概念

动物、植物、微生物等各种细胞及其代谢产物的生产过程都要通过细胞的培养,而细胞培养所用的设备即生物反应器。生物反应器是借助于生物细胞或酶实现生物化学反应过程中质量与热量传递的主要场所。本章所阐述的生物反应器均是建立在工业规模的基础之上的。

▶▶ 课堂活动

　　生物反应器是什么? 它首先是生物体生命活动的场所;它具备化学反应器的所有性质,生物体在这里完成各种生物化学反应。 你知道它和发酵罐是什么关系吗? 不同类型的生物反应器是如何运行的? 各有哪些特点呢?

生物反应器中进行的生物化学反应如果采用活的生物细胞作催化剂时,反应过程将受到三种水平的共同作用,即:分子水平上的基因特性、细胞水平上的代谢特性和反应器水平上的传递特性。而反应器水平的传递特性又是由细胞和环境之间的动量传递、热量传递和质量传递组成的,这些传递特性反过来又极大地影响着细胞水平上的代谢特性。因此,生物反应器的功能就是为细胞生长和形成代谢产物提供各种适宜条件,促进生物细胞的新陈代谢,以最小的原料消耗实现目标产物的最大积累。

生物反应器的型式、结构、尺寸、操作方式等均对细胞生长和代谢产物的形成产生关键影响。不同的反应器结构和型式(如机械搅拌式、鼓泡塔式、流化床式等)、不同的操作方式(如分批操作、半连续操作、连续操作等)以及反应器的放大规模不同,其传热和传质的情况也各不相同。

目前工业规模大生产常用的生物反应器有机械搅拌反应器、鼓泡反应器、气升式反应器、固定床和流化床反应器等。

二、生物反应器类型、结构及操作特点

(一) 机械搅拌式反应器

机械搅拌式生物反应器与化学反应采用的釜式搅拌反应器(第二章内容),其本质是一样的。医药工业中第一个大规模的微生物发酵过程——青霉素的生产就是在机械搅拌式反应器中进行的,

而且迄今为止,绝大多数药品生产过程首选的生物反应器仍然是机械搅拌式反应器。它是利用机械搅拌器的作用,使空气中的氧充分溶解在发酵液中,以满足微生物生长、繁殖和代谢所需的溶解氧;同时,通过机械搅拌,可以使发酵液的菌体及营养物质分布均匀,使代谢过程产生的热量及时向外界传递,确保发酵过程微生物所处环境的均一和各项控制参数的稳定。

机械搅拌式反应器能适用于大多数生物反应过程,除非由于剪切力对微生物造成损伤或气液传递性能无法满足微生物生长代谢的要求才会考虑用其他类型的反应器。目前机械搅拌式反应器已形成标准化的通用产品,一般多用于分批发酵。这类反应器中比较典型是通用式发酵罐和自吸式发酵罐。

1. 通用式发酵罐　通用式发酵罐采用电机驱动的机械搅拌装置,罐壁设置若干挡板,采用夹套或蛇管作为传热装置,罐底设置空气分布器,是形成标准化的通用产品,是抗生素等工业发酵过程最为常用的一类反应器。如图 7-1 所示。通用式发酵罐结构包括:罐体、电机、减速机及变频器、搅拌轴及桨叶、轴封、夹套或蛇管等换热装置、挡板、消泡装置、气体分布装置等,在罐体的适当部位设置溶氧电极、pH 电极、CO_2 电极、温度传感器、压力表及压力传感器等检测装置,进气、排气、补料、取样、接种、放料、酸碱管道接口和人孔视镜等部件。目前国内用于青霉素、红霉素等抗生素生产的该类发酵罐最大已做到 $500m^3$。

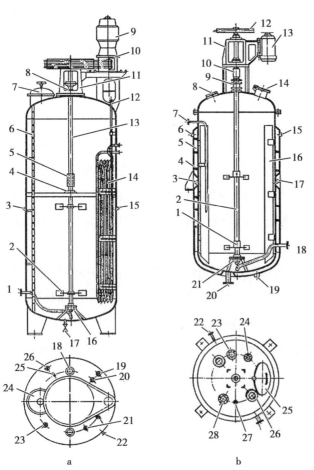

图 7-1　通用发酵罐结构图

a. 大型发酵罐

1. 通风管;2. 搅拌器;3. 温度铂电阻接口;4. 中间轴承;5. 联轴器;6. 梯子;7. 人孔;8. 轴封;9. 电机;10. 皮带传动;11. 轴承座;12. 取样;13. 轴;14. 冷却蛇管;15. 现场温度计;16. 底轴承;17. 放料口;18. 视镜;19. 备用接口;20. 排气口;21. 补料口;22. 空气进口;23. 进料口;24. 人孔;25. 压力表;26. 取样口

b. 小型发酵罐

1. 搅拌器;2. 轴;3. 温度计接口;4. 导流片;5. 夹套;6. 冷却水出口;7. 人孔;8. 视镜;9. 轴封;10. 联轴器;11. 轴承支架;12. 皮带传动;13. 电机;14. 手孔;15. 接压力表;16. 挡板;17. 温度铂电阻接口;18. 空气管;19. 冷却水进口;20. 放料口;21. 底轴承;22. 取样口;23. 排气口;24. 补料口;25. 手孔;26. 视镜;27. 压力表接口;28. 进料口

(1)罐体:发酵罐为全封闭式。罐体由圆柱形筒体和上下两个标准椭圆封头焊接而成(小型发酵罐筒体和上封头由法兰连接)。筒体高度、直径、搅拌器桨叶直径、间距、挡板等各个部位的设计都有一定比例,如图7-2所示。一般筒体高度和直径的比例 $H/D = 1.7 \sim 2.5$, $d/D = 1/3 \sim 1/2$, $W/D = 1/12 \sim 1/8$, $B/d = 0.8 \sim 1.0$。图中,H 为筒体高度,D 为罐体直径,d 为搅拌叶直径,W 为挡板宽度,B 为底层搅拌桨叶中心距罐底高度,S 为两层搅拌桨叶间距,H_L 为发酵液液位高度。

发酵罐中心轴向位置装有搅拌器。罐顶设置人孔(小型发酵罐为手孔)、视镜、各种管口。一般装于罐顶的接管有排气管、接种管(有的在筒体)、补料管、视镜蒸汽管以及压力表接口等。为防止死角,有的压力表接口移至排气管上方安装,或直接安装卫生型隔膜式压力表,如图7-3所示。一般装于筒体的接管有冷却水进出口接管、空气口接管、温度、pH、溶氧以及其他测控仪表的接口。取样口则视操作情况装于罐体或罐顶。

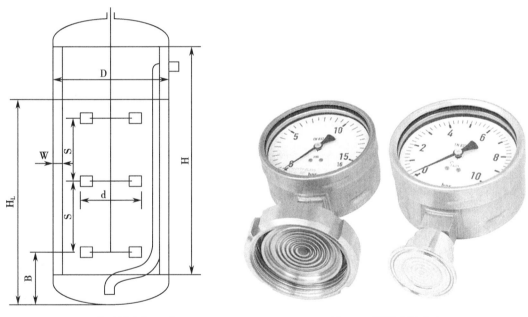

图 7-2　通用发酵罐比例尺寸　　　　图 7-3　隔膜式压力表

(2)搅拌系统:发酵罐搅拌系统的主要功能包含几个方面:一是将能量传递给发酵液,引起罐内发酵液的运动;二是使空气在发酵液中充分分散,利于氧的气液传递;三是使发酵液内所有的组分均匀混合,促进质量和热量的传递。

发酵罐搅拌系统包括电机及变频器、减速机、搅拌轴、搅拌桨叶、轴封等。电机将电能转化成为机械能,通过减速机将转速降低到工艺要求的转速之后,带动搅拌轴及桨叶进行旋转。变频器可以根据生产需要,随时调整电机的转速,从而带动搅拌转速随时调整,在节能降耗方面起到主要作用。搅拌桨叶固定在搅拌轴上,随搅拌轴旋转形成轴向或径向液流。

搅拌轴上一般安装多层搅拌桨叶,其中底层搅拌为径向流,主要用于破碎气泡提高溶氧,较多采用带有圆盘的涡轮式搅拌器。常用的涡轮式搅拌器其叶片可分为平叶式、弯叶式和箭叶式,如图7-4所示,一般为6个叶片,也有4个或8个的。近年来,半圆管式和抛物线式搅拌器(图7-5)已经广泛应用于发酵企业,和传统的各种型式搅拌器相比,其气泡破碎效果和搅拌效果有了更进一步的提升。搅拌轴的上层桨叶一般多为轴向流,主要提供发酵液轴向混合运动的动力,一般为 3 个叶片,叶片形状也各有不同。

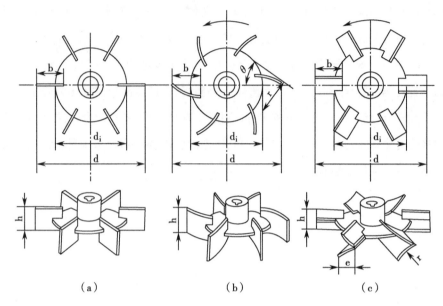

(a)   (b)   (c)

图 7-4 常用的涡轮式搅拌器

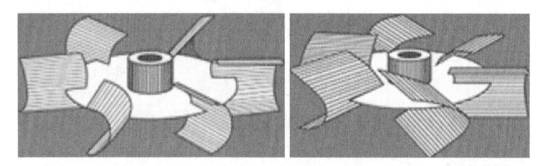

图 7-5 半圆管式和抛物线式搅拌器

(3)轴封:通用式发酵罐的搅拌轴一般自罐顶封头中心垂直插入罐内,轴与封头之间有一定缝隙,必须密封,这个密封装置即为轴封。轴封的作用是使固定的发酵罐与转动的搅拌轴之间能够保持密封状态,防止泄漏和杂菌污染。

目前常用的轴封是端面密封,又称为机械密封,主要由动环、静环、弹簧、密封圈等部件组成。其密封作用是靠弹簧的压力使垂直于轴线的动环和静环光滑表面紧密地相互配合,并作相对转动而达到密封。由于机械密封密封泄漏量很少,密封效果好且不易造成染菌,可靠性高且寿命较长,因此在工业发酵罐上广泛使用。

机械密封可分为单端面机械密封和双端面机械密封。目前工业发酵设备上绝大多数用的是单端面机械密封,如图 7-6 所示。

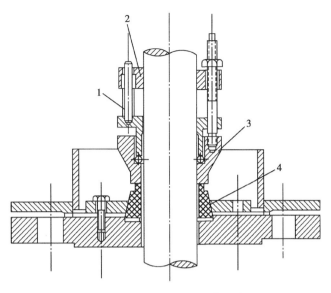

图 7-6 单端面机械密封结构示意图
1. 弹簧;2. 挡圈;3. 动环;4. 静环

知识链接

单端面机械密封

单端面机械密封机构内仅有一对动环和静环。静环材质为浸润树脂的石墨,固定在罐顶封头底座上;动环材质为陶瓷或硬质合金,固定在搅拌轴上。动环和静环与轴之间的密封采用耐高温的 O 型氟橡胶圈。传统的机械密封动环和静环是个整环,安装时需要从轴头套入,这就必须将电机、减速机等传动装置暂时取下进行安装。随着制造技术水平的进一步提升,半圆环式机械密封逐步得到推广,它的动环和静环是半圆形,可以在不拆搅拌系统的情况下完成机械密封的安装。目前,这样的半圆环式的机械密封已经广泛应用于各个发酵企业。

双端面机械密封一般用于下搅拌发酵罐,密封机构内有两对动环和静环。由于用底搅拌的发酵罐很少,这类机械密封不常用。

(4)反应器中的传热装置:为了维持菌体的最适生长代谢所需的环境温度,发酵罐均需设置传热装置。常见的传热装置为夹套和蛇管两类,也有采用外循环换热器等其他型式的传热装置。采用夹套还是蛇管换热取决于发酵过程产热量的大小。

一般容积较小的发酵罐或产热量较小的种子罐采用夹套换热。夹套距离罐壁间距一般 100mm 左右,夹套的高度比静止液面高 100mm 左右即可,以保证充分换热。夹套的优点在于结构简单,加工容易,在罐外焊接,罐内无冷却装置,死角少,容易进行清洁灭菌工作。夹套的缺点在于换热面积有限,降温效果差。

大型的发酵罐由于体积大,高度高,不适合在外壁焊接夹套,而是采用外盘管式的换热装置,如图 7-7 所示。这种椭圆形或半圆管型的外盘管换热装置是 20 世纪 90 年代发展和推广起来的,它是采用固定宽度的钢带在专用机床上压制成型,围绕罐壁螺旋上升,边卷边焊。这种外盘管式的传热装置冷却水流速快,换热效果优于夹套,同时能起到罐壁结构稳定的作用。其缺点仍然是换热面积有限,无法满足产热量大的发酵过程。

大型的发酵罐由于发酵过程产热量大,仅依靠罐壁面积传热已远远不够,需要在罐内部另加蛇管进行传热。由于机械加工技术的限制,过去的蛇管多数是立式蛇管(如图7-8),采用不锈钢管煨弯或焊接而成(根据罐体大小,蛇管直径一般控制在 Φ25~76mm),4~8 组并联(特别大型的发酵罐内部蛇管可分为上下两排,每排6~8 组并联),沿罐壁均匀分布。立式蛇管采用不锈钢 U 形卡子和不锈钢夹板紧固在罐内托架上,在换热的同时,可以起到挡板的作用。一般每一组蛇管4~5 圈左右,不宜过长,否则流体阻力增大,能耗上升,搅拌也会受到影响。蛇管高度一般控制在上端不超过液面,下端不超过下封头焊缝。蛇管内侧距罐壁一般控制在100mm 左右。采用立式蛇管大大增加了换热面积,也不用专门增加固定挡板。其最大的缺陷是灭菌时蛇管内的存水无法放空,只能依靠灭菌时将水蒸发,从罐外小吹口排出。

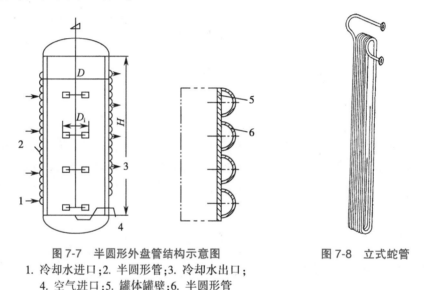

图 7-7　半圆形外盘管结构示意图
1. 冷却水进口;2. 半圆形管;3. 冷却水出口;
4. 空气进口;5. 罐体罐壁;6. 半圆形管

图 7-8　立式蛇管

近年来,随着机械加工设备和制造技术的不断提升,螺旋型蛇管逐步得到推广,如图7-9。螺旋型蛇管是将管径在 Φ25~65mm 的不锈钢管固定在特制煨管机上,调节好一定的螺旋内径和螺距,一次煨弯成型,边煨弯边焊接。螺旋内径不宜过小,管径不宜过大,否则煨弯难度增大。螺旋蛇管煨好经打压试漏后采用不锈钢 U 形卡子和不锈钢紧固件紧固在罐内托架上,4~8 组并联,沿罐壁均匀分布。其他安装要求均和立式蛇管类似。螺旋型蛇管较立式蛇管换热面积大幅提升,而且可以在发酵结束后将管内冷却水依靠重力自流全部放空,大大降低了蒸汽、冷却水等能耗。

也有大型工业发酵罐采用外循环换热方式,将罐内发酵液在罐外部通过热交换器进行换热循环,但由于容易造成染菌等多方面的问题,这类的换热装置的应用只是极少数。

(5)空气分布装置:空气经空压机压缩、无菌过滤后送入发酵罐,在罐内要尽可能地分散成小气泡才能充分提升空气的利用效率,最大程度地提升溶解氧水平。空气分布装置(或空气分布器)就是将无菌空气分散到发酵液中的装置。

空气分布装置位于发酵罐底部最底层搅拌桨叶的下方,其作用是使吹入罐内的无菌空气以尽可能小的气泡均匀分布。工业发酵罐常用的空气分布装置多种多样,有单管式、双管式、环管式,图7-10是环形空气分布器,也有专门设计的将空气和发酵液充分混合的空气喷射器等。最简单最常用的是单管式。空气管出口位于底搅拌下方,稍偏离罐底放料管口位置,开口向下,以免发酵液进入空气管,给后续灭菌操作带来影响。空气吹到罐底后向上返,在径向流底搅拌的强力破碎作用和发酵液强力湍流作用下,空气被破碎成为微小的气泡,空气与发酵液充分混合,强化了气液接触效果和气液传递,增强了氧的供给。

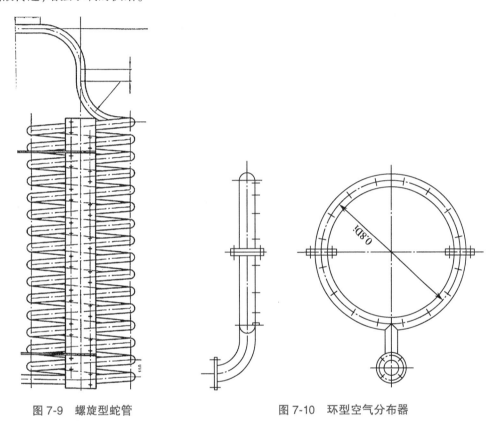

图 7-9 螺旋型蛇管   图 7-10 环型空气分布器

双管式、环管式以及其他类型的多孔空气分布器在工业生产中也有应用。但由于在发酵过程中通气量大,气泡直径仅与通气量相关而与分布器的孔径无关,且在强烈的径向流搅拌作用下,多管或多孔分布器对氧的传递效果并不比单管好,相反还会造成空气压头的损失,管内或孔内易积料而容易造成灭菌不透等方面的原因,这些类型的空气分布装置应用较少。

(6)挡板及均匀混合装置:菌体的均匀分布、物料的均匀混合以及气体在发酵罐内的分散依靠搅拌和挡板来共同实现。发酵罐中如果没有挡板,那么搅拌运转时,带动发酵液产生圆周运动,液体流型将会变成液面中心下陷,形成很深的漩涡,搅拌系统轴功率显著下降,靠近罐壁处流体速度很低,固液、气液分布不均。在有挡板的情况下,由于挡板的阻挡作用,液体圆周运动遇挡板形成强烈的湍动作用,在底层搅拌的径向作用和上层搅拌桨叶的轴向推动作用下,发酵液产生径向流和轴向流混合,形成自底搅拌沿罐壁上升再沿搅拌轴向下的循环运动。

底搅拌的主要作用是打碎气泡,增加气—液接触面积,以提高气—液间传质速率。一般而言,底搅拌功率占全部各层搅拌总功率的50%以上,高的可达到70%。底层搅拌一般配置径向流桨叶用于破碎气泡,上层搅拌一般配置多层轴向流桨叶用于推动循环,使发酵液充分混合,菌体、营养物质等分布均匀。轴向流搅拌器的混合效果好,但是破碎气泡的效果差。径向流搅拌器气泡破碎效果较好,好氧发酵中常采用,而且多数采用圆盘涡轮式搅拌器,这样就能避免气泡在阻力较小的搅拌轴周围部沿着轴周边上升逸出。

2. 自吸式发酵罐　自吸式发酵罐是一种不需另外通入压缩空气的发酵罐。其关键部件是带有中央吸气口的搅拌器,如图 7-11 所示。

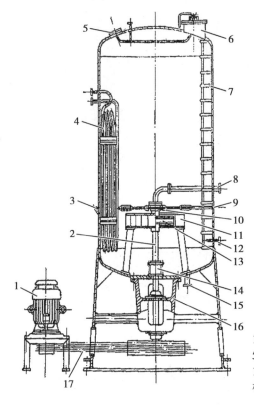

图 7-11　自吸式发酵罐
1. 电机;2. 搅拌轴;3. 温度计;4. 冷却蛇管;5. 视镜;6. 人孔;7. 梯子;8. 空气进口;9. 拉杆;10. 轴封;11. 导轮;12. 取样口;13. 叶轮;14. 机械轴封;15. 放料管;16. 轴承座;17. 皮带

搅拌轴由罐底伸入罐内。搅拌器兼有吸入空气和粉碎气泡以及搅拌均匀发酵液等功能。搅拌器由从罐底向上伸入的主轴带动,叶轮旋转时叶片不断排开周围的液体使其背侧形成一定的真空,于是将罐外空气通过搅拌器中心的吸气管吸入罐内,吸入的空气与发酵液充分混合后在叶轮末端排出,并立即通过导轮向罐壁分散,经挡板折流涌向液面,均匀分布。空气吸入管通常用单端面轴封与叶轮接连,确保不漏气。

由于空气靠发酵液高速流动形成的真空自行吸入,气液接触良好,气泡分散较细,从而提高了氧在发酵液中的溶解度。自吸式发酵罐吸入压头和排出压头均较低,需采用高效率、低阻力的空气除菌装置。其缺点是进罐空气处于负压,因而增加了染菌机会,其次是这类罐搅拌转速甚高,有可能使菌丝被搅拌器打断,影响菌体的正常生长和代谢,所以在抗生素发酵上较少采用,但在食醋发酵、酵母培养等其他行业有一定的应用。

3. 操作要点　机械搅拌式反应器的运行效果好坏,关键取决于搅拌器自身的设计和配置要与培养的菌体生长代谢相适应。例如:罐体的高径比是否合适、搅拌桨叶的配置及功率的大小分布、搅拌转速、冷却面积、空气流量及溶氧、罐压、罐温、补料速率等。在生产过程中,罐型、桨叶、换热面积等参数均已确定,通常需要控制搅拌器转速、罐温和罐压、冷却水流量、空气量等优化生产过程。

(1)搅拌转速:通过控制变频器的频率来控制搅拌转速。一般种子罐和发酵罐的前期,菌体浓度还较低时,可在低转速下培养;随着菌体浓度的增高,要求强化供氧,提高混合程度,延长气体停留时间,减少菌丝结团等方面时需加强搅拌,确保溶氧水平不低于临界溶氧值。

(2)温度:发酵罐罐温的控制是最基础的控制参数,一般都采用自控的方式实现相对恒定。发酵罐在运转过程中,设定的温度点其实是一个温度范围,例如,设置25℃其实就是25℃±0.5℃。发酵过程产生的热量通过罐内蛇管及外壁管和冷却水进行热量交换。通常罐上进水阀全开,在回水管路上设置自控调节阀,这样通过调节自控阀的开度大小,就可以自动将温度稳定在要求的范围之内。

(3)通气量:通气量的大小直接决定着溶氧水平的高低。一般在生产过程中有两种控制通气量的方式,一种是手动阶梯控制法,即随着发酵的进行和菌体对溶氧的需求,每到一定的时间人工手动将通气量提升到设定值,这样通气量所表现出的曲线为阶梯上升;另一种是溶氧自动反馈控制法,即通过运行过程的溶氧值反馈到发酵罐的控制单元,以此来确定进气或排气自控阀是否调整。

(4)罐压:罐压是生产过程控制的另一个关键因素。维持罐压(正压)可以防止外界空气中的杂菌侵入而避免污染,同时又增加了发酵液的溶氧水平。生产中通过控制进罐气量及排气阀开启度来控制罐压。一般温度高,进气量大,排气阀开启度小,则罐压增大。

(5)补料速率:发酵过程进行后期补料是延长发酵周期和产物生产水平的重要措施。补料种类和补料量一般根据发酵过程的需求和各种参数的控制而定。生产上可以通过菌体浓度的变化来决定补料量及供氧量,也可以进行试验验证补料量是否合适。合理控制补料量对于满足菌体生产和代谢需求以及控制发酵体系的 pH 和溶氧至关重要。

(二) 鼓泡反应器

鼓泡反应器是以气体为分散相,液体为连续相,涉及气液界面的反应器。液相中常包含悬浮固体颗粒,如固体营养基质、微生物菌体等。鼓泡反应器结构简单,易于操作,混合和传质、传热性能较好,广泛用于生物工程行业,如乙醇发酵、单细胞蛋白发酵、废水及废气处理等。

1. 结构特点 鼓泡反应器的高径比一般较大,习惯性称之为鼓泡塔。通常气体从反应器底部进入,经气体分布器(多孔管、多孔盘、烧结金属、烧结玻璃或微孔喷雾器等)分布在塔的整个截面上均匀上升,如图 7-12 所示。

空气分布器分为两大类,一类为静态式(仅有气相从喷嘴喷出),另一类为动态式(气液两相均从喷嘴喷出)。连续或循环操作时液体与气体以并流方式进入反应器,气泡上升速度大于周围液体上升速度,形成液体循环,促使气液表面更新,起到混合的作用。通气量较大或气泡较多时,应当放大塔体上部的体积,以利于气液分离。鼓泡反应器的优点是不需机械传动设备,动力消耗小,容易密封,不易染菌;缺点是不能提供足够高的剪切力,传质效率低,对于丝状菌,有时会形成很大的菌丝团,影响代谢和产物的合成。

鼓泡反应器的性能可以通过添加一些装置得到调整,以适应不同的要求。例如添加多级筛板或填充物改善传质效果,降低返混程度;增加管道促使循环,以及改变空气分布器的类型等。对于装有若干块筛板的鼓泡塔,压缩空气由罐底导入,经过筛板逐级上升,气泡在上升过程中带动发酵液同时

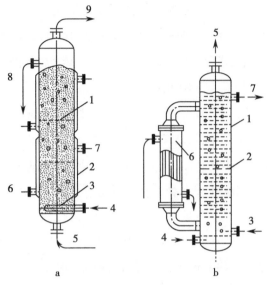

图 7-12　不同换热型式的鼓泡式反应器
a. 夹套式
1. 筛板；2. 夹套；3. 气体分布器；4. 气体；5. 液体；
6. 冷却水进口；7. 冷却水出口；8. 液体；9. 气体
b. 外循环式
1. 反应器壁；2. 筛板；3. 液体；4. 气体（进）；5. 气体（出）；6. 换热器；7. 液体

上升，上升后的发酵液又通过筛板上带有液封作用的降液管下降而形成循环。筛板的作用是使空气在罐内多次聚并与分散，降液管阻挡了上升的气泡，延长了气体停留时间并使气体重新分散，提高了氧的利用率，同时也促使发酵液循环。

2. 操作要点　鼓泡反应器在操作中要避免"气泛"现象。对低黏度液体，空塔气速 $u_G \leqslant 5\mathrm{cm/s}$ 时，称为安静区，气泡直径相当均匀，气泡群中的气泡以相同速度上升，不发生严重的聚并，相互间不易发生作用，称拟均匀流动，工业上通常要求在这样条件下操作，在这种状况下气液传递量随并行液体的流速的增加而增加；当 $u_G > 8\mathrm{cm/s}$ 时称湍动区，流速增大至液泛点以上，大气泡生成，产生非均匀流动，大气泡浮力大，它的上升引起液体在塔内的循环称循环流状态，大气泡出现不利氧的传递。

高气速即高气泡密度时，会产生气泡的聚并现象。黏度高的液体聚并速度高，甚至在很低的气体流速下可以观察到气泡的聚并；在低黏度溶液中，表面张力和气体分布器产生的初始气泡尺寸起着很重要作用；在纯溶液中聚并的发生更加快，而在电解质溶液和含杂质的液体中，可减少聚并发生程度。另外，通过内循环或外循环、塔内设隔板等可使聚并减小到一定程度，发生聚并现象对气液之间的传质不利。

鼓泡塔生物反应器内传热通常采用两种方式：一种是夹套、蛇管或列管式冷却器；另一种是液体循环外冷却器。一般塔内温度因气体的搅动分布比较均匀，提高气速可适当提高给热系数，利于热量移除。

（三）气升式反应器

气升式反应器是在鼓泡式反应器的基础上发展起来的。它是以空气为动力，利用空气的喷射功能和气液混合物的密度差，靠导流装置的引导，形成气液混合物的总体有序循环流动，实现空气和发酵液的搅拌、混合和氧传递。

气升式反应器内分为上升管和下降管，向上升管通入气体，使管内气含率升高，比重变轻，气液混合物向上升，气泡变大，至液面处部分气泡破裂，气体由排气口排出，剩下的气液混合物比重较上升管内的气液混合物大，由下降管下沉，形成循环。气升式反应器不需要搅拌，借助于气体本身能量达到气液混合搅拌及循环流动。因此，通气量及空气压头较高，对于黏度较大的发酵液，溶解氧系数较低。因此，气升式反应器不适用于固形物含量高、黏度大的发酵液或培养液。二步发酵法生产维生素 C 就采用该反应器。

1. 结构特点　根据上升管和下降管的位置不同,可将气升式反应器分为两类:一类称为内循环式,上升管和下降管都在反应器内,循环在器内进行,结构紧凑,如图 7-13(a),多数内循环反应器内置同心轴导流筒,也有内置偏心导流筒或隔板的。另一类为外循环式,通常将下降管置于反应器外部,以便加强传热,如图 7-13(b)。

气体导入方式主要有鼓泡和喷射两种形式。鼓泡形式常用气体分布器,气体分布器有单孔的、环形的,也有采用分布板的;喷射式通常是气液混合进入反应器,有径向流动及轴向流动两种形式。

有些气升式反应器为降低循环速度和提高气液分散度在上升管内增加塔板,或为均匀分布底物和分散发酵热,沿上升管轴向增加多个底物输入口。

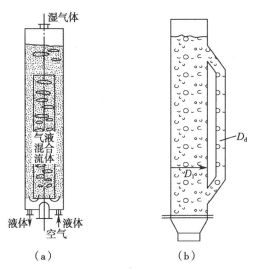

图 7-13　气升式反应器
(a)内循环式;(b)外循环式

与机械搅拌罐相比,气升式反应器结构简单,设备制造成本降低 30% 以上,节约能耗 30% 左右。其独特的设备结构使发酵液周期性通过传质强化区,液体循环周期在正常条件下可控制在数十秒至几分钟的范围内;强化区的数量可根据发酵液流变特性和微生物的代谢特征进行设置,以满足微生物生长和产物生成所需要的混合与传质要求。

2. 操作要点

(1)控制气含率:气升式反应器的一个重要控制参数是合理控制气含率(ε)。气含率是指反应器内气体所占有效反应体积的百分率。气含率除受气体分布器及喷嘴的型式影响外,还受气速和液速的影响。一般气体流速提高气含率升高,液体流速增加气含率降低。气含率太低,氧传递不够;气含率太高,使反应器利用率降低,有时还会影响生物过程。

ER-7-2　气含率计算方法

气升式反应器中各处的气含率是不同的,特别是较高的反应器,由于液体静压不同,气含率沿轴向发生变化。

(2)控制停留时间:发酵液在上升管内与大量空气接触,溶氧浓度较高;当发酵液进入下降管时,由于菌体对氧的消耗,使溶氧浓度逐步降低;当发酵液再次进入上升管时,重新补充氧。因此发酵液在下降管内的停留时间不能过长。通常发酵液的循环周期为 2.5~4 分钟,发酵液在循环管内的流速 1.2~1.4m/s。

(3)控制混合时间:气升式反应器中混合时间对反应器效率有很大影响。混合时间随气体在上升管中气速的增加而减小,随反应器体积增加而增大。另外也受反应器内导流管的影响(如导流管离液面的距离等),混合时间过短,不利于传质;混合时间过长,传质量不一定会有明显提高,反而使生产能力下降。

(四) 固定床与流化床生物反应器

固定床和流化床生物反应器主要应用于固定化酶反应、固定化细胞反应和固态发酵。

将生物酶进行固定化(将生物酶固定在惰性载体上)的主要目的是可以重复利用,同时便于将生物催化剂与反应产物进行分离。通过固定化酶技术可以将酶截留在反应器内连续进行酶反应,这样可以最大程度地保持生产过程的平稳,降低反应过程的生产成本。适用于固定床和流化床反应的酶固定化方法一般有物理吸附、共价结合、交联、包埋等。

固定化细胞(将细胞固定在惰性载体上或让细胞聚集成小团)反应便于将细胞与发酵液分离,防止游离细胞洗出,可达到较高的细胞密度。与固定化酶反应不同,固定化细胞反应过程还需考虑细胞代谢过程的氧传递和染菌问题,比较复杂。

固态发酵是利用固态底物本身为发酵过程的碳源或能源,微生物附着于固态培养基颗粒的表面生长或穿透固体颗粒基质进入颗粒深层生长。发酵在无自由水或接近无自由水的情况下进行,用天然培养基(固体、液体或气体)作为主要底物或用惰性物质作为支撑物,反应过程涉及气、固、液三相。

1. 结构及特点

(1)固定床生物反应器:固定床生物反应器又分为填充床生物反应器、固态发酵固定床生物反应器等类型。反应器设备结构为圆筒体,下部装有一块支承酶催化剂或固体细胞或载体的多孔板,板上均匀铺上催化剂颗粒或生长固体细胞或供细胞在上生长的载体,床层可以是单层或几层。固定床反应器由连续流动的液体底物和静止不动的固定化酶或细胞组成,也可由连续流动的气体和静止不动的固体底物和微生物组成。前者用于固定化酶反应或固定化细胞或菌膜反应,一般从上端输入培养基或待反应的原料液,下端流出含较高浓度的产品发酵液或反应液(如图 7-14 所示);后者在传统食品发酵中最常见,气体从反应器下端加入,废气从顶部排出,例如酱油、酒曲、饲料等生产。

固态发酵固定床生物反应器结构如图 7-15 所示。应用于固态发酵的固定床生物反应器在底部及中间层设置通风装置,确保床层较深处的有效供氧和发酵过程产生的挥发性废气的排放;反应器壁有夹套通冷却水进行冷却,保证发酵过程产生的热量能及时移出。固定床的轴向温度梯度的影响比径向温度梯度的影响大,轴向温度促进水分蒸发,大部分的代谢热由蒸发移出,但是带走热的同时,也带走了水分,使基质表面变干燥,直接影响发酵。因此,常通过其他途径来改善热传递或增加湿度。方法之一是将通入的空气先用水饱和,变为湿润空气后再进入反应器,如图中所示;另一种方法是在床层中间加间隔冷凝板,为便于出料和通风,冷凝板通常为垂直的。更常用的方法是通过间歇的缓慢搅拌来促进热交换,但是搅拌容易损伤菌体,特别是对丝状菌,必须掌控好搅拌的强度和时间。

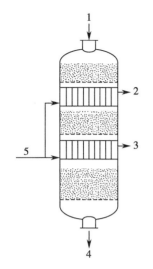

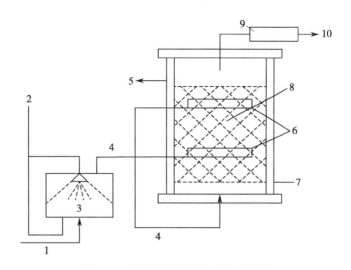

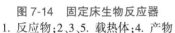

图 7-14　固定床生物反应器
1. 反应物;2、3、5. 载热体;4. 产物

图 7-15　固态发酵固定床生物反应器
1. 无菌空气;2. 无菌水;3. 调湿;4. 湿润空气;5. 冷却水出;
6. 空气分布器;7. 冷却水进;8. 测温;9. 检测;10. 排空

(2)流化床生物反应器:通过流体(气体或液体)的上升运动使固体颗粒维持在悬浮状态(固体颗粒流态化)进行生物反应的装置称为流化床生物反应器。

流化床生物反应器一般由壳体(圆筒形或圆锥形)、气体分布器(液体分布器)、内部构件(挡板、挡网)、内部换热器等及固体颗粒加入和卸出装置所组成。流化床中实现了固体颗粒的快速循环和流体湍动,固、液(或气)之间的混合较充分,床层内温度较均匀,传热传质性能较好,床层压降小,但固体颗粒的磨损较大。流化床可用于固定化酶、固定化细胞反应过程以及固体基质的发酵。例如固体基质制曲过程(气固流化床)、乙醇生产(液固流化床)等。

实际生产过程中,流化床的类型多种多样,典型的液固流化床原理如图 7-16 所示。

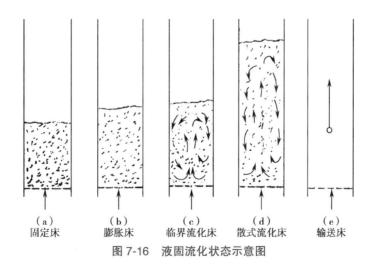

（a）　　　　（b）　　　　（c）　　　　（d）　　　　（e）
固定床　　　膨胀床　　　临界流化床　　散式流化床　　输送床
图 7-16　液固流化状态示意图

如图 7-16 所示,液固流化时,液体从设备下方流入,通过分布器进入颗粒物料层,流速低时,固态颗粒静止不动,液体从颗粒间缝隙通过,此时的床层属于固定床。当流速升高至某一值时,床层中颗粒开始松动,空隙增大,一些颗粒开始在一定部位振动或游动,床层膨胀,此时的床层称为膨胀床。当流速再增大,床层内全部颗粒处于运动状态,悬浮于液体中,颗粒与液体间的摩擦力与颗粒的重力

相平衡,颗粒与颗粒相互间的挤压力变为零,此时的床层称临界流化床,对应的液体流速称临界流化速度,又称为起流速度。当液体的流速高于临界流化速度时,床层空隙率增加,床层高度增加,床层均匀,这种流化称为散式流化。当流速继续增大到液体与颗粒间摩擦力、浮力之和大于颗粒重力时,颗粒被液体带走,如果连续加入颗粒,床层变为输送床或流动床,相应流速叫带走速度或终端速度。

当进行气固流化时,除存在以上五种流化状态以外,完全流化时还存在三种不同情况:聚式流化、腾涌和沟流。

当气固流化床不均匀时,部分气体以气泡的形式通过床层,固体颗粒成团湍动,流化不平稳,床层自由面上下波动剧烈,床层压降也随之在一区间内波动着,此时的床层称为鼓泡流化床,也称为聚式流化,见图7-17(a)。当气流通过沸腾层时,多余的气体呈气泡的形式逸出床层,气泡一出床层立即破裂,被夹带的较粗颗粒物料又落回床内,引起床面波动。所以气泡的形成、长大和崩裂会引起床层物料密度分布的不均匀和压力的波动。通常用床层压降的波动、沸腾层密度的变化、温度的分布、气体停留时间的分布等参数来评价流化状态的好坏。从本质上看,影响这些参数的主要原因都是由气泡引起的,气泡的大小随气速和床高的增加而增加,同时也受到床层内部构件和大气泡本身的不稳定性所限制。一旦控制不当,沸腾床将会出现不正常的流化状态。

当沸腾床内气泡逐渐汇合长大,甚至气泡直径可能接近反应器直径,数个直径与反应器直径一样大的气泡将床层分为若干节,床层上部物料呈活塞状向上运动,料层达到某一高度气泡崩裂又坠下,这种现象称为腾涌,见图7-17(b)。产生腾涌时,床层压降急剧波动,床层的均匀性被破坏,使料层不均匀,气固接触恶化,增加了颗粒的磨损,不少物料被吹跑带出,气体利用率下降。一般床层愈高,容器直径愈小,颗粒直径愈大,气流速度愈大,气体分布愈不均匀,愈容易发生腾涌。在床层中设置内部构件(如挡板、挡网等)可以避免大气泡和腾涌现象发生。

当固体物料颗粒间粘结,使气体在床层的固体粘结块旁通过,或者大量气体短路,穿过床层的一些狭窄通道,而其他物料并未流化,床层内部发生分流化,这种现象称为沟流,见图7-17(c)。沟流可从床层底部到床面形成贯穿沟流,或床层中某一段形成局部沟流。沟流的形成使大量气体未与固体颗粒充分接触就通过了床层,造成一部分床层没有流化或流化不充分,引起气体利用率低,反应转化率降低,同时床层径向温度差增大。另外,产生沟流时床层压降远比物料密度小,同时上下波动,出现孔道时,压降下降,孔隙坍塌时,压降上升。气体分布不均或流速过小,固体颗粒潮湿过细,或采用高径比大的反应器容易形成沟流。

2. 控制要点

(1)固定床生物反应器:微生物发酵过程放热量直接与代谢过程的生物活力成正比。由于固态基质的导热性差,因此固定床生物反应器的床层温度随床层高度增加而急剧上升,随空气流速的增加而下降。在发酵过程中,当床层温度升高到一定值时会影响微生物的生长和产物的形成,这时的温度称为临界温度,使发酵过程达到临界温度的床层高度称为临界床层高度。生产中要控制好气速,避免床层温度过高超过临界温度,对于加减气量要缓慢,以利于床层内颗粒或菌体的均匀分布。

采用水饱和湿润空气来增湿床层维持发酵时,要注意湿度增大同时,床层温度也会升高,要注意降温。

用搅拌来促进床层的热交换时,要注意控制好搅拌强度和时间,以免损伤菌体。

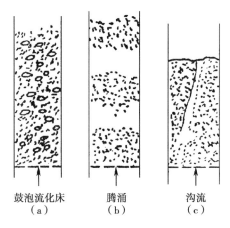

鼓泡流化床　　　　腾涌　　　　　沟流
（a）　　　　　（b）　　　　　（c）

图 7-17　气固完全流化时的三种状态

对于立式多层固态发酵在投料前先要进行空罐灭菌,发酵物料从发酵罐顶部加入,进入发酵罐底下第一层,然后翻起第二层堆料板,加第二层,依次按此步骤进行加料,加料结束后进行蒸煮、灭菌。发酵物料的降温通过控制内蛇管、外夹套冷却水量及罐底压入的无菌空气量来实现。

(2)流化床生物反应器:流化床操作过程中,如果床层为固定化酶,其颗粒度要均匀,大小要一致;如为菌体,菌体在载体上分布尽可能均匀,载体大小形状要一致。

操作中流速加减量要缓慢。为了既保证良好的流化状态,又能取得高的生产率,常选择的流化速度为最小流化速度的 5~10 倍。

适当增大设备的直径并降低沸腾层高度可以改善流化状况,提高沸腾层的均匀性。相反若采用较低的沸腾层高度,易增加气体带出量,对流化过程不利。应兼顾这两者关系,确定适宜的沸腾层高度。

选择合理的固体粒度。固体颗粒越细,反应界面积越大,反应速度也越快,但过细的固体粒度易产生沟流。必须避免产生不正常流化。一旦出现,马上针对产生的原因,采取适当措施快速解决。

知识链接

膜生物反应器

膜生物反应器是通过膜的作用,使生化反应和产物分离同时进行,这种反应器也称反应和分离耦合反应器。

膜反应器的形式多种多样,其中:错流式膜反应器中反应液的流动方向与膜表面平行,产物在反应液流过膜表面时透过膜并排出系统,流经膜的反应液通过泵再返回反应区域;扩散式膜反应器中酶或细胞固定于膜上,物料以扩散方式透过膜,膜分离的同时起催化作用。

膜反应器的关键部件是膜。 按膜材质分为有机膜和无机膜。 根据膜反应器的结构型式,分为平板膜、螺旋卷绕膜、管状膜、中空纤维膜等。 根据膜材料的特性,又可分为微滤、反渗透、超滤、纳滤和透析等膜反应器。

在膜反应器结构中,应用最普遍的是聚合微滤膜或超滤膜。 微滤膜孔径介于 0.1μm 至 5μm 之间,在反应器中用于截留细胞,而水溶性营养物和产物可通过。

点滴积累 ▽

1. 常用生物反应器　机械搅拌反应器、鼓泡反应器、气升式反应器、固定床和流化床反应器等。

2. 发酵罐搅拌系统的主要功能　一是将能量传递给发酵液，引起罐内发酵液的运动；二是使空气在发酵液中充分分散，利于氧的气液传递；三是使发酵液内所有的组分均匀混合，促进质量和热量的传递。

3. 发酵罐搅拌轴上一般安装多层搅拌桨叶，其中底层搅拌为径向流，主要用于破碎气泡提高溶氧，多采用带有圆盘的涡轮式搅拌器；上层桨叶一般为轴向流，主要提供发酵液轴向混合的动力。

第三节　生物反应器操作技术

以通用式发酵罐为例，以下详述机械搅拌式反应器的设计、安装、调试、操作与日常维护等内容和要点。

一、机械搅拌式反应器的设计、安装和调试

对于一个大型的发酵工厂，发酵罐及其附属设备的设计、安装和调试无疑是最基础也是最关键的。发酵罐属于非定型设备，需根据生产品种、规模、设备数量、单体容量、平面布置等各方面的参数以及相关的设计规范综合选型、设计和制造。

▶▶ 课堂活动

实验室的小型发酵罐只有几升或几十升，你能想象到工业生产中几百吨规模发酵罐的样子吗？ 为了安全稳定地运行，这么大的设备，在其设计、安装和运行过程中需要控制哪些重要参数呢？

以青霉素工业生产为例，目前所用的发酵罐体积最小的也有 $50m^3$，最大的可达 $500m^3$。在发酵罐设计时，需综合考虑罐体容积、高径比、直筒段高度、直筒段和封头材质及壁厚、搅拌功率、内蛇管和外壁管的换热面积及其型式等。由具备压力容器设计资质和发酵设备设计经验的设计院根据相关规范进行设计，之后由具备压力容器制造的机械加工企业进行制造（表7-1）。

表 7-1　某型号发酵罐结构设计参数

序号	名称	设计参数
1	设计压力/MPa	0.3
2	设计温度/℃	150
3	罐体直径/mm	4000
4	罐体直筒段长度/mm	11 000
5	径高比	1：2.75
6	标准椭圆形封头高度/mm	1050
7	壁厚/mm	筒体12，封头14

续表

序号	名称	设计参数
8	罐体材质	SUS304
9	搅拌功率/kW	280
10	搅拌转速/r/min	108
11	冷却面积/m²	外壁管100,内蛇管68
12	蛇管型式	立式蛇管
13	外壁管型式	左旋Φ108mm半圆管
14	搅拌叶层数	底搅拌1层,径向流涡轮; 3层轴向流搅拌桨

除发酵罐本体外,发酵罐搅拌系统是整个发酵罐的核心,其选型、设计及制造又是另外一门复杂的学科。发酵罐搅拌系统涉及微生物培养、流体力学、材料力学、机械加工、电气系统、自控系统、传感器等多个学科的综合交叉。

由于发酵罐体积庞大,高度较高,一般都需要穿越楼层,因此在新建发酵车间时,都是先进行发酵罐基础和厂房基础施工(出地平,先不建厂房),同时进行发酵罐制造,然后采用两台甚至多台起重机在现场指挥员的协调指挥下采用吊装的方式将发酵罐平稳放置在罐基础上(事先确定好罐口方位),用地脚螺栓将发酵罐地脚和基础孔洞对正,待罐体进一步找正后将基础孔洞及内部的地脚螺栓灌混凝土浆料,凝固后罐体即安装到位。之后,在保护好发酵罐的前提下才能进行发酵厂房的建设。图7-18展示了150m³发酵罐安装时的现场情景。

待发酵厂房建好后,最精细、最核心、要求也最高的工作就是发酵罐搅拌系统的安装。发酵罐搅拌系统的安装步骤及要求如表7-2所示。

图7-18　150m³发酵罐安装现场情景

表7-2　某型号发酵罐搅拌系统的安装步骤及控制参数

序号	步骤	控制参数
1	罐封头中心开孔	根据轴直径控制孔径
2	安装底盘满焊,控制减速机支架上端面水平度	相对回转轴径跳动≤0.2mm;减速机支架上端面水平度≤1/4°
3	吊装驱动轴	
4	吊装减速机并与机架连接	与机架中心偏差≤0.2mm

续表

序号	步骤	控制参数
5	吊装电机托板和电机	
6	安装联轴器,电机找平找正	电机与减速机轴头间距3~4mm
7	减速机输出轴联轴器和驱动轴联轴器连接	
8	吊装上搅拌轴并与驱动轴轴端连接	
9	吊装下搅拌轴并与上搅拌轴轴端连接	
10	吊装延伸轴并与下搅拌轴轴端连接	
11	打表测量延伸轴轴头偏摆量	≤5.33mm
12	安装上面几层搅拌桨叶	
13	打表测量底支架相对搅拌轴垂直度	≤0.26mm
14	打表测量底支架相对搅拌轴同心度	≤0.26mm
15	安装底支架(打表满焊)	
16	桨叶安装	
17	安装底层搅拌器	

二、机械搅拌式反应器操作规程

(一)开机前检查

1. 检查联轴器、搅拌器、罐体各附件的连接紧固件完好无松动,盘车情况良好。("盘车"是生产企业中的一种通俗说法,指的是手动旋转搅拌器,听声音是否正常,感觉旋转是否轻快、阻力小等,作运行前的检查)

2. 气密检查罐体各设备口无泄漏;检查附属管路、阀门、过滤器、油泵等状态良好。

3. 检查减速机油箱油位在油镜中心线附近。

4. 检查各指示仪表状态完好。

(二)开机

1. 检查空气流量及罐压,确保处于工艺规定值范围。

2. 检查罐内液位,正常情况下液位应高过最上层搅拌叶。

3. 打开减速箱油冷却器冷却水手动阀门,使之处于畅通状态。

4. 打开油泵吸入口阀门,按动现场控制柜按钮,启动油泵。

5. 待油泵工作正常后,启动主电机。

6. 注意事项

(1)同一台发酵大罐搅拌连续两次启动的时间间隔不得少于20分钟。

(2)两台发酵大罐搅拌电机不能同时启动,如遇突发情况的开车,应等第一台平稳运行后再开另一台。

（3）操作人员必须待启动正常后方能离开；若启动时间较长而造成启动失败，立即请电工检查电器控制系统。

（4）运行按照日常点检标准进行点检，如发现异常声响、冲击声、温度忽升或其他不正常现象时，应立即停机并反馈给设备管理人员，待查明原因消除缺陷后方可再次开机。

知识链接

点　　检

为了维持生产设备的各项性能，通过人的感觉或者借助工具、仪器，按照预先设定的周期和方法，对设备上的规定点位进行有无异常的预防性周密检查的过程，以使设备的隐患和缺陷能够得到早期发现、早期预防、早期处理，这样的设备检查称为点检。

点检是车间设备管理的一项基本制度，目的是通过点检准确掌握设备运行状况，维持和改善设备工作性能，预防事故发生，减少停机时间，延长设备寿命，降低维修费用，保证正常生产。

设备点检的方法为"五定"，即：定点（明确设备应检查的部位、项目和内容）、定标（制订标准，作为衡量和判别检查部位是否正常的依据）、定期（制订点检周期，按设备重要程度、检查部位是否重点等）、定人（制订点检项目的实施人员）、定法（对检查项目制订明确的检查方法，即采用感官判别，还是借助于工具、仪器进行判别）。

（三）停车

1. 当放罐体积到规定数值时，按下搅拌机停车按钮。

2. 按下循环泵电机停止按钮。

3. 停车 30 分钟后关闭减速箱油冷却器的冷却水阀门。

4. 关闭空气入罐阀，开大排气阀，使罐压到零。

5. 放罐完毕后打开罐盖进行罐内清洗，通知维修人员检查搅拌系统及传动装置。

（四）紧急停车

1. 停空气时必须停车。

2. 运转过程中一旦听到罐内声响异常，可能发生底轴瓦脱落或管道断裂情况，必须马上停车。

3. 如果运行电流一直处于最大允许电流，必须立即停车检查。

4. 非正常开车与停车时，必须做好记录，并及时通知工艺及设备管理人员。

案例分析

案例

2009 年 1 月 5 日，某工厂发酵车间 308 罐放罐清洗完毕后准备下一批进罐，设备点检人员在罐内进行各个部位的完好性检查。 当点检人员手动盘车，推动底搅拌桨叶进行搅拌系统旋转运行检查时，发现搅拌系统无法旋转，初步判断减速机内齿轮出现故障。

分析

由专业设备人员对 308 罐减速机放完油后拆开侧盖进行检查，从减速箱底部发现残存金属碎片；进一步进行检查，发现两个啮合齿轮中间被一个小金属碎片卡住，无法旋转，导致整个搅拌系统出现故障。经深入专业分析和研究，造成该故障的原因是：在放罐过程中，按照工艺要求放到一定体积后停了搅拌，但需要继续通入空气，搅拌桨叶在空气的推动下缓慢逆向旋转；减速箱内部有一个小的零件"六角卡盘"，由于长时间运行该卡盘发生疲劳而导致碎裂，由于正值停搅拌期间，卡盘碎片掉入正在逆向旋转啮合齿轮中间，导致齿轮无法转动，进而搅拌桨叶也停止旋转，当时看罐人员并未发现这一细节，当再次进行设备检查准备下一批进罐时，通过手动盘车点检发现了这一异常情况，及时安排准备其他发酵罐，同时立即对 308 罐更换备用减速机，避免了对生产进度的影响。

三、机械搅拌式反应器的日常维护

（一）点检

日常点检每班一次,定期点检每个发酵周期一次。

1. 日常点检标准　见表 7-3。

表 7-3　日常点检标准

部位	项目	方法	标准
设备本体	设备附件及外围管路	观察	附件齐全,紧固正常
	卫生	擦拭清扫	无油污、灰尘
	各部位工作声响	耳听	无异常杂音
人孔	螺栓齐全	观察	齐全,无锈死
	螺栓紧固	观察	紧固
减速机润滑油及轴承	油质	观察	不发黑变质
	油量	观察	油窗中心线±2mm 或油尺高低线之间
	各处轴承	耳听、手摸	轴承运转正常
	油泵泵油情况	观察	润滑油连续输送
	密封面渗漏	观察	不渗漏
机封	机封附件	观察	齐全,正常
	泄漏	耳听	无漏气声音
	异响	耳听	无异常声音
搅拌轴	偏摆量	观察	正常
电机	工作电流	电流表	小于额定电流

2. 定期点检标准 见表 7-4。

表 7-4 定期点检标准

部位	项目	方法	标准
电机	工作温度	测温仪	≤环境温度+66℃
	绝缘	摇表	≥0.5MΩ
	实际功率	计算	≤额定功率
机封	泄漏	用肥皂水试	≤5 泡/分
减速机	电机轴承温度	测温仪	≤70℃
	减速机轴承温度	测温仪	≤85℃
	油位	观察	不低于 1/3 油位视镜
	油温	测温仪	<75℃
	油质	抽油样	达标
	轴承震动	测震仪	≤0.09mm/s
搅拌轴	机封上部径跳动	百分表	≤0.30mm
	搅拌叶及底轴瓦	扳手、百分表及其他工具	紧固,磨损正常,轴径跳正常
	螺栓齐全	观察	正常
	下轴头偏摆量	百分表	≤5.33mm
	轴直线度	简易测量	整体直线度≤3mm/6m
上联轴器	同轴度	钢板尺	≤0.02mm
设备本体	保温、涂漆	目测	正常
	机体振动	测振仪	振幅≤0.08mm/s
轴承	电机/减速机轴承温度	温度仪	≤75℃
	轴承盒	温度仪	≤75℃
	底轴承	听音棒	无异常摩擦及碰撞声

(二) 检修

分为小修、中修及大修三类。

1. 检修间隔期 见表 7-5。

表 7-5 检修间隔期

检修类别	小修	中修	大修
检修间隔期/h	200~260	8000~10 000	24 000~26 000

2. 检修内容

(1)小修:见表7-6。

表7-6　小修部位及内容

部位	检修内容
罐体和罐盖	检查接管法兰、阀门,更换泄漏处的垫圈、阀门和紧固松动的螺栓
	检查人孔、视镜,更换损坏的垫片、视镜、螺栓等部件
	检查安全附件灵敏、可靠性
传动装置及密封装置	检查、紧固各部联接螺栓
	调整机械密封端面比压,必要时更换动环、静环或弹簧等
	检查、修理传动部位磨损件(包括更换底轴套和轴瓦)
齿轮箱	检查密封垫和油封等
	检查、修理或更换损坏的零件
	检查、紧固各部螺栓

(2)中修:包括小修所有内容(表7-7)。

表7-7　中修部位及内容

部位	检修内容
罐体和罐盖	检查罐体内蛇管及外壁管,并对局部缺陷进行修补
	修补外部保温层、涂漆
传动装置及密封装置	检查、修理联轴器及联接螺栓等附件
	检查、修理或更换密封装置
	检查、修理搅拌轴、搅拌器等件

(3)大修:包括中修所有内容(表7-8)。

表7-8　大修部位及内容

部位	检修内容
罐体和罐盖	修理罐体、罐盖,必要时或更换罐盖
	修理或更换罐体内蛇管及外壁管
	检查、修理设备基础
传动装置及密封装置	修理或更换联轴器及联接螺栓等附件
	修理或更换搅拌器
	修理或更换搅拌轴
	检查、修理或更换密封装置
	防腐,涂漆,保温
齿轮箱	解体检查齿轮磨损情况,进行修理或更换
	检查或更换轴承
	修理或更换润滑系统的润滑油、脂
	检修齿轮箱和机座
	除锈,喷漆

四、机械搅拌反应器常见故障及处理方法

(一)罐体常见故障处理

常见故障原因及处理见表7-9。

表7-9 罐体常见故障原因及处理方法

故障现象	产生原因	处理方法
罐体损坏	介质腐蚀	采用耐腐蚀的材料,或修补
	应力影响,产生裂纹	焊接后要消除应力,产生裂纹要修补
	磨损,冲刷变薄或均匀腐蚀	壁厚小于设计计算厚度时需更换
密封不严,漏水、气、料	机械密封动、静环磨损,弹簧损坏	修理或更换动、静环或弹簧
	阀门、法兰等密封面不严	更换阀门、法兰垫片
	搅拌轴窜动	检修主轴,调整窜动量
进出料不通畅	进出料阀堵塞	更换阀门、法兰垫片
罐内发生异常响声	搅拌器摩擦罐内附件,搅拌轴弯曲变形,搅拌器松动	停车检查,校正修理
	底轴承损坏	修理或更换
联轴器响声大或振动	螺栓松动	紧固
	间隙过大	更换或调整
法兰漏气	垫圈不正	更换或调整垫圈
电机电流超过额定值	轴承损坏	更换轴承
	搅拌器不平衡	适当调整,重新平衡
	空气压力掉零	停车
主轴振动	主轴偏摆量太大	校正主轴和联轴器的同轴度

(二)减速机常见故障处理

常见故障原因及处理见表7-10。

表7-10 减速机常见故障原因及处理方法

故障现象	产生原因	处理方法
漏油	轴的对中精度低,加快了油封及轴承的磨损	重新找正调节联轴器;更换油封
	油封老化损坏	更换新油封,或将原紧固环去掉、更换
	结合面的密封圈损坏	按要求更换
	结合面螺丝松动	将螺栓配合弹簧垫圈紧固
	润滑油中有不洁物,使油封磨损加快	将陈油放尽,冲洗机内后,更换新油及油封
	润滑油量过多,运转中形成搅拌热	按游标规定加油

续表

故障现象	产生原因	处理方法
运转声响异常	安装误差大,减速机轴与搅拌轴对中精度太低,致使齿轮啮合及轴承运转声音异常	重新找正,调整联轴器
	零件损坏	拆机检查,修复或更换
油温过高	润滑油或润滑脂性能不佳	按说明书推荐的润滑油或润滑脂牌号予以加足,切勿降低牌号
	轴承润滑不良或损坏	更换轴承
示油器中油流不循环	油路堵塞	疏通油路,更换新油
	油泵损坏	更换油泵零部件
电机温度过高	电机功率不足	增大容量,选择电机

点滴积累 ∨

1. 发酵罐搅拌系统开机操作时应检查事项　空气流量和罐压处于工艺规定值范围;罐内液位应高过最上层搅拌叶;油冷却器冷却水阀门处于畅通状态;油泵、油泵电机及油管路均处于正常运行状态。

2. 运转过程中一旦听到罐内声响异常,可能发生搅拌桨叶或底轴瓦脱落或管道断裂情况,必须马上停车;如果运行电流一直处于最大允许电流,必须立即停车检查。

3. 发酵罐日常点检需要注意　电机、减速机、搅拌系统无异常声响;运行电流、减速机油温处于正常范围;设备管路及阀门螺栓紧固,无泄漏;减速机油位及油泵运行正常;机封无明显泄漏;搅拌轴偏摆情况正常。

第四节　发酵生产常规计算及相关知识

▶ 课堂活动

发酵车间设计的前提,首先是确定工艺、设备、能耗、物料平衡等方面的具体数值。 那么,这其中,你知道发酵热是怎么测量的吗? 运转过程需要多少冷量? 冷却水管路需要多大口径? 搅拌功率如何确定? 每批灭菌过程蒸汽消耗是多少? 如何进行物料衡算?

一、发酵罐的常规配管及流速要求

（一）发酵罐的常规配管

蒸汽、水、压缩空气、氮气、真空、各种物料都要通过管道来输送,设备与设备之间的联系依靠管道来进行沟通。正确地进行管道布置和安装是保证发酵工厂正常生产的关键之一。

1. 无缝钢管　该管材质地均匀,强度高,根据加工制造工艺不同可分为热轧无缝钢管和冷拔无缝钢管。热轧管外径范围从 Φ32 至 Φ450,壁厚从 2.5mm 至 50mm;冷拔管外径范围从 Φ4 至 Φ150,壁厚从 1.0mm 至 12mm。无缝钢管常用于蒸汽、一次水、循环水、冷冻水、冷冻盐水以及下水道等管道。

2. **不锈钢管** 常用的不锈钢管是 1Cr18Ni9Ti 材质制成的无缝钢管。在发酵车间常用于空气管道、物料管道、移种管道、带放管道、连消系统管道等。根据药品生产质量管理规范(GMP)的要求,目前各生产厂家凡是和物料直接或间接接触的管道都用不锈钢材质,以保证药品的质量。

发酵工厂常用的管道规格见表 7-11。

表 7-11 常用无缝钢管和不锈钢管规格表

公称直径 Dg		10	15	20	25	32	40	50
无缝钢管	外径	14	18	25	32	42	45	57
	壁厚	2.5	2.5	3	3	3	3.5	3.5
不锈钢管	外径	14	18	25	32	42	45	57
	壁厚	2	2	2	2.5	2.5	2.5	3
公称直径 Dg		65	80	100	125	150	200	250
无缝钢管	外径	76	89	108	133	159	219	273
	壁厚	4	4	4	4	4.5	5	6
不锈钢管	外径	76	89	108	133	159	219	273
	壁厚	3	3	3	3	3.5	3.5	4

3. **铸铁管** 常用于埋于地下的一次水管和室内污水管道。由于其耐腐蚀性能较差,目前新建项目已很少用。

4. **聚丙烯管** 该管耐酸、耐碱,内壁光滑,可用于输送酸、碱等物料。但该材质不耐热,使用温度须低于80℃。由于比较软,安装较长距离时需要使用托架。

5. **衬管** 是将聚乙烯、聚丙烯或聚四氟乙烯等塑料内衬于无缝钢管内壁,更耐压,不易变形,克服了非金属管道的缺点;又可以用于腐蚀性物料的输送,克服了碳钢金属管道的缺点。该管道安装要求比较高,法兰、弯头、三通等管件也必须内衬,不能有泄漏。

(二)流体管道内的流速范围

流体在管道中的常用流速范围见表 7-12。

表 7-12 流体在管道中的常用流速范围

流体的类别及情况	流速范围(m/s)
自来水主管(0.3MPa)	1.5~3.0
自来水支管(0.3MPa)	1.0~1.5
循环水(0.8MPa 以下)	1.5~3.5
循环回水	0.5~2.0
冷冻盐水	1.0~2.0
蒸汽(1.0MPa 以下)	20~30
压缩空气(0.1~0.3MPa)	10~12

流体的类别及情况	流速范围（m/s）
真空管道	<10
发酵液	0.5~1.0
连消培养基	0.3~0.6
蛇管内冷却水	<1
车间通风主管	4~15
车间通风支管	2.0~8.0

二、发酵系统各种阀门选型及应用

（一）阀门的分类

1. 按阀门的结构和原理可分为　闸阀、截止阀、球阀、蝶阀、隔膜阀、旋塞阀、止回阀、减压阀、安全阀、疏水阀、调节阀、底阀、节流阀、柱塞阀、仪表阀、排污阀等。

2. 按阀门的启闭方式可分为　驱动阀门和自动阀门。

驱动阀门：依靠人力、电力、液压、气压等外力进行操纵动作的阀门。如闸阀、截止阀、球阀、蝶阀、隔膜阀、旋塞阀、电磁阀等。

自动阀门：依靠介质自身的流速和外界动力进行动作的阀门。如止回阀、减压阀、安全阀、疏水阀等。

3. 按阀门承受压力可分为　真空阀（工作压力低于标准大气压）、低压阀（公称压力小于1.6MPa）、中压阀（公称压力2.5~6.4MPa）、高压阀（公称压力10.0~80.0MPa）、超高压阀（公称压力大于100MPa）。

其他还有多种阀门的分类方式，在此不一一列举。

（二）常用阀门的选型及应用

1. 截止阀　截止阀是利用装在阀杆下面的阀瓣与阀体的凸缘部分相配合，阀瓣由阀杆带动，沿阀座轴线作升降运动来启闭阀门。截止阀结构简单，用以调节介质的流量与压力，图7-19是截止阀结构示意图。截止阀几乎可以装到发酵系统所有的管路上。截止阀安装时，要注意方向，阀体注明的箭头方向应与流体流动方向一致。如装反则阻力增大。截止阀的阀瓣密封材质各有不同，应根据不同的要求进行选用。在发酵无菌系统管路上（如罐底阀），应选用带有聚四氟乙烯材质密封垫的阀瓣，确保密封严密，容易更换。

2. 闸阀　闸阀是阀体内的阀板与介质流动方向垂直，阀板升起，阀即开启。闸阀的密封性能较好，流体阻力较小，具有一定的流量调节功能，图7-20是闸阀结构示意图。闸阀一般安装在不轻易启闭的空气、水等大口径管路上。根据阀杆的结构不同，闸阀又分为明杆和暗杆两种。由于闸板和阀杆时间长了容易脱落，目前闸阀的应用日趋减少。

3. 球阀　球阀是一种以中心开孔的球作阀芯，靠旋转球体来控制阀的启闭。球阀可以做成三通或四通，其结构简单，体积小，流体阻力小，密封性能好，是近年来应用非常多的一种阀型，图7-21是球阀结构示意图。在发酵车间多应用在补料系统、空气系统和水系统上。当空气或水管路直径超过DN200mm时，一般不再选用球阀，而是选用截止阀、蝶阀等。

4. 隔膜阀　隔膜阀的启闭机构是一个橡胶或聚四氟乙烯膜片,其四周与阀体和阀盖压紧密封,中心突出部分与阀杆固定,隔膜将阀杆与介质隔离,阀杆带动膜片上下动作封闭或打开流道,图 7-22 是隔膜阀结构示意图。隔膜阀密封性好,便于维护,流体阻力小。在物料自控系统中得到广泛应用。发酵工厂一般将隔膜阀用于无菌物料、水等需要自动化控制的系统中。

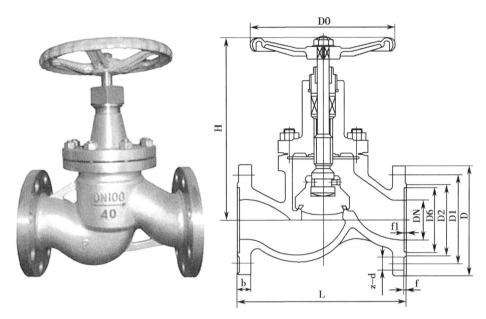

图 7-19　截止阀结构示意图

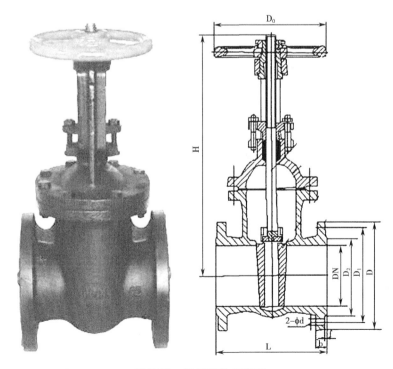

图 7-20　闸阀结构示意图

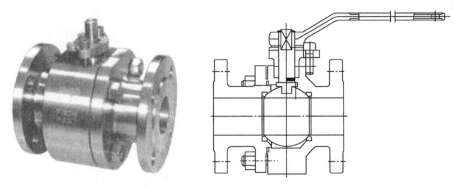

图 7-21　球阀结构示意图

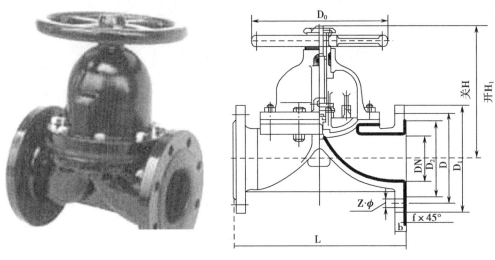

图 7-22　隔膜阀结构示意图

5. 止回阀　止回阀是一种自动关闭和开启的阀门。在阀体有一个阀板或其他启闭装置,当介质顺方向流动时,阀板开启;当流体逆流时,阀板自动关闭,阻止流体逆向流动,图 7-23 是止回阀结构示意图。在发酵工厂,止回阀一般用于空气、物料灭菌或泵出口管路上,防止发酵液或其他物料进入空气系统或防止物料进入其他管路。

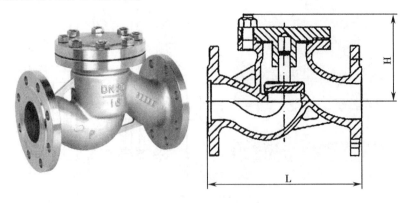

图 7-23　止回阀结构示意图

6. 减压阀　减压阀主要依靠膜片、弹簧或活塞等敏感元件改变阀瓣与阀座的间隙,使蒸汽、空气达到自动减压的目的。常用的减压阀有两种类型,一种是膜片活塞式减压阀,主要用于蒸汽管道减压,不同的型号对应不同的减压范围,选用时需要注意。另一种是波纹管式减压阀,是由波纹管、调节弹簧、阀座、阀瓣等零件组成,利用波纹管传导阀门压力驱动阀瓣,改变和控制阀门开度实现减压稳压功能,图 7-24 是减压阀结构示意图。

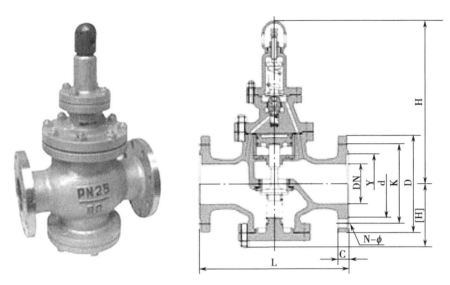

图 7-24　减压阀结构示意图

三、发酵产量、进度、物料、能耗的基本计算

发酵工厂设计和生产过程中,涉及的生物反应器基本工艺计算包括物料衡算、工艺设备的计算和能量计算。

物料衡算遵循的原则:凡是进入某一设备的物料重量之和,必须等于操作后所得产物的重量加上损失的物料重量以及转化为其他副产物的重量之和。在发酵工艺计算过程中,通常是以一个发酵罐的罐批物料作为计算的基准,以此进行原材料的投料、过程收率、产成品量等物料衡算。

根据物料衡算结果,并考虑每批生产时间和非生产时间(即进罐、放罐、清洗、检修、灭菌等辅助时间),就可以计算出所需发酵罐等设备的数量、罐体容积和主要尺寸,然后进行设备选型和各设备间的平衡配套。

在完成物料衡算和设备选型后,就可以进行能量衡算,计算出每台设备的能量消耗,并汇总出车间或工段的最大瞬时消耗和平均消耗,作为动力配套公用工程设计的依据。

(一)发酵罐物料衡算

对于每一发酵罐批,进料量和出料量是平衡的:

进料量=基础培养基量(消后)+ 种子液量 + 补料量

(包括中间补糖、前体、补氮源、消沫剂、酸碱、水等)

出料量=放罐发酵液量 + 带放发酵液量(即发酵过程中放出的料液量)+ 逃液和蒸发损失量

例如青霉素发酵过程中硫的平衡,如表 7-13 所示:

表 7-13 青霉素生产过程中硫平衡的计算

硫的供给	途径	原材料或产品	浓度	硫的计算(kg)
1	种子罐含硫原材料提供的硫	玉米浆	玉米浆中的亚硫酸含量0.3%	玉米浆折干重量(kg)×0.3/100×32/82
2		硫酸铵	固体物料	硫酸铵投料量(kg)×32/132
3	发酵罐含硫原材料提供的硫	玉米浆	玉米浆中的亚硫酸含量0.3%	玉米浆折干重量(kg)×0.3/100×32/82
4		硫酸铵	固体物料	硫酸铵投料量(kg)×32/132
5		硫酸钠	固体物料	硫酸钠投料量(kg)×32/142
6		硫酸亚铁	固体物料	硫酸亚铁投料量(kg)×32/152
7		硫酸锰	固体物料	硫酸锰投料量(kg)×32/151
8	补料含硫原材料补入的硫	硫酸钠	固体物料	硫酸钠补入量(kg)×32/142
9		硫酸铵	固体物料	硫酸铵补料量(kg)×32/132
10		硫酸	98%	硫酸补入量(kg)×硫酸浓度(%)×32/98
硫的需求				
1	产品需求(青霉素分子结构中含硫)	青霉素	每十亿单位青霉素(BOU)折重0.625kg	青霉素 BOU×0.625×32/356
2	菌丝需求(菌丝中含有硫元素)	菌丝	青霉素菌丝含硫量按1%计算	发酵液体积(m³)×发酵液密度×菌丝干重×1%
硫的残留				
1	发酵液中残留	发酵液		残留检测

上述平衡中,硫的供给 = 硫的需求 + 硫的残留

(二)发酵产量及技术指标、进度、设备台数的常规计算

1. 发酵罐公称容积的计算 发酵罐的公称容积 V_0 指罐的圆筒部分容积 V_C 加上底封头的容积 V_b 之和,即:

$$V_0 = V_C + V_b = \frac{\pi}{4}D^2 H + V_b \qquad (式7\text{-}1)$$

椭圆形封头的容积可从《化工设备设计手册》中查到,也可用式(7-2)求得

$$V_b = \frac{\pi}{4}D^2 \cdot h_b + \frac{\pi}{6}D^2 \cdot h_a = \frac{\pi}{4}D^2 \cdot (h_b + \frac{1}{6}D) \qquad (式7\text{-}2)$$

上式中 D 为发酵罐内径(m),H 为发酵罐直筒段高度(m),h_a 为封头凸出部分高度(m),h_b 为封头直边高度(m),标准椭圆形封头的 $h_a = \frac{1}{4}D$,因此

$$V_0 = \frac{\pi}{4}D^2 \left[(H+h_b) + \frac{1}{6}D \right] \qquad (式7\text{-}3)$$

2. 产量和技术指标计算

$$放罐总亿(亿) = 放罐效价(U/ml) \times 放罐体积(m^3) \times 10^{-2} \qquad (式7\text{-}4)$$

$$带放总亿(亿) = \sum \left[带放效价(U/ml) \times 带放体积(m^3) \right] \times 10^{-2} \qquad (式7\text{-}5)$$

$$发酵罐批总亿(亿) = 放罐总亿(亿) + 带放总亿(亿) \qquad (式7\text{-}6)$$

$$发酵指数(BOU/(m^3 \cdot h)) = \frac{发酵罐批总亿(BOU)}{生产周期(h) \times 公称容积(m^3)} \qquad (式7\text{-}7)$$

$$罐批总产量(kg) = 发酵罐批总亿(亿) \times 过滤收率(\%) \times 提取收率(\%) \times$$
$$结晶收率(\%) \times 折重系数(表7\text{-}14) \qquad (式7\text{-}8)$$

表 7-14　抗生素折重系数换算表

产品名称	规定毫克单位	每十亿单位折算千克折重系数
青霉素钾	1534	0.625
青霉素钠	1603	0.62
硫酸链霉素	720	1.389
土霉素	930	1.075
盐酸四环素	950	1.053
红霉素	920	1.087
盐酸金霉素	910	1.099
硫酸庆大霉素	590	1.695
盐酸林可霉素	815	1.227

3. 发酵罐台数的确定　发酵罐台数多少是根据生产工艺、年产量需求、投资额度、厂房建筑、提取设备配套能力、人员技术素质等综合因素来确定。

受工艺技术条件、设备条件、产品质量、投资、操作等各方面因素的影响,某个产品的发酵罐容积的放大须非常谨慎,必须在已有发酵设备规模的基础上,综合考虑预期生产水平、质量水平、搅拌功率、传热、灭菌、厂房设计和人员操作方便程度等因素,通过科学放大来确定。在发酵罐容积确定的基础上,生产水平和单罐批产量也确定,根据年产量、年生产时间和发酵周期(天数,其中包含辅助时间)来确定每天需放罐台数,从而最终可以确定发酵罐总台数。

$$月放罐批数(批) = \frac{发酵罐总台数(台) \times 24h \times 30d}{单罐批生产周期(h)(含非生产时间)} \qquad (式7\text{-}9)$$

$$月放罐批数(批) = \frac{年产量(吨) \times 1000}{12(月) \times 折重系数 \times 单罐批产量(十亿) \times 总收率(\%)} \qquad (式7\text{-}10)$$

由上述(7-9)和(7-10)式可算出发酵罐总台数。另外还要考虑发酵液的性质和提炼设备的处理能力作出综合平衡。如果每月需要放30批(每天放1批),发酵周期为9天,那么9台罐即可;如果每月需要放60批(每天放2批),发酵周期仍为9天,那么需要18台罐。

4. 种子罐台数的确定

$$种子罐台数(台) = \frac{发酵罐总台数(台) \times 种子罐周期(天)}{发酵罐周期(天)} \qquad (式7\text{-}11)$$

种子罐容积的大小主要根据发酵罐的接种比、培养过程损失率及装料系数来确定。

$$种子罐容积 = \frac{发酵罐计量体积 \times 接种比 \times (1+液体损失率)}{种子罐装料系数}$$ （式7-12）

种子罐的液体损失率主要是培养过程中由于通气而导致的培养基水分蒸发和泡沫夹带而造成的体积损失，一般约为 10%~20%。种子罐由于体积较小，灭菌时容易产生大量泡沫，其装料系数比发酵罐小一些，一般控制在 55%~70%。

（三）发酵罐搅拌轴功率计算

轴功率是指一定型式的搅拌器以一定转速进行搅拌时，克服流体阻力所需要的功率。它和搅拌器型式、桨叶尺寸、发酵罐的参数、发酵液黏度以及搅拌器的转速等参数有关。搅拌轴功率是选择电机容量的主要依据，也是衡量通气发酵罐内溶氧水平的主要指标和放大设计的基本依据。

一般发酵罐，搅拌的作用在于强化传质，因此发酵液流动总是处于湍流状态。在通气状态下，当 $D/d=3$，$H_L/d=3$，$W/D=0.1$ 时，单层搅拌桨搅拌功率可用式(7-13)计算：

$$P = Kn^3d^5\rho(w)$$ （式7-13）

其中，P 为搅拌功率(w)，K 值是一个常数(表7-15)，n 为搅拌转速(r/min)，d 为搅拌桨叶轮直径(m)，ρ 为发酵液密度(kg/m³)，D 为发酵罐直径(m)，H_L 为发酵液的装料高度(m)，W 为挡板宽度(m)。

实际上当 $D/d \neq 3$，$H_L/d \neq 3$，$W/D \neq 0.1$ 时，可用校正系数 f 校正：

$$f = \frac{1}{3}\sqrt{(D/d)(H_L/d)}$$ （式7-14）

$$P^* = f \times P$$ （式7-15）

当发酵罐有多层搅拌桨叶时，m 为搅拌器层数，其搅拌功率为：

$$P_m = P \times (0.4+0.6m)$$ （式7-16）

表 7-15　不同搅拌器的 K 值

搅拌器型式	K值		搅拌器型式	K值	
	滞流	湍流		滞流	湍流
六平叶涡轮搅拌器	71	6.3	六弯叶封闭式涡轮搅拌器	97.5	1.08
六弯叶涡轮搅拌器	71	4.8	三叶螺旋桨	43.5	1.0
六箭叶涡轮搅拌器	70	4.0			

发酵罐一般设置多层搅拌桨叶，底搅拌为径向流，如表7-15中平叶、弯叶或箭叶，也有半圆管型式或抛物线型式，主要起分散气体提高溶氧的作用。底搅拌一般会占到总搅拌功率的50%以上。而对于上层搅拌桨叶，一般为轴向流，起到推动发酵液轴向循环的作用。上层搅拌每层桨叶所占的功率为总功率的15%左右。

无通气时的搅拌轴功率可用式(7-17)进行计算：

$$P_0 = N_P \cdot D^5 \cdot n^3 \cdot \rho$$ （式7-17）

式中 P_0——无通气时的搅拌轴功率,W;

N_P——功率准数;

D——涡轮直径,m;

n——涡轮转速,r/s;

ρ——液体密度,kg/m^3。

通气时搅拌轴功率,可用修正的迈凯尔关系式进行计算

$$P_g = 2.25 \times \left(\frac{P_0^2 \cdot n \cdot D^3}{Q^{0.08}} \right) \times 10^{-3} \qquad (式 7\text{-}18)$$

式中 P_g、P_0——通气、无通气时的搅拌轴功率,kW;n——搅拌器转速;r/min;D——搅拌器直径,cm;Q——通气量,ml/min。

(四) 发酵罐能耗计算

1. 发酵热及传热面积的计算 在发酵过程中,由于生物氧化作用以及机械搅拌运转过程所产生的热量必须及时去除,以保持发酵在适宜的温度下进行。

在发酵过程中,热量的平衡方程如下:

$$Q_{发酵} = Q_{生物} + Q_{搅拌} - Q_{蒸发} - Q_{显} - Q_{辐射} [\text{kcal}/(\text{m}^3 \cdot \text{h})] \qquad (式 7\text{-}19)$$

式中,

$Q_{发酵}$——发酵过程释放出的净热量;

$Q_{生物}$——培养基成分分解后产生的能量除用于菌体生长、代谢维持和产物合成外,以热量形式释放出的剩余热量(即需要冷却水带走的热量);

$Q_{搅拌}$——机械搅拌形成的热量,

$$Q_{搅拌} = \left(\frac{P_g}{V} \right) \times 860 \qquad (式 7\text{-}20)$$

P_g/V 为单位体积培养基在通气状况下所消耗的功率,kW/m^3,860 为热功当量,kcal/(kW·h);

$Q_{蒸发}$——发酵罐排气带走的水分所需的潜热;

$Q_{显}$——发酵罐排气带走的显热;

式(7-19)中,由于 $Q_{生物}$ 不能简单地求出,因此 $Q_{发酵}$ 实际上也不能从上述平衡方程中计算得出。要计算出发酵过程产生的热量,需要靠实际测定来求出。在实测过程中,只要保持发酵液温度基本恒定,通过测定冷却水进口和出口的温度 t_2 及 t_1($^\circ$C)以及冷却水的流量 G(kg/h)即可计算出发酵热,如式(7-21):

$$Q_{发酵} = GC(t_2 - t_1)/V$$
$$\text{kcal}/(\text{m}^3 \cdot \text{h}) \qquad (式 7\text{-}21)$$

式中,C 是冷却水比热,kcal/(kg·$^\circ$C),V 是发酵液体积,m^3。

由于发酵过程的发酵热是变化的,随着补糖量的增大和代谢的增强,发酵热就越大。例如青霉素发酵过程中的发酵热可达到 5000kcal/(m^3·h)以上。设计发酵罐的冷却面积时,必须以实测发酵热为依据,同时根据搅拌功率的大小进行合理估算。

ER-7-3　各
类发酵液的
发酵热

ER-7-4　发
酵罐传热系
数测定

2. 蒸汽消耗量的计算　发酵培养基主要用蒸汽加热进行灭菌。加热方式有两种,一种是将蒸汽与料液直接混合加热,另一种是蒸汽冷凝放出热量,通过间壁传热使物料温度上升。两种加热方式的蒸汽消耗量可分别由式(7-22)进行计算。

(1)直接蒸汽混合加热时的蒸汽消耗量:

$$D = \frac{Gc(t_2 - t_1)}{i - t_2 \cdot c}(1 + \eta) \tag{式 7-22}$$

式中,

D 为蒸汽消耗量,kg;

G 为被加热物料量,kg;

c 为料液比热,kJ/(kg·℃);

t_2 为加热结束时料液的温度,℃;

t_1 为加热开始时料液的温度,℃;

i 为蒸汽热焓,kJ/kg;

η 为加热过程中由于热损失而增加的蒸汽消耗量,η 可取 5%~10%。

(2)间壁加热时的蒸汽消耗量:

$$D = \frac{Gc(t_2 - t_1)}{r}(1 + \eta) \tag{式 7-23}$$

式中,r 为蒸汽的气化潜热,kJ/kg;其他符号和式(7-22)相同。

(3)发酵罐空罐灭菌时的蒸汽消耗量估算:

$$D = 5V_F \cdot \rho_s \tag{式 7-24}$$

式中,D 为蒸汽消耗量,kg;V_F 为发酵罐全容积,m³;ρ_s 为发酵罐灭菌时,罐压下蒸汽的密度,kg/m³。

(4)实罐灭菌保温时的蒸汽消耗量估算:发酵罐实罐灭菌保温时,一方面蒸汽通入,另一方面从排气管道排出,使发酵罐达到"活蒸汽"灭菌的目的。这个过程蒸汽的消耗量可按发酵罐实罐灭菌直接蒸汽加热时蒸汽消耗量的 30%~50%估算。

> **点滴积累** ∨
>
> 1. 发酵生产中常用阀门　闸阀、截止阀、球阀、蝶阀、隔膜阀、旋塞阀、止回阀、减压阀、安全阀、疏水阀、调节阀等。
>
> 2. 发酵罐的公称容积指罐的圆筒部分容积加上底封头的容积之和。
>
> 3. 发酵罐搅拌功率和转速的三次方成正比,和搅拌直径的五次方成正比: $P = Kn^3 d^5 \rho$。

4. 要想测量发酵热，只要保持发酵液温度基本恒定，通过测定冷却水进口和出口的温度 t_2 及 t_1（℃）及冷却水的流量 G（kg/h）即可计算出发酵热：

$$Q_{发酵} = GC(t_2 - t_1)/V$$

5. 发酵指数（亿/m³/h）= $\dfrac{发酵罐批总亿（亿）}{生产周期（h）× 公称容积（m³）}$

知识链接

从摇瓶到发酵罐

摇瓶试验是在锥形瓶中装入一定量的培养基，配上棉塞或八层纱布，经灭菌后接种，在摇床上进行恒温振荡培养，分析测定培养液中的有关参数和产物。摇瓶试验可以在有限的空间、时间和一定的人力条件下，短期内获得大量的数据，为罐发酵提供参考。

但摇瓶的试验条件转移到发酵罐时，所得产物的产量往往存在差异，其原因如下：

1. 溶解氧的差异　摇瓶的溶氧取决于瓶塞对氧传递的阻力、液体装量、摇床转速以及瓶口表面通气状况；而发酵罐配备专门的空气系统和搅拌系统，供氧能力要好得多。

2. 菌丝受机械损伤的差异　摇瓶培养菌体只受液体的冲击或沿着瓶壁滑动影响，机械损伤很轻；而发酵罐培养受搅拌叶和液体的强烈湍流剪切力，机械损伤程度远远大于摇瓶培养。

3. 蒸发和补料的差异　为了保证溶氧，摇瓶装料量少，补料量也少，这种情况下水分蒸发导致培养液变稠以及由于体积减少而引起的误差是很大的；而发酵罐虽然蒸发量也不小，但其总体积大，补料量也随时在控制，这方面的条件要好得多。

4. 对于摇瓶放大培养的结果，如果菌种对溶氧敏感，则罐中生产能力可能高于摇瓶；如果菌种对机械损伤敏感，则罐中的生产能力可能低于摇瓶；如果菌种溶氧和机械损伤都敏感，则其结果随发酵罐中的特性而定。

目标检测

一、选择题

（一）单项选择题

1. 迄今为止，绝大多数药品发酵生产过程首选的生物反应器是

    A. 机械搅拌式反应器　　　　　　　　B. 气升式反应器

    C. 固定床反应器　　　　　　　　　　D. 流化床反应器

2. 发酵罐底层搅拌一般安装带有圆盘的涡轮式搅拌器，且桨叶也多种多样，其主要目的是

    A. 提升混合效果　　　　　　　　　　B. 强化传热

    C. 破碎气泡提高溶氧　　　　　　　　D. 促使菌丝断裂

3. 气升式反应器借助于气体本身能量达到气液混合搅拌及循环流动，因此气升式反应器不适用于（　　）的发酵液或培养液。

A. 固形物含量低、黏度大 B. 固形物含量低、黏度小

C. 固形物含量高、黏度小 D. 固形物含量高、黏度大

4. 流化床生物反应器运行过程中,当气固流化床不均匀时,部分气体以气泡的形式通过床层,固体颗粒成团湍动,流化不平稳,床层自由面上下波动剧烈,床层压降也随之波动着,此时的床层称为

A. 散式流化 B. 聚式流化

C. 临界流化 D. 腾涌

5. 对于固定床生物反应器,下面说法错误的是

A. 床层温度随床层高度增加而上升

B. 床层温度随空气流速的增加而下降

C. 采用水饱和湿润空气来增湿床层,床层温度会下降

D. 用搅拌来促进床层的热交换时,要注意控制好搅拌强度和时间

6. 对于流化床生物反应器,下面说法错误的是

A. 床层颗粒度要均匀,大小要一致

B. 操作中流速加减量要缓慢

C. 常选择的流化速度为最小流化速度的 5~10 倍

D. 过粗的固体粒度易产生沟流

7. 某发酵罐直径 4000mm,直筒段高度 11 000mm,上、下封头容积各 9m³,则该发酵罐公称容积为

A. 156m³ B. 147m³ C. 165m³ D. 150m³

8. 发酵罐减速机油温是日常运行过程中巡检的重要内容,那么在正常情况下减速机油温应该控制在( )℃以下呢?

A. <75℃ B. <80℃ C. <85℃ D. <90℃

9. 头孢菌素 C 放罐单位为 36 000U/ml,体积为 120m³,7-ACA 总收率 25%,头孢菌素 C 毫克效价为 1000U/mg,最终得到 7-ACA 重量为( )kg。

A. 4320 B. 1080 C. 3600 D. 900

10. 某工厂发酵车间共有发酵罐 10 台,运转周期为 192 小时(含非生产时间),如果一个月按 30 天计算,则该月总发酵批数是( )批。

A. 30 B. 35 C. 37 D. 39

(二) 多项选择题

1. 发酵罐搅拌系统的功能主要有

A. 破碎气泡,促进溶氧提高

B. 促进菌体及营养物质混合分布均匀

C. 促使菌丝断裂

D. 传递热量

2. 下面哪些指标与周期有关

    A. 发酵总亿   B. 发酵单位

    C. 发酵指数   D. 发酵液单耗

3. 生物反应器水平的传递特性是由细胞和周围环境之间的（   ）组成的

    A. 动量传递   B. 热量传递

    C. 质量传递   D. 信息传递

4. 为了强化发酵过程产生的发酵热及时移除,可以采用的措施有

    A. 在发酵罐内安装蛇管   B. 将立式蛇管改为螺旋蛇管

    C. 降低冷却水温度   D. 及时清洗罐内结垢

5. 气升式反应器的一个重要控制参数是控制气含率。影响气含率的因素主要有

    A. 气体分布器   B. 喷嘴的型式

    C. 气速   D. 液速

6. 将生物酶进行固定化的主要目的是

    A. 可以重复利用酶   B. 便于生物催化剂与反应产物分离

    C. 保持生产过程的平稳   D. 降低反应过程的生产成本

二、简答题

1. 简述机械搅拌式生物反应器的结构及其特点?

2. 什么是散式流化和聚式流化?

3. 简述机械搅拌式发酵罐日常点检主要包含哪些内容? 做到什么标准?

4. 生物反应器可分为几种型式?

5. 发酵罐一般设置多层搅拌桨叶,简述发酵罐底搅拌和上层搅拌各自所起的作用是什么?

三、实例分析

1. 计算 某罐批运转过程中参数如下:

周期	100	124
效价	31 000	40 500
体积	118	119
苯乙酸残量	0.3	0.3

这一天(100~124)内共带放两次,第一次带放周期为 110 小时,效价为 34 000,体积 $10m^3$,第二次带放周期为 122 小时,效价为 39 000,体积 $11m^3$,请计算这一天内的总亿及发酵指数? 已知该发酵罐公称容积 $145m^3$。

2. 发酵热是生产过程中菌体代谢热、搅拌热、补料带入热量等的综合体现。请分析和叙述生产过程中利用进出口温度测量法测量菌体发酵热的具体过程。

3. 某工厂青霉素发酵罐批周期180 小时,批发酵总亿 135 000 亿,整批加糖折干 48 000kg,加

苯乙酸为2900kg。已知该发酵罐公称容积145m³。分析计算该罐批发酵指数、糖单耗、苯乙酸单耗。

第八章

灭菌技术

学前导语

在发酵生产企业，纯种培养是发酵工生物制药过程的重要理念，而该理念的实施就是进行有效的灭菌。若灭菌不彻底，会使生产菌和杂菌同时生长，生产菌丧失生产能力；在连续发酵过程中，杂菌的生长速度有时会比生产菌生长得更快，结果使发酵罐中以杂菌为主；杂菌及其产生的物质，使提取精制发生困难；杂菌会降解目的产物；杂菌会污染最终产品；发酵时如污染噬菌体，可使生产菌发生溶菌现象。灭菌环节包括对生物发酵罐和其附属管路的灭菌，培养基的灭菌，进行有氧发酵的空气灭菌等。那么，在发酵工业生产中，灭菌的基本原理是什么？如何对发酵培养基灭菌？如何制备无菌空气？在灭菌过程中，有哪些影响因素，操作要点又是如何，对于不同的发酵设备又是如何保证无菌，进行有效的纯种发酵的？……这些都是完成本章学习要解决的问题。

第一节　工作任务及岗位职责要求

ER-8-1　扫
一扫，知重点

一、灭菌操作岗位工作任务

根据发酵生产药物的种类和规模,其具体工作任务有所差异,但灭菌岗位的基本任务如下:

1. 按工艺操作规程,对发酵及辅助设备进行调试、检查、清理、维护等。

2. 按要求操作相应设备,正确进行开车、停车、控制操作工艺条件。

3. 随时监控灭菌过程的工艺参数,熟练处置参数波动。

4. 对操作中存在的问题及时发现、解决,提出合理化建议加以改进。

5. 做好个人及生产现场的安全防护,保证岗位职能正常进行。

二、灭菌岗位职责

灭菌岗位是"纯种发酵"生产的关键岗位,岗位技术操作人员除了履行"基本岗位职责要求"的相关职责外,还应履行如下职责:

1. 接收生产指令并按指令进行开车、停车等各项操作。

2. 严格按照各种操作规程进行本岗位的工作。

3. 按过滤器消毒、空消、实消等操作 SOP 控制生产过程,保证生产技术指标的完成。

4. 做好生产材料的检查及预处理等准备工作。

5. 严格控制蒸汽用量,既要节省蒸汽又要达到最佳效果。

6. 进行消毒现场以及相关设备、设施的清扫和维护,并对管路进行定期维护管理。

7. 认真填写消毒记录,记录用仿宋字体,字迹要端正,纸张要清洁,数据要完整准确,保证可以有据可查。解决不了的问题及时反映给相关技术人员。

8. 遵守各项规章制度,按照安全操作法操作,正确穿戴劳保用品。

9. 正确操作使用生产设备、消防器材、防护用具,检查消防器材的完好。

10. 配合车间做好岗位员工的培训工作,提高员工素质。

11. 不断学习,提高自身操作水平,并完成领导交给的其他任务。

第二节　灭菌基本原理与方法

为了实现纯种培养的目的,必须做到从接种到培养结束的整个过程不得有杂菌污染,也就是说要严格满足无菌操作的要求。纯种培养是指同一种微生物的菌株在特定的培养基内或培养基上进行生长,进而提高工业发酵产品的产量和质量。工业发酵过程要实现培养基、消泡剂、补加的物料、空气系统、发酵设备、管道、阀门以及整个生产环境的彻底灭菌,防止杂菌和噬菌体的污染,必须针对灭菌对象和生产要求,选择适宜的灭菌方法并控制适宜的灭菌条件才能满足工业化生产的需要。灭菌方法分化学灭菌法和物理灭菌法。

▶ 课堂活动

环境中,各种微生物无处不在,而发酵必须采用纯种发酵,在实际生产中,有哪些灭菌手段来保证纯种发酵呢?

一、化学灭菌法

化学灭菌法是指用化学药品直接作用于微生物而将其杀死的方法,主要利用无机或有机化学药剂进行灭菌。

对微生物具有杀灭作用的化学药品称为杀菌剂,可分为气体灭菌剂和液体灭菌剂。杀菌剂仅对微生物繁殖体有效,不能杀灭芽孢。化学杀菌剂的杀灭效果主要取决于微生物的种类与数量、物体表面的光洁度或多孔性以及杀菌剂的性质等。化学灭菌的目的在于减少微生物的数量,以控制一定的无菌状态。化学灭菌法可分为气体灭菌法和液体灭菌法。

(一) 气体灭菌法

又称熏蒸法,加热或加入氧化剂,使消毒剂呈气体,在标准的浓度和时间里达到消毒灭菌目的。采用气态杀菌剂(如臭氧、环氧乙烷、甲醛、丙二醇、甘油和过氧乙酸蒸气等)进行灭菌。该法特别适合环境消毒以及不耐加热灭菌的医用器具、设备和设施的消毒。临床常用到的环氧乙烷低温灭菌器、过氧化氢等离子体灭菌器、低温蒸气甲醛灭菌器(如图 8-1 所示)都是这种方法。亦可用于粉末注射剂,但不适合于对产品质量有损害的场合。

1. 纯乳酸灭菌　可用于无菌操作间的空气消毒。每100m² 空间用乳酸12ml 加等量水,放入治疗碗内,密闭门窗,加热熏蒸,待蒸发完毕,移去热源,继续封闭 2 小时,随后开窗通风换气。

2. 食醋灭菌　食醋按空间用量为 5 ~ 10ml/m³,加 1 ~ 2 倍热水稀释,闭门加热熏蒸到食醋蒸发完为止。因食醋含5%醋酸可改变细菌酸碱环境而有抑菌作用,对流感、流脑病室的空气可进行消毒。

3. 环氧乙烷灭菌　属于广谱气体杀菌剂,能杀灭细菌繁殖体及芽孢以及真菌和病毒等。穿透力强,对大多数物品无损害,消毒后可迅速挥发,特别适用于不耐高热和温热的物品,如精密器械、电子仪器、光学仪器、心肺机、起搏器等,均无损害和腐蚀等副作用。本品沸点为 10.8℃,只能灌装于耐压金属罐或特制安瓿中。

图 8-1　甲醛灭菌器

4. 甲醛灭菌　甲醛中含有的碳氧双键能够与蛋白质发生化学反应导致其灭活,从而起到杀灭微生物的作用。由于甲醛在低浓度状态下也能发挥明显的消毒作用,且熏蒸的方法能够覆盖到平时基本打扫所涉及不到的卫生死角,故甲醛熏蒸消毒是一种全面高效的车间消毒方法。

(二) 液体灭菌法

液体灭菌法是指采用液体杀菌剂进行消毒的方法。该法常作为其他灭菌法的辅助措施,适合于皮肤、无菌器具和设备的消毒。常采用的消毒液有 75%乙醇、1%聚维酮碘溶液、0.1% ~ 0.2%苯扎溴铵(新洁尔灭)、2%左右的苯酚溶液等。

(三) 浸泡法灭菌

选用杀菌谱广、腐蚀性弱、水溶性消毒剂,将物品浸没于消毒剂内,在标准的浓度和时间内,达到消毒灭菌目的。

（四）擦拭法灭菌

选用易溶于水、穿透性强的消毒剂，擦拭物品表面，在标准的浓度和时间里达到消毒灭菌目的。

二、物理灭菌法

物理灭菌法包括：辐射灭菌（电磁波或射线灭菌）、加热灭菌（干热灭菌和湿热灭菌）、过滤除菌等。

（一）辐射灭菌法

利用电磁波、紫外线、X射线、γ射线或放射性物质产生的高能粒子进行灭菌，发酵车间以紫外线最常用。紫外线对芽孢和营养细胞都能起作用，但其穿透能力低，只能用于表面灭菌。在发酵生产中，紫外线主要用于无菌室、培养间等空间的灭菌。

（二）干热灭菌法和干热空气灭菌法

干热灭菌法即利用火焰直接将微生物灼烧致死。这种灭菌方法灭菌迅速、彻底，但是灭菌对象要通过直接灼烧，限制了其使用范围。主要用于金属接种工具、试管口、锥形瓶口、接种移液管和滴管外部及无用的污染物（如称量化学诱变剂的称量纸）或实验动物的尸体等的灭菌。对金属小镊子、小刀、玻璃涂棒、载玻片、盖玻片灭菌时，应先将其浸泡在75%乙醇溶液中，使用的时候从乙醇溶液中取出来，迅速通过火焰，瞬间灼烧灭菌。

干热空气灭菌法指采用干热空气使微生物细胞发生氧化、体内蛋白质变性和电解质浓缩引起微生物中毒等作用，来达到杀灭杂菌的目的。微生物对干热的耐受力比对湿热强得多，干热灭菌所需的温度高、时间长，一般灭菌条件为160~170℃，1~1.5小时。主要用于一些要求保持干燥的实验器材。

（三）湿热灭菌法

利用饱和蒸汽进行的灭菌方法。由于饱和蒸汽在生产中易制备，操作费用低，本身无毒；蒸汽有强的穿透力，灭菌可靠彻底；蒸汽有很大的潜热；操作方便，易管理。湿法灭菌常用于培养基、设备、管路及阀门的灭菌。湿热与干热穿透力比较见表8-1。

表8-1 湿热与干热穿透力比较

加热类别	温度/℃	加热时间/h	透过布层的温度/℃			结论
干热	130~140	4	85	72	70以下	不完全灭菌
湿热	105.3	3	101	101	101	完全灭菌

（四）过滤除菌法

采用过滤的方法阻留微生物达到除菌的目的。适用于澄清液体和气体的除菌，过滤除菌必须有相应的过滤除菌设备。过滤除菌法在无菌空气的制备中介绍。

三、湿热灭菌的基本原理

在高温状态下，微生物细胞中的原生质胶体和酶起了不可逆的凝固变性，使微生物在很短时间内死亡,湿热灭菌即是根据微生物这一特性而进行的。由于蒸汽穿透力很强,湿热灭菌对耐热芽孢杆菌有很强的杀灭作用,温度增每加 10℃时,灭菌速度常数就可增加 8~10 倍。因此湿热灭菌法是发酵车间的主要灭菌手段,在对培养基灭菌过程中既要达到灭菌彻底,又要尽量减少营养成分的破坏。因此,在灭菌过程中应选择合适的工艺条件,既保证杂菌能够彻底杀灭,又要使营养成分的破坏减少到最小。

ER-8-2 紫外线灭菌法

衡量热灭菌的指标很多,最常用的是致死温度与致死时间。致死温度是指杀死微生物的极限温度。在致死温度下,杀死全部微生物所需的时间称为致死时间。在致死温度以上,温度愈高,致死时间愈短。微生物在某一特定条件(主要是温度和加热方式)下的致死时间称为微生物的热阻,相对热阻是指某一微生物在某条件下的致死时间与另一微生物在相同条件下的致死时间的比值。

由于一般细菌和芽孢细菌、微生物细胞和微生物孢子对热的抵抗力各不相同,因此它们的致死温度和致死时间也有差别。微生物的种类、性质、浓度和培养基的性质、浓度等均是影响热灭菌的温度和时间的重要因素。

一般来讲,灭菌的彻底与否是以能否杀灭热阻大的芽孢细菌为标准的。芽孢细菌的芽孢能经受较高的温度,在 100℃下要经过数分钟乃至数小时才能杀死,细菌的芽孢比大肠埃希菌对湿热的抵抗力约大 $3×10^6$ 倍。某些嗜热菌能在 120℃温度下,耐受 20~30 分钟,但这种菌在培养基中出现的机会不多。所以湿热灭菌采用饱和蒸汽,一般控制在 121℃,30 分钟。湿热灭菌适合培养基和发酵设备灭菌。

(一) 对数残留定律

在一定温度下,微生物受热后,其死活细胞个数的变化如同化学反应的浓度变化一样,遵循单分子反应速率理论,微生物热死速率也可用单分子反应速率表示,培养基中微生物受热死亡的速率与残存的微生物数量成正比,这就是对数残留定律,其数学表达式为式(8-1):

$$-\frac{\mathrm{d}N}{\mathrm{d}t}=kN \tag{式 8-1}$$

式中,N——培养基中残留活的微生物个数,个;

t——受热时间,s;

k——比死亡速率常数,相当于反应速率常数,s^{-1};

$-\dfrac{\mathrm{d}N}{\mathrm{d}t}$——活微生物瞬时死亡率,即死亡速率,个/秒。

k 值的确定和加热温度、微生物种类有关。以 $t=0$ 时,$N=N_0$ 为初始条件,积分上式可得式(8-2):

$$N=N_0 \mathrm{e}^{-kt} \tag{式 8-2}$$

$$t=\frac{1}{k}\ln\frac{N_0}{N}\text{或 } t=\frac{2.303}{k}\lg\frac{N_0}{N} \tag{式 8-3}$$

式(8-3)即为对数残留定律的数学表达式,其中 N 为经过时间 t 灭菌后活微生物的残留数。根据此式可计算灭菌时间。如果 $N\rightarrow 0$,那么 $t\rightarrow\infty$,理论上是成立的,但不符合现实,即灭菌的程度在计算中要选定一个合适度,按照 1000 次灭菌过程有 1 次失败的可能,即常采用 $N=0.001$ 计算,从理论上接近为 0。

在半对数坐标上绘图,按照 N/N_0(存活率)对时间 t 关系式,可以得到斜率为 k 的一条直线,从曲线分析,死亡速率常数 k 值越大,说明微生物越容易致死。

图 8-2 为大肠埃希菌在不同温度下的残留曲线。从图上看到,随着温度升高,k 值变大,表明微生物越容易死亡。k 是微生物耐热性的一种表示,不同微生物因自身条件不同,k 值也是不相同的,k 值越小,说明此种微生物的热阻越大,即对热的耐受性越大,灭活该微生物,要么升高温度,要么延长时间。

芽孢对热耐受力强,需要更高的温度和更长的时间杀灭。通常采用的灭菌条件是 110~130℃,20~30 分钟。

培养液中油脂、糖类及一定浓度的蛋白质会增加微生物的耐热性,高浓度盐类、色素能降低其耐热性。随着灭菌条件的加强,培养基成分的热变质速度加快,特别是维生素成分,升高灭菌温度及延长灭菌时间,对培养基营养物质的破坏将增大。不同灭菌条件下培养基营养成分的破坏不同。因此,要合理选择灭菌温度和灭菌时间,达到彻底灭菌和把营养成分的破坏减少到最低限度的目的。

在培养基中有各种各样的微生物,不可能逐一加以考虑。如果全部微生物都当成耐热的芽孢细菌来考虑,则要延长加热时间和提高灭菌温度。一般将芽孢细菌和细菌的芽孢之和作为计算依据。

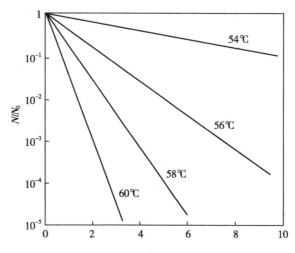

图 8-2 大肠埃希菌在不同温度下的残留曲线

（二）灭菌温度对营养成分的影响

在培养基灭菌过程中,除了杂菌死亡外,还伴随着培养基成分的破坏。在高温加热情况下,氨基酸和维生素极容易遭到破坏,如加热 20 分钟,50% 的赖氨酸、精氨酸及其他碱性氨基酸就会被破坏,糖溶液焦化变色,醛糖与氨基化合物发生美拉德反应,不饱和醛聚合以及某些化合物水解等等。因此必须选择既能达到灭菌目的,又能使培养基的破坏降至最低的灭菌温度。

培养基的破坏属于分解反应,可看作是化学动力学中的一级反应,其方程为式(8-4):

$$-\frac{dC}{dt}=k'c \qquad\qquad (式 8-4)$$

式中,C——对热不稳定物质的浓度,mol/L;

k'——分解速率常数, s^{-1};

t——分解反应时间, s。

k' 随反应物质种类和温度而不同, k' 和比死亡速率常数 k 一样,与温度的关系可用阿累尼乌斯方程式关联,如式(8-5)及式(8-6)。

$$k' = A'\exp(-\Delta E'/RT) \tag{式 8-5}$$

$$k = A\exp(-\Delta E/RT) \tag{式 8-6}$$

式(8-5)及式(8-6)中,

A'——分解反应的阿累尼乌斯常数, s^{-1};

A——死亡频率因子, s^{-1}

R——气体常数, $8.314J/(mol \cdot K)$;

T——灭菌温度, K;

$\Delta E'$——分解反应所需的活化能, J/mol。

ΔE——杀死微生物所需的活化能, J/mol。

试验表明,细菌孢子热灭死反应所需的 ΔE 很高,而某些有效成分热破坏反应的 ΔE 较低。将温度提高到一定程度,会加速细菌孢子的死灭速度,缩短灭菌时间,由于有效成分的 ΔE 很低,温度的提高只能稍微增大其破坏速度,但由于灭菌时间的显著缩短,有效成分的破坏反而减少。

表 8-2　灭菌温度对维生素 B_1 破坏的影响

灭菌温度（℃）	达到灭菌程度的时间（min）	维生素 B_1 的损失（%）
100	843	99.99
110	75	89
120	7.6	27
130	0.851	10
140	0.107	3
150	0.015	1

如将芽孢杆菌和维生素 B_{12} 放在一起灭菌的试验发现,当温度升至 118℃,加热时间为 15 分钟,可杀死 99.99% 的细菌芽孢,维生素 B_{12} 的破坏率为 10%;而在温度 120℃下加热 1.5 分钟,细菌芽孢的死亡率仍为 99.99%,而维生素的破坏率为 5%。又如,提高灭菌温度,延长灭菌时间,会造成严重的维生素 B_1 的损失,如表 8-2 所示。

工业生产上为了既保证彻底灭菌,同时尽量减少营养物质的破坏,一般选择较短的灭菌时间和较高的灭菌温度,这就是工业上所说的"高温快速灭菌"。一般来说,高温快速灭菌所得培养基的质量比较好,但灭菌工艺的选择还要从整个工艺、设备、操作、成本以及培养基的性质等综合考虑。

ER-8-3　美拉德反应

> **知识链接**
>
> 高压蒸汽灭菌器
>
> 高压蒸汽灭菌器一般分为小型、中型和大型三类。
>
> 小型的如手提式灭菌锅，其容量小，一般只能装几瓶，用于少量培养基的灭菌。
>
> 中型的如立或卧式灭菌锅，其体积较大，一般能装几十瓶到几百瓶，多用于实验或生产用培养基的灭菌。
>
> 大型的如灭菌柜，一次能装几百至几千瓶(袋)，常用于工业生产培养基的灭菌。

点滴积累

1. 在工业化的发酵生产中，主要采用物理灭菌法保证纯种发酵。 物理灭菌法有辐射灭菌法、干热灭菌法和干热空气灭菌法、湿热灭菌法、过滤除菌法。 生产中采用过滤除菌法来制备无菌空气，采用湿热灭菌法来保证培养基无菌。

2. 杀死微生物的极限温度称为致死温度。 在致死温度下，杀死全部微生物所需要的时间称为致死时间。 微生物对热的抵抗力常用热阻表示。 热阻是指微生物在某一种特定条件下（主要指温度和加热方式）的致死时间。 一般说灭菌是否彻底，是以能否杀死热阻大的芽孢杆菌为指标。

第三节　培养基和发酵设备的灭菌

▶ **课堂活动**

我们日常生活中，对吃不完的食品可以采用什么方式来长时间保存？ 对于家庭加工西红柿酱，做好后，又是如何处理的，如何保证长期存放呢？ 如何用最简单的方法鉴定饱和蒸汽呢？

湿热灭菌过程中，为确保饱和蒸汽质量，要严防蒸汽中夹带大量冷凝水以及空气，防止蒸汽压力大幅度波动。饱和蒸汽有种较简单的鉴别方法是将外接蒸汽软管伸入水面下，只会听到丝丝声，而没有水泡溢出。湿热灭菌的方式主要有空罐灭菌(简称:空消)、实罐灭菌(简称:实消)和连续灭菌(简称:连消)。

灭菌前需要对待灭菌设备进行检查,包括罐体、搅拌、管路、仪表等。先用压力在 3.0×10^5Pa 以上水仔细冲洗罐内壁、内件及搅拌。待水排尽后,关闭罐底阀,微开空气进气阀通入少量空气。检查接种阀、罐底阀垫,视情况而定是否更换阀垫。在搅拌开关处挂安全警示牌,在有人监护的情况下下罐检查。检查罐内各焊缝、空气环形分布管、出料管、接种管、温度计套管、视镜等是否有杂物堆积,是否被腐蚀或穿孔,搅拌叶及轴底瓦的紧固情况。消除罐内死角,擦净视镜。之后盖好人孔盖,开大空气阀,关排气阀升压,待压力升至 0.1MPa 后检查人孔盖、搅拌机械密封及各法兰的严密度,压力表的灵敏度和准确度,无误后关空气进气阀,开排气阀将罐压放尽。关闭冷却水进、回水阀,打开冷却水管上吹口及放水阀,等待灭菌消毒。另外,发酵罐或种子罐冷却用的蛇管或夹套要定期用 8.0×10^5 Pa 的水试漏。

一、空罐灭菌

(一) 工艺过程

空罐灭菌是对未加入培养基的罐体和相关管道灭菌。空罐灭菌为物料连续灭菌的准备工作,主要以种子罐和发酵罐为主;有时,对于无菌要求较高的发酵工艺、结构复杂的发酵罐也可先采用空罐灭菌的工艺。

对于染菌罐,尤其是染芽孢杆菌的罐,须先进行空罐灭菌,为保证灭菌彻底,必要时加甲醛熏蒸。采用甲醛熏消时,先在罐内加水至漫过空气分布管,然后加入罐容积的万分之一左右的甲醛,密闭罐盖,从罐底通入蒸汽加热,这样,水中甲醛同蒸汽一并挥发,起到高效杀菌效果。发现各排汽口有甲醛外逸时,关闭排汽阀,闷消保压30分钟,然后排出罐底冷凝水,开启各排汽阀,继续进蒸汽保压30分钟。灭菌结束后适当加大进风量,延长吹干时间,把甲醛气吹净,然后进料。

(二) 工艺操作要点

在空罐灭菌时注意先将罐内空气排尽,灭菌时要保持蒸汽畅通,使有关阀门、管道彻底灭菌,不留死角。严格检查有关罐体、管道、法兰、轴封、阀门等有无渗漏、穿孔、堵塞、死角以及有无阀门忘开、忘关、开关次序搞错、泡沫冒顶和漏气等不正常现象。灭菌后,要采用无菌空气保压,防止降温造成罐体产生负压而进入外界空气。

二、实罐灭菌

实罐灭菌是将配制好的培养基用泵打入发酵罐或其他灭菌罐中,通入蒸汽将培养基和所用设备一起进行加热灭菌的过程,也称间歇灭菌或分批灭菌。实罐灭菌相当于对培养基和设备一起加热灭菌,故蒸汽用量大,能耗高,温度保持时间相对于较长,主要以小型发酵罐为主。

在培养基热灭菌时,不仅微生物会死亡,培养基中一些热敏性物质也会因受热而破坏。例如,糖溶液会焦化变色,蛋白质变性,维生素失活,醛糖与氨基化合物反应,不饱和醛聚合,一些化合物发生水解等。实罐灭菌时,要考虑培养基营养成分的流失。

(一) 工艺过程

实罐灭菌过程包括升温过程、保温过程和降温过程。灭菌主要是在保温过程中实现的,在升温的后期和冷却的初期,培养基的温度很高,因而对灭菌也有一定贡献。

对于较大发酵罐,其装入培养基体积较大,采用实罐灭菌时,应考虑温度对培养基的营养成分的影响,因为体积越大,培养基升温和降温时间越长,如图8-3所示。

实罐灭菌的发酵罐如图8-4所示。首先将输料管路内的污水放掉冲洗干净,然后用泵将配制好的培养基输送到发酵罐内,进料完毕开动搅拌器以防料液沉淀,然后通入蒸汽开始灭菌。对于发酵罐一般先将排气(汽)阀打开,通入蒸汽,待罐温升到80~90℃,将排气阀逐渐关小,避免蒸汽冷凝成水对培养基的稀释。接着将蒸汽从进气口、取样口、罐底等直接通入罐中(如有冲视镜管则也一同进汽)升温、升压。待罐温上升到118~120℃,罐压维持在$(0.9~1.0)×10^5$Pa(表压)后,保温30分钟左右。灭菌过程中要间断或连续开动搅拌,以利泡沫破裂,避免"逃液"。保温结束后关闭排气(汽)阀、进汽阀,关闭夹套下水道阀,开启冷却水回水阀,待罐压低于过滤器压力时开启空气进气阀引入无菌空气保压,随后引入冷却水将培养基温度降至培养温度。

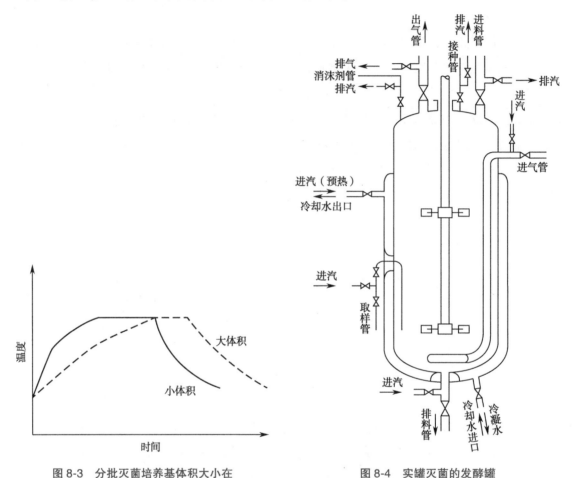

图 8-3　分批灭菌培养基体积大小在　　　　　　图 8-4　实罐灭菌的发酵罐
　　　　　温度时间曲线上的表现

(二) 工艺操作要点

1. 灭菌前罐内均需用高压水清洗,清除堆积物。

2. 灭菌时要保证各路进气畅通及罐内培养基适度搅动状态。要控制好温度和压力(以控制温度为主,压力为辅),严防高温、高压闷罐,否则容易造成培养基成分破坏和 pH 升高。灭菌时蒸汽压力要求不低于$(2.0~2.5)×10^5$Pa(表压),随着罐体增大净液位增高,对蒸汽压力的需求也越高。

3. 灭菌过程中要保持压力稳定,要严防泡沫升至罐顶或"逃液"。为节约蒸汽用量,排气量不宜过大,但排气要求保持畅通。

4. 实罐灭菌或空罐灭菌时必须避免"死角",即蒸汽到达不了或达不到灭菌温度的地方,以免灭菌不彻底而使系统染菌。采用实罐灭菌时,配制培养基时要防止原料结块,在配料罐出口处应装有筛板过滤器(筛孔直径≤0.5mm),以防止培养基中的块状物及异物进入罐内。配料罐要注意清洗和灭菌。

5. 灭菌结束后,要引入无菌空气保持罐压,这样可避免罐压迅速下降,以致产生负压并抽吸外界空气。在引入无菌空气前,罐内压力必须低于分过滤器压力,否则培养基(或物料)将倒流入空气过滤器内。

三、连续灭菌

连续灭菌以"高温、快速"为特征,就是将配制好的培养基用泵打入发酵罐前进行加热、保温、降温的灭菌过程,也称之为连消。连续灭菌时,培养基在短时间内被加热到灭菌温度(一般高于分批灭菌温度,130~140℃),短时间保温(一般为5~8分钟)后,被快速冷却,再进入早已灭菌完毕的发酵罐。

(一) 工艺过程

连续灭菌早期投资比较大,但可以自动化控制,利于工业化大规模发酵生产。连续灭菌的工艺流程如图8-5所示。

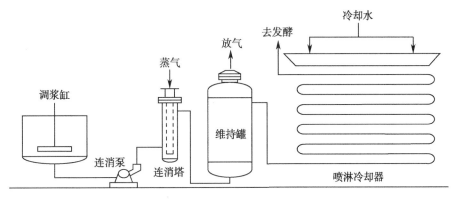

图 8-5　连续灭菌工艺

首先在配料预热罐中将培养基预热到60℃,然后用连消泵将培养基连续打入连消塔,与塔内饱和蒸汽迅速接触、混合,在20~30秒内将培养基温度升高到126~132℃后,流入维持罐,自维持罐的底部进入,逐渐上升,然后从罐上部侧口处流出罐外。培养基在维持罐内要继续保温灭菌5~7分钟,罐压维持在2.0×10⁵Pa左右。培养基由维持罐流出后进入喷淋冷却器冷却,一般冷却到40~50℃,再输送到已空消的罐内。连消成败的关键在于培养基在维持罐内所维持的温度和时间是否符合灭菌要求。连消时如果培养基流速太快,在维持罐内停留时间太短,则会造成灭菌不彻底而引起染菌;如培养基流速过慢,培养基成分的破坏就会增加。一般控制培养基输入连消塔的速度小于0.1m/s。

连消塔的主要作用是使高温蒸汽与料液迅速接触混合,并使后者温度很快提高到灭菌温度(126~132℃),是连续灭菌的主体设备。加热器有塔式加热器和喷射式加热器两种,见图8-6。

塔式加热器是由一根多孔的蒸汽导入管和一根套管组成。导入管上的小孔与管壁一般成45°夹角,导管上的小孔上稀下密,以使蒸汽能均匀地从小孔喷出加热。操作时培养基由加热器的下端进入,并使其在内外管的环隙内流动,蒸汽从塔顶通入导管经小孔喷出后与物料激烈地混合而加热。

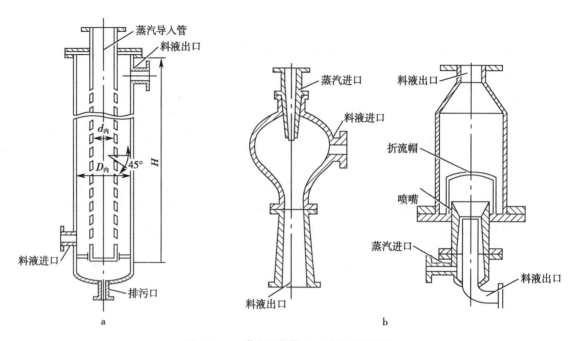

图 8-6 a. 塔式加热器,b. 喷射式加热器

喷射式加热器是物料从中间管进入,蒸汽则从进料管周围的环隙进入,两者在喷嘴出口处快速、均匀地混合。喷射出口处设置有拱形挡板和扩大管,使料液和蒸汽混合更充分。加热后的培养基从扩大管顶部排出。

由于连消塔加热时间较短,升温过程较短,保证营养物质尽可能不会热降解。但是光靠这短时间的灭菌是不够的,必须维持一定的时间,维持罐(如图 8-7 所示)的作用就是使料液在灭菌温度下保持 5~7 分钟,罐压一般维持 $4×10^5$Pa,以达到彻底灭菌的目的。

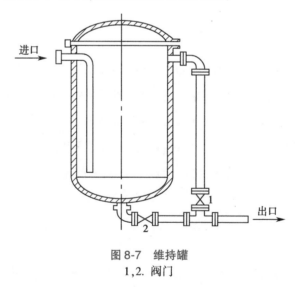

图 8-7 维持罐
1,2. 阀门

（二）工艺操作要点

1. 配料罐用水清洗后使用,若罐体结构复杂或染过菌还需用甲醛消毒。连消葡萄糖培养基时,为了防止糖和氮源物质在高温下发生美拉德反应而变质,可以把葡萄糖和氮源分开消。连消

开始时应先消水,后消糖水,再消水,而后消氮源,最后再消水,以补充消后总体积和冲洗设备。并注意把磷酸盐放在糖水里一起消,利于同糖结合促进代谢。碳酸钙必须同磷酸盐分开消,可配在氮源中灭菌。

2. 连续灭菌设备,包括连消塔、维持罐、冷却管和管道等,应定期清理检修,料液进入连消塔前必须先行预热。在灭菌过程中,料液的温度及其在维持罐停留的时间都必须符合灭菌的要求,即使是灭菌结束前的最后一部分料液也要如此,以确保灭菌透彻。开冷却水时,要防止由于突然冷却造成负压而吸入外界空气。

3. 应尽量使用液化培养基或稀薄培养基,防止培养基过于黏稠。培养基如果是采用连续灭菌,较大发酵罐应在加入灭菌的培养基前先行单独灭菌。在发酵过程中,往往要向发酵罐中补入各种不同的料液。这些料液都必须经过灭菌。灭菌的方法则视料液的性质、体积和补料速率而定。如果补料量较大,而具有连续性时,则采用连续灭菌较为合适。也有利用过滤法对另补料液进行除菌。补料液的分批灭菌,通常是向盛有物料的容器中直接通入蒸汽来灭菌。当然,使用前所有的附属设备和管道都要经过灭菌。

▶▶ 边学边练

培养基的灭菌技能训练,见能力训练项目 7 高温高压蒸汽灭菌操作。

四、常见问题及处理方法

造成发酵染菌的因素很多,有设备检修质量不好,设备泄漏使运转过程和补料过程污染杂菌;操作质量差也是发酵染菌的重要因素,例如消毒工没有严格按照工艺规程操作,培养基和罐体管道灭菌不彻底;蒸汽质量不好,蒸汽压力低也会导致灭菌不彻底而染菌;防染制度、防染措施不健全、不完善都能造成染菌。

培养基本身的物理化学特点也影响灭菌效果,例如培养基中颗粒愈小,灭菌愈容易,颗粒愈大,灭菌越困难(一般含有小于 1mm 的颗粒对培养基灭菌影响不大,但颗粒大时,影响灭菌效果,应过滤除去);培养基中的油脂、糖类及一定浓度的蛋白质增加微生物的耐热性,高浓度有机物会包于细胞的周围形成一层薄膜,影响热的传递。

形成的泡沫对培养基灭菌极为不利,泡沫中的空气形成隔热层,使传热困难,故对易产生泡沫的培养基在灭菌时,可加入少量消泡剂。泡沫顶罐致使染菌的原因有两个:一是搅拌轴封不严密,泡沫顶罐时由于罐压高于大气压,故严重时泡沫会冒出轴封外,污染了含杂菌的机油、油垢,泡沫回落时便将污染物带回发酵液中而致使染菌。另一个原因是泡沫顶罐时接触排气阀,排气阀又连通下水道,当泡沫上升及下降的反复过程中,造成一定压力波动,易使下水道污染物倒流,导致染菌。

控制培养基的灭菌温度和有效时间,其原因在于较高温度下长时间灭菌,营养成分会发生热降解。如葡萄糖等碳水化合物的醛基与氨基酸等含氨基化合物的氨

ER-8-4 发酵中泡沫产生的原因

基发生美拉德反应,生成对菌体有毒性的物质等。因此,为保证灭菌后培养基质量,要控制好灭菌温度与时间,调整好原料的灭菌顺序等。

灭菌后,要及时采用无菌空气保压,防止培养基冷却形成负压造成外界空气进入而染菌。

此外,灭菌过程中,应保证蒸汽压力稳定。如遇蒸汽压力突然下跌,一时上不来,温度下降到规定范围以下,可适当延长灭菌时间;如遇蒸汽压力突然升高,温度超过规定值时,可适当缩短灭菌时间。

种子罐、发酵罐空罐灭菌操作必须使用饱和蒸汽,如种子罐、发酵罐在进行空罐灭菌和物料连续灭菌操作前,总蒸汽温度和压力不相互对应,即空罐灭菌的蒸汽温度高于对应压力下饱和蒸汽温度或物料连续灭菌的蒸汽温度超过对应压力下饱和蒸汽温度20℃以上,须启用蒸汽增湿系统,将过热蒸汽增湿制成饱和蒸汽。

点滴积累 V

1. 实罐灭菌有哪些优点和缺点?

优点:设备投资较少;染菌的危险性较小;人工操作较方便,对培养基中固体物质含量较多时更为适宜。 缺点:灭菌过程中蒸汽用量变化大;造成锅炉负荷波动大;考虑对培养基营养成分的流失,一般只限于中小型发酵装置。

2. 连续灭菌有哪些优点和缺点?

优点:保留较多的营养质量;容易放大;较易自动控制;培养基受蒸汽的影响较少;缩短灭菌周期;发酵罐利用率高;蒸汽负荷均匀。 缺点:设备比较复杂,数量多;早期投资较大;容易造成染菌污染;对操作工艺控制要求高。

ER-8-5 为什么灭菌使用饱和蒸汽,而不使用过热蒸汽呢?

知识链接

发酵污染噬菌体应如何防治?

发酵污染噬菌体后,采取防治措施是消除污染源,对环境和设备进行彻底消毒,污染噬菌体的发酵液必须加热灭菌后放下水道,至少用蒸汽加热至100~120℃,维持30~45分钟,以免扩大污染,放罐后的罐体设备经清洗后还应该用甲醛熏罐灭菌,有关的管道和下水道以及厂房环境区用甲醛和漂白粉喷洒消毒。 种子室、化验室的接触用具一律用消毒液浸泡灭菌,还需要树立防大于治的观念,平时重视环境卫生和设备检修,易污染杂菌的菌丝滤渣、废料等应消除干净以消灭污染源,还要特别重视种子的无菌管理,如果发现菌种污染噬菌体则要消灭于投产之前,必要时开展抗噬菌体菌株的筛选,以确保生产。

第四节　无菌空气的制备

▶ 课堂活动

　　有氧发酵需要空气来供氧，那怎样保证空气的无菌呢？ 工业化发酵生产中，采用什么设备来保证有足够的无菌空气呢？ 生活中，为什么冬天阴冷的室内感觉潮湿，而采用暖气的室内显得干燥？

　　在发酵工业中，绝大多数是利用好气性微生物进行纯种培养，空气则是微生物生长和代谢必不可少的条件。但空气中含有各种各样的微生物，这些微生物随着空气进入培养液，在适宜的条件下，它们会迅速大量繁殖，消耗大量的营养物质并产生各种代谢产物；干扰甚至破坏预定发酵的正常进行，使发酵产率下降甚至彻底失败。因此，无菌空气的制备就成为发酵工程中的一个重要环节。空气净化的方法很多，但各种方法的除菌效果、设备条件和经济指标各不相同。实际生产中所需的除菌程度根据发酵工艺要求而定，既要避免染菌，又要尽量简化除菌流程，以减少设备投资和正常运转的动力消耗。

　　发酵工业应用的"无菌空气"是指通过除菌处理使空气中的含菌量降低到一个极低的百分数，从而能使发酵污染降低至极小机会。

　　各种不同的发酵过程，由于所用菌种的生长能力、生长速度、产物性质、发酵周期、基质成分及 pH 的差异，对空气无菌程度的要求也不同。如酵母培养过程，其培养基以碳源为主，能利用无机氮，要求的 pH 较低，一般细菌较难繁殖，而酵母的繁殖速度又较快，能抵抗少量的杂菌影响，因此对无菌空气的要求不如氨基酸、抗生素发酵那样严格。而氨基酸与抗生素发酵因周期长短不同，对无菌空气的要求也不同。总的来说，影响因素是比较复杂的，需要根据具体情况而确定具体的工艺要求。一般按染菌概率为 10^{-3} 来计算，即 1000 次发酵周期所用的无菌空气只允许 1~2 次染菌。

一、制备的基本方法和基本原理

　　需氧发酵对空气的要求随发酵类型不同而不同。酵母培养消耗空气量大，无菌度也不十分严格，但需要一定压力以克服发酵罐的液位产生的阻力，所以一般采用罗茨鼓风机或高压离心式鼓风机通风。而对于密闭式深层好气发酵则需要严格的无菌度，必须经过严格的除菌措施。由于空气中含有水分和油雾等杂质，必须经过冷却、脱水、脱油等步骤，故无菌空气的制备须经过一个复杂的空气处理过程。

（一）基本方法

1. 加热灭菌　虽然空气中的细菌芽孢是耐热的，但温度足够高也能将它灭活。例如悬浮在空气中的细菌芽孢在218℃下 24 秒就被杀死。利用空气压缩时产生的热进行灭菌对于无菌要求不高的发酵来说则是一个经济合理的方法，故在工业生产上，制备无菌空气，空气压缩机不仅是提供空气动力的主体设备，还可以使空气达到较高的温度而热灭菌。

　　采用加热灭菌法时，要适当增加一些辅助措施以确保操作安全。因为空气的导热系数低，受热不很均匀,同时在压缩机与发酵罐间的管道难免有泄漏,这些因素很难排除,因此通常在进发酵罐前装一台空气分过滤器。

2. 静电除菌 静电除菌是利用静电引力来吸附带电粒子而达到除尘灭菌的目的。悬浮于空气中的微生物,其孢子大多数带有不同的电荷,无电荷的微粒进入高压静电场的电离区时都产生电荷,成为带电微粒。因此,当含有灰尘和微生物的空气通过高压直流电场时,带电的粒子就会在电场的作用下,受静电吸引而向带相反电荷的电极移动,最终被捕集于电极上,从而实现空气的净化除菌。但对于一些直径很小的微粒,它所带的电荷很小,故静电除尘灭菌对很小的微粒效率相对较低。

3. 过滤除菌 介质过滤是采用定期灭菌的干燥介质来阻截流过的空气中所含的微生物,从而制得无菌空气。常用的过滤介质有棉花、活性炭、玻璃纤维、有机合成纤维、有机和无机烧结材料(烧结金属、烧结陶瓷、烧结塑料)、陶瓷膜等。由于被过滤的气溶胶中微生物的粒子很小,一般只有 $0.5 \sim 2\mu m$,而过滤介质的材料一般孔径都大于微粒直径几倍到几十倍,因此过滤机制比较复杂。该法是目前广泛应用来获得大量无菌空气的常规方法。在空气的除菌方法中,介质过滤除菌在生产中使用最多。本节重点介绍介质过滤的原理。

(二) 过滤除菌的基本原理

当气流通过滤层时,受到滤层纤维的层层阻碍,空气因而会在流动过程中出现无数次改变流速大小和方向的运动,从而导致微生物微粒与滤层纤维间产生撞击、拦截、布朗扩散、重力及静电引力等相互作用,从而把微生物微粒截留、捕集在纤维表面上,实现了过滤除菌的目的。介质过滤除菌机制属于深层过滤机制,如图 8-8 所示。

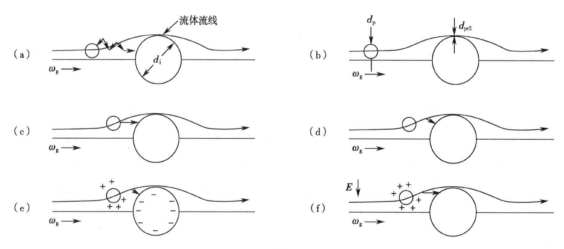

图 8-8 过滤除菌的原理
(a)扩散 (b)拦截 (c)惯性 (d)重力 (e)静电 (f)外加电场

1. 布朗扩散截留作用 布朗扩散的运动距离很短,在较大的气速、较大的纤维间隙中是不起作用的,但在很慢的气流速度和较小的纤维间隙中布朗扩散作用大大增加微粒与纤维的接触滞留机会。布朗扩散截留作用的存在使纤维的截留效率大大增加。

2. 惯性撞击截留作用 过滤器中的滤层交织着无数的纤维,并形成层层网格,若减小纤维直径并提高填充密度,纤维间的间隙就更小。当含有微生物颗粒的空气通过过滤层时,空气流仅能从纤维间的间隙通过,由于纤维纵横交错,层层叠叠,迫使空气流不断地改变它的运动方向和速度大小。鉴于微生物颗粒的惯性大于空气,因而当空气流遇阻而绕道前进时,微生物颗粒不能及时改变它的运动方向,而撞击纤维并被截留于纤维的表面。惯性撞击截留作用的大小取决于颗粒的动能和纤维的阻力,其中尤以气流的流速显得更为重要。惯性力与气流流速成正比,当空气流速过低时惯性撞击截留作用很少,甚至接近于零;当空气的流速增大时,惯性撞击截留作用起主导作用。

3. 拦截截留作用　在一定条件下,空气速度是影响截留效率的重要参数,改变气流的流速就是改变微粒的运动惯性力。当气流速度降低至可以使惯性截留作用接近于零时,此时所对应的气流流速称为临界气流速度。气流速度在临界速度以下,微粒不能因惯性截留于纤维上,截留效率显著下降,但实践证明,随着气流速度的继续下降,纤维对微粒的截留效率又回升,说明有另一种机制在起作用,这就是拦截截留作用。

因为微生物微粒直径很小,质量很轻,它随气流流动慢慢靠近纤维时,微粒所在主导气流流线受纤维所阻改变流动方向,绕过纤维前进,并在纤维的周边形成一层边界滞留区。滞留区的气流流速更慢,进到滞留区的微粒慢慢靠近和接触纤维而被黏附截留。拦截截留的效率与气流的雷诺数及微粒与纤维的直径比有关。

4. 重力沉降作用　微粒虽小,但仍具有重力。当微粒重力超过空气作用于其上的浮力时,即发生一种沉降加速度。当微粒所受的重力大于气流对它的拖带力时,微粒就发生沉降现象。就单一重力沉降而言,大颗粒比小颗粒作用显著,一般 $50\mu m$ 以上的颗粒沉降作用才显著。对于小颗粒只有气流速度很慢时才起作用。重力沉降作用一般是与拦截作用相配合,即在纤维的边界滞留区内。微粒的沉降作用提高了拦截捕集作用。

5. 静电沉降作用　干空气对非导体的物质作相对运动摩擦时,会产生静电现象,尤其是一些合成纤维更为显著。悬浮在空气中的微生物大多带有不同的电荷。有人测定微生物孢子带电情况时发现,约有 75% 的孢子具有 1~60 负电荷单位,15% 的孢子带有 5~14 正电荷单位,其余 10% 则为中性,这些带电荷的微粒会被带相反电荷的介质所吸附。此外,表面吸附也属这个范畴,如活性炭的大部分过滤效能应是表面吸附作用。

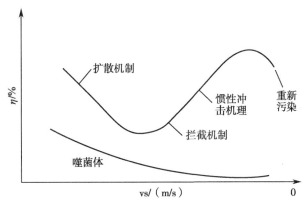

图 8-9　过滤除菌效率与气速关系图

从图 8-9 可以看到,当空气流过介质时,多种除菌机制同时起作用,不过气流速度不同,起主要作用的机制也就不同。当气流速度较大时,除菌效率随气流流度的增加而增加,此时惯性冲击起主要作用;当气流速度较小时,除菌效率随气流流度的增加而降低,此时扩散起主要作用;当气流速度中等时,可能是截留起主要作用。如果空气流速过大,除菌效率又下降,则是由于已被捕集的微粒又被湍动的气流夹带返回到空气中。

二、过滤介质

空气过滤介质不仅要求除菌效率高,而且还要求能耐受高温、高压,不易被油水污染,阻力小,成本低,易更换。用于空气过滤的过滤介质有过滤纸、纤维状物或颗粒状物、微孔滤膜(如超细玻璃纤维、烧结金属板、多孔陶瓷滤器和超滤微孔薄膜)等。

(一) 纸类过滤介质

玻璃纤维纸,密度为 2600kg/m³,堆积密度为 384kg/m³,填充率为 14.8%。玻璃纤维纸很薄,纤维间的孔隙为 1~1.5μm,厚度约为 0.25~0.4mm。一般应用时需将 3~6 张滤纸叠在一起使用。优点是过滤效率高,对于 >0.3μm 的颗粒的去除率为 99.99% 以上,同时阻力比较小,压降较小。缺点是强度不大,特别是受潮后强度更差。为了增加强度,在纸浆中加入 7%~50% 的木浆。

(二) 纤维状或颗粒状过滤介质

ER-8-6　密度和堆密度的区别?

1. 棉花　常用的过滤介质,通常使用脱脂棉,有弹性,纤维长度适中。一般填充密度为 130~150kg/m³,填充率为 8.5%~10%。

2. 玻璃纤维　纤维直径小,不易折断,过滤效果好。纤维直径约为 5~19μm,填充密度为 130~280kg/m³,填充率为 5%~11%。

3. 活性炭　要求活性炭质地坚硬,不易压碎,颗粒均匀,装填前应将粉末和细粒筛去。常用小圆柱体的颗粒活性炭,大小为 Φ(3×10)~(3×15)mm,密度 1140kg/m³,填充密度为 470~530kg/m³,填充率 44%。

纤维状或颗粒状过滤介质过滤除菌靠惯性、拦截、布朗运动、静电引力等作用,对 0.3μm 以上的颗粒的过滤效率为 99%。缺点是体积大,占有空间大,操作困难,装填介质时费时费力,介质装填的松紧程度不易掌握,空气压降大,介质灭菌和吹干耗用大量蒸汽和空气,另外更换玻璃纤维类介质时碎沫飞扬,影响操作人员身体健康。

(三) 微孔滤膜

微孔滤膜属于新型滤材,极大地推进了纯种发酵生产。微孔滤膜类过滤介质的空隙小于 0.5μm 甚至小于 0.1μm,能将空气中细菌真正滤去,即绝对过滤。

1. 超细硼硅酸纤维滤材　利用 0.5μm 粗的超细硼硅酸纤维层层搭织,形成 3mm 厚的滤层,容污空间达 94%,首次实现了绝对除菌。

2. 折叠式微孔滤膜　利用厚度为 35~150μm 的聚合高分子材质,经折叠、加衬、热熔合封口等工序,制成子弹状的滤芯,这种形式的滤芯已经形成通用的标准化生产,过滤器易于拆装,滤芯易更换。微孔滤膜孔径均匀,最小可达 0.04μm,可实现直接拦截除菌。折叠的目的是最大限度地增加过滤面积。目前最常用的材质是疏水性强的聚四氟乙烯（PTFE）、聚醚砜（PES）、聚偏二氟乙烯（PVDF），而复合醋酸纤维、尼龙等因为这些材质属于亲水性物质，现在一般用于液体过滤。微孔滤膜如图 8-10。

3. 超细硼硅酸纤维涂覆聚四氟乙烯滤材 在平均直径为 0.5μm 的超细硼硅酸纤维上涂覆一层聚四氟乙烯膜，再经折叠而成，在保证绝对除菌及噬菌体的前提下，同时具备了超大容污空间和强疏水性的优点，正确使用寿命可达 3 年以上。

4. 烧结材料过滤介质 烧结金属（蒙乃尔合金、青铜等）、烧结陶瓷、烧结塑料等。烧结聚合物，如国外使用的聚乙烯醇过滤板（PVA）是以聚乙烯醇烧结基板，外加耐热树脂处理，滤板可经受得起高温杀菌，120℃，30 分钟杀菌不变形，每周杀菌一次可使用 1 年。

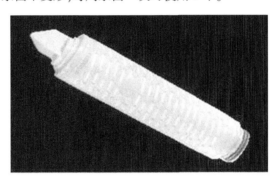

图 8-10 微孔滤膜

知识链接

PM2.5 及空气净化

PM2.5 指环境空气中空气动力学当量直径小于等于 2.5μm 的颗粒物。它能较长时间悬浮于空气中，其在空气中含量浓度越高，就代表空气污染越严重。PM2.5 粒径小，面积大，活性强，易附带有毒、有害物质（例如重金属、细菌、病毒等），且在大气中的停留时间长，输送距离远，因而对人体健康和大气环境质量的影响更大。

目前，空气净化器主要是去除室内 PM2.5，保证居住人的健康。室内空气净化器采用 HEPA 技术（high efficiency particulate air FILTER "高效率空气微粒滤芯"的缩写），最初 HEPA 应用于核能研究防护，现在大量应用于精密实验室、医药生产、原子研究和外科手术等需要高洁净度的场所。HEPA 由非常细小的有机纤维交织而成，对微粒的捕捉能力较强，孔径微小，吸附容量大，净化效率高，并具备吸水性，针对 0.3μm 的粒子净化率为 99.97%。因此，它的过滤颗粒物的效果是非常明显的！如果用它过滤香烟，那么过滤的效果几乎可以达到 100%，因为香烟中的颗粒物大小介于 0.5~2μm 之间，无法通过 HEPA 过滤膜。

三、空气过滤除菌的工艺技术

空气过滤除菌工艺是根据生产对无菌空气的要求(如无菌程度、空气压力、温度等),并结合吸气环境的空气条件和所用空气除菌设备的特性,根据空气的性质来确定空气制备流程。如在环境污染比较严重的地方要改变吸风的条件(如采用高空吸风),以降低过滤器的负荷;而在温暖潮湿的地方则要加强除水设施以确保和发挥过滤器的最大除菌效率。

对于一般要求的低压无菌空气,可直接采用一般鼓风机增压后进入过滤器,经1~3次过滤除菌而制得。如无菌室、超净工作台等用作层流技术的无菌空气就是采用这种简单流程。自吸式发酵罐是由转子的抽吸作用使空气通过过滤器而除菌的。而一般的深层液体通风发酵技术,除要求无菌空气具有必要的无菌程度外,还要具有一定高的压力,这就需要比较复杂的空气除菌流程。

供给发酵用的无菌空气,需要克服介质阻力、发酵液静压力和管道阻力,故一般使用空气压缩机。从大气中吸入的空气常带有灰尘、沙土、水汽等微生物的载体物质;在压缩过程中,又会污染润滑油或管道中的铁锈等杂质,因此,空气过滤除菌一般是把吸气口吸入的空气先进行压缩前过滤,然后进入空气压缩机(如图8-11)。从空气压缩机出来的空气(一般压力在0.2MPa以上,温度120~160℃),过滤介质耐受不了这样高的温度,因此,压缩空气一般先冷却至适当温度(20~25℃),提高空气的相对湿度,使其达到饱和状态并处于露点以下,使其中的水分凝结为水滴或雾沫,从而将它们分离除去。冷却去水后,再将压缩空气加热至30~35℃,降低其相对湿度至60%左右,然后进行过滤除菌,从而获得洁净度、压力、温度和流量都符合工艺要求的灭菌空气。

图8-11 大型空气压缩机

(一) 提高空气质量的主要设备

1. 空气吸气口 提高空气吸气口的高度可以减少吸入空气的微生物含量。据报道,吸气口每提高10m,微生物数量减少一个数量级。由于空气中的微生物数量因地区、气候而不同,故吸气口的高度也必须因地制宜,一般以离地面5~10m为好。在吸气口处需要设置防止颗粒及杂物吸入的筛网(也可以装在粗过滤器上),以免损坏空气压缩机。如果将粗过滤器提高到相当于吸气口的高度,则不需另设吸气口。

2. 粗过滤器 粗过滤器过滤可以减少进入空气压缩机的灰尘和微生物,减少往空气压缩机的磨损,减轻介质过滤除菌的负荷。

3. 一级空气冷却器　用30℃左右的水,把从压缩机出来的高温空气冷却到40~50℃左右。

4. 二级空气冷却器　用9℃冷却水或15~18℃地下水,把40~50℃的空气冷却到20~25℃。冷却后,空气的相对湿度提高到100%,由于温度处于露点以下,其中的油、水即凝结为油滴和水滴。

5. 空气贮罐　用以消除压缩机造成的压力脉冲,维持稳定的空气压力;可以利用重力沉降作用除去部分油雾。空气贮罐紧接空气压缩机安装。有些空气贮罐装有冷却管,用于降低空气温度。空气贮罐如图8-12。

6. 旋风分离器　冷却降温后的空气湿度增大,会使过滤介质受潮失效。旋风分离器利用离心力进行沉降,对于10μm以上的微粒分离效率较高,主要针对于较大尘埃和较大雾滴。旋风分离器如图8-13。

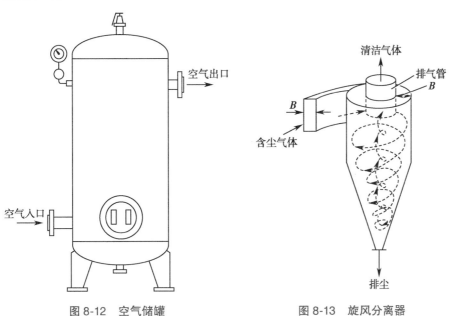

图 8-12　空气储罐　　　　图 8-13　旋风分离器

ER-8-7　旋风分离器

7. 丝网除沫器　也叫丝网过滤器,采用惯性拦截机制,采用疏水介质,用以分离5μm以上的液滴。使用丝网除沫器需控制好空气流速,在0.2MPa(表压)的空气压力下,最佳的空气流速应1~2m/s(空床速度),在此操作条件下可以去掉较小的雾滴。

ER-8-8　丝网除沫器

8. 空气加热器　分离油、水以后的空气的相对湿度仍然为100%,当温度稍微下降时(例如冬天或过滤器阻力下降很大时)就会析出水来,使过滤介质受潮。因此,还必须使用加热器来提高空气温度,降低空气的相对湿度(要求在60%以下),以免析出水来。

ER-8-9　湿度和相对湿度

（二）无菌空气制备工艺

制备无菌空气的主要流程如下:空气吸气口→粗过滤器→空气压缩机→空气贮罐→一级空气冷却器→旋风分离器→二级空气冷却器→丝网除沫器→空气加热器→总空气过滤器→分空气过滤器→无菌空气。另外再介绍几种较典型的工艺。

1. 两级冷却、加热除菌流程　如图8-14所示,这是一个比较完善的空气除菌流程,用于各种气候条件,可以使油水分离,空气能够在较低的相对湿度下进入过滤器,以提高过滤效率。该流程是两次冷却、两次分离、适当加热。两次冷却、两次分离油水的好处是能提高传热系数,节约冷却用水,油水分离得比较完全。经第一冷却器冷却后,大部分的水、油都已结成较大的雾粒,且雾粒浓度较大,故适宜用旋风分离器分离。第二冷却器使空气进一步冷却后析出一部分较小雾粒,宜采用丝网分离器分离,发挥丝网能够分离较小直径的雾粒和分离效果高的作用。通常第一级冷却到30~35℃,第二级冷却到20~25℃。除水后空气的相对湿度仍是100%,须用丝网分离器后的加热器加热将空气中的相对湿度降低至50%~60%,以保证过滤器的正常运行。

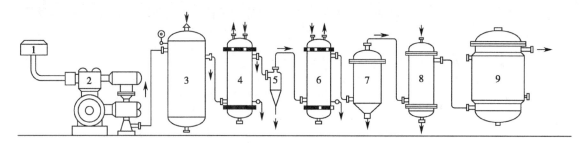

图 8-14　两级冷却、加热除菌流程
1. 粗过滤器;2. 压缩机;3. 储罐;4、6. 冷却器;5. 旋风分离器;7. 丝网除沫器;8. 加热器;9. 过滤器

2. 冷热空气直接混合式空气除菌流程　如图 8-15 所示,压缩空气从贮罐出来后分成两部分,一部分进入冷却器降温,再分离水、油雾后,并与另一部分未处理过的高温压缩空气混合,此时混合空气已达到温度为30~35℃、相对湿度为50%~60%的要求,再进入过滤器过滤。该流程的特点是可省去第二冷却后的分离设备和空气再加热设备,流程比较简单,利用热的压缩空气来加热析水后的空气,冷却水用量少。该流程不适合于空气湿含量高的地区。

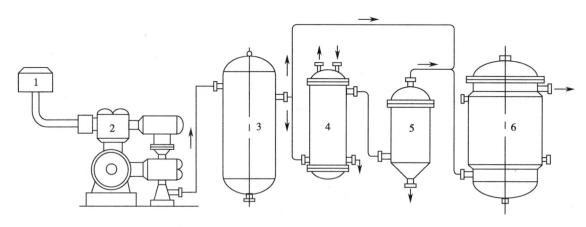

图 8-15　冷热空气直接混合式空气除菌流程
1. 进气口粗过滤器;2. 压缩机;3. 储罐;4. 冷却器;5. 丝网除沫器;6. 过滤器

3. 高效前置过滤空气除菌流程　如图 8-16 所示,采用了高效率的前置过滤设备预处理,利用压缩机的抽吸作用,使空气先经中、高效过滤后,再进入空气压缩机,由此降低了主过滤器的负荷。空气经高效前置过滤后,无菌程度已经相当高,再经冷却、分离,经过滤器过滤,就可获得无菌程度很高的空气。该流程是采用了高效率的前置过滤设备,使空气经多次过滤,故所得的空气无菌程度很高。

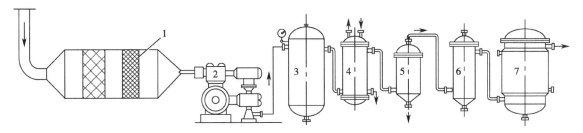

图 8-16　高效前置过滤空气除菌流程
1. 前置过滤器；2. 压缩机；3. 储罐；4. 冷却器；5. 丝网除沫器；6. 加热器；7. 过滤器

四、无菌空气质量的影响因素及处理方法

(一) 影响因素

无菌空气的质量取决于空气除菌的效率,除菌效率越高质量越好。影响因素主要有以下方面考虑。

1. 过滤介质种类　不同种类的过滤介质其除菌性能是不相同的,因此应根据需要及工艺要求选择合适的过滤介质。

2. 介质纤维直径　影响介质过滤效率,在其他条件相同时,介质纤维直径越小,过滤效率越高。

3. 介质滤层厚度　对于相同的介质,介质填充厚度影响过滤效率。介质填充厚度越高,过滤效率越高。

4. 介质填充密度　对于相同的介质,过滤效率与介质填充密度有关。介质填充密度越大,过滤效率越高。

5. 过滤介质铺设　纤维介质铺设不均匀,空气会从铺设松动部分通过,从而形成短路而带菌。纤维装松了,过滤效果差;装紧了,过滤器压降太大,动力消耗增加,所以应分层均匀铺平。

6. 空气流速　在空气流速很低时,过滤效率随气流速度增加而降低;当气流速度增加到临界值后,过滤效率随气流速度增加而提高。

另外,过滤介质应严格按照操作规程定期进行灭菌,以免引起除菌效率的下降。操作中避免气流或压力的突然变化对过滤介质的破坏,引起除菌效率下降。

(二) 处理的方法

1. 设备设计　设计合理的附属设备,选择合适的空气净化流程,以达到除油、水和杂质的目的。操作过程要精心,加减气量、卸压及开启阀门要缓慢,注意各分离设备的液位不要过高。

2. 空气过滤器选择　设计和安装合理的空气过滤器,选用除菌效率高的过滤介质。

3. 空气质量　保证进口空气清洁度,减少进口空气的含菌数。比如:加强生产场地的卫生管理,减少生产环境空气中的含菌数;正确选择进风口,压缩空气站应设上风向;提高进口空气的采气位置,减少菌数和尘埃数;加强空气压缩前的预处理。

点滴积累 ∨

1. 提高过滤除菌效率的方式 减少进口空气的含菌量；设计合理的空气预处理设备；选用除菌效率高的过滤介质，并及时灭菌；降低进入空气过滤器的空气的相对湿度。
2. 常用空气过滤介质 棉花、过滤纸、纤维状物或颗粒状物、微孔滤膜（如超细玻璃纤维、烧结金属板、多孔陶瓷滤器和超滤微孔薄膜）。

案例分析

案例

在 2014 年 10 月，某微生物药物生产公司的发酵车间，出现了一级种子罐连续染菌，均为芽孢杆菌，在接种 24 小时后，采样就可发现染菌现象，量较大，发酵 5 批，污染 3 批。罐内无搅拌，夹套降温，罐内无结垢。母瓶无菌正常，培养基消后无菌正常，提供无菌空气合格。

分析

已经可以排除罐体无死角，排除技术工操作的技术问题。进行试漏检查，发现物料靠罐阀盘根处有极少量渗漏现象，随即更换阀门，采用甲醛熏蒸灭菌，再次接种发酵，已无染菌现象发生。说明这次生产事故因阀门密封垫老化造成渗漏引起，生产损失较大。

目标检测

一、选择题

（一）单项选择题

1. 空气罐预消，一般在 30 分钟以上，然后关闭(　　　)排除罐内残余的(　　　)

   A. 进汽,空气　　　　　　　　　　　　B. 出料口,空气

   C. 进汽,积水　　　　　　　　　　　　D. 出料口,积水

2. 实罐消毒灭菌过程中,最忌讳的培养基中的

   A. 剩料　　　　　　B. 空气　　　　　　C. 颗粒杂物　　　　　　D. 水

3. 不同的蒸汽,有较高热含量,较强穿透力的是

   A. 湿饱和蒸汽　　　　　　　　　　　　B. 饱和蒸汽

   C. 过热蒸汽　　　　　　　　　　　　　D. 根据情况而定

4. 以下哪种介质不是常用过滤介质

   A. 棉花　　　　　　B. 活性炭　　　　　　C. 烧结金属　　　　　　D. 石棉滤板

5. 灭菌工艺的选择要考虑到

   A. 整个工艺　　　　　　B. 设备和成本　　　　　　C. 培养基性质　　　　　　D. 以上都对

6. 制备无菌空气时,介质纤维直径越小,则

   A. 过滤效率越低　　　　　　B. 过滤阻力越大　　　　　　C. 过滤出时间短　　　　　　D. 以上都不对

7. ( )可采用高温短时灭菌,培养基受热时间短,营养成分破坏少。

    A. 连续灭菌   B. 实消   C. 间歇灭菌   D. 空消

8. ( )是在每批培养基全部流入发酵罐后,就在罐内通入蒸汽加热至灭菌温度,维持一定时间,再冷却到接种温度。

    A. 连续灭菌   B. 实消   C. 连消   D. 空消

9. 培养基采用( )时,需在培养基进入发酵罐前,直接用蒸汽进行空罐灭菌。

    A. 间歇灭菌   B. 实消   C. 连消   D. 空消

10. 无菌室空气灭菌常用的方法是

    A. 甲醛熏蒸   B. 紫外线照射   C. 喷苯酚   D. A、B 并用

(二) 多项选择题

1. 无菌空气的制备流程包括以下

    A. 粗过滤   B. 空气压缩   C. 空气冷却   D. 分离

2. 影响空气除菌的因素有

    A. 过滤介质种类   B. 介质纤维直径   C. 介质滤层厚度   D. 空气流速

3. 影响培养基灭菌的因素

    A. 杂菌的种类   B. 杂菌数量   C. 灭菌温度   D. 灭菌时间

4. 培养基灭菌过程中出现的问题有

    A. 灭菌后质量差   B. 空气中断

    C. 染菌   D. 温度与压力不一致

5. 连消需要注意的问题有

    A. 配料罐使用前后及时清洗   B. 设备应定期清理

    C. 黏稠培养基要提高料液输送速度   D. 黏稠培养基要降低料液输送速度

6. 下列属于连消设备的有

    A. 维持罐   B. 连消塔   C. 配料罐   D. 喷淋冷却

7. 影响培养基灭菌的因素有

    A. 温度   B. 灭菌方式   C. 培养基组成   D. 泡沫

二、简答题

1. 简述培养基实消的操作步骤。

2. 简述实消和连消灭菌的含义? 实消灭菌有何优缺点?

3. 简述空气过滤除菌工艺流程。

三、实例分析

1. 某微生物发酵罐,内装 80 吨培养基,在 121℃温度下实罐灭菌。假设每毫升培养基中含有耐热菌的芽孢数为 1.8×10^7 个,121℃时灭菌速率常数为 0.0287s^{-1}。如果按照微生物灭死残留定律考虑,那灭菌所需多少时间合适呢?

2. 某青霉素发酵车间有 1 个容积为 50 吨的发酵罐,打算作为三级发酵罐使用,所用培养基应如何灭菌才能保证纯种发酵呢? 发酵生产期,需补加苯乙酸作为前体来提高青霉素产量,苯乙酸如何灭菌呢?

ER-08 复习题

第九章

发酵过程及控制技术

ER-09章PPT

学前导语

微生物具有合成某种代谢产物的能力，但要想让微生物按照人的想法最大限度合成我们所需的代谢产物却并非易事。

由于发酵过程是极其复杂的生化反应过程，影响微生物生产能力的因素涉及多个方面，除了菌种本身的性能外，培养基的配比、原材料质量、种子的质量、灭菌工艺、发酵过程控制等都与生产水平密切相关。因此，发酵过程控制优化成为发酵工业的永恒课题，发酵工艺控制一直被认为是一门艺术而不是单纯的技术。

那么究竟发酵的原理是什么？发酵过程有哪些影响因素？如何去控制这些影响因素？发酵过程中会遇到什么问题？如何去解决？带着这些问题，让我们一起走进发酵调控这一艺术领域吧。

第一节　工作任务及岗位职责要求

ER-9-1　扫
一扫,知重点

一、发酵岗位工作任务

发酵岗位是一个广义的概念,一般包含工艺控制、无菌监测、生化参数检测以及看罐等几个岗位。发酵岗位的主要工作任务是:严格按照企业或车间生产任务和进度安排对车间相关岗位下达接种、移种、补料、带放、放罐等系列工艺指令并监督执行,按照工艺规程和操作 SOP 稳定控制发酵过程中的各项参数,对发酵过程的无菌状况和各项生化参数变化情况进行监测,确保发酵生产过程各项技术指标的正常和稳定,确保发酵水平的稳定和不断提升。

二、发酵岗位工作职责

发酵岗位的工作职责主要包含以下内容:

1. 严格按照企业或车间生产进度安排,及时准确地下达接种、移种、补料、带放、放罐等系列工艺指令并监督执行,确保正常有序的生产秩序。

2. 按照工艺规程和操作 SOP 对每个发酵罐和种子罐的温度、压力、空气流量、补料量、体积(液位)、转速、溶氧、pH 等各项工艺参数进行精确控制,确保发酵生产过程各项技术指标的正常和稳定,保证生产的正常运行。

3. 对发酵过程的无菌状况和 pH、效价、氨(基)氮、总糖、残糖等各项生化参数变化情况进行监测,并及时反馈信息至工艺控制岗位。工艺控制岗位接收发酵罐和种子罐的各项参数信息后立即通过调整补料量对各项参数进行稳定精准控制,确保发酵罐正常的生长状态。

4. 如遇突发停电、停空气、停蒸汽等紧急情况,立即协同灭菌等其他操作岗位按照应急预案进行处理,确保安全和环保不发生事故,尽量将损失降低到最低。

5. 及时分析生产数据,总结生产中的问题和闪光点,对后续提高生产水平、降低生产成本等方面提出好的改进建议和措施。

6. 按照工厂物料管理制度,做好本岗位各种辅助材料和低值易耗品的库存管理并及时上报。

7. 按照工厂设备管理制度,做好本岗位所辖设备、仪表、仪器的日常维护和保养工作。

8. 按照工厂质量管理制度,做好本岗位各项操作记录、批报,辅助材料和低值易耗品领取和使用记录,设备使用、维护和保养记录,岗位交接班记录等。

9. 按照工厂现场管理制度、劳动纪律管理制度等作好本岗位的现场定置管理、现场清洁管理以及劳动纪律管理等。

10. 在工作中善于学习,加强自身的理论素养和实践操作能力,不断总结工作经验,提升操作技能。

第二节 发酵基本原理和发酵方法

一、发酵基本原理

微生物发酵的本质是化学反应,但它又不同于一般的化学反应过程。在发酵过程中,微生物从培养基中摄取各种营养物质,通过体内各种生化反应过程合成细胞的结构,同时获得能量,并形成各种代谢产物。就发酵的概念而言也有所变化,狭义的发酵是指在厌氧条件下,葡萄糖通过糖酵解途径生产乳酸、乙醇等代谢过程;而我们所指的发酵则是在专用的发酵设备中,在一定培养条件(营养、温度、溶氧、pH 等)下,微生物把原料营养物质经特定的代谢途径转化为代谢产物的过程。

微生物具有合成某种代谢产物的能力,但要想在生物反应器中让微生物按照人的想法最大限度合成这种代谢产物却并非易事。由于发酵过程是极其复杂的生化反应过程,影响其生产能力的因素涉及多个方面,除了菌种本身的性能外,培养基的配比、原材料质量、种子的质量、灭菌工艺、发酵过程控制等都与生产水平密切相关。因此,发酵过程控制优化成为发酵工业的永恒课题,发酵工艺一直被认为是一门艺术而不是单纯的技术。

▶▶ 课堂活动

我们日常见到的许多食品,如醋、酱油、味精、酸奶、啤酒、白酒、葡萄酒等;许多药品,如青霉素、头孢菌素、白蛋白;许多工业用品,如甘油、丙酮、丁醇等都是由发酵法生产出来的。 那么你知道它们都是由哪些微生物、通过什么方法产生的吗? 生产过程中都有哪些差异呢?

二、发酵类型和发酵方法

微生物发酵过程受诸多因素影响,而且各种因素相互制约。一般而言,越是生产水平高的菌种,其生产条件越难满足,其对工艺条件的波动比低产菌种更为敏感。因此,必须从代谢规律和发酵调控的角度掌握发酵过程的内在规律。

根据微生物对氧的需求不同,发酵过程可分为好氧发酵和厌氧发酵(处于两者之间的称为兼性厌氧)。好氧发酵是在有氧参与的条件下进行的,主要有液体表面培养发酵、多孔或颗粒固体培养基表面发酵以及通氧深层发酵几种方法。厌氧发酵是在无氧条件下进行的,主要采用不通氧的深层发酵模式。

在深层发酵过程中,根据操作方式和工艺流程的不同,发酵过程又可分为分批发酵、补料分批发酵、半连续发酵以及连续发酵几种方法。

(一) 厌氧发酵

厌氧发酵是在缺氧的条件下,微生物细胞进行无氧酵解(即无氧呼吸),仅获得有限的能量以维持生命活动的过程。一般糖类化合物经酵解生成丙酮酸后(详见图 9-1),丙酮酸继续进行代谢可产生酒精、甘油、乳酸、丙酸、丙酮、丁醇、沼气等产物。

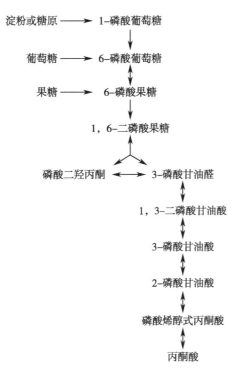

图 9-1　糖酵解途径

厌氧发酵过程是由微生物自身的生理特性决定的,其整个生产过程是在缺氧或无氧的条件下进行。生产上厌氧发酵一般采用不通空气的深层发酵,其具体要求是:发酵罐杜绝通氧;罐内的发酵液尽量装满,以便减少上层气相氧的影响;发酵罐的排气口要水封;培养基要避免氧的影响;尽量使用大接种量(一般接种量为总操作体积的 10%～20%),使菌体迅速生长,减少其对外部氧渗入的敏感性等。乙醇、丙酮、丁醇、乳酸和啤酒等都是采用液体厌氧发酵工艺生产的。

（二）好氧发酵

大多数工业发酵属于好氧发酵过程,生化反应需在通氧条件下进行。在好氧发酵过程中,糖类化合物经糖酵解途径生成丙酮酸后,进入三羧酸循环（即 TCA 循环,详见图 9-2）,将还原氢传递给最终的电子受体氧后生成水,同时释放出二氧化碳。好氧发酵所产生的产品有各种有机酸、抗生素、氨基酸、酶等。生产上氧气的供应是借助空气压缩机向发酵罐内通入无菌空气,在搅拌的破碎作用下提升发酵液中的溶解氧而实现的,发酵液中溶解氧的高低直接影响到微生物的生长和代谢。因此,好氧发酵过程的关键是要确保菌体对氧的需求,设法提高溶解氧是好氧发酵的重要措施。

青霉素发酵为典型的好氧发酵过程。在这个过程中,先将培养基、设备、管线等全部灭菌后,通入无菌空气保持一定罐压,然后将培养好的种子接入发酵罐内,开启搅拌,控制最适的工艺条件（如发酵温度、溶氧量、pH、培养基质的浓度、搅拌强度等）,使青霉菌生长并维持一定的菌体浓度,青霉菌进入次级代谢后大量合成并分泌青霉素,从而实现目标产物的大量生产。

（三）深层发酵方法及原理

1. **分批发酵** 分批发酵（batch fermentation）是把全部培养基一次性投入发酵罐,经灭菌后接入一定量的种子液,在最适培养条件下经过一定时间的发酵后,菌体的生长和产物的合成及积累得以完成,然后将全部发酵液一次性放出进行产物提取,结束该批发酵。之后进行发酵罐清洗、投料、灭菌、接种、培养,转入下一轮分批操作。

分批发酵的操作时间由两部分组成,一部分是发酵所需的时间（生产时间）,即从接种后开始发酵到发酵结束为止所需的时间;另一部分为辅助操作时间（非生产时间）,包括投料、灭菌、放罐、清洗等所需时间的总和。

分批培养条件下微生物的典型生长曲线可划分为几个阶段,如图 9-3 所示,即:迟滞期（适应期）、加速生长期、对数生长期（指数生长期）、减速生长期、稳定生长期（静止期）和衰亡期。

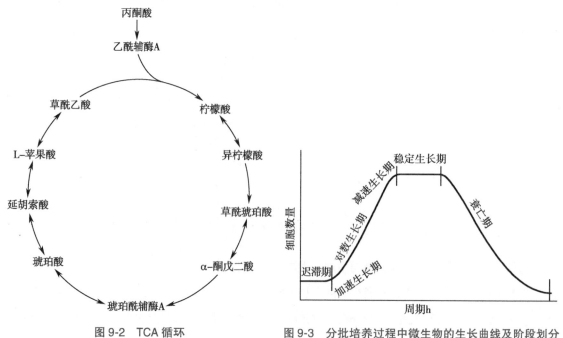

图 9-2 TCA 循环　　　　　　　　　图 9-3 分批培养过程中微生物的生长曲线及阶段划分

迟滞期:当菌体被接入新鲜培养基时,由于发酵培养基环境条件发生了变化,使菌体需要一定的时间来适应新的环境,因而出现一段相对静止的阶段,菌体总量和浓度几乎不变。在这一时期内,没有菌体的生长,也没有产物的合成。

加速生长期:这个阶段通常很短。大多数菌体适应了新的环境,有充足的营养物质而又无对生长产生抑制的物质,菌体开始快速生长和繁殖。当所有菌体都达到这一状态时,菌体的比生长速率达到最大,对数生长期便开始。

对数生长期:每个菌体细胞都以稳定的最大生长速率生长,菌体浓度呈指数形式增加,在以菌体浓度的自然对数为纵坐标、以发酵时间为横坐标的曲线图中,该阶段表现为线性关系。这一时期的细胞生命力最强,代谢最为旺盛,菌体形态、化学组成、生理特性都比较一致。但这一时期还未转到次级代谢,基本没有次级代谢产物生成。

减速生长期:随着营养成分和氧的不断消耗以及有害代谢物的积累,环境条件不足以继续维持菌体以最大比生长速率进行生长,比生长速率有所下降,但菌体浓度仍然增加。这个时期菌体的初级代谢活性不断减弱,次级代谢活性逐渐增强,开始有抗生素等次级代谢产物合成。

稳定生长期:随着菌体生长速度的减慢,菌体从初级代谢转入活跃的次级代谢状态,此时菌体形态发生较大的变化,初级代谢维持在最低状态,次级代谢产物大量合成,细胞衰亡速度也逐渐增加。当细胞的生长速度和死亡速度达到动态平衡时,发酵液中的菌体浓度达到最大并保持相对稳定。

衰亡期:随着基质营养成分和溶氧浓度的进一步下降以及有害代谢产物的不断积累,使细胞的死亡速度超过了生长速度,菌体浓度开始下降并不断加速。这一时期次级代谢产物仍大量合成,但合成速度有所降低。当细胞生长处于基本停顿状态时,菌体大量死亡和自溶,菌体浓度大幅度下降,次级代谢产物合成速度迅速降低直至停止。

知识链接

分批发酵特点

在分批发酵过程中,培养基一次性投入,发酵液一次性放出,体系中微生物的生长、各种营养物质的消耗以及代谢产物的合成都时时刻刻随发酵时间在变化,整个发酵过程处于一种不稳定的状态。分批发酵是比较简单和原始的发酵方式,曾广泛应用于抗生素的发酵过程,其发酵周期短,操作工艺简单,重现性较好,对配套设备要求低,不易发生杂菌的污染,对原料组成要求较粗放等。其缺点是发酵开始时营养物质浓度很高,到中后期,营养物浓度很低,这对很多发酵反应的顺利进行是不利的。营养物质浓度过高可能造成菌体疯长,代谢产物浓度过高可能会对菌体生长和产物合成产生抑制作用。营养物减少造成细胞生长和代谢缓慢,使培养效率降低,而且容易出现二次生长现象。

---

2. 补料分批发酵　补料分批发酵(fed-batch fermentation)又称为流加式发酵,是建立在分批发酵基础上的一种优化操作模式。当发酵进行到一定时期,体系内营养物质浓度下降到一定程度时,开始连续补加基础培养基或单独补加碳源、氮源或其他营养物质,以克服由于养分的不足而导致的

发酵过早结束。这个过程中间不放出发酵液。直到发酵终点,产率达最大化,停止补料,将发酵液一次性全部放出。

补料分批发酵在发酵体系营养物质浓度降到一定程度时再慢慢地加入各种营养物质,使其在发酵体系中保持适当水平。这种操作模式,可以在基础培养基中降低一些基质(特别是一些生长抑制性基质)的浓度,改善了前期的发酵环境,缩短了迟滞期,促进了菌体的生长。通过对发酵液中生长限制性基质浓度的控制,大大延长了稳定生长期(即次级代谢产物合成高峰期)的时间,同时通过流加基质,在一定程度上稀释了生成产物的浓度,避免了高浓度产物和底物的抑制作用,也防止了后期养分不足而限制菌体的生长。由于各种营养物质都可以根据菌体的生长和产物的合成需要而随时调整其流加速率,因而可以方便地进行过程的优化,进一步降低基质消耗的同时提高产品产率。另外,通过不断地补料稀释,对降低发酵液的黏度,改善发酵液的流变特性,增强供氧是十分有利的。

由于补料分批发酵中间过程不取出发酵液,随着各种营养物质的流加,整个发酵液体积不断增大。受发酵罐操作容积的限制,基础培养基的体积只能缩小,这样在一定程度上降低了发酵罐的利用率。

控制营养物质流加操作的形式有两种,即无反馈控制和反馈控制。无反馈控制包括定流量和定时间流加,而反馈控制是根据发酵体系中限制性营养物质的浓度来调节流加速率。最常见的流加物质是葡萄糖,作为碳源和能源物质,当发酵体系中的残糖降低到一定程度时,通过葡萄糖和氨水等营养基质的配合流加,一方面控制适当的基质浓度,另一方面控制发酵液 pH,使得发酵体系保持相对稳定。

3. 半连续式发酵　半连续式发酵(semi-continuous fermentation)又称反复补料分批发酵。是当补料分批发酵进行到发酵液体积达到发酵罐容许的最大限度时,将发酵液放出一小部分(行业中俗称为"带放"),再继续补料培养,隔一定时间发酵液体积又达到最大时,再放出同样体积的一小部分,如此反复操作,直至发酵结束将发酵液全部放出。这种操作模式可以显著提高发酵罐的容积利用率,在补料分批发酵的基础上进一步增加了产率,目前已经成为抗生素发酵行业的主流操作模式。

半连续式发酵的主要特征是:补料体积与发酵液的体积比(即稀释速率,h^{-1})恒定;发酵罐内的发酵液体积和补料速率(m^3/h)周期性变化;菌体比生长速率和稀释率可以保持同步,使发酵体系内的菌体浓度和基质浓度保持相对恒定,从而达到准稳定状态。

半连续发酵从工艺控制的角度和补料分批发酵大体相同,但比补料分批发酵更接近于稳态。过程中的操作难度和操作要求进一步提高,除了控制基质流加量外,还要严格控制流加速率,所配套的附属设备如补料系统、自控系统、检测系统等控制技术和精度要求更高。

4. 连续发酵　连续发酵(continuous fermentation)是在发酵过程中,通过连续流加含有各种必需营养物质的新鲜培养基,同时连续放出包括培养基和菌体在内的发酵液,使得发酵体积和菌体浓度保持不变,整个发酵体系处于基本恒定的状态。

连续发酵是一个开放的系统,其发酵过程的主要特征是:新鲜培养基连续稳定地加入到发酵罐内,同时产物也连续稳定地离开发酵罐,并保持发酵体积不变;发酵罐内物系的组成不随时间而改变;所加入的新鲜培养基中至少有一种生长限制性基质,它的流加速率决定微生物的生长速率。

连续发酵有两种控制方法：一种为恒化器（chemostat）发酵，它是以一定的流速流加新鲜培养基，使微生物菌体浓度和生长速率保持相对恒定；另一种为恒浊器（turbidostat）发酵，通过对发酵液浊度的检测间接反映了菌体的细胞生长状况，以浊度反馈控制新鲜培养基的流速，以维持恒定的菌体浓度。

连续发酵能够维持较低的营养基质浓度，可以最大限度地提高设备利用率和单位时间的产量，最大限度压缩了发酵罐的非生产时间，发酵罐内微生物、基质浓度、产物和溶氧浓度等参数维持在相对恒定的水平，生产稳定，易于实现自动化控制。但连续发酵也存在一些技术问题：连续操作时间长，新鲜的培养基不断地流入发酵系统，同时发酵液和产品不断地流出，过程中污染杂菌的概率增大，细胞易发生变异和退化，使连续发酵在实际应用中受到了限制。目前，连续发酵只适用于生产能力大，微生物变异小，酶活稳定，产品需连续处理的工业体系，而且仅限用于纯培养要求不高的情况，如酵母、乳酸菌等菌体的制造，乙醇、醋酸、丙酮、丁醇、葡萄糖酸等初级代谢产物的生产，以及污水的处理过程等。

ER-9-2　发酵动力学

点滴积累

1. 根据微生物对氧的需求不同，发酵过程分为好氧发酵和厌氧发酵。

2. 在深层发酵过程中，根据操作方式和工艺不同，发酵过程又分为分批发酵、补料分批发酵、半连续发酵、连续发酵。

3. 分批培养条件下微生物的典型生长曲线划分为：迟滞期、加速生长期、对数生长期、减速生长期、稳定生长期、衰亡期。

第三节　发酵过程影响因素及控制方法

微生物发酵的生产水平不仅取决于菌种本身的特性，而且在很大程度上还会受到环境条件的影响和制约。在发酵过程中除了满足菌种的营养需求外，还需满足菌种的各项最适培养条件，如罐温、罐压、pH、溶氧、搅拌转速、空气流量等等。只有充分了解了这些工艺条件对发酵过程的影响，并采取切实可行的方案进行监测和调控，才能保证发酵过程的稳定和高产。

▶ 课堂活动

所有的生物个体或群体都会受到周围环境因素的极大影响。那么对微生物而言，其发酵过程需要控制哪些关键环境因素？它们各自是如何影响发酵过程的？工业生产中又是如何进行有效控制的？

一、发酵过程温度变化及控制

（一）温度对发酵过程的影响

每种微生物都有其最适生长温度和代谢产物的最适合成温度。根据微生物对生长过程中最适温度的要求不同，可分为低温型、中温型和高温型三种类型。一般最适生长温度在20℃以下的称为嗜低温菌,在 20~45℃ 之间的为嗜中温菌(这类菌在自然界占绝大多数),高于 45℃ 的称为嗜高温菌。制药工业所用的大多数菌种是中温型微生物。在最适生长温度下,微生物能以最大比生长速率进行生长,高于或低于这一温度,生长速率都将迅速下降,而且高温对生长速率的影响更加明显。

ER-9-3 温度对微生物生长速率影响

由于菌体死亡的活化能远大于菌体生长的活化能[一般情况下,菌体生长的活化能 $E_\mu = (25~32) \times 10^4 \mathrm{kJ/mol}$,菌体死亡的活化能 $E_\alpha = (104~122) \times 10^4 \mathrm{kJ/mol}$],所以,温度对死亡的影响要远比对生长的影响要大。因此,在发酵过程中,对于温度的控制务必严格,不能随意地升温,否则,可能导致菌体过早地衰老,发酵周期缩短,产量下降。

微生物发酵的本质是酶促生物化学反应过程。温度对发酵的影响也是通过对酶活力的影响所体现的。由于微生物发酵过程的化学反应几乎都是由酶来催化的,在一定范围内,发酵温度升高,酶活性增强,酶促反应速度也就增大。一般在低于酶的最适温度时,升高温度可提高酶的活性,但当温度超过最适温度一定程度时,酶本身很容易因过热而失去活性,酶促化学反应速度迅速降低。另外,高温引起酶失活的同时,也会引起菌丝容易衰老而自溶,缩短发酵周期,影响最终产量,同时也会对提取过程造成不利影响。

知识链接

常用菌种的最适温度

不同菌种的生长最适温度和生产最适温度有所差异,例如:青霉菌生长繁殖最适温度为 26~27℃,而生物合成青霉素最适温度为 25℃;红色链霉菌生长繁殖最适温度为 34℃,而红霉素合成阶段最适温度为 32℃,到发酵后期更进一步降低到 30℃;庆大霉素产生菌生长最适温度为 34~36℃,合成最适温度 32~34℃;灰色链霉菌发酵最适温度一般确定为 28.5℃。

温度除了直接影响发酵过程各种酶促反应速率外,还可以改变发酵液的物理性质,如发酵液黏度、溶氧、氧的传递速率、基质的传质速率以及菌体对养分的分解和吸收速率等,间接影响微生物生长、代谢以及产物合成。

温度还影响次级代谢产物生物合成的方向以及胞内物质和产物的稳定性。例如,金色链霉菌在发酵过程中同时能合成金霉素和四环素,当发酵温度低于 30℃ 时,金霉素的合成比例明显增大;而当发酵温度逐步提升后,四环素的合成比例明显增大;当温度提升到 35℃ 时,金霉素合成停止而只产生四环素。温度对产物稳定性的影响主要是基于部分产物对温度具有敏感性,与此同时温度的升高会加速胞内物质的分解代谢。许多抗生素发酵后期,随着产品的不断积累,经常采用降低发酵温度的措施来减少胞内物质和产物的分解,同时降温也是延缓菌体衰老、尽量延长生产周期的一种方法。

另外,温度高低也会对菌体细胞的组分造成影响。低温型、中温型和高温型微生物的细胞组分有明显的差异;同一菌种在不同温度下生长,其细胞组分(如细胞膜中的不饱和脂肪酸等)也会呈现某些变化。

发酵温度取决于发酵过程中热量的产生和移出之间的平衡。发酵过程中热量的产生途径主要有:菌体生长和繁殖过程中产生的生物热;搅拌运行过程产生的搅拌热;补料带入的热量;空气带入的热量等。发酵过程中热量的移出途径主要有:发酵罐冷却水移走的热量;发酵罐排气带走水分所需的潜热以及排气带走的显热;罐体和环境之间的辐射热等。发酵温度的恒定是建立在热量的产生和移出恒定的基础之上的。

对于热量的产生环节,生物热和搅拌热占据了主要地位。其中生物热的大小是菌体的固有特性,主要和培养基中的糖、蛋白质、脂肪等氧化代谢有关,具有很强的阶段性。在孢子发芽以及生长初期,由于代谢能力弱,产热量就少;当微生物增殖达到一定数量,进入对数生长期后,代谢热就大量产生,成为发酵过程热平衡的主要因素。此后随着菌体逐步衰老而代谢生物热逐步减少。生物热也随培养基成分不同而有所变化,比如培养基中糖、蛋白质或脂肪等含量不同,分解代谢这些基质所产生的热量也就不同。搅拌热的大小取决于搅拌功率和搅拌设备本身,不同的搅拌转速和运行功率、不同的桨叶型式决定了运转过程中搅拌热的大小。通常设备定型后,除非使用变频,搅拌所产生的热量也基本恒定。

(二) 发酵过程温度的控制

发酵过程中,菌体生长最适温度和产物合成最适温度通常是有差异的,应在发酵的不同阶段,选择不同的最适温度并严格控制,以期高产。一般生长阶段选择最适宜菌体生长的温度,生产阶段选择最适宜产物合成的温度,进行变温控制下的发酵。

在工业生产中,随着发酵温度的升高许多目标产物存在降解加速的现象。这其中,目标产物对温度敏感,目标产物的积累和浓度的增高使逆反应速率加快以及目标产物降解酶的活性随温度的升高而增强等因素可能是造成这个现象的原因。因此,在发酵过程中后期适当降低发酵温度是需要优先考虑的措施。

发酵温度的选择还要考虑培养基成分、浓度以及通气、搅拌等其他发酵条件。当培养基成分容易利用或浓度较低时,需要适当降低温度避免营养成分过早耗竭而导致菌体过早自溶。当通气较差或搅拌强度偏低时,适当降低温度可以降低菌体生长和代谢并提高溶解氧,对通气不足是一种弥补。

工业生产中对发酵温度的控制一般是采用计算机自控系统实现的。在发酵罐的中部或下部适当位置安装铂电阻温度计对发酵液的温度进行测量,测量数据实时传递到计算机系统和预先设定的温度值进行比对,如果实际温度超过设定温度,计算机就会控制冷却水自动调节开大,使夹套(外壁管)或蛇管中的冷却水量增大,从而使发酵液的温度下降。反之就控制自动调节阀关小,使发酵罐温度上升。由于发酵过程中产生大量发酵热,因此大型发酵罐一般不需要加热。对于冷却降温系统的配备主要从成本最低的角度进行考虑,一方面,发酵罐设计时就要根据发酵热的大小设计充足的冷却面积(包含内蛇管和外壁管);另一方面,根据发酵温度和气候情况合理使用冷却介质。如果发酵温度较高,可以直接使用成本较低的循环水进行降温;如果发酵温度较低,或在夏季环境气温较高时循环水无法冷却至设定发酵温度,就需要用 7℃ 水或其他冷却介质进行降温,以稳定发酵温度。值得注意的是,温度控制过程往往存在滞后现象,调控过程需要一定的时间提前量和温度缓冲量。

二、发酵过程 pH 的变化及控制

（一）pH 对发酵过程的影响

发酵过程培养液 pH 的变化是微生物在一定的环境条件下生长和代谢活动的综合性指标,它集中体现了菌体在生长、代谢和产物合成过程的内在变化。pH 对菌体的生长和产物的合成及积累均有很大的影响,在发酵生产过程中必须掌握其变化规律并严格监测和调控,确保处于最适范围。

知识链接

常用菌种的最适 pH

每种微生物都有其最适 pH 范围,而且菌体生长阶段最适 pH 和产物合成阶段的最适 pH 往往有所差异。 这种差异不仅与菌种特性有关,也与产物的化学性质有关。 青霉素属弱酸性,其生物合成最适 pH 6.5~6.8; 链霉素和红霉素属碱性,其生物合成最适 pH 6.8~7.3; 金霉素、四环素属两性抗生素,其生物合成最适 pH 5.9~6.3; 柠檬酸合成最适 pH 3.5~4.0。

---

pH 对菌体生长和代谢的影响主要体现在几个方面:

1. pH 的变化会引起各种酶活力的变化 酶促化学反应是菌体生长、代谢和产物合成的根本,不同的酶各自有其最适的 pH,当偏离这个最适 pH 范围时,菌体的生长代谢过程必然会受到很大的影响。

2. pH 的高低直接影响到菌体细胞膜的渗透性,进一步对菌体营养物质的吸收和代谢产物的排泄造成影响。

3. pH 的高低对培养基中营养物质的解离状态造成影响,从而影响到营养物质的溶解程度以及菌体对其摄取利用程度。

4. pH 的高低对初级代谢产物会造成影响 pH 不同代谢产物也会发生变化。例如,用黑曲霉进行柠檬酸发酵过程中,pH=2~3 时,菌体合成并分泌柠檬酸;而当 pH 在 6~7 时则合成积累草酸。

5. pH 的变化会对菌体形态造成影响 例如,用产黄曲霉发酵青霉素的过程中,当 pH 6.0 时,菌丝的直径为 2~3μm,而当 pH 7.4 时,菌丝的直径膨大到 2~18μm。

（二）发酵过程造成 pH 发生变化的原因

发酵过程培养液 pH 的变化是微生物在一定的环境条件下生长和代谢的综合性指标,即菌体在发酵过程中 pH 的变化是由于其生理代谢而造成的结果。不同的菌种在发酵过程中 pH 的变化规律是不同的,但是导致其变化的因素基本相同,主要有以下几个方面:

1. 发酵过程中酸性中间产物的积累造成发酵液 pH 下降 培养基中碳源、氮源比例不恰当,碳源过多,特别是葡萄糖过量,或者中间补糖量或补油量过多,致使中间代谢产生的有机酸大量积累而 pH 下降;发酵过程中供氧不足,导致有氧氧化途径受阻,使乳酸等酸性物质积累而 pH 下降。补料量过多和溶氧不足常常是相互关联的。

2. 培养基中生理酸性物质被利用,引起 pH 的下降 常见的生理酸性物质如(NH_4)$_2SO_4$、(NH_4)$_2HPO_4$、$NH_4H_2PO_4$ 等,当 NH_4^+ 被利用后,就引起 pH 的下降;对于 KH_2PO_4 和 K_2HPO_4 等磷酸盐,当 PO_4^{3-} 被利用或者电离后,也可引起发酵液的 pH 下降。

3. 发酵过程酸性代谢产物的积累会导致 pH 的下降 某些初级代谢产物的发酵过程,如柠檬酸、酸性氨基酸的发酵,随着代谢产物的积累,pH 会逐步下降。发酵过程如果有大量二氧化碳溶解在发酵液中,也会产生碳酸而使 pH 降低。

4. 发酵过程中加酸使发酵液 pH 降低。

5. 发酵过程如果发生染菌,如染细菌或酵母,由于杂菌的生长,发酵液的 pH 常表现为下降;如果染产碱性代谢产物的细菌,发酵液的 pH 就会表现为上升。

6. 培养基中碳源和氮源的比例不恰当,氮源过多,由于代谢过程中氨基氮的释放使发酵液的 pH 上升。

7. 生理碱性物质的存在,会导致发酵液 pH 上升,如硝酸钠、氨基酸、尿素等。这些物质被菌体利用后,将释放出游离 NH_3 或生成碱性物质使发酵液 pH 上升。

8. 发酵过程中补氨水或加碱,会使发酵液 pH 上升。

9. 发酵后期,由于菌体衰老自溶会造成发酵液 pH 上升 发酵后期,pH 的上升主要是由于菌体自溶释放出碱性物质而造成的。

(三) 发酵过程 pH 的控制

不同的微生物发酵过程其最适 pH 范围不同,因菌种、产物、培养基和温度的变化而变化,必须根据多批次试验结果来确定菌体生长和产物生产最适 pH,分不同阶段分别控制,以达到最大产量。

要想控制发酵过程 pH,首先需要对发酵液 pH 进行持续检测。目前,发酵生产企业主要采用两种方法对发酵过程的 pH 进行检测:一种方法是取样进行离线检测,即每隔 1~2 小时取一次样,样品在实验室 pH 计上进行检测;另一种方法是在发酵罐上安装在线 pH 电极,可以实时连续地进行 pH 数据传输。但由于 pH 电极安装在发酵罐上,这样在物料灭菌操作时高温高压会对 pH 电极造成影响,因此对 pH 电极的基本要求是必须耐高温,可以经受 120℃ 以上高温灭菌,且每批都要用标准缓冲液对 pH 电极进行校对,确保数据准确。即便如此,在生产中为了确保发酵过程 pH 的稳定和可靠,除了对在线 pH 电极进行每批校对外,仍然采用每隔固定时间取样的方式,在实验室 pH 计上进行离线检测。

工业生产中控制发酵液 pH 的方法多种多样,必须灵活掌握、多管齐下才行。

首先,要从基础培养基的配方出发,选择恰当的培养基成分及其配比。其中碳源和氮源的比例以及生理酸性盐和生理碱性盐的使用需要通过试验、文献数据及生产经验来进行确定;可以根据代谢需求加入适量碳酸钙或磷酸盐等起缓冲作用的物质,用于中和各种酸类产物,防止 pH 大幅波动,但这种方式调节能力有限,单独使用是达不到生产要求的。

其次,通过过程补料来控制 pH。基础培养基中的糖、氮等营养成分可以通过补料来进行调节。例如,在青霉素发酵过程中,当基础培养基营养消耗到一定程度后,需要通过补料系统持续不断地补入葡萄糖、硫酸铵和氨水。葡萄糖作为碳源和能源物质,代谢后使发酵液 pH 下降;硫酸铵作为氮源和硫源物质,同时也是生理酸性盐,促使发酵液 pH 降低;氨水的作用也是双重的,既作为氮源物质,又起到调节发酵液 pH 的作用,促使 pH 上升。在发酵过程中,通过补料来协同控制各项关键参数,如碳源的供给、氨氮的控制以及 pH 的控制,必须同时考虑,不能顾此失彼。例如,当发酵液 pH 低、氨氮也低时就需要多补充氨水提升 pH 和氨氮;当发酵液 pH 高、氨氮也高时需要适当增糖促进菌体代谢加快;当发酵液 pH 较高但氨氮低时就需要多补充硫酸铵,同时谨慎增糖;当发酵液 pH 低但氨氮高时,这种状态就需要减少硫酸铵的量,谨慎减糖控制,待参数恢复正常范围后再恢复正常补料。

第三,发酵过程中必要时可以通过直接加酸或加碱来控制 pH。过去人们认为,发酵罐上直接加入酸或碱会造成发酵液的局部过酸或过碱,对菌体伤害大。其实这种担心是没有必要的。在现代工业大生产中,发酵罐搅拌系统的混合效果非常强,加入的酸或碱在极短时间内就被分散混合均匀,不会对菌体造成明显的伤害。例如,在青霉素高单位菌种发酵过程中,发酵前期会遇到 pH 急速上升的问题,即使通过大量补糖也很难控制,这时候需要补入适量浓硫酸来进行 pH 的调控,对菌丝的正常生长以及发酵过程基本没有影响。

三、发酵过程溶氧的变化及其控制

(一) 溶氧对发酵过程的影响

溶氧(简称 DO)是指溶解于发酵液中分子状态的氧。由于微生物只能摄取培养基中溶解状态的氧,在发酵过程中,氧作为呼吸链的终端电子受体参与碳源-能源基质的氧化反应,释放出微生物生长和维持所需的能量,因此,溶氧对于好氧微生物维持其呼吸代谢以及某些代谢产物的合成至关重要。

发酵过程的溶氧用饱和氧浓度的百分数表示。它是在一定的温度、罐压、通气和搅拌条件下,接种前培养基被空气 100% 饱和时的状态作为基准,随着菌体的生长、代谢和产物合成,发酵液中的溶氧随时变化。

知识链接

溶氧及测定方法

溶氧的大小有三种表示方法:一是用绝对浓度表示,单位为 mg O_2/L 纯水或 ppm,在环保行业常用;二是用氧分压或张力(简称 DOT)表示,单位为大气压或 mmHg,在医疗行业常用;三是用饱和氧浓度的百分数表示,单位为%,这种方法主要在发酵行业使用。

发酵过程,溶氧的测定目前都是在发酵罐适当位置安装在线溶氧电极进行检测的。需要注意:溶氧电极只能安装在固定的点位,该点位的溶氧不一定能代表整个发酵罐的溶氧水平。一般情况下,发酵罐底部是进气口,属富氧区;发酵罐上部属贫氧区。有的厂家为了更准确地了解溶氧状况,分别在发酵罐的上部、中部和下部安装三套溶氧电极进行监测,而更多的厂家只在发酵罐中部安装一套溶氧电极。

不同的发酵过程,菌体对氧的需求有所不同。例如青霉素和头孢菌素发酵过程中,氧不但用于

产生能量,供菌体生长和维持所需,而且分子氧直接作为反应底物参与到抗生素生物合成过程中。因此,发酵过程中对氧的需求量较大,要求发酵罐具备足够的供氧能力。如果供氧不足就会严重影响抗生素的生产。

在发酵过程中,溶氧往往最容易成为限制因素,这主要是由于氧在水中的溶解度很低造成的。在25℃,一个大气压条件下,空气中的氧在纯水中的溶解度仅为8mg/L左右;而在发酵液中,由于各种营养物质、无机盐、微生物代谢产物等因素的影响,氧在发酵液中的溶解度会进一步降低。即使发酵液中的溶氧能达到100%空气饱和度,一旦停止供氧,发酵液中的溶氧在极短时间内(约十几秒)就会耗竭,使溶氧成为发酵过程的限制因素。

在发酵过程中,当溶氧降低到某一个值时,菌体仍能保持正常呼吸代谢,但当继续降低时,菌体的呼吸受到影响。这种不影响菌体呼吸所允许的最低溶氧浓度称为临界氧浓度;对产物而言,临界氧浓度指的是不影响产物合成所允许的最低溶氧浓度。各种微生物的呼吸临界溶氧值以空气氧饱和度表示:细菌和酵母为3%~10%;放线菌为5%~30%;真菌为10%~15%。

实际生产中,青霉素发酵的溶氧控制一般不低于30%,否则会导致青霉素的比生产速率急剧下降。头孢菌素C的呼吸临界氧浓度为5%~7%,而生物合成的临界氧值为10%~20%。

在发酵过程中,溶氧的变化遵循一定的规律,是供氧和耗氧两者之间的综合体现。从发酵液中溶氧浓度的变化可以反映出菌体的生长状况。一般情况下,在供氧能力保持不变的前提下,接种后1~5小时内,随着菌体生长速率的加快和耗氧的增强而使溶氧下降。溶氧下降的时间随菌体的活力、接种量大小以及培养基的不同而有所不同,从其下降的速率也可以预计出菌体的大致生长情况。如图9-4所示。在发酵前期,通常会出现一个溶氧低谷,在此阶段,菌体的摄氧率也往往呈现一个高峰值,与溶氧低谷时间相对应,说明这是菌体处于对数生长期,发酵液的黏度在这个时候也会出现高点。之后,菌体从初级代谢转到次级代谢,产物开始生成时,溶氧有所回升。

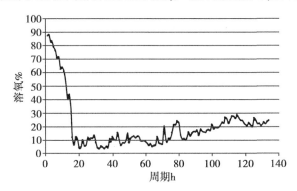

图9-4 头孢菌素C发酵过程溶氧的变化曲线

ER-9-4 溶氧变化规律

(二) 发酵过程对溶氧的控制

为了提高发酵液中的溶氧水平,可以分别从供氧和耗氧两个方面着手。

1. 提高设备的供氧能力 供氧是使气态氧溶解于发酵液中的过程。对于好氧发酵,必须不断地通入空气并搅拌,以满足菌体对溶解氧的需求。供氧主要由氧溶解速率决定。提高设备的供氧能力有以下几种方法:

(1)改善设备条件:在深层培养过程中,机械搅拌是确保空气气泡有效破碎促进氧溶解的关键环节,从根本上改善搅拌系统的装备更容易收到实效。改善设备装备水平包含几个方面的提升:一是要保证和发酵工艺相匹配的适当的搅拌功率;二是要选择好搅拌器型式、搅拌叶直径,从流体力学的角度确保混合效果;三是采用变频器控制搅拌系统的模式,根据溶氧的高低灵活调整搅拌转速;四是采用合适的空气分布器使空气合理分布并尽可能减小气泡直径;五是改变挡板的数目、位置或型式,使剪切发生变化,也可以提升比表面积,但在强化搅拌效果的过程中,需要注意过大的剪切作用可能会导致菌体受损,尤其是丝状菌,进而影响生产水平。

(2)提高空气流速:提高空气流速(即提高通气量),可在一定范围内提高供氧能力;但当空气流速超过一定限度时,继续增大流速,其对氧的溶解度提升作用是减小的;并且当空气流速如果过大,搅拌器叶轮对空气的控制发生过载,即叶轮不能有效地分散空气,发生液泛时,泡沫增大,传质速率就会显著下降。

(3)提升罐压:罐压增大,在一定范围内可使溶氧量增大。但由于二氧化碳的溶解度比氧气的溶解度大很多,因此罐压增大的同时,氧的溶解度增大,同样也会大大增加二氧化碳溶解度,从而造成二氧化碳浓度过高,制约发酵过程,溶液 pH 也降低。

(4)在通入的空气中掺入纯氧,提升含氧量:富氧空气可提高氧分压,提升溶解氧量,但这种方法成本高,只适用于高附加值产品的发酵过程。

(5)改变发酵液物理性质:在发酵过程中,菌体本身的繁殖及其代谢可引起发酵液物理性质的不断变化。例如,改变发酵液的表面张力、黏度和离子浓度等,而这些变化会影响气体的溶解度、发酵液中气泡直径和稳定性及其合并为大气泡的速度等。发酵液性质还影响液体湍流以及气液交界面液膜阻力,显著影响氧的溶解速度。一般培养液浓度增大,通气效果减弱,其供氧能力降低。发酵液越稠厚,通气效果越差,供氧能力减弱。菌丝浓度加大将会大大降低通气效果。因此,改变发酵液物理性质也可以提高发酵液供氧能力。例如,青霉素发酵生产中就是通过控制补料中葡萄糖浓度来控制发酵液中菌丝浓度,进而实现氧的供需情况的调节。此外,工业生产中还可以采用中间补水等方法来稀释发酵液,控制溶氧浓度。

2. 从需氧方面考虑,改善影响耗氧的因素

(1)控制菌体量:不同品种抗生素产生菌对氧的要求不同,即使同一菌种的不同菌株对氧的需求亦不相同。菌的需氧量以摄氧率 OUR(单位体积培养液每小时消耗氧量)表示:

$$OUR = Q_{O_2} C(x) \qquad\qquad (式 9\text{-}1)$$

式中,OUR——摄氧率,$mmol/(L \cdot h)$;

$\quad Q_{O_2}$——呼吸强度,$mmol/(g \cdot h)$;

$\quad C(x)$——菌体的浓度,g/L。

呼吸强度指单位重量的干菌体,每小时消耗氧量。微生物呼吸强度与许多因素有关,在一定范围内温度越高呼吸强度越强。发酵前期,特别是对数生长期,呼吸强度很强;发酵中后期,微生物呼吸强度减弱。在发酵初期,尽管呼吸强度最强但总菌量小,总需氧量不大,通气量可减小一些;进入对数生长期,微生物菌体大量增加,而呼吸强度又在较高水平上,此时需氧量增大,直到最高,这时通

气量要加大,直到最大。

菌丝浓度与需氧量成正比关系:菌丝浓度越大,微生物总体的呼吸量越高,所需氧气量也就越大;反之,菌丝浓度小其需氧量就越小。

(2)优化培养基:不同种类和不同浓度的碳源对微生物的需氧量影响最明显。碳源浓度增加时菌体需氧量增加,如发酵中加补料会增加微生物对氧的需求量。无机成分浓度对微生物的需氧量也有较大影响,如磷酸盐浓度升高,金霉素产生菌对氧气的需求也大大增加。

(3)适当降低培养温度:氧传质的温度系数比生长速率的温度系数低,适当降低培养温度可以提升溶氧;但如果降低温度偏离菌体最适合成温度范围也是不合适的。

(4)控制消沫剂的补加:消沫剂补加过程,随着大量泡沫的消除,溶氧也随之下降,必须严格控制消沫剂的补加量和频次,发酵液中始终保持充足的气泡,做到既不引起由于泡沫大而逃液,始终保持一定的液面,又不把泡沫全部消除,引起溶氧下降。

(5)控制适当的接种量:接种量大,微生物生长快,菌丝浓度大,需氧量多,造成溶氧低。必须在满足工艺要求和溶氧需求的前提下尽量控制较大些的接种量,把握的尺度是既能满足快速生长的要求,又不能引起溶氧过低。这些需要在发酵过程中进行多次试验来确定。

工业化生产过程中,氧的供应是通过空气压缩机将空气压缩后,经降温、除水、升温控制相对湿度后,再经初效、中效和高效除菌过滤后通入发酵罐内,并通过搅拌把空气打碎,使之与培养液充分混合,为发酵过程供氧。压缩空气通过空气管路从罐底进入发酵罐,然后通过排气管路排出,在这个过程中,空气需要克服液位静压差和罐压,才能排出发酵罐,这样就对空气压力提出较高要求。例如,在 150m³ 发酵罐进行青霉素发酵,液位高约 10m,如果罐压保持 0.05MPa 时,空气压力(表压)至少 0.15MPa 才能通进去,而实际生产过程中为了保证溶氧,一般空气压力得达到 0.20MPa 甚至更高。

四、发酵过程二氧化碳的变化及其控制

(一) 二氧化碳对发酵过程的影响

二氧化碳是微生物在生长繁殖过程中的代谢产物,同时它往往也是合成某些产物的基质。几乎所有的发酵过程均产生大量二氧化碳。

溶解在发酵液中的二氧化碳对氨基酸、抗生素等发酵过程有抑制或刺激作用。例如,当空气中存在约 1% 的二氧化碳时,可刺激青霉菌孢子发芽;当排出的二氧化碳浓度高于 4% 时,即便此时溶解氧浓度在临界溶氧浓度以上,也会对产生菌呼吸、摄氧率以及抗生素合成产生不利影响。用电子显微镜观察二氧化碳对产黄青霉生长状态的影响时,发现当二氧化碳含量在 0%~8% 时,菌丝主要呈丝状;当二氧化碳含量上升到 15%~22% 时,则膨胀、粗短的菌丝占主要;当二氧化碳分压继续提高到 8kPa 时,则出现球状或酵母状细胞,使青霉素合成受阻。

ER-9-5　青霉素发酵过程 CO_2 的来源

二氧化碳可影响发酵产物的形成。当空气中二氧化碳分压达 8kPa 时,青霉素的比生产速率下降 40%,红霉素产量减少 60%。

二氧化碳溶于水形成 HCO_3^-，可使发酵液 pH 下降，进而影响菌体生长、繁殖及产物合成；二氧化碳还可能与其他物质及生长必需的金属离子发生化学反应形成碳酸盐沉淀，间接地影响发酵产物的合成。

（二）发酵过程二氧化碳的控制

二氧化碳在发酵液中浓度的大小受到多种因素的影响，如菌体的呼吸速率、发酵液流变学特性、通气搅拌程度和罐压等。由于罐内二氧化碳的分压和液位高度呈函数关系，因此在工业生产中，罐体越大，二氧化碳对发酵的影响随之增大，尤其在 $100m^3$ 以上大型发酵罐内二氧化碳浓度分布需要值得注意。除了液位的影响之外，罐压越高，二氧化碳在发酵液中的溶解度越大，其分压也越大。液位和罐压共同决

ER-9-6　呼吸商 RQ

定了发酵罐下部的二氧化碳浓度要比顶部的二氧化碳浓度大得多。为了排除二氧化碳的影响，需要综合考虑二氧化碳溶解度、温度、通气量和罐压之间的平衡关系。

在发酵过程中经常会遇到泡沫上升而引起"逃液"。如果采用增加罐压的方法消泡，二氧化碳的溶解度也会增加，这将对菌体生长不利。应该采取适当加消沫剂的方式消除泡沫，同时也能把二氧化碳大量释放。

调整通气和搅拌速率，可调节发酵液中二氧化碳浓度。在发酵罐中持续通入空气，代谢过程中产生的二氧化碳随排气而带出，使其在液相中的浓度降低；通气量越大，液相中二氧化碳浓度就越小；加强搅拌也有利于降低二氧化碳的浓度。因此，生产上一般采取调节搅拌速率及通气量的方法控制液相中二氧化碳浓度。

五、搅拌系统及其控制

搅拌效果的好坏直接关系到气体的传递速率、气液混合效果和发酵液混合均匀程度。搅拌器本身以及通过搅拌所形成的强大的湍流效果能把通入发酵罐内的空气打碎或剪切形成小气泡，增加气液接触面积，加速氧的溶解；增加搅拌转速将提高溶氧系数；搅拌产生涡流运动，细小气泡从罐底以螺旋方式上升到罐顶，路径延长，增加了气液接触时间；搅拌强化发酵液的湍流程度，产生湍流断面减少液膜厚度，减少了液膜阻力；搅拌使发酵罐体系的各种要素（如菌体、培养基、气体、产物）处于均一和良好的混合状态。

生产上搅拌系统的控制指标主要是搅拌转速和搅拌功率。搅拌转速是指每分钟搅拌器的转动次数；搅拌功率是指单位体积发酵液所消耗的动力功率。搅拌功率用如式（9-2）表示：

$$P = K \cdot N^3 \cdot D^5 \cdot \rho$$ 　　　　　　（式9-2）

式中，P——搅拌功率，W/L；

K——常数，与搅拌器型式有关；

ρ——发酵液密度，kg/m^3

D——搅拌器直径，cm；

N——搅拌转速，r/min。

生产上提升溶氧的第一选择就是提高搅拌转速。这样在溶氧满足生产需求的同时，菌体代谢产

生的废气可以得到释放,有利于细胞的代谢活动。需要注意的是,搅拌转速的提升必须和菌体所能承受的剪切相适应,尤其是丝状菌对剪切比较敏感。过度提高搅拌转速可能会损伤菌体,造成代谢异常。而且,当搅拌转速提升到一定程度时,溶氧系数随转速逐渐提高将达到一个较高数值,再提高转速其变化很小,反而会增加动力消耗。因此,转速应控制在一个合理范围,既可以保证通过提高转速,使溶氧系数有明显变化来满足溶氧需求,又不至于造成动力上的浪费。

六、发酵过程代谢与控制

(一) 发酵过程菌体浓度的变化及其控制

保持适当的菌体浓度(简称"菌浓")是发酵高产的基础。菌体浓度过高会导致发酵液黏度上升,溶氧跟不上,进而出现代谢异常;菌体浓度过低,生产能力和生产水平就会下降。因此,控制合适的菌浓成为发酵过程工艺控制的核心。菌浓的失控将严重影响菌体的正常代谢和产物的合成。

菌体浓度的测量方法有多种,可分为直接检测法和间接检测法。自然沉降法、离心压缩细胞体积法(PCV 法)、干重法以及比浊法等属于直接检测法;通过测定核酸、蛋白质、细胞碳元素含量、ATP等细胞组分或通过监测二氧化碳生成速率等代谢活动特征参数来间接估算菌浓的方法属于间接检测法。表 9-1 列出了这两类方法的优缺点对比。生产上应用较多的是直接检测的几种方法,而间接检测法则很少使用。

生产上主要依靠调节培养基中的限制性基质的浓度来控制菌体的比生长速率,进而控制菌体的浓度。对补料分批发酵而言,首先要控制好基础培养基中的碳氮比和碳源、氮源等营养物质的种类,避免菌浓太稠或太稀;然后通过中间补料来控制菌体的比生长速率。当菌体生长缓慢、菌浓太稀时,则可以通过补加葡萄糖等限制性碳源,同时辅助补加一部分磷酸盐,促进生长,提高菌浓。但注意过程控制补料,一旦补得过多,则会使菌体过分生长,超过临界菌浓,对产物合成产生抑制作用。生长限制性基质可以是碳源、氮源、磷酸盐或其他对生长所必需的营养物,但一般以葡萄糖为代表的碳源作为生长限制性基质。

对于补料分批发酵,可以通过控制稀释率来控制菌体的浓度。以一定稀释率连续流加补料的发酵过程,可以在某一稳定的菌体浓度下,达到比生长速率与稀释率的平衡。通过调节稀释率来控制所需的比生长速率。为了协同控制菌体比生长速率和菌体浓度,可以对补料中生长限制基质的浓度进行调节,也可以将补料中生长限制基质固定在较高的浓度上,而采用补水的方法调节稀释速率和比生长速率。

对生产而言,菌体浓度要尽量控制高一些,但不能使溶氧受到影响。最优的菌体浓度是由供氧与耗氧的平衡来确定的。当溶氧浓度能稳定在菌体生长或产物合成的临界值之上,即在这一溶氧水平上达到供氧与耗氧的平衡,这时的菌体浓度便是最合适的。如果溶氧浓度并非因环境条件变化下降到临界值以下,说明菌体浓度过高,这时应降低补料速率或补入无菌水,以降低菌体浓度,使溶氧浓度尽快恢复到临界水平之上;反之,则提高补料速率,使菌体浓度增加。

表 9-1　测量菌浓的几种方法

类型	方法	原理	方法评价
直接检测法	自然沉降法	样品置于一刻度试管中,静置自然沉降一定时间后测量细胞等固形物所占百分比	是一种粗略测量方法,简易;只能表示相对菌浓;受菌丝形态变化、菌体密度及其沉降性能影响大;一般用于丝状菌种子罐菌体浓度和移种时间的判断
	离心压缩细胞体积法(PCV)	样品置于一刻度离心管中,离心后测量细胞等固形物所占百分比	简易,可行;只能表示相对菌浓;受菌丝形态变化、丝状或球状及细胞的膨胀程度影响;一般工业发酵过程均可采用
	干重法(DCW)	样品经过滤、离心、洗涤、烘干后称重得出菌体干重	操作简便;所得干重包括死亡或失活细胞以及培养基成分;一般工业发酵过程均可采用
	比浊法	透过的光强与菌浓成正比,一般在 600~700nm 内测量	简易快速,可实现在线测量;线性受一定条件的限制和干扰;样品的菌浓不能太高,否则误差增大;适用于细菌、酵母等培养过程
间接检测法	核酸检测法	提取样品核酸,采用分光光度计测量核酸吸光值,间接估算菌体细胞量	相对准确检测细胞量,不受培养基物质的干扰;提取核酸过程复杂,操作要求高;如果培养基中存在其他核酸类物质,系统误差增大
	蛋白质检测法	通过测定样品蛋白质含量间接估算菌体浓度	操作繁复;受菌体营养和生理因素以及培养基中其他蛋白含量影响大;准确性不高
	碳元素检测法	通过测定样品碳元素含量间接估算菌体浓度	操作繁复;受培养基中其他含碳物质影响大;准确性不高
	ATP 检测法	根据菌体代谢过程 ATP 的产生量,通过测定样品 ATP 含量间接估算菌体浓度	操作繁复;ATP 时刻处于变化状态,受菌体生理因素影响大,准确性不高
	代谢活动检测法(监测二氧化碳产生速率等)	通过对发酵过程中的二氧化碳等特征代谢产物进行连续监测,根据二氧化碳产量估算出菌体浓度	适合于菌体代谢过程分析;可实现连续监测;与菌体生长直接相关,对细胞的生理变化敏感

（二）基质浓度对发酵的影响及补料工艺控制

1. 基质浓度对发酵的影响　如果培养基基质浓度过高,营养过于丰富,菌体生长就会过于旺盛,发酵液就会变得非常黏稠,随之而来出现传质状况变差,溶氧跟不上,菌体细胞不得不花费更多的能量来维持其基本的生存环境,消耗的营养物质用于非生产的比例大大增加,这对产物合成不利。因此,发酵开始时必须控制基质浓度,使菌体细胞达到一定水平后,通过后期补料再逐渐加入营养物质供菌体合成产品。

ER-9-7　Monod 方程

高浓度的基质也会引起分解代谢物阻遏的现象,并阻碍产物的形成。最典型的就是由葡萄糖所引起的分解代谢物阻遏现象。当葡萄糖浓度比较低时,葡萄糖对和产物相关的酶的合成具有诱导作用;而当葡萄糖浓度高时,葡萄糖的分解代谢中间产物会对产物的合成产生明显的抑制作用。

2. 补料工艺控制　为了解决分批发酵过程基础培养基基质浓度过高的问题,可以采用适量速效和迟效碳源、碳源和氮源合适配比等方法来控制基质浓度,以满足菌体生长需求和避免出现速效营养物的分解代谢物阻遏问题。也可以采用补料或补加灭菌水来进行控制。补加灭菌水除了可以调节基质浓度外,还可降低发酵液的黏度。

对培养基浓度的控制可从以下几方面着手:

(1)碳源的控制:菌体可迅速利用速效碳源(如葡萄糖等)合成菌体和生成能量,产生中间代谢物如有机酸等,菌体生长快,但代谢产物可能会造成目标产物的阻遏抑制。迟效碳源(如淀粉、多糖等)被菌体产生的胞外酶降解后才能吸收,利用过程缓慢,有利于延长目标产物的合成期。对于不同产品、不同菌株,需经试验研究,选择适宜的碳源。控制碳源浓度是和后期补料结合在一起的,需要根据代谢类型确定补料时间、补料量和补料方式。

(2)氮源的控制:速效氮源(如玉米浆、硫酸铵等)易被菌体利用,快速促进菌体生长;迟效氮源(如玉米蛋白粉等)有利于延长目标产物的生产期并提高产量,因此生产中一般将两者混合使用。生产中根据菌体生长代谢和产物合成的需求,补加具有生长代谢调节作用的有机氮源或无机氮源,如酵母粉、玉米浆、尿素、氨水及硫酸铵等。

(3)其他无机化合物的控制:无机化合物可根据菌体生长或产物合成的需要采用补加或一次性加入至培养基中,其浓度要经试验进行确定。

(4)前体浓度的控制:为了控制产物的生物合成方向,通常在一些产品发酵过程中加入前体物质,增加目的产物的产量(如青霉素发酵加入苯乙酸等),但过多的前体物质会对产生菌产生毒性,而且还能被菌体氧化分解。在青霉素发酵的后期,菌体氧化苯乙酸的能力逐渐增加,有相当一部分前体可被产生菌氧化掉。因此,发酵过程中加入前体的数量一定不宜过多,必须采用少量多次或连续流加的方法加入。

工业生产中,为了进一步改善发酵培养基的营养条件,经常采用发酵一定时间后带放出一部分发酵液,同时在计算机系统的控制下持续不断地补充新的营养物质,补料的速率要让菌体保持处于一种"半饥饿状态",这样可维持一定的菌体生长速度,延长发酵周期,有利于提高产量。

知识链接

补 料 策 略

对于补料策略,多年来在发酵行业不断进行优化。从初始的批发酵过程不补料,到一次性大量补料、少量多次补料,再到目前连续补料,补料的成分也不断进行优化,过程控制越来越精细,朝着逐步弱化基础料,强化补料的方向发展,促使生产水平越来越高。以青霉素为例,青霉素发酵水平在过去20年间从 40 000~50 000U/ml 提升到目前近 140 000U/ml,生产水平的进步已经远远超过了自青霉素发现以来过去几十年的进步,这其中除了菌种起到决定性作用外,补料控制精细化也起到了关键性的作用。

目前青霉素发酵补料系统是各种发酵产品中最复杂、最精细也是最成熟的控制模式。每种补料量由工艺控制人员输入计算机系统,补料过程为全自动控制,采用计量杯或流量计的模式控制补料

速率,有的厂家还将补料系统和 pH、溶氧等参数进行关联反馈控制。青霉素发酵过程需要补五种料:葡萄糖、苯乙酸、硫酸铵、氨水和油。就补料原则和控制策略而言,五种料各自有其不同的功能,同时又相互协同,共同参与控制各项工艺参数。葡萄糖作为限制性碳源,采用自始至终连续滴加补料的方式,根据菌体的生长需求、溶氧水平以及残糖浓度控制补糖速率,补糖量也采取逐步递增的模式,控制菌体浓度在一定时间内缓步上升,不能在短时间内补得太快、太多,否则可能导致菌浓的过快上升而出现代谢异常或缺乏生产后劲。苯乙酸作为青霉素生物合成的侧链,其补料量是和青霉素生产量相关联的。需要注意的是,核算苯乙酸加量时,要考虑一定的利用率,因为有一部分苯乙酸被菌体氧化掉了,并没有结合到青霉素分子上。硫酸铵和氨水共同为发酵过程提供氮源,同时氨水又协同葡萄糖调控 pH,增糖的同时也要把氨水增量,而氨水增量后又引起氨氮的上升,为了保持氨氮的稳定,需要在硫酸铵的补料速率上同步调整。硫酸铵本身也起着提供硫元素的功能。油的补加是不连续的,其主要作用是消除泡沫,依据运行过程中发酵液泡沫的大小少量多次补加,在消除泡沫的同时也可以作为碳源被菌体进行代谢。

七、发酵终点的判断

不同的发酵产品,其发酵时间大不相同。发酵终点的确定需要综合考虑各方面的因素,例如:代谢产物的生成速率是否开始明显下降? 菌丝体是否开始自溶? pH、黏度、氨氮等过程参数是否波动增大? 过滤速度是否明显降低? 继续发酵是否会对提炼过程产生影响? 这其中,从综合经济因素考虑是主要的。发酵终点是以最低的投入成本来获取最大生产能力的时间点,即当产物增长到一定程度后,继续发酵会出现产物增长速率明显降低的情况,产物的生成可能不足以抵消投入的成本,这时候继续运行是不合算的。另外,在考虑经济因素的同时,发酵终点的掌控也要方便下游工序的处理,因为发酵液的质量对下游工序会产生很大的影响。放罐时间过早,会残留过多的基础培养基养分,如糖、脂肪、可溶性蛋白等,这些物质的存在对提取是一个负担,容易引起乳化或干扰树脂交换等问题;如果放罐太晚,菌丝发生自溶,不仅会延长过滤时间,使滤液质量下降,还会导致一些不稳定的产物浓度下降或杂质成分的增加,进而导致质量不稳定。因此,不能单纯为追求提升发酵产量而延长发酵时间,一旦引起提取难度增大、收率下降、质量降低等问题都是得不偿失的,要加以避免。

生产中一旦出现异常:如染菌、代谢异常而导致产物增长迟缓或浓度下降时,应根据具体情况对发酵时间进行灵活调整,必要时可以提前放罐。提前放罐所带来的残留过多养分等问题会增加提取工段的负担,这些在生产过程中需要预留好充足的处理能力。

在正常情况下,发酵过程进行到终点之前,需要提前对过程中的补料进行减量控制。补糖、补油、补前体、补无机盐或加消沫剂都要谨慎。一方面发酵后期菌体的代谢能力大幅下降,补料需要与菌体的代谢能力相匹配,同时可以节省成本;另一方面要充分考虑残留物质对提炼工序的影响。在实际操作中,补糖需根据后期糖的残留量和消耗速率逐步减量,计算到放罐时允许的残糖量尽可能低来控制。前体和无机盐也是根据后期生产能力为基准,确保 pH 等工艺参数稳定,以放罐时前体残留量和氨氮残量尽可能低作为补料依据。消沫剂或消沫油则根据泡沫情况能停尽早停止补加。

ER-9-8 发酵尾气的质谱分析

点滴积累 ∨

1. 发酵温度取决于发酵过程中热量的产生和移出之间的平衡，其恒定是建立在热量的产生和移出恒定的基础之上的。生物热和搅拌热是主要的热量产生环节。

2. 发酵液 pH 的变化是微生物在一定的环境条件下生长和代谢的综合体现，是由于其生理代谢而造成的结果。

3. 发酵过程的溶氧用饱和氧浓度的百分数表示。

4. 发酵液中的溶氧水平取决于发酵罐的供氧能力和微生物的耗氧速率两方面，溶氧的变化都是供氧和好氧不平衡的表现。

5. 工业生产中菌体浓度的检测通常采用自然沉降法、离心压缩细胞体积法（PCV 法）、干重法以及比浊法等直接检测法。

案例分析

案例

2010 年 10 月 24 日 12:56，某企业发酵车间 303 罐温度显示异常，但当班看罐人员未及时发现。半小时后看罐人员发现了温度异常并立即采取了降温措施，但已导致 303 罐温上升到 37℃，直至 14:03 后温度显示才恢复正常，对该罐批发酵水平造成了很大的影响。

分析

检查发现，现场温度铂电阻电极线被施工人员无意碰开，导致和温度电极关联的冷却水自控阀自动关闭。由于发酵罐搅拌和补料系统正常运行，产生的大量发酵热和搅拌热无法移除，导致在短时间内发酵液温度从 25℃ 上升到 37℃，已远远超出菌体正常发酵温度，造成该罐批发酵异常。

第四节　发酵过程染菌的防治

一、染菌及其检测方法

对于纯种发酵，生产上必须想方设法避免杂菌的入侵，这是工业发酵高产稳产的关键条件之一。行业内把发酵过程污染杂菌的现象称为染菌。染菌对工业发酵的危害，轻者抑制产生菌的生产，与产生菌争夺消耗营养基质，改变发酵液的理化性质，增加了过滤和提取分离过程的难度，使得发酵水平、收率水平和成品质量下降；重者可以使产生菌生长代谢出现异常，降解目标产物，直接导致整个发酵罐颗粒无收甚至污染到其他发酵罐，进而导致整个发酵车间生产系统崩溃。

▶▶ 课堂活动

杂菌污染对发酵工业的危害极大！那么到底什么是染菌？如何判断染菌？染的是什么菌？为什么会染菌？如何切实做到预防染菌？我们应该在设计、管理、运行过程中注意什么问题？

造成染菌的原因有很多,涉及发酵生产的各个环节,大体上包括:设备结构设计不合理,工艺管线的不合理安装,设备存在泄漏和死角,人为操作问题,消灭染菌管理工作的不严格等。

消灭染菌工作是一门从实践中产生的科学。要想彻底解决染菌问题,必须从工程设计之初就得杜绝设备和管线上存在的造成染菌的各种因素,即要做到发酵设备和工艺管线的零染菌率设计。在此基础上,持续不断地提升操作员工的无菌意识和操作技能,辅之以严格的无菌管理制度,做到预防为主,措施得力,这样才能保证消灭染菌工作卓有成效。

（一）无菌检测方法

发酵工业生产中,从菌种制备开始,一直到发酵罐整个周期的运行,必须对每个环节、每个批次,或每隔固定时间对发酵液的无菌状况进行监测,以判断培养过程或发酵过程是否染菌。常用的无菌监测的方法有:无菌试验、培养液的显微镜检查、培养液生化指标变化情况分析等。其中无菌试验是判断染菌的主要依据。

1. **无菌试验** 无菌试验是对种子制备过程中的斜面或孢子瓶、摇瓶以及各级种子罐和发酵罐的培养液,定期进行无菌取样和在培养基上培养,定期检查是否染菌的过程。生产过程中常用的无菌试验方法有:酚红肉汤培养法、斜面培养法和双碟培养法等。

(1)酚红肉汤培养法:按照酚红肉汤培养基配方配制培养基,分装试管灭菌后备用;将培养液按照无菌取样的手法取入无菌试管中;在无菌室内,将待检样品接入肉汤培养基中,分别置于37℃和25℃恒温室进行培养,随时观察微生物的生长情况,判断是否有杂菌。如果染菌,酚红肉汤培养基将会变混浊,同时颜色会从红色变为黄色。

(2)斜面培养检查法:按照拉氏斜面培养基配方配制培养基,分装后经灭菌、冷却铺成试管斜面备用;在无菌室内将待检样品接入斜面培养基中,分别置于37℃和25℃恒温室进行培养。一般24小时后即可进行观察,检查是否染菌。如果染菌,斜面培养基表面会长出杂菌菌落。

(3)双碟培养法:双碟培养法一般用于无菌室的菌落是否达标的检验。用无菌水或消毒液将无菌室墙壁、顶棚、地面以及超净工作台擦拭,紫外灯灭菌一定时间后,将无菌双碟(预先铺好固体培养基并灭菌冷却后凝固)开盖,按照操作要求分别布置于操作台面、顶端、地面等不同位置,暴露一段时间后盖好盖,置于37℃恒温室进行培养。如果有菌掉落在双碟内,培养基表面会长出杂菌菌落,根据菌落数来判断无菌室无菌级别是否达标。

2. **培养液的显微镜检查** 将培养液涂布于载玻片,在显微镜下进行观察,一方面镜检产生菌形态是否正常,另一方面可以观察是否存在杂菌。如果污染了酵母或真菌等杂菌,用镜检的方法通常能及早发现,从时间上要比无菌试验速度快。但对于污染细菌等杂菌,受培养液中玉米浆等营养物质存在大量纤维的干扰,镜检很难作出准确判断。

3. **培养液生化指标变化情况分析** 污染杂菌后,由于杂菌和产生菌争夺营养物质,使得代谢过程各项生化指标发生明显的变化。常见的有:培养液 pH 明显下降,总糖明显下降,糖耗明显加快,气味异常等。通过这些参数,可以间接分析出发酵过程是否存在染菌。

（二）染菌判断

以酚红肉汤培养基和拉氏斜面培养基的无菌检测为例,生产中每 8 小时做一次无菌试验,每次试验用 2 支酚红肉汤和 1 支拉氏斜面同时培养。如果酚红肉汤培养基连续三组样品发生变色反应（由红色变为黄色）或产生混浊，或斜面培养基连续三组出现异常菌落，即可判断为染菌。

生产上一般从种子进罐开始，将无菌试验的酚红肉汤和拉氏斜面样品一直在恒温室内培养保存，并定期观察，直至该批发酵罐放罐，确认为无菌后才能弃去。无菌检测人员应随时观察无菌试验样品，以便能及早发现染菌及早处理。

二、染菌的菌型分类和杂菌的生长条件

生产过程中常见的杂菌类型及其生长条件和易于存活的环境分析如下。

（一）细菌

细菌中的杆菌是最常见的染菌类型，尤其是短杆菌和长杆菌。这两类杆菌形态差异较大，短杆菌长度很短，接近于球状；而长杆菌则呈现长条状。

杆菌的最适生长温度为 30~37℃，一般在含有碳源、氮源、无机盐等营养成分的发酵培养基中均可大量生长繁殖。耐热试验证明，在 100℃ 沸水中维持 5 分钟仍有杆菌存活，维持 10 分钟以上均被杀灭，说明杆菌是一种耐热菌。

在工业生产无菌检测样品中，杆菌在斜面上呈现发白、发亮的脓样菌落；而在酚红肉汤培养基中会使酚红由清澈变混浊，同时酚红的颜色由红色变为黄色；青霉素发酵过程中污染产气杆菌的危害性最大，因为这种菌会产生降解青霉素的酶，会在很短的时间内将产生的青霉素完全降解，导致发酵失败。

在发酵工业生产中，杆菌容易存活的环境可以归纳为几个方面：①发酵设备上存在的死角和泄漏，由此造成的灭菌不彻底；②培养基实罐灭菌过程存在操作失误或连续灭菌过程连消塔、维持罐或冷却蛇管存在设备问题导致灭菌不彻底；③发酵罐冷却蛇管发生泄漏；④空气系统带油、带水，同时高效无菌过滤器失效；⑤发酵过程逃液导致发酵液污染搅拌轴机械密封，或发酵液在罐顶、排气管内积存导致形成灭菌死角。

（二）酵母

酵母也是发酵过程中最容易污染的菌型。酵母是单细胞微生物，形态多样，有球形、椭圆形、腊肠形，还有的能形成丝状。

酵母大小一般在 $(1~5)×(5~30)\mu m$，其最适生长温度为 25℃，在含糖量较高、湿度较大、pH 中性或酸性培养基中大量生长。

在发酵工业生产中，酵母容易存活的环境可以归纳为几个方面：①无菌液糖贮罐、补料罐、无菌管路及阀门等存在泄漏，造成酵母的入侵；②含糖量较高的培养基及相关贮罐、管路阀门等灭菌不彻底；③种子制备过程的无菌环境灭菌不彻底，或超净工作台级别不合格，操作过程引起污染酵母；④发酵过程逃液导致发酵液污染搅拌轴机械密封，或发酵液在罐顶、排气管内积存导致酵母入侵；⑤各种物料倒流进入空气系统，造成空气过滤器或管路污染形成死角，大量繁殖酵母。

（三）真菌

丝状真菌的菌丝可以无限伸长并产生分枝，菌丝宽度一般在 3~10μm，其最适生长温度为 25℃。

真菌适合在潮湿、含糖量较高、含氧量充足、pH中性或偏酸性的环境中大量繁殖。真菌也是一种不耐热的菌类,一般在100℃沸水中维持5分钟即可全部杀灭。

在发酵工业生产中,真菌容易存活的环境可以归纳为几个方面:①空气系统没有定期灭菌,空气水分含量高,空气过滤器存在失效现象;②加糖、补料系统存在泄漏,造成真菌大量繁殖;③空气管路系统存在物料倒流现象,在空气系统中构成死角,真菌大量繁殖;④菌种制备过程的无菌环境灭菌不彻底,或超净工作台级别不合格,操作过程引起污染;⑤发酵过程逃液导致发酵液污染搅拌轴机械密封,或发酵液在罐顶、排气管内积存,导致真菌侵入。

(四) 噬菌体

噬菌体感染对细菌发酵是致命的,有可能导致发酵车间全军覆没,危害相当大。噬菌体是病毒的一种,它的形体微小,需要借助电子显微镜才能看到。噬菌体主要由核酸和蛋白质组成,没有细胞结构,靠寄生于其他微生物体内吸取寄生细胞的营养而迅速繁殖,同时导致寄生微生物的死亡和新一代噬菌体的大量释放。一旦污染了噬菌体,想彻底消除相当困难,因此在生产中必须严格预防和杜绝。

噬菌体广泛存在于空气和污水之中,尤其是发酵车间的下水道等容易残存菌体的地方。因此,在发酵生产中,需要严格注意以下各个方面:①发酵厂房环境清洁是避免污染噬菌体的重要环节,一些容易残留菌体的地方,如取样漏斗、下水管道、明沟等必须定期清理、冲洗、杀菌,防止出现黑臭物料;②对于染菌罐的处理不能直接放下水道,必须在密闭的状态下加热处理,避免直接放下水道引起环境和管路的二次污染;③在人员操作和设备管理上要严格细致,做好各项管理检查和预防措施,消除污染源;④发酵厂房各个角落都要定期采用蒸汽加热甲醛水溶液进行熏消的方式进行灭菌,尽可能阻断噬菌体的传播途径。

三、造成染菌的因素分析

(一) 引起染菌的途径

发酵生产过程涉及的环节很多,菌种制备、无菌空气系统、蒸汽灭菌系统、种子培养、发酵培养、物料灭菌及补料系统、设备、管线、阀门等,每个环节任何一个细节出现问题,均可能导致染菌的发生。以下分系统进行阐述。

1. 种子组菌种制备系统　种子组菌种制备是最重要也是最基础的工作,涉及的环节也很多。一旦种子发生带菌问题,后续所有的工作全部白费,因此必须确保种子制备系统万无一失。

种子组的硬件设施是基础:无菌室(包括超净工作台、紫外灯等)的设计布局是否合理?空调系统能否保证正常运行?洁净级别是否满足要求?监测和维护是否到位?高压蒸汽灭菌器能否定期验证监测?这些方面必须严格遵循GMP管理规范进行管理。

种子组的软件设施是保障:所有人员的无菌意识必须非常强,从个人卫生、着装、进出洁净区的程序到所有操作过程必须严格规范,必须在严格的管理制度下规范每一个细节。

2. 公共系统

(1)无菌空气系统:空气经空压机压缩、冷却除水、升温降低相对湿度、初效过滤、中效过滤、高效无菌过滤,然后在阀门控制下进入发酵罐,管路上安装流量计和压力表等监测设备。整个处理过程有几个关键环节:一是高效滤芯无菌过滤,必须确保滤芯安装的有效性,不能出现滤芯失效、O 型圈密封不严等问题;二是从高效过滤器到空气入罐管道灭菌的有效性,必须严格按照操作规程操作,既要防止温度过高或时间过长损坏滤芯,又要防止出现灭菌过程产生的压差导致物料倒流污染高效滤芯;三是无菌空气管路上的压力表不能用普通型号,要选用隔膜式压力表,避免压力表内部的死角;四是空气加热器防止出现穿孔泄漏,一旦加热蒸汽进入空气,会导致初效过滤器失效,空气湿度过大,进而造成后续染菌的隐患;五是空气入罐阀必须倒装,使密封面靠近发酵液一侧,阀杆部分要严密。

(2)蒸汽系统:蒸汽系统遍布发酵车间每一台设备,必须在设计之初就得根据每个点的用量分清主次,确保温度、压力和流量的需求。灭菌过程需要饱和蒸汽,过热蒸汽和低温过湿蒸汽都将影响灭菌效果,无法保证物料灭菌的效果。如果将过热蒸汽通过加水调节为饱和蒸汽,需要密切注意加水的方式和加量,防止造成蒸汽自身带菌。

(3)补料系统:涉及各种补料的灭菌、无菌空气保压、中间过程贮罐及无菌物料管线、补料计量及自控系统等环节。整个系统的关键环节有:实消或连消灭菌系统的可靠性,是否有结焦或死角;灭菌温度、压力是否定期校验;实消罐自身是否存在死角或泄漏点,包括罐底阀、温度、压力电极和罐体的连接部位;无菌空气高效滤芯是否有效;管路系统是否存在死角;阀门、法兰、垫片等部位是否存在泄漏点或死角。

(4)移种系统:从各级种子罐到发酵罐的移种系统必须简单、清晰,尽量减少交叉。设置接种站的模式其实是把管线复杂化,交叉多,无论哪个种子罐的种子都将通过移种站和移种管路移入发酵罐,这样极易产生消毒死角,一旦单罐染菌易造成整个系统污染,使种子罐和发酵罐的大规模染菌概率大为增加。

(5)培养基连消系统:培养基连消系统涉及设备较多,管线较长。连消塔内的折流帽容易被料液冲击而脱落,导致料液与蒸汽混合不均而引起染菌;连消塔、维持罐和管路内壁易发生结垢,尤其对于淀粉乳、玉米浆、糖液这类较黏稠易糊化的物料,结垢现象更为严重。维持罐内的存料由于长期与高温蒸汽接触,易变性结块,其中蛋白质变性会形成海绵状物质,糖类变性会产生炭化物,这两种物质都具有很高的比表面积,容易"藏污纳垢"形成死角,导致培养基灭菌不彻底。从维持罐出来的料液经喷淋冷却蛇管降温,蛇管频繁遇冷又遇热,很容易造成焊口断裂或弯曲部分蛇管穿孔,导致喷淋冷却水污染已灭菌完毕的培养基而造成染菌。连消系统的阀门、法兰垫片泄漏,也会造成打料系统染菌。

(6)外围动力供应发生中断也是造成染菌的重要因素;如停电或电压发生波动,造成空压机停机,空气系统压力掉零,罐压掉零甚至料液从空气管路倒流进入空气系统的现象造成染菌;停蒸汽也会造成系统失去保护而造成染菌。

3.设备渗漏和死角　设备渗漏是由于运行过程中的腐蚀或磨损,或设备加工不良等造成的微小漏孔而出现的料液渗漏;由于设备自身结构设计存在缺陷,或管线安装过程考虑不周到而形成不能彻底灭菌的部位称为"死角"。死角的存在使蒸汽不能有效到达预定灭菌部位或穿透物料而造成染菌。这方面的问题占生产过程染菌的绝对比例。

阀门泄漏是设备渗漏导致染菌中最常见的情况。例如:种子罐或发酵罐罐底一阀泄漏,如果没有其他保护措施,该罐染菌的概率几乎100%;种子罐排气阀如果关不严,接种时很容易形成"背压"(即其他罐的排气通过公用管线倒入正接种的种子罐)造成染菌;维持罐罐底阀渗漏,导致连消时部分生料未经维持而通过旁通管路进入罐中;罐上的冷却水阀如果泄漏,会导致实罐或空罐局部灭菌温度不够而造成染菌,还可能由于冷水与蒸汽接触时的剧烈撞击导致冷却蛇管开裂冷却水进入罐内引起染菌。

设备和管线存在死角是导致染菌的又一大因素。这种现象经常出现在新设计、新安装或新改造的系统中,因为新系统一旦设计考虑不周,焊接质量不佳,打磨不到位,法兰内口不焊或安装过程存在密封垫压偏,管内留存异物等,都会导致染菌;其他方面,罐内部件如挡板、蛇管及其支撑件、搅拌轴连接法兰或拉杆、联轴器、搅拌叶螺栓、空气分布器、弹簧式压力表及表座、管线末端或三通等部位容易存料,形成死角而造成染菌;罐顶部位,由于发酵过程中可能发生的泡沫顶罐,泡沫粘到发酵罐封头上的人孔、视镜口、各种接管口处,若清洗不及时不彻底,粘料会变成硬块,形成死角。

4. 员工操作因素　灭菌操作过程中未严格执行操作规程,检查不到位,清理不到位而导致染菌。例如:放罐后对罐的清洗工作不彻底,尤其是罐顶封头、蛇管背面、搅拌叶下方等部位积存的料未彻底清理干净;升温过程时间太快,空气未排尽,形成"假压力",致使实际灭菌温度不足;各个蒸汽阀门开度不合理,或有的蒸汽阀被忽略未开,造成罐内蒸汽流动不畅,形成死角;灭菌过程中操作过快造成泡沫顶罐,导致灭菌参数无法正常控制;空气高效过滤器灭菌操作先后顺序不对,造成物料从空气管倒流污染滤芯,或灭菌温度过高,持续时间过长而造成过滤器滤芯损坏等等。

(二) 染菌原因分析及判断

一旦发生染菌,必须迅速准确地找出染菌原因,并立即采取有效措施杜绝进一步发展,尽可能将染菌带来的损失降到最小。染菌原因的分析和判断可以从染菌规模、杂菌类型、染菌时间三个方面入手。

1. 从染菌规模分析原因　如果是单罐染菌,并且在一个罐上间断或连续发生,那么问题主要发生在罐体本身,需从罐自身查找问题。检查是否有设备或阀门渗漏,是否存在死角,阀芯动作是否正常,空气高效过滤器是否损坏失效等。

如果连续发生大面积染菌,那么就应重点从公共系统查找原因,尤其是连消系统、补料系统、移种系统、冷却系统和空气系统。连消系统应重点查找连消塔、维持罐及管道是否有堵塞、结焦,折流帽是否脱落,喷淋冷却蛇管是否有泄漏等;补料系统应重点查找消毒罐进出料阀门、罐底阀、温度计、液位计等部位是否有泄漏,是否有消不透的问题,空气高效滤芯是否失效,蒸汽是否畅通,阀芯动作是否失灵,冷却水阀门是否内漏等;移种系统应重点检查是否有阀门内漏或阀芯动作不灵,末端排气是否畅通等问题;冷却系统重点检查补料消毒罐冷却水阀门是否内漏;空气系统应重点检查是否有物料、水等进入了空气系统,空气加热器是否穿孔等。

2. 从杂菌类型分析原因　如果在发酵前期污染细菌,应该重点检查其种子罐的无菌情况。如果是种子罐染菌造成的,进一步要分析是否是种子制备的问题,还是种子罐设备的问题,或者接种过程中的操作问题或种子罐区环境的问题。如果不是种子罐染菌造成的，重点应查找发酵罐蛇管、连消喷淋冷却器是否有泄漏或灭菌过程的操作是否存在问题。

如果在发酵中后期染细菌，应当查找发酵罐自身及离罐第一阀是否有泄漏，冷却水蛇管是否有穿孔，搅拌机封是否有泄漏，补料系统是否存在灭菌不彻底及设备的泄漏和死角问题，补料过程的操作以及带放过程操作是否有问题，空气高效滤芯是否失效等。

如果在发酵前期污染酵母或真菌，应该重点检查空气除菌系统是否失效，空气系统中是否进水或其他物料；种子罐无菌是否有问题；糖、油等补料系统是否有问题。

如果在发酵中后期污染酵母或真菌，很可能与补料系统或空气系统有关，重点应检查糖、油等补料系统是否有泄漏，是否有计量罐冒顶现象，是否有冷却水关不严的问题，是否在带放前后带放管路灭菌过程存在问题；空气系统高效除菌滤芯是否存在问题。

3. 从染菌时间分析原因　如果在发酵前期染菌，应重点检查种子罐是否带菌，发酵罐冷却蛇管是否泄漏，连消系统冷却蛇管是否泄漏，发酵灭菌过程是否存在严重疏漏，如忘记开关某个阀门或忘记检查传热情况等。

如果在发酵中期染菌，应重点检查发酵罐自身是否存在死角或泄漏，罐底阀等阀门是否严密，是否有积料未清理干净；补料操作是否存在失误，补料设备是否存在死角和泄漏，阀门是否正常启闭。

如果在发酵后期染菌，其原因多发生于发酵设备上的泄漏，补料设备上的泄漏以及补料操作、移种操作、带放操作、压料操作等过程中出现问题。例如带放过程中发生返料，已经带出的料由于压差而少量返回发酵罐，或移种管路、带放管路灭菌不彻底，或阀门出现内漏，或存在死角，均可能导致染菌。

四、发酵消灭染菌的企业管理

消灭染菌的关键在于预防。预防的关键在于强化员工的无菌意识和操作技能，加强组织管理、制度管理和目标管理，细化各种措施，将措施落实到日常并严格检查、监督和考核。

(一) 零染菌率设计

一个好的设计方案是发酵成功的开始。发酵设备、管线、施工过程等各个细节，任何一个微小环节的疏忽都有可能导致染菌的发生。因此，从设计初期，就必须把发酵过程各个细节考虑清楚：罐内挡板、蛇管及其支撑、联轴器法兰及螺栓、桨叶螺栓、人梯、搅拌底轴承或中间轴承等设施的无死角设计和施工一定要到位，焊接质量一定要严格，确保罐内设施容易清洗，没有死角。阀门和管线的设计同样重要：应该用什么型式的阀门，阀门的安装位置、短节的长短，正装还是倒装，是否用带垫阀门；蒸汽的灭菌方案设计，灭菌过程中蒸汽流向是否顺畅，是否会出现蒸汽倒顶，三通位置如何操作，管线末端如何处理，是否存在盲端蒸汽无法到达等。阀门和管线的施工务必保证质量：管线的焊接能否保证一面焊接两面成型，是否有焊瘤、气孔、焊肉分层或裂纹，焊接后管线内是否存留打磨砂轮、焊渣等异物。所有这些细节，任何一个考虑不周都会引起染菌的发生。因此，必须从设计初期开始，就得把零染菌率设计理念贯穿全程。

（二）在日常进行预防

工厂、车间和班组要强化对无菌的组织管理、制度管理和目标管理,建立涉及发酵每个环节的操作规程和工艺控制点,细化清、洗、消管理制度,重要控制点的日常点检制度,细化分解各种措施,将措施落实到日常检查、监督和考核;不断提升员工的无菌意识和操作技能,锻炼员工在操作过程中善于思考、发现和解决问题的能力。

知识链接

海因里奇事故法则

"海因里奇事故法则"是美国著名安全工程师海因里奇（Herbert William Heinrich）提出的300∶29∶1法则。

1941年海因里奇统计了55万件机械事故,其中死亡、重伤事故1666件,轻伤48 334件,其余则为无伤害事故。从这些数据中他得出一个重要结论,即在机械事故中,死亡或重伤、轻伤、无伤害事故的比例为1∶29∶300,国际上把这一法则叫事故法则。这个法则说明,在机械生产过程中,每发生330起意外事件,有300件未产生人员伤害,29件造成人员轻伤,1件导致重伤或死亡。

这一法则完全可以用于企业的安全管理上,即在一件重大的事故背后必有29件轻度的事故,还有300件潜在的隐患;或者反过来推论,当一个企业有300起隐患或违章,非常可能要发生29起轻伤或故障,另外还有一起重伤、死亡事故。

图9-5　海因里奇事故法则

"海因里奇法则"明确提出了:出现一次大的事故,其内部必然存在29个中等异常情况,背后必然存在300个小的事故隐患!

染菌事故完全符合"海因里奇事故法则"。这就启示我们:①现场发现的问题必须及时解决,不能积累,以避免更大问题的发生;②把小问题消灭在萌芽之中,就能避免大的问题出现;③操作员工、组长、主任每次现场巡检,没发现问题是不正常的,肯定会有问题,发现不了问题,只能说明我们找问题的能力还欠缺;④为了不发生或少发生问题,怎么把工作做好,这是我们每天需要思考和实施的;⑤勤于思考、用脑工作就可以做到少出问题。

具体到发酵过程的细节方面:一是强化菌种制备和保藏管理,严格执行各项无菌操作和管理制度,避免在菌种制备过程发生污染。对菌种培养基、器具和环境进行严格的消毒灭菌。二是认真做好种子罐、发酵罐等设备的清理、清洗工作,每批放罐后都需下罐检查,清除死角,尤其是清理易存料的挡板背面、人梯、搅拌轴底轴承、中间拉杆、联轴器、冷却蛇管及支撑件、监控仪表焊接处、空气分布管、罐底阀等部位;认真冲洗罐顶部位的人孔、视镜、各种接管口处,清除积料;检查冷却蛇管、监控仪表套筒及托胎、减速机轴封等,及时发现维修泄漏点。三是严格按灭菌标准操作规程进行操作,合理控制各项参数,避免超标;合理控制蒸汽进汽阀和排汽阀的开度,控制升温速度,防止升温过快发生泡沫顶罐、逃液及染菌。四是对空气系统进行严格管理:每天检查空气系统小排气口是否正常排气,一旦发现有水吹出,必须立即查找原因和解决问题;空气除菌过滤器要定期灭菌,灭菌操作要严格按照操作规程进行,避免因温度过高,时间过长,流量过大或结束时切换空气操作过猛而损坏滤芯。要对空气加热器进行每天巡检,确保加热后的空气温度和总空气过滤器小吹口正常排气,防止由于设备穿孔而使蒸汽进入空气系统。五是严密监控蒸汽系统,温度、压力、流量必须随时关注,防止灭菌过程中出现波动的问题;蒸汽中的冷凝水也需要及时排放,不能累积。六是要定期拆检关键设备,如连消塔、维持罐等,检查清理内部结焦;用扭矩扳手定期紧固罐内各螺栓;定期更换和维修重要部位的阀门,防止出现内漏。七是定期进行碱水煮罐,彻底消除人工无法清理和冲洗到的部位,防止形成死角。碱水用蒸汽加热至90℃以上,微开蒸汽阀,保持碱水在微沸状态。生产系统可以存贮一罐碱水来回倒罐循环使用。八是定期对发酵辅助设备和仪表进行保养和检修,确保其处于最佳的工作状态。

(三) 对染菌罐批的处理

种子罐一旦染菌,绝对不能移入发酵罐,即使无菌样品不够三组(生产过程中每隔8小时做一组无菌样,如果连续三组无菌样染同一菌型,即判定为染菌。此处在种子罐无菌样培养过程中,为保万无一失,即使无菌样只出现了1或2组染菌,也不能移种)或不能确认是否真的染菌也要果断放弃,防止引起更大的损失。种子罐放弃后,可以等其他种子长好后再移种,也可以从其他正在运行的前期发酵罐进行"倒种",这样可以保持发酵的连续性和均衡性。

种子罐放弃后,首先应对种子液蒸汽升温灭活,然后放环保处理。之后,根据染菌菌型和染菌周期对种子罐及管道等进行仔细检查,特别要关注种子罐内搅拌器底轴承、联轴器、拉筋、罐底阀、移种阀等,检查之后可以用热碱水进行煮罐处理;空气系统也需要进行检查,确保高效滤芯的正常;移种管道主要检查是否有泄漏,阀门开闭是否正常。

发酵罐染菌后的处理可分为前期和中后期两个阶段。一旦发酵前期染菌,由于单位水平还很低,基础培养基中营养物质还很多,无法提取收获产物,通常采用灭活后将菌丝过滤掉,再将滤液放环保的处理方式;对于发酵中期或后期染菌,如果染的是酵母或真菌,由于其长势慢,通常可以适当降温继续运行,过程中持续镜检观察杂菌的数量变化和监测过滤速度,如果酵母繁殖较多,可能会引起酵母堵塞滤布而导致过滤速度明显偏慢的问题,尽可能及早处理,尽量多收回产品。

从质量的角度来考虑染菌的影响:通常将染菌罐批的质量情况作为过程偏差进行追踪,确保处理过程各步料液的质量以及最终产品的质量不能受到影响。

对染菌罐放罐后的检查处理,除常规的清洗、下罐检查外,还要根据菌型、时间等因素判断可能是什么位置出了问题。重点需要检查蛇管是否有泄漏,罐底阀是否密闭不严,连消系统是否存在结焦,空气高效滤芯是否正常,补料系统操作是否有问题,补料灭菌是否正常等。同样,发酵罐也需要经常采用热碱水进行泡罐,确保彻底消除死角。

点滴积累 ╲╱

1. 染菌原因涉及发酵生产各个环节,如设备结构设计、工艺管线、设备泄漏和死角、人为操作、消灭染菌管理工作等。
2. 无菌监测方法 无菌试验、培养液的显微镜检查、培养液生化指标变化情况分析等,其中无菌试验是判断染菌的主要依据。
3. 消灭染菌的关键在于预防。 预防的关键在于强化员工的无菌意识和操作技能,强化组织管理和制度管理。
4. 防止染菌从设计就要建立零染菌率理念,遵循"海因里奇法则",把预防工作做到日常,善于在日常寻找问题。

案例分析

案例

2011 年 2 月 9 日某工厂发酵车间 309 罐移种后开始运行。 当天另外一个非无菌贮罐内的料液经放罐管路通过 309 罐底二阀(罐底一阀始终关闭)转至洗罐水管道去往另外一个贮罐,结果 309 罐运行 35 小时后发生染菌。

分析

虽然 309 罐底一阀始终关闭,且罐底一阀为带聚四氟乙烯密封垫的截止阀,但不能排除其存在微漏的可能。 在压料过程中,非无菌料液通过 309 罐底二阀转至洗罐水管道,对刚进的 309 罐而言只有罐底一阀进行保护,一旦该阀存在泄漏,就会造成带菌料液污染 309 罐的无菌物料,进而造成 309 罐染菌。

第五节 发酵过程出现的其他问题及处理方法

一、泡沫的产生及其控制

▶ **课堂活动**

有过做饭经验的同学都知道,我们在厨房煮粥、煮面条、热牛奶时,如果不小心,很容易发生溢锅。 那么你知道为什么会溢锅吗? 那么多泡沫是如何产生的? 怎么才能控制泡沫避免溢锅呢?

(一)泡沫产生的原因及其影响

发酵过程中从罐底通入大量空气,并配有机械搅拌,通过搅拌破碎和发酵液湍动剪切使空气分散为尽可能小的气泡;同时,菌体生长代谢过程产生大量的 CO_2 气体需要释放;而发酵液中糖、玉米浆、蛋白质和代谢产物客观上又起到了稳定泡沫的表面活性剂作用,使发酵液含有一定比例的泡沫。正常比例泡沫的存在可以增加气液接触面积,增加氧传递速率,是发酵过程增强溶氧的必要条件。但是,如果泡沫太大出现顶罐或"逃液",将会给发酵过程造成困难,带来许多负面的作用,主要表现在:①降低了发酵罐的装料系数,使发酵罐的运行体积减小;②大量泡沫的存在,运行过程中很容易发生逃液,使产量受到损失;③大量泡沫的存在很容易发生顶罐,泡沫一旦进入机械密封腔体很容易导致染菌;④菌群的生长均一性受到影响,处于泡沫中的菌体和处于液体中的菌体生长发生分化,泡沫中的菌体容易自溶;⑤为了消除泡沫,不得不使用消泡剂进行控制,消泡剂的加入可能对后续提取过程产生影响,尤其是使用膜分离的过程,其对膜的通量影响是非常大的。

发酵过程中产生泡沫的程度会受到几方面因素的影响:一是培养基的组成成分。一般天然原材料如玉米浆、花生饼粉、玉米蛋白粉、黄豆饼粉、酵母粉等蛋白质含量丰富,易产生泡沫;浓度高、黏度大的发酵液也容易产生泡沫。二是和操作条件如蒸汽灭菌、搅拌转速、通气量相关。灭菌过程蒸汽通入量偏大,搅拌转速较高,温度和压力上升太快,也会引起泡沫的产生;正常运行过程中搅拌转速越高,通气量越大,泡沫就越大。实际生产过程中,搅拌转速通常由变频器控制,发酵前期转速较低,随溶氧的下降而逐步提升。三是和菌体的代谢速度相关。由于菌体生长代谢的消耗,使蛋白质等含氮物被大量利用,泡沫就愈少;发酵后期,如果出现菌丝大量自溶,泡沫也会增大。

(二) 泡沫的控制及消除

1. 减少泡沫形成的机会　从泡沫形成的内在因素出发,减少泡沫形成的机会是有效控制泡沫的一种方法。

形成泡沫的必要条件:一是搅拌、通气等外力的推动;二是发酵液成分的性质。因此减少泡沫可以从控制通气量和搅拌入手,在发酵初期蛋白质含量丰富容易起泡时,根据溶氧需求适当降低通气量和搅拌转速,同时辅之以适当提升罐压;当培养基蛋白大量消耗之后,泡沫就趋于稳定,增大通气量和搅拌转速对泡沫敏感度就降低了。从培养基成分考虑,如果因为起泡的原因就少加或不加某种原材料是不现实的,可以从培养基中拿出来通过单独灭菌的方式解决。灭菌过程需要缓慢通入蒸汽,严格控制蒸汽量、搅拌转速等各项参数,同时辅之以必要的消沫剂,来实现对泡沫的控制。

2. 消除已形成的泡沫　生产上一般采用机械法、化学法和分离回流法进行消泡。

机械消泡是靠机械直接打碎或通过机械产生强烈振动或压力的变化促使气泡破裂。最简单的机械消泡设备就是在发酵罐内液面上方搅拌轴上安装消泡桨,当搅拌转动时,消泡桨旋转可以将泡沫打碎。比较复杂的是将泡沫引入一个特殊设计的喷嘴,通过喷嘴的加速作用使气泡破裂。

化学法消沫就是使用消沫剂等表面活性物质,降低泡沫的局部表面张力,使泡沫破裂。消沫剂的作用或者是降低泡沫液膜的机械强度,或者是降低液膜的表面黏度,或者兼有两者的作用。消沫剂的选择应考虑几方面的因素:对微生物、人及动物无毒害性;具有持久的消泡或抑泡性能,以防止形成新的泡沫;对发酵、提取、产品质量及产量不产生任何影响;应在气—液界面上具有足够大的铺展系数;溶解度低;低浓度时具有消泡活性;能耐高温灭菌;成本低,来源广。

工业生产中常用消沫剂有天然油脂类、聚醚类、高碳醇、脂肪酸和酯类、硅酮类。其中以天然油脂类和聚醚类最为常用。天然油脂类常用的有玉米油、豆油、菜籽油、猪油等。在发酵中既可用作消沫剂,又可作为发酵中的碳源和中间补料控制手段。使用时需要注意油脂的新鲜程度。放置时间长的油脂酸价升高,对菌体的生长和产物的合成有抑制作用,应严格防止投入使用。

聚醚类消泡剂品种很多,如聚氧丙烯甘油(简称 GP 型)、聚氧乙烯丙烯甘油(简称 GPE 型)等,这类聚醚型消沫剂称为"泡敌"。化学消沫剂的消泡能力比植物油高 10 倍以上,其添加量一般为培养基总体积的 0.02%~0.035%。

具体到每个发酵品种适合用什么类型的消沫剂,需要进行大量的试验才能确定,从消沫效果、生产水平、溶氧变化、对菌体的毒性、添加量、成本等方面综合进行评定。

消沫效果的持久性,除取决于消沫剂外,还与添加方式有关。生产过程中消沫剂的用法有多种:对于种子罐培养基和发酵罐基础培养基,消沫剂一般一次性添加;而对于发酵过程的泡沫控制,一般采取流加或少量多次添加,也可以采用和油按一定比例混匀后少量多次添加的方式,效果各不相同。具体采用哪种方法,要根据具体情况反复实践来决定。例如在青霉素发酵中,基础料采用一次性加消沫剂的方法,而发酵过程则采用油和消沫剂混合流加的方法,防止了泡沫的大量形成,同时大大减少了单独用油的加油量,有利于发酵代谢和抗生素的合成。在链霉素发酵中则用 0.02%泡敌在配料时一次添加,解决了前期罐的消沫问题,并使中后期泡沫大大减少,节省了用油量。

分离回流法是利用特殊设计的气液分离装置,将从发酵罐排气中逃逸的泡沫中的气体和料液、菌体进行分离,经过过滤除菌的气体排入大气,而料液和菌体通过回流管回流入罐。这种设备称为尾气处理器,最早是由英国 Domnick Hunter 公司研发。它利用逃液和排气本身的动力工作,可保证高效气液分离效率和极低的压降。运行稳定后,不仅装料系数可以增加 10%~15%,而且由于消泡剂用量的减少和传氧系数的增加,成本还可以降低 10%~25%。

生产中消沫剂或油的添加一般采用手动或自动模式进行。最简单的手动模式是定时在发酵罐视孔上观察泡沫产生情况,发现泡沫持续上升时,开启消泡剂贮罐的阀门,流加少量消泡剂,使泡沫消失即可。自动模式是依靠消沫电极检测泡沫信号完成的。在罐内顶部安装消沫电极与控制仪表连结,用以控制消沫剂贮罐阀门的开启。当泡沫上升接触电极时产生的电信号,通过控制装置,指令打开消沫剂贮罐阀门,自动加入消泡剂,泡沫消失,信号也随之消失,阀门关闭。

二、发酵液异常及其处理

(一) 发酵液菌体浓度明显偏低

移种后发酵罐的菌体生长缓慢,菌浓在规定的时间内明显低于正常的菌浓,镜检菌丝量稀少。造成这个异常现象的原因主要有:发酵罐培养实际温度低;种子罐生长质量差,菌浓偏低;种子罐由于移种过程中跑料或逃液而造成体积偏小;种子罐长好的时间早,而发酵罐未及时准备好,导致种子等待发酵罐时间长,如果未及时采取种子罐降温措施将导致菌体大量自溶而使发酵罐长势缓慢;种子罐移种过程中蒸汽阀门内漏而未及时发现,导致种子液被蒸汽烫伤而生长缓慢;发酵罐培养基灭菌不当导致营养物质被大量破坏,菌种生长条件差。

要想解决菌浓低长势慢的问题,首先应该查清楚造成菌浓低的原因是什么? 如果是发酵罐实际温度比显示温度明显低造成的,则需马上校验铂电阻温度计,恢复正常的温度控制。如果是种子罐自身没长好造成的,或者种子罐早已长好,等待发酵罐时间长造成菌丝自溶,或者移种过程中种子被烫伤,或者移种过程中跑了料导致种子液不足等,可以从其他罐倒部分前期发酵液作为种子进行弥补。如果是发酵罐基础料在灭菌过程中营养物质被大量破坏,只能采用补入新鲜培养基和倒种方式进行弥补。对于种子罐自身或移种过程所出现的问题,必须从设备管理和人员操作管理上下功夫整改,提升操作责任心。

(二)发酵液菌体浓度上升明显,黏度增加,溶氧下降

造成这个异常现象的原因主要有:发酵液中补入的碳源或氮源过多,造成菌体浓度大大增加;发酵罐接种量大使菌体生长过于迅速,菌浓过高;发酵温度控制失真,实际温度可能偏高。

解决发酵液过浓的问题,首先要减少补料碳源和氮源的同时,校验温度计是否有问题。在这基础上,可以向发酵罐内补入部分无菌水,稀释菌体浓度的同时,还可降低发酵液黏度,改善发酵条件。一般视实际情况可分批或一次补水,每天补水量一般为发酵液体积5%~10%。

(三)糖、氮代谢缓慢

造成糖、氮代谢缓慢原因有很多,这和发酵液菌体浓度明显偏低的原因类似,如种子质量不好,培养基灭菌不好以及培养基中磷酸盐浓度下降等。

解决这种问题可以补充适量合适的氮源或补充一部分磷酸盐,以利于生长。发酵液残糖太高时,可适当提高罐温,以利于糖、氮的利用。

(四)pH异常

发酵初期,pH异常往往和培养基的灭菌质量、原材料质量和水的pH以及消前pH相关;到发酵中后期,pH出现异常往往和过程控制有关,如加糖、加油过多或过于集中引起pH下降等。

正常pH的恢复,可以加入酸或碱来调节,也可以通过加糖、加氨水等过程补料进行调节,也可以加入一些生理酸性或生理碱性物质来调节。

(五)溶氧水平异常

菌体浓度过高,发酵液黏稠容易引起溶氧水平降低;供氧方面(如搅拌系统或空压系统)出现问题,直接导致溶氧下降;另外,如果出现污染好氧性杂菌,可以使溶解氧在很短时间内大幅下降,且在长时间内不能回升。

解决溶氧的问题需要从供氧和需氧两方面入手:供氧方面,如果是搅拌系统出现问题,必须立即进行倒罐,将发酵液转移至其他灭好菌的发酵罐继续运行;如果是空压系统出现问题必须立即调整运行空压机,使供气恢复正常。需氧方面,如果是菌浓过高引起溶氧下降,可以采取补水方式降低发酵液黏度,同时减糖等补料,如前所述;如果是由于染菌而引起溶氧下降,则必须尽快处理发酵液。

▶▶ 边学边练

发酵操作训练,见能力训练项目8 青霉素发酵实验操作

点滴积累 ∨

1. 形成泡沫必要条件 一是搅拌、通气等外力的推动；二是发酵液成分的性质。

2. 化学消沫原理 使用消沫剂等表面活性物质，降低泡沫的局部表面张力，使泡沫破裂。

3. 天然油脂如玉米油、豆油等在发酵中既可用作消沫剂，又可作为发酵中的碳源和中间补料控制手段。 使用时需要注意油脂的新鲜程度。

4. pH 控制 可加入酸或碱调节，也可加糖、氨水等过程补料进行调节。

目标检测

一、选择题

（一）单项选择题

1. 307 大罐体积为 120m³,如果按通气比 0.9,则大罐空气流量应该为(　　)m³/h

    A. 6000　　　　　　B. 6200　　　　　　C. 6500　　　　　　D. 7000

2. 发酵过程中,补料加入葡萄糖,pH 会

    A. 上升　　　　　　B. 下降　　　　　　C. 没有变化　　　　　D. 不好确定

3. 301 大罐基础料消后 82m³,接后体积为 102m³,则其接种量为

    A. 12%　　　　　　B. 15%　　　　　　C. 20%　　　　　　D. 25%

4. 无菌检查中,如果酚红培养基颜色变成(　　)色,说明污染了产酸杂菌

    A. 蓝　　　　　　　B. 深红　　　　　　C. 橙　　　　　　　D. 黄

5. 对于连续发酵,下列说法错误的是

    A. 连续发酵是一个开放的系统,发酵罐内物系的组成随时间变化而变化

    B. 连续发酵补料培养基中至少有一种生长限制性基质,它的流加速率决定微生物的生长速率

    C. 连续发酵使用的反应器可以是搅拌罐式反应器,也可以是管式反应器

    D. 连续发酵污染杂菌的概率增大,细胞易发生变异和退化

6. 温度对于发酵过程的影响,以下说法错误的是

    A. 发酵温度取决于发酵过程中热量的产生和移出之间的平衡

    B. 空气加热后带入发酵罐的热量在总热量中占比非常大

    C. 生物热的大小主要和培养基中的糖、蛋白质、脂肪等氧化代谢有关

    D. 生物热具有很强的阶段性

7. 青霉素发酵过程中,当发酵液 pH 低、氨氮也低时,需要增加(　　)的补料量,以提升发酵液 pH 和氨氮

    A. 液糖　　　　　　B. 硫酸铵　　　　　C. 油　　　　　　　D. 氨水

8. 压缩空气通过空气管路从罐底进入发酵罐,然后通过排气管路排出,在这个过程中,空气需要克服液位静压差和罐压,才能排出发酵罐。在直径 4000mm 的 150m³ 发酵罐中,如果发酵

运行体积 100m³,罐压 0.05MPa 时,空气压力(表压)应至少(　　　)MPa

　　A. 0.15　　　　　　　B. 0.20　　　　　　　C. 0.25　　　　　　　D. 0.30

9. 关于罐压升高对溶氧和溶解二氧化碳的影响正确的是

　　A. 罐压升高,溶氧增大,溶解二氧化碳减小

　　B. 罐压升高,溶氧减小,溶解二氧化碳增大

　　C. 罐压升高,溶氧增大,溶解二氧化碳增大

　　D. 罐压升高,溶氧减小,溶解二氧化碳减小

10. 如果某发酵罐运行 30 小时后发现染细菌,且伴随着发酵体积较正常补料时体积增长偏快,那么其染菌原因可能是

　　A. 罐底阀门泄漏　　　　　　　　　　　B. 内蛇管发生泄漏

　　C. 空气高效过滤器失效　　　　　　　　D. 种子罐带菌

(二) 多项选择题

1. 发酵过程热量的最主要来源有

　　A. 搅拌热　　　　　　　　　　　　　　B. 补料带入的热量

　　C. 代谢热　　　　　　　　　　　　　　D. 空气带入的热量

2. 发酵生产中常用的测定菌丝浓度的方法有

　　A. 干重法　　　　　B. 沉降量　　　　　C. 湿重法　　　　　D. 离心量

3. 发酵过程中提高溶氧水平的主要措施有

　　A. 提高罐压　　　　B. 提高料液黏度　　C. 降低罐温　　　　D. 补水

4. 工业发酵过程中常采用葡萄糖流加或滴加工艺,其主要目的是

　　A. 促进菌丝大量生长　B. 提高菌丝浓度　C. 控制菌丝浓度　D. 避免反馈抑制

5. 青霉素发酵过程中哪些参数可以间接表征菌丝形态

　　A. 菌丝干重　　　　B. 搅拌电流　　　　C. 菌丝湿重　　　　D. 离心量

6. 青霉素发酵过程中造成罐温和搅拌电流同时上升的因素主要有

　　A. 漏糖　　　　　　B. 冷却水量不足　　C. 空气量降低　　　D. 漏油

二、简答题

1. 简述发酵过程中泡沫产生的原因、对发酵的影响以及消除泡沫的方法。

2. 青霉素发酵过程需要连续补入糖、苯乙酸、硫酸铵和氨水,请说明这四种补料的主要作用是什么?

3. 画出微生物在分批发酵过程中的生长曲线,并对各个阶段进行描述。

4. 染菌的危害有哪些?

5. 发酵过程应严格控制菌体的最适生长或生产温度,以期高产。从菌体、设备、动力等角度分析,如果一旦出现罐温偏高的问题,可能是哪儿出了问题? 应检查哪些部位?

三、实例分析

1. 消灭染菌工作是发酵过程中最严格、最细致的一项工作,必须不断地提升操作员工的无菌意识和操作技能,辅之以严格的无菌管理制度,做到预防为主,措施得力,这样才能保证消灭染菌工作卓有成效。请从发酵生产的各个环节分析,如何才能做到预防染菌?

2. 美国著名安全工程师海因里奇提出了 300∶29∶1 的法则,即"海因里奇法则"。请解释这个法则的含义。如果把这个法则推广到消灭染菌过程中,我们得到的启示是什么?

3. 发酵液中的溶氧水平取决于发酵罐的供氧能力和微生物的耗氧速率两个方面。溶氧的任何变化都是供氧和好氧不平衡的表现。为了提高发酵液中的溶氧水平,从供氧角度分析,可以采取哪些措施? 从成本经济性和综合效果考虑,实施这些措施的优先顺序是什么?

ER-09章习题

第十章

下游技术概述

学前导语

　　青霉素是人类最早发现的抗生素。1928 年，英国的细菌学教授弗莱明发现，青霉素对金黄色葡萄球菌有明显抑制作用。但是他缺乏提取纯化的技术，使得青霉素的研究被搁置。直到 1935 年，钱恩和弗洛里通过分析青霉素的化学结构和化学性质，解决了提取纯化问题，并于 1941 年开始大规模的应用于临床，挽救了无数人的性命。三人也因此在 1945 年获得了诺贝尔医学奖。

　　药物是通过合成或半合成、发酵或从中药、生物体等方法得到的。仅仅得到含有药物的混合物是远远不够的，通常需要采用一定的提取、纯化的方法来提高药物质量。一般而言，上、中游过程，只是解决"丰产"问题，而下游过程则是解决"丰收"的问题。众所周知，如果仅有"丰产"而无"丰收"，那么这"丰产"的成果，未必会转化成物质财富。只有既"丰产"又"丰收"，才能最大限度的创造出物质财富。

　　本章我们就来学习药物的下游加工过程，包括发酵液的预处理、萃取、结晶、离子交换、干燥等技术。这是制药过程的成败关键因素，也决定了药物最终的质量。

　　化学合成药物经合成反应后，或传统的生化药物经发酵后，采取各种提取与精制技术，制成符合药典规定的各种药物，称为药物的下游技术或下游加工过程。据各种资料统计，药物的下游加工成本在产品总成本中占有的比例越来越高，如化学合成药的分离精制成本是合成反应成本的 1~2 倍；抗生素类药物的分离精制费用约为发酵部分的 3~4 倍；对维生素和氨基酸等药物的分离精制费用而言，约为 1.5~2 倍；对于新开发的基因药物和各种生物药品，其分离精制费用可占整个生产费用的 80%~90%。因此，研究药物的下游加工过程，降低生产成本，对药物实现商品化生产，具有极其重要的作用。

　　按生产过程的性质划分，药物下游加工过程可划分为四个阶段，即提取精制前的预处理、提取、精制、成品加工。

　　1. 提取精制前的预处理　此为提取精制操作的第一步，主要利用凝聚、絮凝、沉淀等技术，除去部分杂质，改变流体特性，以利于固—液分离；经离心分离、膜分离等固—液分离操作后，分别获得固相和液相。若目标药物成分存在于固相（如胞内产物），则将收集的固相（如细胞）进行细胞破碎和细胞碎片的分离，最终使目标药物成分存在于液相中，便于下一步的提取分离操作。

　　2. 提取　此为药物下游加工的主要步骤。主要利用萃取、吸附、离子交换等分离技术进行提取操作,除去与产物性质差异较大的杂质,提高目标药物成分的浓度,为下一步的精制操作奠定基础。

3. 精制　此为药物下游加工的关键步骤,主要采用结晶、色谱分离、干燥等对产物有较高选择性的纯化技术,除去与目标药物成分性质相近的杂质,达到精制的目的。

4. 成品加工　药物经过分离精制后,根据药品应用的要求和国家药典的质量标准,还需要进行无菌过滤和去热原、干燥、造粒、分级过筛等成品加工操作,经检验合格后包装,完成生产过程。

第一节　主要工作任务及岗位职责要求

ER-10-1　扫一扫,知重点

一、下游岗位主要工作任务

(一) 提取精制前的预处理主要工作任务

此为下游工作的第一步,主要利用凝聚、絮凝、沉淀等技术,去除发酵液中的杂蛋白,改变发酵液的黏度,促进悬浮液中固体颗粒的沉淀,以固液分离的方式除去形成的固体物质。预处理阶段主要的工作任务是:

1. 沉淀可溶性杂质(主要是阳离子和蛋白质类生物大分子)。

2. 采用凝聚或絮凝技术,将胶体状态的杂质转化为易于分离的较大颗粒。

3. 改善料液的流动特性,便于固液分离。

4. 固液分离。

5. 将胞内产物从细胞内释放出来。

(二) 提取阶段的主要工作任务

此阶段主要采用萃取、离子交换等技术进行提取操作,除去与产物性质差异较大的杂质,提高目标药物成分的浓度,为下一步的精制操作奠定基础。提取方法很多,这里仅介绍萃取、吸附、离子交换方法所涉及的内容。

1. 萃取单元的主要工作任务

(1)选择合适的萃取剂。

(2)选择合适的操作方式,主要从安全、生产成本、工艺可控性等方面考虑。主要的操作方式为逆流萃取或并流萃取,单级萃取或多级萃取。

(3)进行萃取操作,主要步骤为混合-萃取-分离。

(4)控制萃取工艺条件,使溶质的萃取率提高,并保持药物化学稳定性、理化性质和活性不变。

(5)萃取分离后对萃取剂进行精馏回收,降低生产成本和环境污染。

(6)做好生产车间的防火防爆措施,做到安全生产。

2. 吸附及离子交换单元的主要工作任务

(1)选择合适的吸附剂,使气体或溶液中的某些(种)物质吸附到吸附剂上,从而与其他组分分离。

（2）采用合适的方法对吸附的物质进行解吸，以回收吸附质，恢复吸附剂的吸附能力。

（3）进行吸附剂的再生工作，以便于吸附剂的循环回收和利用。

（4）依据药物的理化性质、活性及生产工艺要求，选择合适的离子交换树脂。

（5）选择合适的离子交换工艺，主要分为正交换和反交换。对树脂进行预处理及转型后，进行离子交换操作，使待交换的解离物质与树脂进行交换后吸附到树脂上，并利用树脂的选择性和吸附力将不同的物质分离。

（6）选择合适的洗脱剂将交换到树脂上的物质进行洗脱，此过程为离子交换过程的逆过程。主要的洗脱剂为酸或碱。

（7）选择合适的再生剂对树脂进行再生处理，以恢复树脂的交换容量。

（三）精制阶段的主要工作任务

此阶段主要采用色谱分离、结晶、干燥等方法对产物进行纯化，除去杂质，达到精制的目的。下面主要介绍结晶及干燥岗位的主要工作任务。

（1）将料液输送至结晶设备。

（2）综合考虑物质的理化性质、活性和工业生产的可行性，采用合适的生产工艺进行结晶，使物质结晶析出。并保证其结晶的产品质量（纯度、大小、形状）符合生产要求。

（3）结晶后进行固液分离操作，并对结晶产品进行洗涤、干燥。

（4）蒸馏结晶溶剂，进行母液回收和循环套用，降低生产成本和环境污染。

（5）依据物质理化性质、活性和生产工艺，选择合适的干燥方式和干燥设备。

（6）选择合适的工艺，除去物料中的湿分，使干燥后的产品达到质量要求。并保证产品的活性、稳定性保持不变。

（7）对从干燥设备导出的气相进行处理。对于真空干燥可将气体冷凝除去水分；对于气流干燥要回收气相中所夹带的固体物料，除去气相中所夹带粉尘，最终将气体排入大气。

（8）将精制后的产品进行无菌过滤和去热原、干燥、粉碎、过筛和混合等成品加工操作，经检验合格后保证，完成生产过程。

二、下游岗位职责

（一）预处理岗位职责

1. 配制酸或碱液，注意应将酸或碱加入水中，严禁顺序颠倒。同时做好安全保护，佩戴护目镜和手套。

2. 防止酸或碱液的泄露，定时检查或修理酸、碱储罐。

3. 定期对预处理设备进行高温消毒。

4. 将预处理后的发酵液打入或压入过滤设备，进行固液分离。

5. 严格按照沉淀岗位工艺操作规程进行操作，控制好相应的工艺参数、沉淀槽室液位在规定范围内，控制清液层，保证清液层在指标范围内。

6. 及时与上下工段进行沟通，处理相关工艺问题，确保沉淀岗位达到工艺要求。

7. 设备要勤洗勤消毒,避免杂菌污染。

（二）提取阶段的主要岗位职责

1. 萃取单元的主要岗位职责

（1）严格执行岗位操作规程和各种规章制度,控制好各项工艺指标,提高萃取率,降低萃取相与萃余相的相互夹带。

（2）甲级防爆车间需穿防静电工作服,严禁使用手机等电子产品,严禁携带打火机、火柴、香烟等,工作环境要严防摩擦产生的静电火花。禁止穿带钉鞋进入防火防爆区,严禁用铁器敲打设备。

（3）保障岗位有效通风,减少溶剂挥发,回收所有外漏溶剂,防止发生安全事故。

（4）定期检查离心萃取设备转速,禁止超速运转。拆装离心萃取设备佩戴防护手套和防护眼镜,避免砸伤。

（5）操作压力容器时应平稳操作。

2. 吸附及离子交换单元的主要岗位职责

（1）按照工艺要求进行吸附操作,并能取出失效的吸附剂,更换新的吸附剂,将替换下的吸附剂按要求进行处理。

（2）吸附操作前有过滤器时,要定时对过滤器进行检查,查看滤液是否符合要求。

（3）配制酸、碱溶液时要穿戴好防护用品。

（4）按照工艺要求进行相应的杀菌操作。

（5）定期对离子交换柱的流量计进行清洗和校正。

（6）离子交换操作一段时间后,交换罐内树脂量减少时补加新树脂,或者当树脂中毒无法再生时,取出旧树脂,更换新树脂。

（三）精制阶段的主要岗位职责

1. 结晶单元的主要岗位职责

（1）本岗位若使用有机溶剂作为萃取剂,严禁使用手机等电子产品,严禁携带打火机、火柴、香烟等,工作环境要严防摩擦产生的静电火花。禁止穿带钉鞋进入防火防爆区,严禁用铁器敲打设备。

（2）严格按照结晶岗位工艺操作流程和设备操作规程进行操作,严格控制工艺指标,防止结晶器的温度、液位、压力和结晶床出现异常,保证结晶质量和收率。

（3）及时发现生产中的异常情况,正确调整并对现场发出正确指令,处理不了的要及时向班长汇报。

（4）有机溶剂要进行回收利用,防止污染环境。

（5）原装溶剂的设备拆除不用时,要进行清洗置换,以防发生意外。

2. 干燥单元的主要岗位职责

（1）一般干燥作业时要佩戴耳塞、口罩等,做好安全防护工作。

（2）按照 GMP 要求及批生产指令进行干燥生产,严格按照工艺操作规程和设备操作规程进行操作,控制工艺指标在规定范围内,及时处理发生的工艺问题,保证干燥后的物料符合工艺要求,节约电、汽等能源物质。

（3）生产结束后，核对物料品名、批号、称量复核、数量、质量、检验报告单，不得有误。

（4）工作结束或更换品种时，及时做好清洁卫生，按有关操作规程进行清场工作并认真填写原始记录和各设备运行状况的原始记录。

（5）生产结束后负责清场并保障检查合格。

第二节　预处理及提取技术

不同的目标产物，由于其自身的特性和对纯度的要求不同，所采用的提取精制方法也不同，但一般都包括两个基本阶段：产物的分离提取阶段和纯化精制阶段。对于抗生素和生化药物而言，分离提取阶段还包括发酵液或生物体的预处理，主要是分离细胞和培养液，破碎细胞释放产物（产物在胞内），浓缩产物和去除大部分杂质等，以利于其后提取过程的顺利进行。

本节主要介绍发酵液的预处理技术、固液分离技术及药物提取技术，如萃取技术、离子交换技术等。采用上述方法的目的是去除目标产物中的绝大部分杂质，特别是一些对后续精制阶段有干扰的杂质，使精制变得较为容易，产物纯度也能得到保证。

一、发酵液的预处理及固液分离

抗生素经发酵后，发酵液中除含有所需的目标产物外，还存在大量的细胞、菌体、未用完的培养基、核酸、蛋白质及中间代谢产物等。常规的处理方法是先将细胞、菌体及其他固体悬浮颗粒与可溶性组分分离。对于胞内产物，应先将细胞破碎，使目标产物转移到液相，再经固液分离，除去细胞碎片等固体杂质。对于较大的细胞及悬浮颗粒，可以采用常规的过滤或离心方法，但是较小的细胞或悬浮粒子，常规的固液分离方法很难将它们分离完全，为此应先将发酵液预处理，以利于分离过程的顺利进行。

ER-10-2
药物分离与精制过程的特点

（一）发酵液的预处理

发酵液中含有大量的可溶性黏胶状物质，主要是核酸、杂蛋白等，此外还有不溶性多糖，这些杂质不仅使发酵液黏度提高，固液分离速度受影响，还会影响后面的提取操作。如采用溶剂萃取时，容易产生乳化现象，使两相分离困难；如采用离子交换法提取时，会影响吸附能力。因此，应通过预处理尽量除去这些杂质。发酵液中还含有某些无机盐，这不仅影响产物质量，还会在离子交换法进行提取时，使树脂吸附无机离子而减少对产物的交换，所以预处理也应将 Fe^{3+}、Ca^{2+}、Mg^{2+} 等高价离子除去。

▶ 课堂活动

鸡蛋被认为是营养丰富的食品，含有蛋白质、脂肪、卵黄素、卵磷脂、维生素和铁、钙、钾等人体所需要的矿物质，想必大家都爱吃。同学们想想，生活中炒鸡蛋前，加入少量的食盐，并搅拌，会出现什么现象？此现象是盐析还是盐溶？炒鸡蛋或煮鸡蛋，使蛋白质变性，此过程是否可逆？

1. 去除杂蛋白的方法

（1）等电点沉淀：利用蛋白质在等电点时溶解度最低的特性，向含有目标药物成分的混合液中加入酸或碱，调整其 pH，使蛋白质沉淀析出的方法，称为等电点沉淀法。在等电点时，蛋白质分子以两性离子形式存在，其分子净电荷为零（即正负电荷相等），此时蛋白质分子颗粒在溶液中因没有相同电荷的互相排斥，分子相互之间的作用力减弱，其颗粒极易碰撞、凝聚而产生沉淀，所以蛋白质在等电点时，其溶解度最小，最易形成沉淀物。等电点时的许多物理性质如黏度、膨胀性、渗透压等都变小，从而有利于悬浮液的过滤。

ER-10-3
蛋白质双电层理论

（2）变性沉淀：当蛋白质受到外界因素作用时，蛋白质分子结构从有规则的排列变成不规则排列，其物理性质也发生改变，并失去原有的生理活性，即蛋白质发生变性，变性蛋白质在水中的溶解度较小而以沉淀的形式从溶液中析出。利用蛋白质的变性作用，除去混合液中杂蛋白的方法，称为变性沉淀法。最常用的方法是加热，加热还能使液体黏度降低，加快过滤速度。例如链霉素预处理时，采用调 pH 3.0 左右，加热至70℃，维持半小时以凝固蛋白质，过滤速度可增大 10~100 倍，滤液黏度降低为原来的1/6。加热变性的方法只适合对热稳定的药物，因此加热的温度和时间必须加以选择。

使蛋白质变性的其他方法还有：大幅改变 pH，加有机溶剂（乙醇、丙酮等）及表面活性剂。在抗生素生产中，常将发酵液调 pH 至酸性范围（pH 2~3）或碱性范围（pH 8~9）。使蛋白质凝固，一般在酸性下除去的蛋白质较多。

（3）盐析沉淀：在低盐浓度下，蛋白质的溶解度随着盐浓度的升高而增加，称为盐溶现象。但是在高盐浓度下，盐浓度增加反而使蛋白质的溶解度降低，当达到某一浓度时，蛋白质可从溶液中析出，这种现象称为盐析。产生盐析的一个原因是由于盐离子的亲水性比蛋白质大，盐离子在水中发生了水化作用而使蛋白质基团处于裸露状态，在蛋白质分子疏水基团的相互作用下，引起蛋白质分子凝聚沉淀。另一个原因是由于盐离子与蛋白质表面具有相反电性的离子基团结合，形成离子对，即盐离子部分中和了蛋白质的电性，使蛋白质分子之间的电排斥作用减弱而相互靠拢、聚集形成沉淀。

（4）反应沉淀：根据预处理液中所含杂质的特点，加入某些不影响目的药物的化学反应试剂，使其与杂质发生反应，生成不溶性沉淀，此种方法称为反应沉淀法。生产中常用的反应沉淀试剂有金属盐类、有机酸类、表面活性剂、离子型或非离子型的多聚物、变性剂及其他一些化合物。

知识链接

蛋白质胶体

蛋白质胶体是指蛋白质在水中形成的一种比较稳定的亲水胶体。蛋白质溶液胶体系统的稳定性依赖于以下两个基本因素：①蛋白质表面形成水化层：由于蛋白质颗粒表面带有许多如—NH₃⁺、—COO⁻、—OH、—SH、—CONH、肽键等亲水的极性基团，因而易于发生水合作用，进而使蛋白质颗粒表面形成一层较厚的水化层。水化层的存在使蛋白质颗粒相互隔开，使蛋白质颗粒不致聚集而沉淀。②蛋白质表面具有同性电荷：蛋白质溶液除在等电点时分子的净电荷为零外，在非等电点状态时，蛋白质颗粒皆带有同性电荷，即在酸性溶液中带正电荷，在碱性溶液中带负电荷，与其周围的反离子构成稳定的双电层。蛋白质胶体分子间表面双电层的同性电荷相互排斥，进而阻止其聚集而沉淀。

根据蛋白质胶体稳定性原理，可以通过破坏这两个主要稳定因素，使蛋白质分子间引力增加而聚集沉淀，如图 10-1 所示。如盐析法、有机溶剂沉淀法、重金属盐沉淀等。

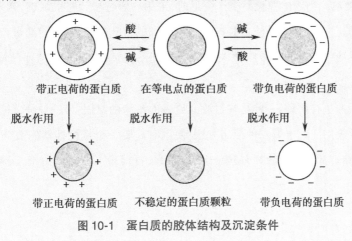

图 10-1　蛋白质的胶体结构及沉淀条件

2. 凝聚和絮凝　凝聚和絮凝的主要作用为增大混合液中悬浮粒子的体积，提高固液分离速度，同时可除去一些杂质。

(1)凝聚作用：凝聚作用是指在某些电解质作用下，使胶粒之间双电层的排斥作用降低，电位下降，吸引作用加强，破坏胶体系统的分散状态，而使胶体粒子聚集的过程。

胶体粒子能保持分散状态的原因是其带有相同电荷和扩散双电层的结构。当分子热运动使粒子间距离缩小到使它们的扩散层部分重叠时，即产生电排斥作用，使两个粒子分开，从而阻止了粒子的聚集。其电位越大，电排斥作用就越强，胶粒的分散程度也越大。胶粒能稳定存在的另一个原因是其表面的水化作用，使粒子周围形成水化层，阻碍了胶粒间的直接聚集。影响凝聚作用的主要因素是无机盐的种类、化合价及无机盐用量等。常用的凝聚剂有 $AlCl_3 \cdot 6H_2O$、$Al_2(SO_4)_3 \cdot 18H_2O$、$FeCl_3$、$ZnSO_4$ 和 $MgCO_3$ 等。

(2)絮凝作用：絮凝作用是利用带有许多官能团的高分子线状化合物能在分子上吸附多个微粒的能力，通过架桥作用将许多微粒聚集在一起，形成粗大的松散絮团的过程。根据絮凝剂所带电性的不同，分阴离子型、阳离子型和非离子型三类。对于带有负电性的微粒，加入阳离子型絮凝剂，具有降低离子排斥电位和产生吸附架桥作用的双重机制；而非离子型和阴离子型絮凝剂，主要通过分子间引力和氢键等作用产生吸附架桥。制药工业中以人工合成的有机高分子絮凝剂用量最大。

在实际应用中，絮凝剂与无机电解质凝聚剂经常搭配在一起使用，加入无机电解质使悬浮粒子间的排斥能降低而凝聚成微粒，然后加入絮凝剂，两者相辅相成，两者结合的方法称为混凝。混凝可有效提高凝聚和絮凝效果。

(二) 固液分离

经预处理后，可使混合物中的大部分杂质沉淀，同时也改变了流体特性，有利于固液分离。固液分离方法与化工单元操作中的非均相物系分离方法相同,由于固液分离是否完全、固液分离速率等都影响药物分离与纯化的效果和成品质量,因此固液分离也是预处理的重要环节。

在药品生产中,通常利用机械方法进行固液分离。按其所涉及的流动方式和作用力的不同,可分为过滤、沉降和离心分离。

1. 助滤剂的使用　当固体颗粒易受压变形时,采用一般过滤分离很困难,常采用加助滤剂的方式,以顺利完成过滤分离操作。助滤剂是一种不可压缩的多孔微粒,它能使滤饼疏松,滤速增大。助滤剂使用可使悬浮液中大量的细微胶体粒子被吸附到助滤剂的表面上,从而使滤饼的可压缩性下降,过滤阻力降低。

助滤剂的使用方法有两种:一种是在过滤介质表面预涂助滤剂;另一种是直接加入到混合液中;也可两种方法同时兼用。对于第二种使用方法,使用时需要一个带搅拌器的混合槽,充分搅拌混合均匀,防止分层沉淀。常用的助滤剂有硅藻土、纤维素、石棉粉、珍珠岩、白土、炭粒、淀粉等,其中最常用的是硅藻土。

知识链接

固液分离方式

过滤是以某种多孔性物质作为介质,在外力的作用下,悬浮液中的流体通过介质孔道,而固体颗粒被截留下来,从而实现固液分离的过程。过滤介质两侧的压力差是实现固液分离的推动力,它可以通过重力、加压、抽真空或离心惯性力来获得,又可分为常压过滤、真空抽滤和离心过滤。过滤常用于分离固体含量较大的悬浮液。

沉降是依靠外力的作用,利用分散物质(固相)与分散介质(液相)的密度差异,使之发生相对运动,而实现固液分离的过程。用来实现沉降过程的作用力可以是重力,也可以是惯性离心力,即分为重力沉降和离心沉降。沉降主要用于固体粒子含量较少、颗粒细小的悬浮液的分离。

---

2. 固液分离设备　在药品生产中,固液分离设备类型很多,性能差异很大,选择时要考虑多方面的因素。首先要根据混合物的性质和分离要求,考虑选用过滤还是沉降,是否选用惯性离心力作为推动力。若固液分离要求较完全,则选用过滤操作;若固液密度差较大,可考虑选用沉降,否则宜选用过滤;若固体颗粒较小,流体黏度较大,则需选用离心分离;对于易挥发或易燃烧的流体,一般不宜选用真空过滤;而对于有毒的混合液,则一般选用密闭操作的固液分离设备。常用的固液分离设备主要有真空转鼓过滤机、板框式过滤机及三足式离心机。

(1)真空转鼓过滤机:在大规模医药生产中,真空转鼓过滤机是常用的过滤设备之一,如图 10-2所示。它具有自动化程度高、操作连续、处理量大的特点,非常适合于固体含量较高(>10%)的悬浮液的分离,如在抗生素生产中,对真菌、放线菌和酵母发酵液的过滤效果较好。由于受推动力(真空度)的限制,真空转鼓过滤机一般不适合于菌体较小和黏度较大的细菌发酵液的过滤,而且采用真空转鼓过滤机过滤所得固相的干度不如加压过滤。

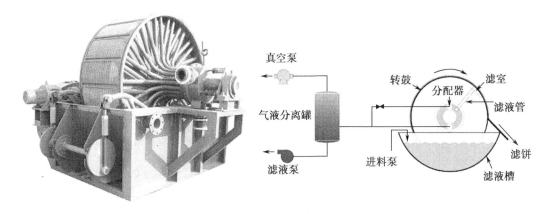

图 10-2　真空转鼓过滤机

（2）板框式过滤机：压滤机将带有滤液通路的滤板和滤框平行交替排列，每组滤板和滤框中间夹有滤布，用压紧端把滤板和滤框压紧，使滤板与滤板之间构成一个压滤室。料液从进料口流入，滤液通过滤板从滤液出口排出，滤饼堆积在框内滤布上，滤板和滤框松开后滤饼就很容易剥落下来，具有操作简单、滤饼含固率高、适用性强等优点，如图 10-3 所示。

（3）三足式离心机：分为三足式人工上卸料离心机和下卸料离心机。上部卸料离心机是将物料从顶部加入鼓形转子室内，在离心力作用下，液体经敷于鼓壁上的滤网过滤后落入机身底盘，经出料口排出；固相分离物留存转鼓内，停机后由人工从上部取出。下部卸料离心机是将物料从顶部中央加入，经布料盘作用均匀加至转鼓壁上，在离心力作用下，液体经敷于鼓壁的滤网过滤后落入机身底盘，经出料口排出；固相分离物留存转鼓内至限定量后可加入洗涤液洗涤，转鼓降速或停机后经人工或刮料器刮落后经转鼓底部出料口卸出。如图 10-4 所示。

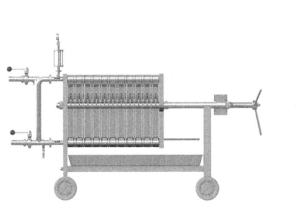

图 10-3　板框式过滤机

图 10-4　三足式离心机

二、提取技术

提取技术是为提取精制操作的主要步骤。主要利用萃取、吸附、离子交换、膜分离等分离技术进行提取操作，除去与产物性质差异较大的杂质，提高目标药物成分的浓度，为下一步的精制操作奠定基础。下面主要对萃取和离子交换技术进行介绍。

（一）萃取技术

萃取是制药工业生产中常用的提取分离方法之一。溶剂萃取是主要的萃取方法之一。至于哪些药物可以采用溶剂萃取法,需要根据药物的理化性质决定。首先要了解要提取的药物是极性还是非极性化合物,如果极性较强,可采用离子交换法;如果为非极性或弱极性,则可考虑采用溶剂萃取法,如青霉素类及大环内酯类抗生素等。

ER-10-4　萃取应用实例

溶剂萃取是在欲分离的液体混合物中加入一种与其不溶或部分互溶的液体溶剂,形成两相系统,利用混合液中各组分在两相中溶解度的不同(或分配差异),而实现混合液分离的操作。

▶▶ 课堂活动

生活小实验:同学们可在家中将水、油放入玻璃杯中,搅拌后静置数分钟,观察实验现象。

是不是水和油分层了呢? 为什么? 再向水相和油相中加入洗洁精,搅拌使两相混合均匀,此时溶液发生了怎样的变化? 洗洁精起了怎样的作用?

1. 萃取剂的选择　分离物质在萃取剂与原溶剂两相间的平衡关系是选择萃取剂首先考虑的问题。分配系数 K 愈大,表示被萃取组分在萃取相中的含量愈高,萃取分离愈容易进行,因此一般选择分配系数 K 值较大的溶剂作为萃取剂。若不能获取某些萃取剂的分配系数值,则可根据"相似相溶"的原则,选择与溶质结构相近的溶剂作为萃取剂。

液—液萃取操作中,萃取剂对被萃取组分的溶解能力要大,而对其他组分(如原溶剂)的溶解度要越小越好,同时要求对溶质的分配系数 K 愈大愈好。同时为了便于操作、输送及贮存,萃取剂需有良好的化学稳定性,不宜分解、聚合,并应有足够的热稳定性和抗氧化性,对设备腐蚀性要小,毒性要小,不易燃,黏度与凝固点较低,沸点不宜太高,挥发性小,价格便宜,来源方便,对环境污染小,便于回收等特点。

ER-10-5
分配定律和分配系数

常用的有机萃取剂包括酯类如乙酸乙酯、乙酸丁酯(如生产上用于青霉素的萃取)等;含氯的溶剂如二氯甲烷、三氯甲烷和四氯化碳等;醇类如丁醇等;极性较小的饱和烷烃如环己烷、正己烷、石油醚等。

2. 乳化和破乳　发酵液经预处理和过滤后,虽能除去大部分非水溶性的杂质和部分水溶性杂质,但残留的杂质(如蛋白质等)具有表面活性,在进行溶剂萃取时引起乳化,使有机相和水相难以分层,即使用离心机往往也不能将两相完全分离。有机相中夹带水相,会使后续操作困难,而水相中夹带有机相,则意味着产物的损失。因此,在萃取过程中防止乳化和破乳化,是非常重要的步骤。

乳化是一种液体以微小液滴的形式均匀分散在另一种不相混溶的液体中的现象。发生乳化现象的混合液称为乳浊液。乳浊液中被分散的一相,称为分散相或内相;另一相则称为连续相、分散介质或外相;两相是不相混溶的。要形成稳定的乳浊液,一般应有第三种物质,即表面活性剂的存在,此即乳化剂。

乳浊液虽有一定的稳定性,但乳浊液具有高分散度、表面积大、表面自由能高的特点,它是一个热力学不稳定体系,有聚结分层、降低体系能量的趋势。

乳浊液的类型

在自然界、工农业生产以及日常生活中常遇到乳浊液，如牛奶、石油原油、橡胶的乳胶、油漆等都是乳浊液。我们常把乳浊液分为两种类型，即油-水型，以 O/W 表示；水-油型，以 W/O 表示（O 表示所有不溶于水的液态物质，W 表示水）。例如，植物油分散到水里，这个分散体系是油内水外，用O/W表示；由地下开采出来的石油原油里含有少量分散的水，这个分散体系是水内油外，用 W/O 表示。有的乳浊液比较复杂，例如，牛奶就是一种复杂的液态分散体系。经过分析，一般牛奶中平均含有酪素3%，乳蛋白 0.53%，脂肪 3.64%，乳糖 4.88%，其余是水分。脂肪和水形成乳浊液，酪素和乳蛋白均形成胶体，乳糖形成溶液。一般地说，一个多相液态体系，其中有一种不溶于水的液体以小液滴的形式存在，就叫乳浊液。因此，牛奶仍可称乳浊液，属于 O/W 型。

乳浊液的破乳化方法常用的有：加热、稀释法、顶替法、转型法等。在抗生素生产中，常用的破乳化剂有十二烷基磺酸钠，目前广泛用于红霉素的提取；溴代十五烷基吡啶，目前广泛用于青霉素的提取。

3. 溶剂回收 在萃取操作中，萃取剂回收是一项非常必要的环节。大量萃取剂的应用与萃取剂的分离，使萃取操作生产成本在整个生产成本中占有相当高的比例。因此，溶剂回收是萃取分离中涉及的主要辅助过程。

ER-10-6
破乳化方法

回收萃取剂所用的方法主要是蒸馏。根据物系的性质，可以采用简单蒸馏、恒沸蒸馏、萃取蒸馏、水蒸气蒸馏、精馏等方法分离出萃取剂。对于热敏性药物，可以通过降低萃取相温度使溶质结晶析出，达到与萃取剂分离的目的。

（二）离子交换技术

离子交换技术是根据某些溶质能解离为阳离子或阴离子的特性，利用离子交换剂与不同离子结合力强弱的差异，将溶质暂时交换到离子交换剂上，然后用合适的洗脱剂将溶质离子洗脱下来，使溶质从原溶液中分离、浓缩或提纯的操作技术。

1. 离子交换树脂 离子交换树脂是一种不溶于水及一般酸、碱和有机溶剂的有机高分子化合物，它的化学稳定性良好，并且具有离子交换能力，其活性基团一般是多元酸或多元碱。离子交换树脂可以分成两部分：一部分是不能移动的高分子惰性骨架；另一部分是可移动的活性离子，它在树脂骨架中可以自由进出，从而发生离子交换现象。

按活性基团的性质不同可分为含酸性基团的阳离子交换树脂和含碱性基团的阴离子交换树脂。阳离子交换树脂可分为强酸性和弱酸性两种，阴离子交换树脂可分为强碱性和弱碱性两种。

强酸性阳离子交换树脂一般以磺酸基—SO_3H 作为活性基团。如聚苯乙烯磺酸型离子交换树脂，它是以苯乙烯为母体，二乙烯苯为交联剂共聚后再经磺化引入磺酸基制成的。弱酸性阳离子交换树脂是指含有羧基（—COOH）、磷酸基（—PO_3H_2）、酚基（—C_6H_4OH）等弱酸型基团的离子交换树脂，其中以含羧基的离子交换树脂用途最广。强碱性阴离子交换树脂是以季铵基为交换基团的离子交换树脂,活性基团有三甲胺基—$N^+(CH_3)_3OH^-$(Ⅰ型)、二甲基-β-羟-乙胺基–$N^+(CH_3)_2$ $(C_2H_4OH)OH^-$(Ⅱ型),因Ⅰ型比Ⅱ型碱性更强,其用途更广泛。弱碱性阴离子交换树脂是以伯胺基-NH_2、仲胺基-NHR 或叔胺基-NR_2 为交换基团的离子交换树脂。

2. 离子交换工艺过程

(1)离子交换树脂的选择:在工业应用中,对离子交换树脂的要求是:①具有较高的交换容量;②具有较好的交换选择性;③交换速度快;④具有在水、酸、碱、盐、有机溶剂中的不可溶性;⑤较高的机械强度,耐磨性能好,可反复使用;⑥耐热性好,化学性质稳定。

(2)离子交换树脂的预处理

1)物理处理:商品树脂在预处理前要先去杂过筛,粒度过大时可稍加粉碎,对于粉碎后的树脂应进行筛选或浮选处理。经筛选去杂质后树脂,往往还需要水洗以去除木屑、泥沙等杂质,再用乙醇或其他溶剂浸泡以去除吸附的少量有机杂质。

2)化学处理:化学处理的方法是用 8~10 倍的 1mol/L 的盐酸或氢氧化钠溶液交替搅拌浸泡。如强酸性阳离子树脂在用于氨基酸分离前先以 8~10 倍树脂体积的 1mol/L 盐酸搅拌浸泡 4 小时,反复用水洗至近中性后,再用 8~10 倍体积的 1mol/L 氢氧化钠溶液搅拌浸泡 4 小时,反复以水洗至近中性后,再用 8~10 倍树脂体积的 1mol/L 盐酸搅拌浸泡 4 小时,最后水洗至中性备用。

3)转型:转型即树脂经化学处理后,为了发挥其交换性能,按照使用要求人为地赋予树脂平衡离子的过程。如化学处理强酸性阳离子树脂的最后一步,用酸处理使之变为氢型树脂的操作也可称为转型。常用的阳离子交换树脂有氢型、钠型、铵型等;常用的阴离子交换树脂有羟型、氯型等。对于分离蛋白质、酶等物质,往往要求在一定的 pH 范围及离子强度下进行操作;因此,转型完毕的树脂还必须用相应的缓冲液平衡数小时后备用。

(3)离子交换操作条件的选择

1)交换 pH:pH 是最重要的操作条件。选择时应考虑:在药物稳定的 pH 范围内;使药物能离子化;使树脂能离子化。如赤霉素为一弱酸,pK_a 为 3.8,可用强碱性树脂进行提取。一般说来,对弱酸性和弱碱性树脂,为使树脂能离子化,应采用钠型或氯型。而对强酸性和强碱性树脂,可以采用任何型式。但若抗生素在酸性、碱性条件下易破坏,则不宜采用氢型和羟型树脂。对于偶极离子,应采用氢型树脂吸附。

2)洗涤:离子交换完成后,洗脱前树脂的洗涤工作相当重要,其对分离质量影响很大。洗涤的目的是将树脂上吸附的废液及夹带的杂质除去;适宜的洗涤剂应能使杂质从树脂上洗脱下来,还不应和有效组分发生化学反应。常用的洗涤剂有软化水、无盐水、稀酸、稀碱、盐类溶液或其他络合剂等。

(4)离子交换过程:离子交换过程是指被交换物质从料液中交换到树脂上的过程,分正交换法和反交换法两种。正交换是指料液自上而下流经树脂,这种交换方法有清晰的离子交换带,交换饱和度高,洗脱液质量好,但交换周期长,交换后树脂阻力大,影响交换速度。反交换的料液是自下而上流经树脂层,树脂呈沸腾状,所以对交换设备要求比较高。生产中应根据料液的黏度及工艺条件选择,大多采用正交换法;当交换带较宽时,为了保证分离效果,可采用多罐串联正交换法。在离子交换操作时必须注意,树脂层之上应保持有液层,处理液的温度应在树脂耐热性允许的最高温度以下,树脂层中不能有气泡。

(5)洗脱过程:洗脱过程是交换的逆过程,一般情况下洗脱条件应与交换条件相反,如吸附在酸性条件下进行,洗脱应在碱性下进行;如吸附在碱性下进行,洗脱应在酸性下进行。洗脱流速应大大低于交换时的流速。为防止洗脱过程 pH 的变化对药物稳定性的影响,可选用氨水等较缓和的洗脱剂,也可选用缓冲溶液作为洗脱剂。若单靠 pH 变化洗脱不下来,可以试用有机溶剂,选择有机溶剂的原则是能和水混溶,并且对抗生素溶解度较大。

(6)树脂的再生:所谓树脂的再生就是让使用过的树脂重新获得使用性能的处理过程,包括除去其中的杂质和转型。离子交换树脂一般可重复使用多次,但需进行再生处理。对使用后的树脂首先要去杂质,即用大量的水冲洗,以去除树脂表面和孔隙内部物理吸附的各种杂质;然后再用酸、碱处理,除去与功能基团结合的杂质,使其恢复原有的静电吸附能力。

常用的再生剂有 $1\% \sim 10\%$ HCl、H_2SO_4、NaCl、NaOH、Na_2CO_3 及 NH_4OH 等。再生操作时,随着再生剂的通入,树脂的再生程度(再生树脂占全部树脂量的百分率)在不断增加,当上升到一定值时,再要提高再生程度就比较困难,必须耗用大量再生剂,很不经济,故通常控制再生程度在80%～90%。

点滴积累

1. 发酵液预处理目的　去除杂蛋白、高价离子,降低料液黏度,便于固液分离。
2. 蛋白质沉淀方法　等电点沉淀、变性沉淀、盐析沉淀、反应沉淀。
3. 固液分离方法:过滤、沉降、离心分离。工业上常用的过滤设备:转鼓真空过滤机、板框式过滤机、三足式离心机。
4. 溶剂萃取是常用的分离方法,萃取的关键是选择合适的萃取剂及防止发生乳化。

第三节　精制、干燥及成品加工技术

药物经过提取后,其浓度极大地提高,但浓缩液中仍含有一定的杂质,需进一步纯化,除去与目标药物成分性质相近的杂质,达到精制的目的。根据药品应用的要求和国家药典的质量标准,精制后还需要进行无菌过滤和去热原、干燥、造粒、分级过筛等成品加工操作,经检验合格后包装,完成生产过程。

一、精制技术

药物的纯化方法与药物自身的理化性质和生产的可行性、经济性有关。如药物为液体,则通常采用蒸馏或精馏的方式进行纯化;如药物为固体,通常采用结晶的方式纯化,如结晶后产品仍达不到国家的质量标准,则要进行重结晶,直到得到合格产品为止。

使溶质从过饱和溶液中成结晶状态析出的操作技术,称为结晶技术。它是制备纯物质的有效方法之一,因为只有同类分子或离子才能有规则地排列成晶体,故结晶过程有很好的选择性。结晶可以使溶质从成分复杂的母液中析出,再通过固液分离、洗涤等操作,得到纯度较高的产品。由于晶体外观好,适于商品化及包装,同时能够满足纯度要求,而制药生产中绝大多数药物产品如抗生素、氨基酸等均要求有合适的晶形,这都需要通过结晶操作来获得。

ER-10-7
结晶过程相
平衡曲线

(一)结晶工艺过程

1. 过饱和溶液的形成 结晶的首要条件是溶液处于过饱和状态,其过饱和度可直接影响结晶速率和晶体质量。工业生产中常用的制备过饱和溶液的方法有以下五种:

(1)蒸发法:蒸发法是借蒸发除去部分溶剂,而使溶液达到过饱和的方法。加压、常压或减压条件下,通过加热使溶剂汽化一部分而达到过饱和。此方法适用于遇热不分解、不失活的药物;对于溶解度随温度变化不显著的药物,常选用蒸发法。例如用甲醇—三氯甲烷溶液将丝裂霉素从氧化铝吸附柱上洗脱下来,然后进行真空浓缩,除去大部分溶剂后即可获得丝裂霉素晶体;又如灰黄霉素的丙酮提取液,经真空浓缩,蒸发掉大部分丙酮后即可使其晶体析出。蒸发法的不足之处在于能耗较高,加热面容易结垢。生产上常采用多效蒸发,以提高热能利用率。

(2)冷却法:冷却法的结晶过程中基本上不去除溶剂,而是使溶液冷却降温,成为过饱和溶液。此法适用于溶解度随温度降低而显著减小的药物分离过程,例如红霉素的第二次乙酸丁酯提取液,在趁热过滤并加入 10% 丙酮后,随即进行冷冻(温度在 -5℃ 以下)结晶,经冷冻 24~36 小时后,红霉素就大量析出。根据冷却的方法不同,可分为自然冷却、强制冷却和直接冷却。在生产中运用较多的是强制冷却,其冷却过程易于控制,冷却速率快。

(3)真空蒸发冷却法:又称绝热蒸发法,其原理是使溶剂在减压条件下闪蒸而绝热冷却,实质上是以冷却和去除一部分溶剂两种效应来产生过饱和度的。此法适用于溶解度随温度变化介于蒸发和冷却之间的药物结晶分离过程。真空蒸发冷却法的优点是主体设备结构简单,操作稳定,器内无换热面,因而不存在晶垢的影响,且操作温度低,可用于热敏性药物的结晶分离。

(4)反应法:调节溶液的 pH 或向溶液中加入某种反应剂,使其溶解度降低,或生成溶解度较低的新物质,当其浓度超过它的溶解度时,达到过饱和而析出晶体。例如四环素的酸性滤液用氨水调 pH 4.6~4.8(接近其等电点)时,即有四环素游离碱沉淀出来;又如在青霉素乙酸丁酯的提出液中,加入醋酸钾—乙醇溶液,即生成水溶性高的青霉素钾盐而从酯相中结晶析出。

(5)盐析法:向溶液中加入某种物质,使溶质的溶解度降低而形成过饱和溶液的方法,称为盐析法。加入的物质应能溶于原溶液中的溶剂,但不能溶解溶质晶体。如利用卡那霉素易溶于水,不溶于乙酸的性质,在卡那霉素脱色液中加入 95% 乙酸到微混,加晶种并保温 30~35℃,即可得到卡那霉素成品。在实际生产中被加入的物质多为固体和液体。

在实际生产中,常将几种方法合并使用。例如普鲁卡因青霉素结晶是利用冷却和反应两种方法的结合,即先将青霉素钾盐溶于缓冲溶液中,冷却至 5~8℃,并加入适量晶种,然后滴加盐酸普鲁卡因溶液,在剧烈搅拌下就能得到普鲁卡因青霉素微粒结晶。又如维生素 B_{12} 是用冷却和盐析结晶两种方法,即将维生素 B_{12} 的水溶液以氧化铝层析去除杂质,收集流出浓度在 5000U/ml 以上的丙酮水溶液(即结晶原液),然后向结晶原液中加入 5~8 倍用量的丙酮,使结晶原液呈微混,放置于冷库中约 3 天, 即可得到合格的维生素 B_{12} 结晶。

2. 晶核的形成 在工业结晶中, 当晶体与外部物体接触时, 由于撞击作用产生许多晶体碎粒而成核, 这种成核为接触成核(碰撞成核); 碰撞作用可发生在晶体与搅拌桨之间, 或晶体与结晶器表面及挡板之间, 也可发生在晶体与晶体之间。工业生产中多采用接触成核方法进行结晶操作。在结晶操作中应尽可能避免自发成核, 也可采用在结晶初期加入适量晶种的方法, 或控制结晶条件的方法, 例如开始时暂时维持短时间较高的过饱和度, 使溶液自发产生一定数量的晶核作晶种, 然后再把过饱和度降低到介稳区, 使晶体逐渐长大, 以达到控制晶核数量、保证晶体质量的目的。

3. 晶体的生长 在过饱和溶液中, 形成晶核或加入晶种后, 在结晶推动力(过饱和度)的作用下, 晶核或晶种将逐渐长大。影响晶体生长速率的因素很多, 如过饱和度、粒度、搅拌、温度及杂质等, 在实际工业生产中, 控制晶体生长速率时, 还要考虑设备结构、产品纯度等方面的要求。

过饱和度增高, 晶体生长速度增大; 但过饱和度增高往往使溶液黏度增大, 从而使扩散速率减小, 导致晶体生长速度减慢。另外过高的过饱和度还会使晶形发生不利变化, 因此不能一味地追求过高的过饱和度, 应通过试验确定一个合适的过饱和度, 以控制适宜的晶体生长速率。

知识链接

结晶工艺发展简史

结晶工艺可以追溯到先于人类大部分有文字记载的时期。利用海水蒸发结晶食盐在很多地方史前就已经开始了。中世纪欧洲和亚洲的炼丹术士对结晶过程和现象已经有较详尽的了解。16 世纪中叶, 欧洲记载了通过重结晶沥滤和纯化硝盐及如何生产食盐、明矾和硫酸盐。大约在 1600 年, 人类已经观察发现从溶液中生长的晶体具有特殊晶型, 如食糖、硝石、明矾、矾等。到 1783 年, 研究认为任何化合物都具有特殊的结晶形态。

18 世纪末 Lowitz 肯定了当结晶开始时需要一定的过饱和或过冷的观点, 也使用了晶种的概念, 认识到不同晶种的差异性。同一时期, Haiiy 在前人研究基础上, 提出了若不断地劈裂晶体必然会得到可能最小组成单元——晶胞, 通过不断地重复堆积晶胞可重构整个晶体。晶体结构周期性概念就这样建立起来了, 而且分子生长单元的思想也被引入到结晶形态研究固体中。18 世纪中叶布拉维从晶体的周期性这一最可靠的基础推导出了 14 种晶格类型。

20 世纪晶体生长技术也取得了重要进展, 寻找人工合成宝石方法对实验矿物学方面进行了大量研究。Verneuil 发明了著名的火焰熔融生长单晶方法, 利用此方法他成功地生长了红宝石大单晶。不久之后, 就开始了人工合成红宝石的工业化生产。迄今在全世界有 20 多个工厂约 1000 台设备, 几乎仍使用着 Verneuil 发明的生产方法生产宝石。

(二) 结晶条件的选择与控制

结晶产品的质量指标主要包括晶体的大小、形状和纯度三个方面。由结晶过程可知, 溶液的过饱和度、结晶温度、时间、搅拌及晶种加入等操作条件对晶体质量影响很大, 必须根据药物在粒度大小、分布、晶形以及纯度等方面的要求, 选择合适的结晶条件, 并严格控制结晶过程。

1. 过饱和度

溶液的过饱和度是结晶过程的推动力,因此在较高的过饱和度下进行结晶,可提高结晶速率和收率。但是在工业生产实际中,当过饱和度(推动力)增大时,溶液黏度增高,杂质含量也增大,可能会出现如下问题:成核速率过快,使晶体细小;结晶生长速率过快,容易在晶体表面产生液泡,影响结晶质量;结晶器壁易产生晶垢,给结晶操作带来困难;产品纯度降低。因此,过饱和度与结晶速率、成核速率、晶体生长速率及结晶产品质量之间存在着一定的关系,应根据具体产品的质量要求,确定最适宜的过饱和度。

2. 晶浆浓度

结晶操作一般要求结晶液具有较高的浓度,有利于溶液中溶质分子间的相互碰撞聚集,以获得较高的结晶速率和结晶收率。但当晶浆浓度增高时,相应杂质的浓度及溶液黏度也增大,悬浮液的流动性降低,反而不利于结晶析出;也可能造成晶体细小,使结晶产品纯度较差,甚至形成无定形沉淀;因此,晶浆浓度应在保证晶体质量的前提下尽可能取较大值。

3. 温度

许多物质在不同的温度下结晶,其生成的晶形和晶体大小会发生变化,而且温度对溶解度的影响也较大,可直接影响结晶收率。因此,结晶操作温度的控制很重要,一般控制较低的温度和较小的温度范围。如生物大分子的结晶,一般选择在较低温度条件下进行,以保证生物物质的活性,还可以抑制细菌的繁殖。但温度较低时,溶液的黏度增大,可能会使结晶速率变慢,因此应控制适宜的结晶温度。

利用冷却法进行结晶时,要控制降温速度。如果降温速度过快,溶液很快达到较高的过饱和度,则结晶产品细小;若降温速度缓慢,则结晶产品粒度大。蒸发结晶时,随着溶剂逐渐被蒸发,溶液浓度逐渐增大,使沸点上升,因此蒸发室内溶液温度(沸点)较高。为降低结晶温度,常采用真空绝热蒸发,或将蒸发后的溶液冷却,以控制最佳结晶温度。

4. 结晶时间

结晶时间包括过饱和溶液的形成时间、晶核的形成时间和晶体的生长时间。过饱和溶液的形成时间与其方法有关,时间长短不同。晶核的形成时间一般较短,而晶体的生长时间一般较长;在生长过程中,晶体不仅逐渐长大,而且还可达到整晶和养晶的目的。结晶时间一般要根据产品的性质、晶体质量的要求来选择和控制。

对于小分子物质,如果在适合的条件下,几小时或几分钟内便可析出结晶;对于蛋白质等生物大分子物质,由于分子量大,立体结构复杂,其结晶过程比小分子物质要困难得多。这是由于生物大分子在进行分子的有序排列时,需要消耗较多的能量,使晶核的生成及晶体的生长都很慢,而且为防止溶质分子来不及形成晶核而以无定形沉淀形式析出的现象发生,结晶过程必须缓慢进行。生产中主要控制过饱和溶液的形成时间,防止形成的晶核数量过多而造成晶粒过小。生物大分子的结晶时间差别很大,从几小时到几个月的都有,早期用于研究 X 射线衍射的胃蛋白酶晶体的制备就花费了好几个月的时间。

5. 溶剂与 pH 值

结晶操作选用的溶剂与 pH 值,都应使目标药物的溶解度较低,以提高结晶的收率。另外,溶剂的种类和 pH 值对晶形也有影响,如普鲁卡因青霉素在水溶液中的结晶为方形晶体,而在醋酸丁酯中的结晶为长棒。因此,需通过实验确定溶剂的种类和结晶操作的 pH 值,以保证结晶产品质量和较高的收率。

6. 晶种

加晶种进行结晶是控制结晶过程、提高结晶速率、保证产品质量的重要方法之一。工业上晶种的引入有两种方法,一种是通过蒸发或降温等方法,使溶液的过饱和状态达到不稳定区,自发成核一定数量后,迅速降低溶液浓度(如稀释法)至介稳区,这部分自发成核的晶核作为晶种;另一种是向处于介稳区的过饱和溶液中直接添加细小均匀晶种。工业生产中主要采用第二种加晶种的方法。

对于不易结晶(也就是难以形成晶核)的物质,常采用加入晶种的方法,以提高结晶速率。对于溶液粘度较高的物系,晶核产生困难,而在较高的过饱和度下进行结晶时,由于晶核形成速率较快,容易发生聚晶现象,使产品质量不易控制;因此,高粘度的物系必须采用在介稳区内添加晶种的操作方法。

7. 搅拌与混合

增大搅拌速度,可提高成核速率,同时搅拌也有利于溶质的扩散而加速晶体生长;但搅拌速率过快会造成晶体的剪切破碎,影响结晶产品质量。工业生产中,为获得较好的混合状态,同时避免晶体的破碎,一般通过大量的试验,选择搅拌桨的形式,确定适宜的搅拌速度,以获得需要的晶体。搅拌速率在整个结晶过程中可以是不变的,也可以根据不同阶段选择不同的搅拌速度。也有采用直径及叶片较大的搅拌桨,降低转速,以获得较好的混合效果;也有采用气体混合方式,以防止晶体破碎。

8. 结晶系统的晶垢

在结晶操作系统中,常在结晶器壁及循环系统内产生晶垢,严重影响结晶过程的效率。为防止晶垢的产生,或除去已形成的晶垢,一般可采用下述方法:①器壁内表面采用有机涂料,尽量保持壁面光滑,可防止在器壁上进行二次成核而产生晶垢;②提高结晶系统中各部位的流体流速,并使流速分布均匀,消除低流速区内晶体的沉积结垢现象;③若外循环液体为过饱和溶液,应使溶液中含有悬浮的晶种,防止溶质在器壁上析出结晶而产生晶垢;④控制过饱和形成的速率和过饱和程度,防止壁面附近过饱和度过高而结垢;⑤增设晶垢铲除装置,或定期添加污垢溶解剂,除去已产生的晶垢。

(三) 晶体的分离与洗涤

结晶过程产生的晶体本身比较纯净,经固液分离后,所得到的晶体中,由于吸附等作用,仍有少量的母液留在晶体表面上,还有一部分母液则残留在晶体之间的孔隙中而不能彻底脱除,使晶体受到污染,必须经过洗涤。通过洗涤晶体,可以改善结晶成品的颜色,并可提高晶体纯度,因此加强洗涤有利于提高产品质量。

洗涤的关键是洗涤剂的确定和洗涤方法的选择。如果晶体在原溶剂中的溶解度很高,可采用一种对晶体不易溶解的液体作为洗涤剂,此液体应能与母液中的原溶剂互溶。例如,从甲醇中结晶出来的物质可用水来洗涤;从水中结晶出来的物质可用甲醇来洗涤。这种"双溶剂"法的缺点是需要溶剂回收设备。

经分离洗涤后的晶体,杂质含量降低,过滤分离后,仍为湿晶体(洗涤剂残留在晶体中),为便于干燥,洗涤后常用易挥发的溶剂(如乙醚、丙酮、乙醇、乙酸乙酯等)进行顶洗。例如灰黄霉素晶体,先用 1 ∶ 1 的丁醇洗两次(大部分油状物色素可被洗去),再用 1 ∶ 1 乙醇顶洗一次,以利于干燥。

案例分析

案例

某患者,女,因咳嗽、痰多就诊。医生进行青霉素皮试后,给予静脉滴注青霉素治疗。后发生青霉素过敏,出现呼吸困难、咽部疼痛、手足发麻等症状。后经治疗后好转。

分析

青霉素是一种杀菌力强、毒性小、应用广的抗生素,较长期或大剂量使用无明显毒副反应。其过敏是一个世界性的医药难题,始终是广大医护人员和患者关注的焦点。青霉素是由 β-内酰胺和噻唑环组成的小分子药物,它本身没有抗原性,不能直接引起过敏反应。研究认为,青霉素过敏反应的过敏原是其中的高分子杂质。

科研人员对青霉素生产工艺过程进行了考察,研究了青霉噻唑蛋白及多肽类等高分子杂质在发酵、提取、结晶工艺过程中产生和去除的条件。研究结果表明,在发酵条件下,由于青霉素的产生和降解,并与高分子载体不断结合,测得的致敏性高分子杂质含量也逐步上升。而这类高分子杂质的含量随着提取、结晶、洗涤工艺过程又大幅度下降。因此,青霉素的结晶工艺条件是提纯和去除致敏性高分子杂质的关键。结晶的好坏,不仅关系到纯度,而且对洗涤去除此类杂质的效果影响极大。研究也发现,青霉素生产工艺相同,而随着生产厂家技术水平不同,青霉素质量亦有差别,因此选择好的生产工艺,并严格控制生产中的各个环节才能获得高质量青霉素。

国内从 20 世纪 70 年代就开始了 β-内酰胺类抗生素过敏的研究,目的是研究青霉素等抗生素的过敏机制,以及寻找一种最为经济的质量检测方法,将青霉素等抗生素原料和制剂中高分子杂质控制在一定的范围内,从而保证安全用药。

二、干燥技术

在制药生产过程中,有些固体原料、中间体和成品中常含有或多或少的湿分(水分或其他溶剂),为了降低物料的重量和体积,便于加工、运输、贮存和使用,需将物料中的湿分除去。对于药物这类特殊商品,为了保证其具有较高的、稳定的质量,方便使用,也需要进行干燥,如阿司匹林的含水量应小于 0.5%。若药物中的湿分含量过高,将有可能导致药物在短期内失效,从而降低它的使用期限,因此药典中规定的湿分含量(主要是含水量)是药物的重要质量指标之一。

在工业生产中,利用热能使湿分从固体物料中气化,并经干燥介质(常用惰性气体)带走此湿分的过程,称为热干燥法,简称干燥。例如青霉素、红霉素、螺旋霉素等都是采用热干燥,其应用最普遍,但应尽可能控制较低的干燥温度,以保证药品质量。若采用冷冻方法,将湿物料冷冻成固态,在低温减压条件下,使冰直接升华变成气态而除去的过程,称为冷冻干燥法,简称冻干。例如氨苄西林、血液制品和卡介苗等多采用冷冻干燥,可很好地保持药物的活性;对于热敏性药物或具有生物活性的药物,则多选用冷冻干燥。

(一) 热干燥技术

1. 干燥方法 按照供能特征即供热的方式可将干燥分为接触式(传导式)、对流式、辐射式与介电加热干燥。

在接触干燥时,热量通过加热的表面(金属方板、辊子)的导热性传给需干燥的湿物料,使其中的水分汽化,然后所产生的蒸汽被干燥介质带走或用真空泵抽走的干燥操作过程,称为接触干燥。该法热能利用较高,但与传热壁面接触的物料在干燥时,如果接触面温度较高易局部过热而变质。

对流式干燥是指热能以对流给热的方式由热干燥介质(通常是热空气)传给湿物料,使物料中的水分汽化,物料内部的水分以气态或液态形式扩散至物料表面,然后汽化的蒸汽从表面扩散至干燥介质主体,再由介质带走的干燥过程称为对流干燥。对流干燥过程中,传热和传质同时发生。干燥过程必需的热量,由气体干燥介质传送,它起热载体和介质的作用,将水分从物料上转入到周围介质中。

辐射干燥是指热能以电磁波的形式由辐射器发射至湿物料表面后,被物料所吸收转化为热能,而将水分加热汽化,达到干燥的目的。红外辐射干燥比热传导干燥和对流干燥的生产强度大几十倍,且设备紧凑,干燥时间短,产品干燥均匀而洁净,但能耗大,适用于干燥表面积大而薄的物料。

介电加热干燥是将湿物料置于高频电场内,利用高频电场的交变作用使物料分子发生频繁的转动,物料从内到外都同时产生热效应使其中水分汽化。这种干燥的特点是,物料中水分含量愈高的部位获得的热量愈多,故加热特别均匀。尤其适用于当加热不匀时易引起变形、表面结壳或变质的物料,或内部水分较难除去的物料。但是,其电能消耗量大,设备和操作费用都很高,目前主要用于食品、医药、生物制品等贵重物料的干燥。

2. 干燥工艺过程 热干燥法的基本工艺过程如图 10-5 所示,由加热系统、原料供给系统、干燥系统、除尘系统、气流输送系统和控制系统组成。

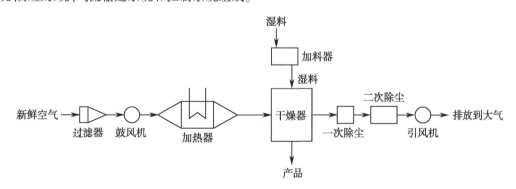

图 10-5 热干燥基本工艺过程

湿物料由加料器送入干燥器中,干燥介质(新鲜空气)在加热器被预热后,也送入干燥器中,两者密切接触,湿物料中的湿分气化,并被干燥介质带出。随着干燥过程的进行,干燥介质不断将湿分带走,湿物料中的湿分含量不断降低,直至达到干燥要求后,干物料(产品)经出料口卸出。

在干燥生产中,有时将出料口处的一部分干物料送到进口处与湿物料混合,这部分干物料称为返料。返料的目的是降低进口湿物料的湿度;若进口湿物料的湿度较大,可能造成物料黏度增加,在干燥过程中可能发生物料结球或结疤现象,也可能因湿度大而造成出料温度低,达不到产品质量的要求。采用返料方式进行操作,可以达到干燥操作的要求,返料的比例需根据实际情况确定。

知识链接

物料湿分分类

1. 平衡水分和自由水分　当湿物料与干燥介质在一定操作条件下进行接触干燥时,湿物料中的水分与干燥介质中的水分含量达平衡时,湿物料中的水分不再减少,此时存在于湿物料中的水分,称为该干燥介质条件下物料的平衡水分 M^* 。平衡水分 M^* 在此条件下不能用干燥方法除去,因此它表示在该条件下物料能被干燥的极限。

当湿物料中的湿含量 M 大于平衡水分 M^* 时,两者之差 $(M-M^*)$ 的湿分称为自由水分。自由水分能用干燥方法除去。

2. 结合水分与非结合水分　在湿物料中,细胞壁内和毛细管中的湿分与物料的结合力较强,在干燥中较难除去,此种湿分称为结合水分。而存在于湿物料表面的吸附湿分、较大孔隙中的湿分等,由于与物料的结合力弱,因此其气化过程与纯组分一样,在干燥中易于除去,此种湿分称为非结合水分。凡含结合水分的物料,称为吸湿物料;仅含有非结合水分的物料,称为非吸湿性物料。

四种湿分之间的关系为:

$$物料中的湿分\begin{cases}自由水分\begin{cases}非结合水分——首先除去的水分\\能除去的结合水分\end{cases}\\平衡水分——不能除去的结合水分\end{cases}$$

（二）冷冻干燥

将被干燥物料冷冻至冰点以下,放置在高度真空的冷冻干燥器中,使物料中的固态冰升华变为蒸气而除去的干燥方法,称为冷冻干燥,又称升华干燥、真空冷冻干燥,简称冻干。冻干操作实质上是升华操作,既可看作是干燥过程,又可看作是对物质进行精制的过程,同时也可用于粒状结晶构造的形成。

由于冻干具有保持物料原有的化学组成与物理性质,形成的是多孔性产品,复原性能好等特点,因此在药品生产中的应用愈来愈受到重视。

根据升华曲线和共熔点的基本理论,冷冻干燥过程可划分为三个阶段:预冻结、升华干燥、解析干燥。

1. **预冻结**　在冷冻干燥过程中,被干燥的物料首先要进行预冻结,使其中的湿分处于固态。合适的预冻结温度是保证冻干效果和产品质量的重要条件。如果预冻结温度未达到共熔点以下,则物料可能没有完全冻结实,在升华时就会膨胀起泡,或发生收缩、溶质转移等不可逆现象;如果预冻结温度太低,不仅增加了冷冻能耗,还会降低生物药物活性。

2. 升华干燥 升华干燥是冻干的第一阶段。将经预冻结的物料置于密闭的真空干燥器中，加热和降压，湿分由固相直接升华为气相，使物料脱去湿分，达到干燥的目的，升华生成的气相则引入冷凝器使其固化而除去。

由于湿分升华时需要热量，如1g冰完全升华为水蒸气，大约需要吸收2800J的热量，因此，必须对物料进行加热。如果加热不够，依靠降低压力也可进行升华干燥，但升华使物料本身温度降低，进而引起升华速率下降，冻干时间延长，生产效率下降。如果对物料加热过多，除满足升华过程需要的热量外，剩余的热量将会使物料温度上升，当达到或高于共熔点温度时，可能造成局部熔化，甚至使物料全部熔化，引起干燥后的物料干缩起泡等现象，使冻干操作失败。因此，在整个升华干燥阶段，物料的温度必须控制在共熔点以下，即物料必须保持在冻结状态。

升华干燥进行一段时间后，冰晶大部分已升华为蒸气，第一阶段的干燥完成，此过程可除去全部湿分的90%左右。

3. 解析干燥 以较高的真空度和较高的温度，保持2~3小时，除去升华阶段残留的吸附湿分，即第二阶段干燥，称为解析干燥。解析干燥后，物料内残留的湿分可将至0.5%~3%以下，直至达到干燥要求。

知识链接

冷冻干燥在食品领域的应用

冻干食品是真空冷冻干燥食品的简称，也称FD食品。由于冻干这一特殊处理过程，因而可以最大限度地保持了原新鲜食品的色香味及营养成分、外观形状等；此外冻干产品不需防腐剂就可在常温下保存5年以上，且成品重量轻，便于携带和运输，是加工旅游、休闲、方便食品绝好的方法。冻干食品，这一被誉为航天员食品的昔日贵族，如今悄然进入了人们的生活。超市里，色彩纷呈的冻干绿色水果片、冻干方便速溶汤、冻干脱水海鲜、蔬菜等，随处可见。目前我国出口的大宗品种有：双孢磨菇、绿芦笋、红甜椒、青甜椒、甜玉米、草莓、小香葱、胡萝卜、牛肉丁、虾仁等。

三、成品加工技术

产品的最终规格和用途决定了加工方法，经过提取和精制以后，最后还需要一些加工步骤。例如浓缩、无菌过滤和去热原、干燥、加入稳定剂等。如果最后的产品要求是结晶性产品，则浓缩、无菌过滤和去热原等步骤在结晶之前，干燥一般是最后一道工序。

（1）浓缩：浓缩可以采用升膜或降膜式的薄膜蒸发来实现。对热敏性物质，可采用离心薄膜蒸发器，而且可处理黏度较大的物料。膜技术也可用于浓缩，对大分子溶液的浓缩可以用超滤膜，对小分子溶液的浓缩可用反渗透膜。

（2）无菌过滤和去热原：热原是指多糖的磷类脂质和蛋白质等物质的结合体。注入体内会使体温升高，因此应除去。传统的去热原的方法是蒸馏或石棉板过滤，但前者只能用于产品能蒸发或冷凝的场合,后者对人体健康和产品质量都有一定问题。当产品分子量在 1000 以下,用截断分子量为 1000 的超滤膜除去热原是有效的,同时也达到了无菌要求。

(3)干燥:是除去残留的水分或溶剂的过程。干燥的方法很多,如真空干燥、红外线干燥、沸腾干燥、气流干燥、喷雾干燥和冷冻干燥等。干燥方法的选择应根据物料性质、物料状况及当时具体条件而定。

(4)粉碎筛分:固体物料用外加的机械力将分子间的结合力破坏,可将大颗粒物质粉碎成小颗粒或粉状物质。粉碎后的固体物料通过筛分可获得一定粒度范围的粒状或粉状物料。

(5)混合制粒:将分散的粉状固体物料或液体物料通过一定装置混合均匀后,借助制粒设备可制备一定粒度大小的颗粒产品,便于贮存或进一步处理(如制备各种剂型的产品)。

(6)制剂成型:分离精制后得到的药物产品,通常称原料药,将这些原料药依据一定目的,借助不同类型的设备及生产方法可制备成片剂、胶囊剂、颗粒剂、散剂、丸剂、滴丸剂、液体制剂等剂型,供临床使用。

点滴积累

1. 结晶的过程:过饱和溶液形成、晶核形成、晶体生长。 过饱和溶液形成方法:冷却法、蒸发法、真空蒸发冷却法、反应结晶法、盐析法等。
2. 结晶产品质量指标　晶体的大小、形状、纯度。
3. 干燥包括热干燥和冷冻干燥。 热干燥按照供热方式不同可分为接触式、对流式、辐射式与介电加热干燥。 冷冻干燥的工艺过程包括预冻结、升华干燥、解析干燥。

目标检测

一、选择题

(一) 单项选择题

1. 萃取过程的本质可表达为

   A. 被萃取物质形成离子缔合物的过程

   B. 被萃取物质形成螯合物的过程

   C. 被萃取物质在两相中分配的过程

   D. 将被萃取物由亲水性转变为疏水性的过程

2. 利用蛋白质在等电点时溶解度最低的特性,向含有目的药物成分的混合液中加入酸或碱,调整 pH,使蛋白质沉淀析出的方法称为

   A. 变性沉淀法　　　　B. 盐析法　　　　C. 反应沉淀法　　　　D. 等电点沉淀法

3. 青霉素的提取过程中,为防止乳化,采用的去乳化剂

   A. 溴代十五烷基吡啶　　　　　　　　B. 十二烷基磺酸钠

   C. 十二烷基三甲基溴化铵　　　　　　D. 以上都对

4. 冷冻干燥工艺过程可分为预冻结、(　　　)、解析干燥三个阶段

A. 冷冻干燥　　　　　B. 低温干燥　　　　　C. 蒸发干燥　　　　　D. 升华干燥

5. 离子交换树脂的再生目的,主要是去除杂质和转型。青霉素钾盐可通过离子交换转化为钠盐,交换完毕后,离子交换树脂可采用的再生剂为

A. 盐酸　　　　　　　B. 氨水　　　　　　　C. 氯化钠　　　　　　D. 浓硫酸

6. 过滤推动力是

A. 密度差　　　　　　B. 浓度差　　　　　　C. 压力差　　　　　　D. 温度差

7. 多数物质热的饱和溶液降温后,就会有晶体析出,对溶解度受温度影响变化大的物质,欲获得晶体一般采用(　　)方法

A. 冷却　　　　　　　B. 蒸发　　　　　　　C. 蒸馏　　　　　　　D. 晶体

8. 某溶液析出晶体后,当温度不变时其母液为

A. 饱和溶液　　　　　B. 不饱和溶液　　　　C. 过饱和溶液　　　　D. 超饱和溶液

9. 为提高结晶速率,对于不易结晶(难以形成晶核)的物质,常采用的方法是

A. 加入晶种　　　　　B. 蒸发　　　　　　　C. 冷却　　　　　　　D. 搅拌

10. 结晶的首要条件是溶液处于

A. 饱和状态　　　　　B. 不饱和状态　　　　C. 过饱和状态　　　　D. 固液共存状态

11. 大多数物质,温度越低,溶解度越小,母液中残留的溶质越少,则所得的结晶量就越多。结晶产品的纯度就

A. 越高　　　　　　　B. 越低　　　　　　　C. 保持不变　　　　　D. 变化不定

12. 絮凝剂的作用是

A. 破坏微粒表面双电层结构和水化膜　　　　B. 增强微粒间的静电引力

C. 吸附数个微粒,形成较大的颗粒　　　　　D. 降低微粒的溶解度

13. 凝聚剂的作用是

A. 破坏微粒表面双电层结构和水化膜　　　　B. 增强微粒间的静电引力

C. 吸附数个微粒,形成较大的颗粒　　　　　D. 降低微粒的溶解度

14. 进行药物分离与纯化之前,需将药物成分转移到

A. 气相中　　　　　　　　　　　　　　　　B. 易于分离的相态中

C. 水溶液中　　　　　　　　　　　　　　　D. 有机溶剂中

15. 离子交换树脂的交换容量决定于树脂的

A. 酸碱性　　　　　　　　　　　　　　　　B. 网状结构

C. 分子量大小　　　　　　　　　　　　　　D. 活性基团的数目

(二) 多项选择题

1. 应用预处理技术主要完成的任务有

A. 去除大部分易于沉淀除去的可溶性杂质

B. 采用凝聚、絮凝技术,形成较大的颗粒,便于固液分离

C. 降低发酵液黏度,便于固液分离

D. 固液分离,获得适宜的混合液

2. 沉淀蛋白质的方法有

A. 等电点沉淀　　　　B. 盐溶沉淀　　　　C. 变性沉淀　　　　D. 反应沉淀

3. 离子交换树脂按照所带活性基团的不同可分为

A. 强酸性阳离子交换树脂　　　　　　　B. 弱酸性阳离子交换树脂

C. 强碱性阴离子交换树脂　　　　　　　D. 强碱性阴离子交换树脂

4. 热干燥按照传热方式不同可分为

A. 对流式干燥　　　　B. 辐射式干燥　　　　C. 传导式干燥　　　　D. 冷冻干燥

5. 影响晶体质量的主要指标有

A. 晶体纯度　　　　B. 晶体大小　　　　C. 晶种　　　　D. 晶型

二、简答题

1. 为什么要对发酵液进行预处理?去除杂蛋白的方法有哪些?

2. 结晶的生产工艺包括哪三个过程?过饱和溶液形成的方法有哪些?

3. 固液分离的方法有哪些?工业上主要采用哪些设备进行固液分离?

4. 萃取时,选择萃取剂至关重要,应从哪些方面考虑选择合适的萃取剂?

5. 干燥可分为热干燥和冷冻干燥,简述冷冻干燥的工艺过程。

三、实例分析

1. 现有含有羧酸、酚、胺和酮四种成分的混合试样,试利用化合物的理化性质,通过萃取方法将四种成分分开。

2. 红霉素为大环内酯类抗生素,是碱性化合物。易溶于醇类、丙酮、三氯甲烷和乙酸乙酯,在水中的溶解度是随温度增高而减少,以55℃时溶解度最小。临床上用于扁桃体炎、猩红热、白喉及带菌者、淋病、肺炎链球菌下呼吸道感染等。

红霉素是由红霉素链霉菌所产生的代谢产物,再由其制成各种盐类或酯类。其生产工艺流程如图10-6所示。试根据生产工艺,思考以下问题:

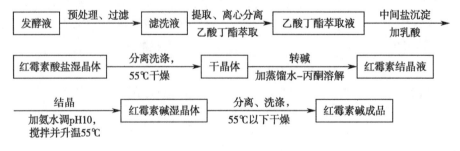

图10-6　红霉素生产工艺流程

(1)红霉素发酵液经过滤后,用乙酸丁酯进行萃取,萃取时应将 pH 调至酸性还是碱性?为什么?

(2)萃取后的萃取液加乳酸的目的是什么?其湿晶体在有机相和水相的溶解度如何?

(3)红霉素湿晶体经分离洗涤后干燥,干燥温度为何是55℃?

(4)干燥后的晶体溶于蒸馏水-丙酮溶液中,加氨水或碳酸氢钠溶液,红霉素为何能从溶液中结晶析出?

(5)溶剂萃取结合中间盐沉淀法相比单纯溶剂萃取法有何特点?

第十一章

环境保护及资源循环利用

学前导语 ∨

　　当人类从传统农业文明走向传统工业文明的时候，带来了科技、经济的飞速发展和物质生活水平的提高，同时也以惊人的速度消耗全球自然资源，排放大量自然界无法吸纳的废弃物，打破了全球生态系统自然循环和自我平衡，使人类与自然的关系恶化，造成日益严重的环境危机，严重威胁着人类的生存发展。在过去几十年中，随着我国经济的快速发展，环境污染问题也日益严重，人口、土地、能源和环境成为影响我国可持续发展的重要因素。2014年4月24日第十二届全国人民代表大会常务委员会第八次会议修订通过了《中华人民共和国环境保护法》，并于2015年1月1日起正式实施，被称为"史上最严"环保法。2015年8月29日修订通过了《中华人民共和国大气污染防治法》，并于2016年1月1日起施行。2016年7月2日对《中华人民共和国环境影响评价法》所作的修改，自2016年9月1日起施行。相关法律的密集出台，表明我国政府对环境保护和基础设施建设给予了异乎寻常的重视，对生态保护和污染防治起到了重要作用。

第一节　工作任务及岗位职责要求

ER-11-1　扫一扫，知重点

一、环保岗位主要工作任务

制药企业的"三废"处理部门一般为安环科（处），环保局负责监督检查。环保岗位主要工作任务如下。

1. 负责贯彻执行党和国家制定的环保方针、政策法律法规，组织制订本公司的各项环保、管理制度，并对各部门的贯彻情况进行经常性的监督检查。

2. 负责日常事务的管理工作，包括上级部门的来人、来文、来电的接待和办理，环保资料的搜集、整理，文字材料的起草、打印等，督察与协调下属机构的工作。

3. 负责编制本部门环境保护的长远计划和年度计划，提出环境治理项目所需资金、设备、材料计划，督察环保项目计划的落实情况。

4. 负责公司环境影响评价的报审，监测管理工作，监督环保设施的设计、施工及环保工程的验收。

5. 负责对公司环保设施达标率、运转率和"三废"排放情况进行经常性检查，随时掌握环境治理、绿化覆盖等情况,对重大事件和有价值的资料进行存档管理。

6. 开展污染源调查工作,掌握公司污染状况,制订治理方案,采用无污染、少污染的先进工艺,完成治理项目,管理用好环保资金。

7. 负责组织环保宣传教育、培训工作,开展内容丰富、形式多样的宣传教育活动,普及环保知识,提高全体员工的环保意识。

8. 负责公司环保技术的咨询工作,加强新技术、新工艺的研究,收集有关信息,促进"三废"资源化,搞好污染治理。

二、环保岗位职责

1. 检查了解"三废"处理情况,对排放的"三废"进行记录和汇报。

2. 按照规定每天取样监测常规数据,并做好原始记录。若发现数据超常,应及时向分管领导反映,及时向操作工、技术员说明情况。

3. 协助工厂督促做好"三废"排放情况的检查、考核等工作。

4. 严禁将"三废"直接或不达标排放,严禁虚报、篡改原始数据,不及时反映异常情况而造成环境污染事故的,将根据污染轻重给予相应的处分和赔偿。

5. 每天坚持处理设施运转是否正常,做好日常维护工作。发现异常情况及时汇报。

6. 按照处理药品的特性和企业规定存放、领用药品、材料等,时刻注意材料的库存量,发现短缺及时汇报。

7. 无故停机、操作失误等造成环境污染事故的,将根据污染轻重给予相应的处分和赔偿。

第二节 药品生产过程环境保护

一、制药企业清洁生产

开展清洁生产是制药企业实现可持续发展的重要动力。随着经济增长与环境、资源矛盾的激化,在对过去经济发展模式进行重新反思之后,人类提出可持续发展战略,特别指出环境和自然资源的长期承载能力对发展进程的重要性,以及发展对改善生活质量的重要性。

制药工业的特点是:产品种类繁多,更新速度快,涉及的化学反应复杂;所用原材料繁杂,而且有相当一部分原材料是易燃、易爆的危险品,或是有毒有害物质;除原材料引起的污染问题外,其工艺环节收率不高(一般只有 30%左右,有时甚至更低,有时因为染菌等问题整个生产周期的料液将会废弃),往往几吨、几十吨甚至上百吨的原材料才制造出 1 吨成品,因此造成的废液、废气、废渣相当惊人,严重影响了周边环境。有许多发达国家,如美国、德国、日本等国家,由于对环境保护的要求日益严格,现已经逐渐放弃了高消耗、高污染的原材料生产,而我国作为一个发展中国家,自然成为原料药的生产和出口大国。虽然能促进一方经济的发展,为国家赚取一定的外汇,但同时也产生了大量严重污染环境的物质,长此下去,势必会造成环境的极度污染,破坏可持续发展战略,为此必须大力提倡和发展清洁生产,强化原辅材料的代替,改革和发展新工艺、新技术,提高各工艺环节的收率,实现材料、物质的综合利用,物料的闭路循环,加强科学管理将污染排放减至最低,促进我国的可持续发展战略。

▶▶ 课堂活动

清洁生产是制药企业发展的必然方向,何为"清洁生产"? 清洁生产可采取的主要措施是什么? 清洁生产对制药企业有何意义?

(一)清洁生产的定义

2012 年 2 月 29 日第十一届全国人民代表大会常务委员会第二十五次会议修改通过《中华人民共和国清洁生产促进法》。为了更好地落实此法律,进一步规范清洁生产审核程序,更好地指导地方和企业开展清洁生产审核,2016 年 5 月,国家发改委和环保部修订了《清洁生产审核暂行办法》,并于 2016 年 7 月 1 日正式施行。

《中华人民共和国清洁生产促进法》将清洁生产定义为不断采取改进设计,使用清洁的能源和原料,采用先进的工艺技术与设备,改善管理,综合利用等措施,从源头削减污染,提高资源利用效率,减少或者避免生产、服务和产品使用过程中污染物的产生和排放,以减轻或者消除对人类健康和环境的危害。

清洁生产是一个包含内容广泛,且是持续的、创新的过程。这对于制药企业最基本的要求是改善生产过程,减少资源和能源的浪费,限制污染排放,推行原材料和能源的循环利用,替换和更新导致严重污染、落后的生产流程、技术和设备,开发清洁产品,鼓励绿色消费。清洁生产是提高产品性能和企业整体素质,改善企业工作环境,减少污染,实施可持续发展的有效途径。

(二)制药企业清洁生产主要措施

ER-11-2 清洁生产基本内容和目标

1. 原材料的替换 采用低毒和低污染原料替代高毒和难以去除高毒的原料,减少废物的产生量或降低废物的毒性,这是清洁生产的重要环节。如美国采用水质溶剂和新的喷涂包衣设备的开发,获得了成功。另外常规薄膜包衣变为水膜包衣,可使二氯甲烷使用量从每年 60 吨降为 8 吨。又如在化学合成反应中,可以采用空气(氧气)氧化替代化学试剂氧化,可以用水质溶剂取代其他溶剂等。

而对制药业来说,在一个成熟的生产工艺中使用替代原料是十分困难的,因为它需要保证该药在疗效稳定性和纯度上与原来生产的药物一样,而且还要考虑到改变配方的药品通过药品监管部门审批需花费一定的时间等。因此,在新药的研究开发阶段,就应做好生产过程每种物质的降低残留物毒性等工作。

2. 工艺的改进 除了原材料的替换以外,制药企业还可对现有工艺进行改进使之更加现代化。很多情况下,产品的产率决定着产品对废物的比例。副产品比较多,可能原因在于进料速度、混合和温度控制的不足。通过控制反应参数,就可以提高反应效率,减少不合格产品。自动化程度的提高也能够减少操作者的失误,例如,物料操作和传进系统的自动化,像用传送袋装物等就能减少散落损失。

废物最少化的措施还应包括选择新的或改进的催化剂,溶剂回收采用连续过程,发酵过程采用超滤工艺可减少滤渣量等。尽管改进工艺能显著减少废物,但这种方法对废物的最少化还存在着很大的障碍。如大规模的工艺改进,其造价是昂贵的,且新的工艺还须经过上级主管部门的检验验证,并保证相应的产物可以被接受。

3. 选用高效节能设备　节约资源和能源是制药企业防治工业污染的最有效途径。对于效率低下且在生产运输过程中易产生泄漏的装备,必须及时更新。对于不合理的、易于污染环境的装置也需要尽快更新。例如在减压(真空)蒸发、浓缩时采用的流体动力喷射泵,该种水环真空泵的弊端是可使清水变成污水,若改用机械真空泵则可免于产生废水。其次,应该采用泵输送物料,而不应仅是为了操作上的方便使用真空或压缩气体输送物料,造成其能耗和物质损耗的增加。

4. 搞好综合利用　制药企业的多数废水(废液)中有机或无机物的含量高达百分之几到十几,且这些物质多数是可以作为原料回收利用的,或者经过进一步加工成为其他产品,从而达到减少或消除污染的效果。综合利用和回收利用要打破企业界限,充分利用地区内的优势互补,将对方排出或回收的物质作为本企业的原材料加以利用。实现废物的资源化,从而实现经济效益、社会效益和环境效益的统一。

5. 加强管理,减少污染　加强管理指两个方面,一是加强企业各项专业管理,二是加强环境保护专业管理,其职能要充分体现在环境管理中的"统一协调,监督管理"的地位和作用上。根据其特点,我们将前者称为企业(车间)管理和物料管理,后者称为环境管理。企业(车间)管理包括:激励机制,职工培训,加强监督管理,加强生产的计划管理,记录文件化。物料管理包括:物料跟踪及库存控制,防止跑、冒、滴、漏,物料管理及贮存程序,设备预防式的维修保养。环境管理包括:废物或环境审计,废物统一分离,废物处理、处置及贮存程序,加强废物的监督管理。对医药化工企业的调查表明:污染物的产生有三分之一是由于管理不严而造成跑、冒、滴、漏,岗位工人操作不严而造成低收率、高消耗。因此加强企业管理,可以达到不花钱而显著降低染物排放量的目的,从而收到可观的经济效益和环境效益。

企业在制订规章制度时,还必须贯彻同步发展的环境保护方针,即"经济建设和环境建设同步发展,经济效益、社会效益和环境效益相统一"的方针。在制订环保制度时还必须贯彻以强化管理为主、预防为主及谁污染谁治理的三大政策体系。

6. 持续清洁生产计划　清洁生产是一个持续的过程,方案的评价结束并不意味清洁生产的结束,而是一个新的清洁生产周期的开始。在原有经验的基础上,首先完善清洁生产的组织结构,评价管理层和员工的完成效果,然后再更换或调整人员的安排。其次是完善管理制度,除了继续定期培训以外,将审核成果纳入企业的日常管理,企业员工的考核也与参与清洁生产的贡献直接挂钩。另外,企业设立清洁生产专用成本中心统一管理清洁生产的成本,能够为清洁生产的持续开展提供资金保障。

二、废水治理技术

制药生产过程中产生的有机废水是公认的严重环境污染源之一。我国制药工业存在着企业数量与生产品种多但规模小、布局分散的现状,在生产过程中还存在着原材料投入量大但产出比小、污染突出的问题。目前,制药工业已被国家环保规划列入重点治理的 12 个行业之一,制药工业产生的废水成为环境监测治理的重中之重。

(一)《制药工业水污染物排放标准》概述

ER-11-3
《制药工业水污染物排放标准》污染物控制指标

为保护环境,防治污染,促进制药工业生产工艺和污染治理技术的进步,2008 年 8 月 1 日,《制药工业水污染物排放标准》正式实施。该标准中的主要指标均严于美国指标,例如,发酵类企业的化学需氧量(COD)、生化需氧量(BOD)和总氰化物排放标准与最严格的欧盟标准接近,其中 COD 的排放限值降到 120mg/L,而之前的限值为 300mg/L。同时,标准覆盖了制药工业的所有产品生产线,包括发酵类制药、化学合成类制药、提取类制药、中药类制药、生物工程类制药、混装制剂类制药六大类。由此可见,制药企业的环保责任与企业的生存发展紧密相连,严格治理制药废水并达标排放已刻不容缓。

需要指出的是,以上分类在制药生产过程中存在着一定的交叉和联系。例如,发酵类制药生产的药物常需要化学合成加以提高和修饰,有些化学合成类制药的原料来自于发酵类制药的初步产品,而在制药生产的提纯和精制阶段则可能综合采用生物、物理和化学等诸多工艺。所以,制药工艺过程较为复杂,制药废水的组成应视具体情况而定。

此外,制药废水的分类还可按废水中主要污染物成分分为无机废水和有机废水;按废水中污染物的酸碱性分为酸性、碱性、含酚废水等;按废水处理难易程度和危害性分为易处理危害性小的废水、易生物降解无明显毒性的废水、难生物降解又有毒性的废水等。

(二)制药废水的基本特性

制药工业废水中的污染物多属于结构复杂、有毒害作用和生物难以降解的有机物质,许多废水呈明显的酸碱性,部分废水中含有过高的盐分。由于制药企业一般根据市场需求决定产量,故排放废水的波动性很大。若在同一生产线上生产不同产品时,所产生废水的水质、水量差别也可能很大。

制药废水的基本特点是:污染物成分复杂,有机物种类多且浓度高,pH 变化大,SS、COD、BOD$_5$、NH$_3$-N 和含盐量高以及气味重,色度深等。制药废水往往含生物抑制性物质,具有一定的生物毒性而致可生化性差,并且常间歇排放,因此是一种较难处理的工业废水。

知识链接

制药废水处理常用的名词术语

1. 化学需氧量或化学耗氧量(COD)　指在一定的条件下采用一定的强氧化剂处理水样时所消耗的氧化剂量,是表示废水中还原性物质如有机物、亚硝酸盐、硫化物、亚铁盐等多少的一个指标。因废水中的还原性物质主要是有机物,COD 可作为衡量其含量多少的指标。COD 越大说明水体受有机物的污染越严重。一般采用重铬酸钾作为氧化剂。

---

2. 生化需氧量或生化耗氧量（BOD） 废水中所含有机物与空气接触时因需氧微生物的作用而分解，使之无机化或气体化时所需消耗的氧量，以 ppm 或 mg/L 表示。 BOD 越大说明水体受有机物的污染越严重。 一般采用 5 天时间，在一定的温度下用水样培养微生物并测定水样中溶解氧消耗情况，称为五日生化需氧量（BOD_5）。 数值越大说明水中有机物污染越严重。

3. BOD/COD 反映废水的可生化性指标。 比值越大说明越容易被生物处理。 好氧生化处理，进水废水的 BOD_5/COD 宜≥0.3。

4. 悬浮固体（SS） 即水质中的悬浮物。

5. 总氮（TN） 一切含氮化合物对以氮计的总称。 TKN 即凯氏氮，表示总氮中的有机氮和 NH_3-N（氨氮），不包括 NO_2-N、NO_3-N（亚硝酸盐氮、硝酸盐氮）。

6. 总有机碳（TOC） 即废水中溶解性和悬浮性有机物中的全部碳。

（三）制药废水处理的基本方法

制药废水处理的基本方法包括物理法、化学法、生物法。各种方法均有其优势和不足，处理效果和应用目的也有区别。工程实践中，对制药废水处理的工艺设计常需针对性地组合应用多种方法和技术。

1. **物理法** 物理法是利用物理作用将废水中呈悬浮状态的污染物分离出来，在分离过程中不改变其化学性质，如沉降、气浮、过滤、离心、蒸发、浓缩等。处理单元操作包括调节、离心、分离、除油和过滤等。

物理法设备简单，操作方便，分离效果良好，广泛用于制药废水的预处理或一级处理。

2. **化学法** 利用化学反应原理来分离、回收废水中各种形态的污染物，如中和、凝聚、氧化和还原等。化学法常用于有毒、有害废水的处理，使废水达到不影响生物处理的条件。

以中和处理法为例。制药废水酸碱性除因直接含有酸碱外，还常含有酸式盐、碱式盐以及其他无机物和有机物。其一般处理原则和方法为：①高浓度酸碱废水应优先考虑回收利用，根据水质、水量和不同工艺要求进行厂区或地区性调度，尽量重复使用；如重复使用有困难或浓度偏低，水量较大，可采用浓缩的方法回收酸碱。②低浓度的酸碱废水如酸洗槽、碱洗槽的清洗水则进行中和处理，并按照以废治废的原则，如酸、碱废水相互中和或利用废碱（渣）中和酸性废水，废酸中和碱性废水。

3. **生物法** 生物法是利用微生物的代谢作用，使废水中呈溶解和胶体状态的有机污染物转化为稳定、无害的物质，如 H_2O 和 CO_2 等。生物法能够去除废水中的大部分有机污染物，是常用的二级处理法。

长期的实践经验表明，利用生物处理技术消除有机污染物是最为经济的方式，因此针对制药废水中主要污染物为有机物的特点，各类生物处理技术和工艺成为研发和推广应用的重点。

根据生物处理过程中起主要作用的微生物对氧气需求的不同，废水的生物处理可分为好氧生物处理和厌氧生物处理两大类。其中好氧生物处理又可分为活性污泥法和生物膜法，前者是利用悬浮于水中的微生物群使有机物氧化分解，后者是利用附着于载体上的微生物群进行处理的方法。其中活性污泥法是比较成熟的技术之一。

(1)好氧生物处理法:好氧工艺是我国制药废水处理工程中的主导方法,主要工艺有活性污泥法、接触氧化法、生物转盘法、深井曝气、氧化沟等。

1)活性污泥法:活性污泥是由好氧微生物(包括细菌、微型动物和其他微生物)及其代谢的和吸附的有机物和无机物组成的生物絮凝体,具有很强的吸附和分解有机物的能力。活性污泥的制备可在一含粪便的污水池中连续鼓入空气(曝气)以维持污水中的溶解氧,经过一段时间后,由于污水中微生物的生长和繁殖,逐渐形成褐色的污泥状絮凝体,这种生物絮凝体即为活性污泥,其中含有大量的微生物。活性污泥法处理工业废水,就是让这些生物絮凝体悬浮在废水中形成混合液,使废水中的有机物与絮凝体中的微生物充分接触。废水中呈悬浮状态和胶态的有机物被活性污泥吸附后,在微生物的细胞外酶作用下,分解为溶解性的小分子有机物。溶解性的有机物进一步渗透到细胞体内,通过微生物的代谢作用而分解,从而使废水得到净化。

ER-11-4
活性污泥的
产生背景和
性能指标

活性污泥法处理工业废水的基本工艺流程如图 11-1 所示,先在曝气池饮满污水,进行曝气(鼓入空气),培养出活性污泥,当达到一定数量后,即将污水不断引入,活性污泥和废水的混合液不断排出,流入沉淀池。沉淀下来的活性污泥一部分流回曝气池,多余的作为剩余污泥排出。

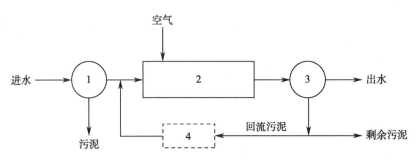

图 11-1　活性污泥法基本工艺流程
1. 初次沉淀池;2. 曝气池;3. 二次沉淀池;4. 再生池

2)生物氧化接触法:生物氧化接触法与活性污泥法的不同之处是在曝气池(氧化塔)内加装了波纹填料或软性、半软性填料,使微生物有一个附着栖息的固定场所,在填料表面形成一种生物膜。在向池中不断供氧的条件下,水中有机物在生物膜表面不断进行生物氧化,使污水得到净化。随着微生物的繁殖,生物膜不断加厚,向膜内传氧困难,底层逐步厌氧发酵脱落,新的生物膜又接着滋生、繁殖,不断更新。这种处理方法,因为生物膜比较固定,不易随波逐流,性能和效果比较稳定,污泥容易沉淀,氧的利用率比活性污泥法高。

3)生物流化床法:生物流化床是在曝气池内加入废活性炭、木炭末、粉煤灰、砂等作为载体,使池内的微生物有栖息的场所,在载体表面形成生物膜,在池内水、气、固三相流化状态下进行生物氧化,将有机污染物代谢成简单的无机物,使污水得到净化,如图 11-2 所示。

4)深井曝气法:利用地下深井作为曝气池,井深 50~150m,纵向被分隔为下降管和上升管两部分,如图 11-3 所示。在深井中混合液沿下降管和上升管反复循环过程中,污水得到处理。由于井深大,静水压高,大大提高了氧传递的推动力,氧的利用率高,可处理高浓度的污水,且节约用地。

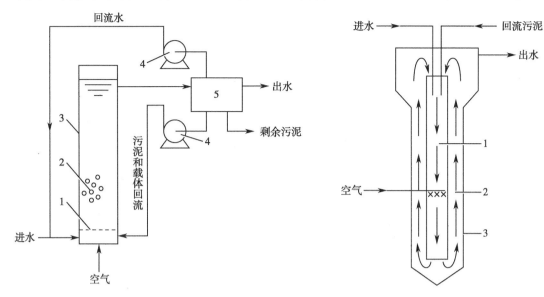

图 11-2 三相生物流化床工艺流程
1. 分布器;2. 载体;3. 床体;4. 循环泵;5. 二次沉淀池

图 11-3 深井曝气池
1. 下降区;2. 上升区;3. 衬筒

(2)厌氧生物处理法:在厌氧法中,参与反应过程的是兼性厌氧菌(底物分解菌)和专性厌氧菌(甲烷菌),其特点是处理过程缓慢,要加快反应,必须升温。终点产物也不同,碳素转变为甲烷,氮素转变为氨气,硫素转变为硫化氢、吲哚、硫醇,所以池子必须密闭,容积大。

与好氧生物处理相比,厌氧生物处理具有能耗低(不需充氧),有机物负荷高,氮和磷的需求量小,剩余污泥产量少且易于处理等优点,不仅运行费用较低,而且可以获得大量的生物能——沼气。多年来,结合高浓度有机废水的特点和处理经验,人们开发了多种厌氧生物处理工艺和设备。

ER-11-5 厌氧生物处理的基本过程

1)传统厌氧消化池:传统消化池适用于处理有机物及悬浮物浓度较高的废水。其工艺流程如图 11-4 所示。

废水或污泥定期或连续加入消化池,经消化的污泥和废水分别从消化池的底部和上部排出,所产的沼气也从顶部排出。

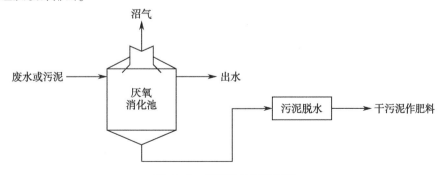

图 11-4 传统消化工艺流程

传统厌氧消化池的特点是在一个池内实现厌氧发酵反应以及液体与污泥的分离过程。为了使进料与厌氧污泥充分接触,池内可设置搅拌装置,一般情况下每隔 2~4 小时搅拌一次。

此法的缺点是缺乏持留或补充厌氧活性污泥的特殊装置,故池内难以保持大量的微生物,且容积负荷低,反应时间长,消化池的容积大,处理效果不佳。

2)厌氧接触法:厌氧接触法是在传统消化池的基础上开发的一种厌氧处理工艺。与传统消化法的区别在于增加了污泥回流。其工艺流程如图 11-5 所示。

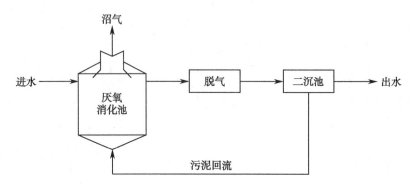

图 11-5　厌氧接触法工艺流程

在厌氧接触工艺中,消化池内是完全混合的。由消化池排出的混合液通过真空脱气,使附着于污泥上的小气泡分离出来,有利于泥水分离。脱气后的混合液在沉淀池中进行固液分离,废水由沉淀池上部排出,沉降下来的厌氧污泥回流至消化池,这样既可保证污泥不会流失,又可提高消化池内的污泥浓度,增加厌氧生物量,从而提高了设备的有机物负荷和处理效率。

厌氧接触法可直接处理含较多悬浮物的废水,而且运行比较稳定,并有一定的抗冲击负荷的能力。此工艺的缺点是污泥在池内呈分散、细小的絮状,沉淀性能较差,因而难以在沉淀池中进行固液分离,所以出水中常含有一定数量的污泥。此外,此工艺不能处理低浓度的有机废水。

3)上流式厌氧污泥床:上流式厌氧污泥床是 20 世纪 70 年代初开发的一种高效生物处理装置,是一种悬浮生长型的生物反应器,主要由反应区、沉淀区和气室三部分组成。

如图 11-6 所示,底部是一个高浓度污泥床,大部分有机物在此转化为气体,由于气体的搅动,污泥床上部有一个污泥悬浮层。在上部设有气、液、固三相分离器,固液混合液从下部进入沉淀区后,污水中的污泥发生絮凝,颗粒增大,在重力作用下沉降,上清液从上部溢排出。床内产生的沼气上升时碰到反射板,折向四周,然后穿过水层进入气室,由导管导出。污泥床体积较小,不需污泥回流,可直接处理含悬浮物较多的废水,不会发生堵塞现象。但装置的结构比较复杂,要求水质与负荷较稳定。

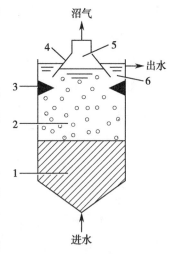

图 11-6　上流式厌氧污泥床
1. 污泥床;2. 悬浮层;3. 挡气环;
4. 集气罩;5. 气室;6. 沉淀区

三、废气治理技术

在医化行业中大量使用有机溶剂(如 DMF(N,N-二甲基甲酰胺)、苯系物、有机胺、乙酸乙酯、二氯甲烷、丙酮、甲醇、乙醇、丁酮、乙醚、二氯乙烷、醋酸、三氯甲烷等),挥发形成了具有刺激性气味和恶臭的气体,并具有一定毒害性,长期排放必然恶化区域大气环境质量,并对附近居民的身体健康产生危害。因此,有效治理制药行业 VOCs 污染已经成为亟待解决的重要问题。

知识链接

VOC 简介

VOCs 是挥发性有机化合物(volatile organic compounds)的英文缩写。其定义有好几种,例如,美国 ASTM D3960-98 标准将 VOC 定义为任何能参加大气光化学反应的有机化合物。美国联邦环保署(EPA)的定义:挥发性有机化合物是除 CO、CO_2、H_2CO_3、金属碳化物、金属碳酸盐和碳酸铵外,任何参加大气光化学反应的碳化合物。世界卫生组织(WHO,1989)对总挥发性有机化合物(TVOC)的定义为熔点低于室温而沸点在 50~260℃ 之间的挥发性有机化合物的总称。有关色漆和清漆通用术语的国际标准 ISO 4618/1-1998 和德国 DIN 55649-2000 标准对 VOC 的定义是:原则上,在常温常压下,任何能自发挥发的有机液体和/或固体。同时,德国 DIN 55649-2000 标准在测定 VOC 含量时,又作了一个限定,即在通常压力条件下,沸点或初馏点低于或等于 250℃ 的任何有机化合物。巴斯夫公司则认为,最方便和最常见的方法是根据沸点来界定哪些物质属于 VOC,而最普遍的共识认为 VOC 是指那些沸点等于或低于 250℃ 的化学物质。所以沸点超过 250℃ 的那些物质不归入 VOC 的范畴,往往被称为增塑剂。

(一)有机废气排放特性

溶剂废气排放特点主要跟医药化工生产工艺特点有关,具体表现在:

1. 排放点多,排放量大,无组织排放严重 医药化工产品得率低,溶剂消耗大,几乎每台生产设备都是溶剂废气排放点,每个企业都有数十个甚至上百个溶剂废气排放点,且溶剂废气大多低空无组织排放,空气中溶剂废气浓度较高。

2. 间歇性排放多 反应过程基本上为间歇反应,溶剂废气也呈间歇性排放。

3. 排放不稳定 溶剂废气成分复杂,污染物种类和浓度变化大,同一套装置在不同时期可能排放不同性质的污染物。

4. 溶剂废气影响范围广 溶剂废气中的 VOCs 大多具有恶臭性质,嗅域值低,易扩散,影响范围广。

5. "跑冒滴漏"等事故排放多 由于生产过程中易燃、易爆物质多,反应过程激烈,生产事故风险大,加上生产装备水平和工艺技术水平较低及管理不善,造成"跑冒滴漏"等事故排放多。

(二)有机废气处理方法

选择有机废气处理方法,总体上应根据以下因素:有机污染物质的类型、有机污染物质浓度水平、有机废气的排气温度、有机废气的排放流量、微粒散发的水平、需要达到的污染物控制水平。

有机废气的处理方法种类繁多,特点各异,常用的有冷凝法、吸收法、燃烧法、催化法、吸附法、低温等离子法、生物法、光催化氧化法、蓄热式氧化法等。

1. 冷凝法 将废气直接冷凝或吸附浓缩后冷凝,冷凝液经分离回收有价值的有机物。该法用于浓度高、温度低、风量小的废气处理。但此法投资大,能耗高,运行费用大,制药车间废气中的有机物浓度较低,风量大(车间置换风量具体数量由车间空间大小和空间置换次数决定),反应流程出来的有机废气,一般温度较高,浓度较大,成分复杂,回收的溶剂难以处理利用,并易产生二次污染,所以制药废气处理一般不采用此法处理。

2. 吸收法 可分为化学吸收和物理吸收,但制药废气成分复杂,一般不采用化学吸收。物理吸收是选用具有较小的挥发性的液体吸收剂,它与被吸收组分有较高的亲和力,吸收饱和后经加热解析冷却后重新使用。该法被广泛用于治理 SO_2、NO_2、氟化物、氯化物、HCl 和烃类等废气。制药工业废气的治理原理与大气污染治理工程相同,但是有更大的难度,要求技术水平更高。

**ER-11-6
吸收剂的选
择原则和常
用吸收剂**

3. 直接燃烧法 利用燃气或燃油等辅助燃料燃烧放出的热量将混合气体加热到一定温度(700~800℃),驻留一定的时间,使可燃的有害气体燃烧。该法工艺简单,设备投资少,但能耗高,运行成本高,易产生 Cl_2、$COCl_2$、NO_X、多氯二苯呋喃等有毒副产物。而这些物质对环境的危害更大,所以制药废气处理一般不采用此法处理。

4. 催化燃烧法 将废气加热到 200~300℃经过催化床燃烧,达到净化目的。该法能耗低,净化率高可达95%,无二次污染,工艺简单操作方便。适用于小风量、高温、高浓度的有机废气治理,不适用于低浓度、大风量的有机废气治理。但催化剂易中毒,需定期更换催化剂,不适用于含氯、磷等易使催化剂中毒元素的制药废气处理。

5. 吸附法

(1)直接吸附法:有机气体直接通过活性炭,可达到95%的净化率,设备简单,投资小,操作方便,但需经常更换活性炭,若无再生装置,则运行费用太高;因此可用于浓度低、污染物不需回收的场合。

(2)吸附回收法:有机气体经活性炭吸附,该法利用活性炭等吸附剂吸附有机废气,接近饱和后用水蒸气反吹活性炭进行脱附再生,水蒸气与脱附出来的有机气体经冷凝、分离,可回收有机液体。该法净化效率较高,但要求提供必要的蒸汽量,适用于低浓度、大风量的制药尾气治理。

6. 低温等离子法 利用介质放电产生的等离子体以极快的速度反复轰击废气中的气体分子,去激活、电离、裂解废气中的各种成分,通过氧化等一系列复杂的化学反应,使复杂大分子污染物转变为一些小分子的安全物质(如二氧化碳和水),或使有毒有害物质转变为无毒无害或低毒低害物质。

该法消耗低,具有装置简单、易于操作、占地面积小、使用方便等优点,但是在实际应用中存在着净化效率低的问题。由于是一项新技术,人们对于其作用机制研究不够充分,还没有形成规律性认识,很多企业只是在模仿这项技术,并没有掌握真正的核心技术。

7. 生物法 该法是基于成熟的生物处理污水技术上发展起来,具有能耗低、运行费用少的特点,在国外有一定规模的应用。其缺点在于污染物在传质和消解过程中需要有足够的停留时间,从而增大了设备的占地,同时由于微生物具有一定的耐冲击负荷限值,增加了整个处理系统在停启时的控制。该法目前在国内污水站废气治理中有少量应用,对工业废气治理的应用很少。

8. 光催化氧化法　该法是通过光催化氧化反应净化消除挥发性有机气体。所谓光催化氧化反应,就是让太阳光或其他一定能量的光照射光敏半导体催化剂时,激发半导体的价带电子发生带间跃迁,即从价带跃迁到导带,从而产生光生电子(e^-)和空穴(h^+)。此时吸附在纳米颗粒表面的溶解氧俘获电子形成超氧负离子,而空穴将吸附在催化剂表面的氢氧根离子和水氧化成氢氧自由基。而超氧负离子和氢氧自由基具有很强的氧化性,能使有机污染物氧化至最终产物 CO_2 和 H_2O。利用光催化氧化工艺处理废气是一种应用前景非常广阔的方法。但是目前大多数还是运用于室内空气的净化,主要用于处理低浓度有机废气领域,有效运用于较高浓度有机废气处理的工业应用还很少,处理效率得不到保证。

9. 蓄热式氧化法　该法是利用天然气或燃料油燃烧放出的热量将混合气体加热到一定温度(825℃),滞留一定的时间(0.5~1 秒),使可燃的有害物质进行高温分解变为无害物质。本法的特点:工艺简单,去除率高,通过蓄热材料回收热量,可以达到 90%~95% 的热回收率,运行费用较少,尤其对于一些复杂组分处理效果较好。

10. 蓄热式催化燃烧法　该法集蓄热式高温热力焚化和催化焚化的特点于一身,兼有热效率高(90%~95%)、反应温度低、运行成本低、维护费用较低等优点,但不适合于处理高浓度有机废气;催化床层易堵塞,催化剂易中毒不耐高温,进气要求严格。

四、废渣治理技术

制药废渣是指在制药过程中产生的固体、半固体或浆状废物,是制药工业的主要污染源之一。在制药过程中,废渣的来源很多,如活性炭脱色精制工序产生的废活性炭,铁粉还原工序产生的铁泥,锰粉氧化工序产生的锰泥,废水处理产生的污泥以及蒸馏残渣、失活催化剂、过期的药品、不合格的中间体和产品等。一般而言,药厂废渣的数量比废水、废气少,污染也没有废水、废气严重,但废渣的组成复杂,且大多含有高浓度的有机污染物,有些还是剧毒、易燃、易爆的物质。因此,必须对药厂废渣进行适当的处理,以免造成环境污染。

防治废渣污染应遵循"减量化、资源化和无害化"的"三化"原则。首先要采取各种措施,最大程度地从源头上减少废渣的产生量和排放量。其次,对于必须排出的废渣,要从综合利用上下功夫,尽可能从废渣中回收有价值的资源和能量。最后,对无法综合利用或经综合利用后的废渣进行无害化处理,以减轻或消除废渣的污染危害。

(一) 废渣的预处理

废渣预处理是指采用物理、化学或生物方法,将废渣转变为便于运输、储存、回收利用和处置的形态。预处理常涉及废渣中某些组分的分离与浓集,因此往往又是一种回收材料的过程。预处理技术主要有压实、破碎、分选和脱水等。

例如:①对于要填埋的废渣,通常要把废渣按一定方式压实,以便减少运输量和运输费用,填埋时占较少的空间。通常通过压缩,体积可减少为原体积的 1/10~1/3。②对于焚烧和堆肥的废渣,通常要进行破碎处理,以便增加比表面积,提高反应速率。③废渣的资源回收利用,需进行破碎和分选处理。

（二）废渣的处理方法

药厂常见的废渣包括蒸馏残渣、失活催化剂、废活性炭、胶体废渣、反应废渣、不合格的中间体和产品以及用沉淀、混凝、生化处理等方法产生的污泥残渣等。如果对这些废渣不进行适当处理，任其堆积，必将造成环境污染。

ER-11-7
抗生素生产
过程中的废
渣处理

1. **一般处理方法**　各种废渣的成分及性质很不相同，因此处理的方法和步骤也不相同。一般说来，首先应注意是否含有贵重金属和其他有回收价值的物质，是否有毒性。对于前者，要先回收后再作其他处理；对于后者，则要先除毒后才能进行综合利用。例如，含贵金属的废催化剂是化学制药过程中常见的废渣，制造这些催化剂要消耗大量的贵金属，从控制环境污染和合理利用资源的角度考虑，都应对其进行回收利用。再如，铁泥可以制备氧化铁红，锰泥可以制备硫酸锰或碳酸锰，废活性炭经再生后可以回用，硫酸钙废渣可制成优质建筑材料等。从废渣中回收有价值的资源，并开展综合利用，是控制污染的一项积极措施。这样不仅可以保护环境，而且可以产生显著的经济效益。

废渣经回收、除毒后，一般可进行最终处理。

2. **废渣的最终处理**　废渣最终处置的目的是使废渣最大限度地与生物圈隔离，阻断处置场内废渣与生态环境相联系的通道，以保证其有害物质不对人类及环境的现在和将来造成不可接受的危害。从这个意义上来说，最终处置是废渣全面管理的最终环节，它解决的是废渣最终归宿的问题。废渣最终处置原则主要有以下三方面。

（1）分类管理和处置原则：废渣种类繁多，危害特性和方式、处置要求及所要求的安全处置年限各有不同。就废渣最终处置的安全要求而言，可根据所处置的废渣对环境危害程度的大小和危害时间的长短进行分类管理，一般可分为以下六类：对环境无有害影响的惰性废渣，如建筑废渣、相对熔融状态的矿物材料等，即使在水的长期作用后对周围环境也无有害影响；对环境有轻微、暂时影响的废渣；在一定时间内对环境有较大影响的废渣，如生活垃圾，其有机组分在稳定前会不断产生渗透液和释放有害气体，对环境有较大影响；在较长时间内对环境有较大影响的废渣，如大部分工业废渣；在很长时间内对环境有严重影响的废渣，如危险废渣；在很长时间内对环境和人体健康有严重影响的废渣，如特殊废渣、高水平放射性废渣等。

（2）最大限度与生物圈相隔离原则：废渣特别是危险废渣和放射性废渣，其最终处置的基本原则是合理地、最大限度地使其与自然和人类环境隔离，减少有毒有害物质释放进入环境的速率和总量，将其在长期处置过程中对环境的影响减少至最小程度。

（3）集中处置原则：《中华人民共和国固体废物污染环境防治法》把推行危险废渣的集中处置作为防治危险废渣污染的重要措施和原则。对危险废渣实行集中处置，不仅可以节约人力、物力、财力，有利于监督管理，也是有效控制乃至消除危险废渣污染危害的重要形式和主要的技术手段。

（4）各种废渣的成分不同，最终处置的方法也不同。可有综合利用法、化学法、焚烧法、填土法等多种方法。

焚烧法是使被处理的废渣与过量的空气在焚烧炉内进行氧化燃烧反应，从而使废渣中所含的污染物在高温下氧化分解而破坏,是一种高温处理和深度氧化的综合工艺。焚烧法不仅可以大大减少废渣的体积,消除其中的许多有害物质,而且可以回收一定的热量,是种可同时实现减量化、无害化和资源化的处理技术。该法可使废物完全氧化成无害物质,COD 的去除率可达 99.5%,适宜处理有机物含量较高或热值较高的废渣。焚烧法工艺系统占地面积较小,但是投资较大,运行管理费用较高。

填土法是将废渣埋入土中,通过长期的微生物分解作用而使其进行生物降解。填土的地点要经过认真考察,避免污染地下水。此法虽然比焚烧法更经济,但常有潜在的危险性。如有机物分解时放出甲烷、氨气及硫化氢等气体及污染地下水等问题,并且甲烷有爆炸的危险。

除以上几种方法外,废渣的处理方法还有生物法、湿式氧化法等多种方法。生物法是利用微生物的代谢作用将废渣中的有机污染物转化为简单、稳定的化合物,从而达到无害化的目的。湿式氧化法是在高压和 150~300℃ 的条件下,利用空气中的氧对废渣中的有机物进行氧化,以达到无害化的目的。

五、生产应用实例

加替沙星是第四代氟喹诺酮类抗生素,具有抗菌作用强、抗菌谱广、毒性低的特点,口服给药,每天给药一次,易于使用。

(一) 加替沙星合成路线

加替沙星的合成过程共有六步,其合成步骤如图 11-7 所示。

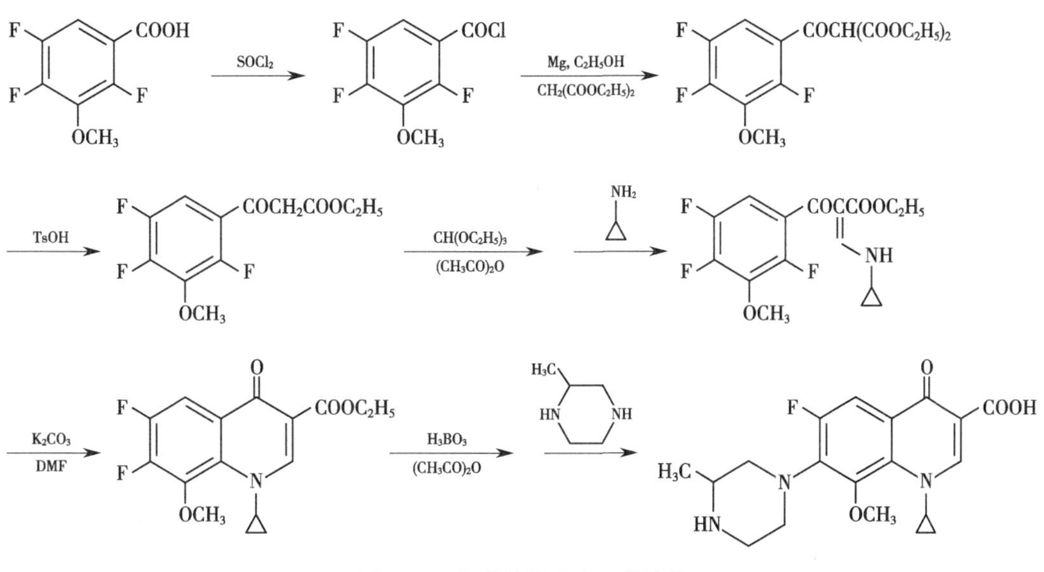

图 11-7 加替沙星生产工艺路线

(二) 合成过程中产生的三废及处理方案

1. 废气处理方案 在第一步酰氯反应中产生 HCl 和 SO_2 气体,用碱液将其吸收后,吸收后的废液送废水处理厂。

2. 废液处理方案　有机废液:有机废液主要为回收溶剂时产生的高、低沸点馏分以及含有机物较多的水溶液浓缩后的残渣,它们含二甲基甲酰胺、二氯甲烷、二氯乙烷、乙腈和乙醇等,数量比较少。采用焚烧处理工艺流程。

废水处理:合成过程中产生一定量废水,主要为含乙醇、二甲基甲酰胺和醋酸的废水,浓度较低。采用如下二级曝气处理工艺流程:混合废水经网格自流至集水池,由提升泵进入调节池进行水质均衡和预曝,然后由输送泵送入一级兼气池和一级曝气池进行一级生化处理,其出水经沉淀池污泥分离后进入二级兼气池和二级曝气池进行二级生化处理,其出水经沉淀池污泥分离后由过滤泵提升后进入过滤器进行过滤,出水经过滤达标后排放。沉淀池产生的剩余污泥浓缩、加药凝聚、板框压滤脱水后送入焚烧炉焚烧。

3. 废渣　合成过程中产生的废渣为活性炭和溶剂回收后的残渣,经焚烧后去除有机物。

点滴积累

1. 制药企业清洁生产措施　不断改进设计,使用清洁的能源和原料,采用先进的工艺技术与设备,改善管理,综合利用等。

2. 废水处理方法　物理法、化学法、生物法。其中好氧生物工艺是我国制药废水处理工程中的主导方法,主要工艺有活性污泥法、接触氧化法、生物转盘法、深井曝气、氧化沟等。

3. 废气处理方法　冷凝法、吸收法、燃烧法、催化法、吸附法、低温等离子、生物法、光催化氧化法、蓄热式氧化法等。

4. 废渣处理方法　预处理、一般处理方法、最终处理。

第三节　资源回收与综合利用

一、制药企业资源回收

制药企业在生产过程中,会消耗大量的原辅材料,同时产生"三废"。对于"三废"进行处理和回收,不仅能保护环境,还可以降低生产成本,节省资源。而对于可重复使用的物质,进行回收再利用是必须的。其中溶剂的回收利用是重点之一。

在药物合成中,绝大多数的反应都是在溶剂中进行的;同样,药物的后处理过程中,也要使用溶剂。如萃取过程,要消耗大量的溶剂;重结晶精制产品,也需要溶剂作为结晶试剂,所以溶剂的作用非常重要。但是,在溶解、萃取、洗涤、重结晶等操作中,溶剂蒸发扩散到大气中对环境造成了污染,经济上也造成了损失。而且大部分溶剂沸点较低,具有可燃性,其蒸气散发到空气中容易燃烧和爆炸,造成灾害事故,溶剂对人体也有一定的毒性。由此可知,在使用溶剂时,从溶剂的经济损失、环境污染、着火危险、损害健康等方面都说明溶剂的回收、精制和再利用是完全必要的,也是可能的。

▶▶ 课堂活动

　　每年的 6 月 5 日是世界环境日。 联合国环境规划署在每年的年初公布当年的世界环境日主题，并在每年的世界环境日发表环境状况的年度报告书。 2017 年世界环境日的主题是"人与自然，相连相生"。 同学们为了保护环境，都作了哪些努力？ 制药企业进行资源的综合回收利用，可从哪些方面着手和改进？

（一）溶剂回收

溶剂回收的方法有冷凝法、压缩法、吸收法、吸附法和蒸馏法。

冷凝法是指溶剂蒸气与大气或惰性气体的混合气体冷却至露点以下，使溶剂蒸气冷凝变成液体进行回收的方法。用加压使溶剂蒸气变成液体回收的方法成为压缩法。这两种方法的共同特点是回收溶剂的操作简单，不需要特殊的分离设备，回收的溶剂纯度高。但这两种方法都要求溶剂的蒸气浓度高，如果溶剂的蒸气浓度达不到一定要求，则回收效果差。并且，用冷凝法和压缩法在溶剂回收前都要将溶剂的蒸气预先达到一定的浓度。溶剂回收后，空气或惰性气体所含的热量及未回收的溶剂蒸气可以循环使用。

吸收法是用吸收液从溶剂蒸气和空气的混合物中溶解溶剂达到溶剂回收的一种方法。为了使气化的溶剂从大气中尽可能地完全回收，蒸气需要具有适当温度，而且必须与吸收液紧密接触，蒸气才能充分地被吸收液吸收。吸收完毕后，吸收液还要与溶剂进行分离。回收后的空气由于残存有溶剂蒸气，可以作加热空气循环使用。吸收液的选择要求对溶剂的溶解度大，与溶剂不发生化学反应，吸收液的沸点至少比溶剂要高出 20℃ 以上，并且吸收后的吸收液与溶剂容易分离。通常采用的吸收液有：①无机吸收液，如水、弱酸性溶液、海水、亚硫酸钠水溶液、硫酸等；②有机吸收液，如乙醇、丁醇、戊醇、动植物油、矿物油、煤焦油、甲酚等。

与冷凝法相比，吸收法回收溶剂效率高，适用于多种溶剂和各种浓度，设备简单。但是回收溶剂的浓度较低，需要蒸馏将回收溶剂和吸收液进行分离，废气不能循环实验，易造成溶剂损失等。

吸附法是指用活性炭、硅胶等固体吸附剂对溶剂蒸气混合物进行选择性地吸附的回收方法。用吸附法回收溶剂包括溶剂被固体吸附和从吸附剂中将溶剂脱附两步。在选择吸附剂时，要求对溶剂蒸气的吸附效果好，对剩余的混合气体不易吸附，同时被吸附的溶剂蒸气容易分离，吸附剂容易再生。一般广泛采用活性炭作吸附剂。与冷凝法和吸收法相比，吸附法的特点是在空气或其他气体中浓度很低的溶剂蒸气也能充分吸附和回收。活性炭还适用于从气体混合物中回收挥发性、易燃性的溶剂。

（二）废溶剂的处理

废溶剂应尽可能回收、精制和再使用，实在无法使用的，废弃时也应该考虑安全和环境污染，处理要慎重。废溶剂在处理前应首先进行分类、保管，提出废弃处理的具体方法，然后再按照废溶剂的不同性质特点进行废弃处理，其中最普遍采用的是焚烧处理，其次是大气散放、下水道流放、地下埋设等方法。注意在处理这些废溶剂时，尽量不要对大气、水质、地下水带来污染，散放到大气中的气体和蒸气应该是无害的，埋设在地下的废溶剂希望能被土壤中的微生物作用而分解。具有各种危险性的溶剂在废弃前应先用化学方法如中和、水解、氧化、还原或物理稀释处理，使其转变为无害物质并确认对环境不造成污染之后再进行废弃处理。

二、制药企业资源综合利用

(一) 物质的循环套用

药物合成反应往往不能进行得十分完全,且大多存在副反应,产物也不可能从反应混合物中完全分离出来,因此分离母液中常含有一定数量的未反应原料、副产物和产物。在某些药物合成中,通过工艺设计人员周密而细致的安排可以实现反应母液的循环套用或经适当处理后套用,这不仅降低了原辅材料的消耗,提高了产品的收率,而且减少了环境污染。例如,甲氧苄啶的氧化反应是将三甲氧基苯甲酰肼在氨水及甲苯中用赤血盐钾(铁氰化钾)氧化,得到三甲氧基苯甲醛,同时副产物黄血盐钾氨(亚铁氰化钾氨)溶解在母液中。黄血盐钾氨分子内含有氰基,需处理后方可随母液排放。后对含黄血盐钾氨的母液进行适当处理,再用高锰酸钾氧化,使黄血盐钾氨转化为原料赤血盐钾,所得赤血盐的含量在13%以上,可套用于氧化反应中。

将反应母液循环套用,可显著地减少环境污染。若设计得当,则可构成一个闭路循环,是一个理想的绿色生产工艺。除了母液可以循环套用外,药物生产中大量使用的各种有机溶剂,均应考虑循环套用,以降低单耗,减少环境污染。其他的如催化剂、活性炭等经过处理后也可考虑反复使用。

制药工业中冷却水的用量占总用水量的比例一般很大,必须考虑水的循环使用,尽可能实现水的闭路循环。在设计排水系统时应考虑清污分流,将间接冷却水与有严重污染的废水分开,这不仅有利于水的循环使用,而且可大幅度降低废水量。由生产系统排出的废水经处理后,也可采取闭路循环。水的重复利用和循环回用是保护水源、控制环境污染的重要技术措施。

(二) 资源的综合利用

从某种意义上讲,化学制药过程中产生的废弃物也是一种“资源”,能否充分利用这种资源,反映了一个企业的生产技术水平。从排放的废弃物中回收有价值的物料,开展综合利用,是控制污染的一个积极措施。近年来在制药行业的污染治理中,资源综合利用的成功例子很多。例如,氯霉素生产中的副产物邻硝基乙苯,是重要的污染物之一,将其制成杀草安,就是一种优良的除草剂。

又如,叶酸合成中的丙酮氯化反应:

$$CH_3-\overset{O}{\underset{}{C}}-CH_3 + Cl_2 \longrightarrow CH_3-\overset{O}{\underset{}{C}}-\overset{Cl}{\underset{Cl}{C}}-Cl + HCl\uparrow$$

反应过程中放出大量的氯化氢废气,直接排放将对环境造成严重污染。经用水和液碱吸收后,既消除了氯化氢气体造成的污染,又可回收得到一定浓度的盐酸。

再如,对氯苯酚是制备降血脂药氯贝丁酯的主要原料,其生产过程中的副产物邻氯苯酚是重要的污染物之一,将其制成2,6-二氯苯酚可用作解热镇痛药双氯芬酸的原料。

案例分析

案例

2017 年，十集大型政论专题片《将改革进行到底》在全国电视台热播，专题第六集为"守住绿水青山"。习近平主席在哈萨克斯坦纳扎尔巴耶夫大学发表演讲时说"既要金山银山，又要绿水青山。宁可要绿水青山，不要金山银山，因为绿水青山就是金山银山。"用直白的话语剖析了发展经济和保护环境之间的关系。

分析

党的十八大以来，在生态文明建设领域，制定修改的法律就有十几部之多。可以说，当今中国，正在以前所未有的速度，构建起最严格的生态环境法律制度。如今，环境污染第三方治理在全国范围实施；用能权、碳排放权、水权、排污权交易稳步推进；绿色金融制度安排已经出台；充满改革创新意味的"河长制"在全国范围全面启动实施；天然林商业性采伐在全国范围停止，标志着 100 多年来向森林过度索取的历史将终结；生态补偿迈出实质步伐……

在呼吁全面发展低碳经济、建设生态文明的当今时代，制药工业也必然面临着加强环境污染治理与环境保护力度的问题。2016 年 11 月 17 日，河北省大气办发出《大气污染防治 2 号调度令》，决定对该省完成大气污染防治年度目标任务进度滞后、近期污染严重的城市，实施重点调度，2 号调度令涉及石家庄、保定、沧州、衡水、定州、辛集 6 市。随后，石家庄市各县（市）区政府及循环化工园区管委会等均收到一份《石家庄市大气污染防治调度令》，要求全市所有制药行业全部停产，未经市政府批准不得复工生产。华北制药将在 2017 年底之前完成搬迁；石药集团欧意药业有限公司、石药集团中诺药业公司、石药集团中润制药有限公司等 4 家企业搬迁改造于 2016 年内完成。

尽管我国的制药工业已经开始注重环境污染防治工作的开展，并取得初步的进展，但仍存在很多不容忽视的问题需要我们去进一步地解决。因此，为促进制药工业的不断发展，积极探索加强环境保护的有效措施，这是目前制药工业发展的重点方向。

三、生产应用实例

东北制药总厂是一个以化学合成为主兼有生物合成的原料药厂，由于产品种类多，工艺复杂，耗用原料种类多、数量大，所以生产 1kg 产品往往需要消耗几十千克甚至几吨的原料。据分析，在原料中，作为组成产品化学结构的原料仅占产品全部原料消耗的 15%～30%，其余原料和副产品如果不加综合利用，就会以"三废"形式流失。不仅浪费了资源和能源，也污染环境。该厂年排放废水 6.52 万吨，排放各种化学"三废"1.68 万吨，以化学耗氧量计算，从废水中排放的污染物量就相当于 25 万居民生活所产生的污染了。十多年来，东北制药总厂通过"三废"综合利用、产品技术改造和环保科研，在生产逐年增长的情况下，排污逐年下降，工业总产值增长 24.27%，年排污水下降 42.98%，减少了污染，改善了环境。

该厂治理"三废"的具体方法有以下几种。

（一）综合利用，实现"三废"资源化

1. 回收利用　从废水中蒸馏回收多种有机溶剂。以氯霉素生产为例，全年处理近 3000 吨废液，回收了甲醛酯、乙酸异丙酯、异丙醇等八百多吨。对酸碱中和产生的盐，也逐步加以回收。氨苯磺胺精制时副产品氯化钠，经加工制成精盐，供金属加工热处理淬火用；微生物酮化反应后处理副产品硫酸钠，经改进操作，得到无水硫酸钠，而无水硫酸钠具有加快水泥凝固的早期强度作用，可为混凝土提高质量、增加产量、加快工程进度提供方便。

2. 反复试验　在氯磺酸尾气治理中，每年要回收几千吨盐酸，如何利用这些回收盐酸经历了多次试验过程：第 1 次用以制备氯化铵，因按时供应不上而停产；第 2 次以再沸法得到氯化氢气体，用以合成氯磺酸，结果因设备腐蚀严重没能投产；第 3 次用以制无水氯化钙，因包装木箱存在问题，也没能投产；最后，在相关工厂和建筑研究院的协助下，用回收盐酸加菱苦土制得"合成卤水"——氯化镁液，代替"天然卤水"作为调和剂，制得镁质水泥构件，最终找到了合适的回收利用途径。另外，将氯霉素生产中的含铝废水，浓缩得三氯化铝，再纯化制得药用氢氧化铝，既清除了污染物，又增加了产品品种。

3. 循环利用　在对苯二酚用重铬酸钠酸性氧化为苯醌时，排出大量含铬的稀硫酸液。为消除铬害，将废液用次铬酸钠氧化，使三价铬变为六价铬，再返回用于生产，形成了一个再生循环利用的闭合工艺，铬的利用率达到 85%，而稀硫酸则在铬的再生处理时被碱中和。为彻底根除铬害，将氧化剂改为氯酸钠，在酸性条件下氧化，副产品氯化钠无害，含酸母液可循环使用。

4. 以废治废　在维生素 E 生产中需用大量的盐酸气，如采用盐酸滴加氯磺酸法，工艺上不合理，废酸液又多，经常因盐酸气的发生和下一岗位配合不当，造成盐酸气过剩，产生大气污染；后改为直接用氨苯磺胺分离副产品盐酸气，不但解决了污染危害，每年还可节约氯磺酸 25 吨。除此之外，还用氢氧化钠吸收糠氯酸尾气制得次氯酸钠，可作为氧化剂用于生产；从氢化可的松废液中提炼出精碘等。

（二）工艺改革

1. 寻找低毒无毒代用品　以低毒代替高毒，以无害代替有害。例如，在乙炔加压合成丙烯醇和 γ-丁内酯脱氢催化剂制备过程中，采取了传统的硝酸盐高温焙烧法，在焙烧过程中产生大量的氧化氮气体污染环境。后试用硫酸盐加碱的沉淀法，制备了铜铋、铜锌催化剂，同样达到效果，从而消除了氧化氮废气污染。又如，在利福平生产中，用三氯化铁代替铁氰化钾氧化利福霉素 SV，避免含氰废水的产生。

2. 选择合理原料　在甲酸乙酯的合成中，将浓硫酸脱水改为甲酸和乙醇直接反应，蒸出生成的酯，打破平衡，使酯化反应得以继续进行，1 年就节约发烟硫酸 40 多吨。此外，在制备无水乙醇时用 732 树脂代替苯-水共沸法，在消除了含苯废水的同时，改善了操作条件。

3. 把"三废"消灭在生成过程中　维生素 B_1 是国内和国际市场的畅销产品，二十多年来，一直采用甲基呋喃作为侧链合成的起始原料，但产生具有强烈催泪性和腐蚀性的废渣，严重污染地面和地下水，使花草树木无法正常生长。经过研究，以乙酰丁内酯为原料的新工艺，根除了这种毒害性废渣，同时原料消耗下降了 3.3%。

4. 改变工艺路线,提高原料利用率　磺胺嘧啶原来以糠氯酸为起始原料,工序多,周期长,成本高,消耗大,污染环境严重。先后经过多年多次试验和试产,实现了新工艺路线。与老路线相比,生产工序减少一半,原料总单耗减少 70%,成本下降 32%,"三废"也得以大大减少。

5. 采用新工艺、新技术　应用生物合成代替化学合成是提高反应专属性的一种方法。该厂成功地用"两步发酵法"和碱化法生产维生素 C,不但使维生素 C 生产技术跃居世界先进水平,而且节约了大量苯、丙酮等有机溶剂和硫酸镍等化工原料。每吨产量可减少消耗 10.58 吨原料,改善了劳动条件,减低了物料流失,还使废水易于生化处理。

6. 充分利用中间体,发展系列产品,集中处理特殊的有机污染物　例如,用小檗碱中间体胡椒乙胺开环制备多巴胺,产品成本、原料消耗优于原工艺路线。同样还可利用小檗碱的中间体和副产品,生产乙酰胡椒乙胺、伊来西胺等产品。基于在这些产品结构中皆含有胡椒环这一共性,还可将废水合并处理。

(三) 加强科研,突破治理技术难题

解毒净化是废水排放前的一个关键环节,目的是为了达标排放。对于那些目前由于技术和经济等原因无法合理利用的"三废"必须进行解毒净化。该厂经过八年多试验对比,终于探索出用好氧生物氧化、厌氧生物消化和焚烧炉的"二气一炉"法处理制药有机废水和废渣的综合治理办法,在处理技术上也取得了突破。

点滴积累

1. 制药企业资源回收主要包括溶剂回收和废溶剂的处理。其中溶剂回收的方法有冷凝法、压缩法、吸收法、吸附法和蒸馏法。
2. 制药企业资源综合利用主要方法有物质的循环套用和资源的综合利用。

目标检测

一、选择题

(一) 单项选择题

1. 在充分供氧的条件下,微生物以泥花状态悬游在污水中,同污水相互密切接触,从而去除污水中的有机物或某些特定的无机物,被称作

　　A. 活性污泥法　　　　B. 生物膜法　　　　C. 生物稳定塘　　　　D. 土地处理

2. 化学需氧量 COD 是用强氧化剂(如重铬酸钾)在(　　　)条件下,能够将有机物氧化为 H_2O 和 CO_2,此时测定的耗氧量即为化学需氧量。

　　A. 酸性　　　　　　　B. 碱性　　　　　　　C. 中性　　　　　　　D. 强碱性

3. 生化需氧量是指好氧微生物在一定的温度、时间条件下,氧化分解水中(　　　)的过程中所消耗的游离氧的数量。

　　A. 盐分　　　　　　　B. 无机物　　　　　　C. 有机物　　　　　　D. 厌氧菌

4. 活性污泥法正常运行的必要条件是

  A. 溶解氧   B. 营养物质及大量微生物

  C. 适当的酸碱度   D. 良好的活性污泥及充足的氧气

5. 曝气池供氧的目的是提供给微生物( )的需要

  A. 分解有机物   B. 分解无机物   C. 呼吸作用   D. 分解氧化

6. 采用沉降、过滤、离心等方式对废水进行简单处理的方法称为

  A. 化学法   B. 中和法   C. 物理法   D. 物理化学法

(二) 多项选择题

1. 制药企业清洁生产的主要内容包括

  A. 使用清洁的能源与原料   B. 采用先进的生产工艺与设备

  C. 改善管理   D. 实现资源的综合利用

2. 制药废水排放的特点是

  A. 污染物成分复杂   B. 有机物排放主要以连续操作为主

  C. 有机物种类多   D. pH 变化不大

3. 制药工业废气处理的主要方法有

  A. 吸收法   B. 吸附法   C. 燃烧法   D. 冷凝法

4. 制药工业废渣处理的主要方法有

  A. 可不经收集、储存,直接在空地上堆积

  B. 对废渣进行压实、破碎、分选等预处理

  C. 对废渣进行综合利用

  D. 焚烧

二、简答题

1. 何为清洁生产?制药企业清洁生产可采取的主要措施有哪些?

2. 制药企业"三废"排放的特点?

3. 废水处理的主要方法有哪些?

三、实例分析

  质子泵抑制剂奥美拉唑的制备过程共有 8 步,生产中产生的废弃物很多,如直接排放,会对环境造成很大的污染。请同学们根据所学的知识,对下列物质进行合理的处置,达到既减少污染又节约经济成本的目的。

  合成工艺中产生的废气主要有二氧化硫、氨气;产生的废液主要有甲醇、乙醇、三氯甲烷、二氯甲烷及其他废液;用于催化的废钯炭及过滤后的无经济价值的废渣。

第十二章

生物制药生产实例

学前导语

青霉素（Penicillin）（图 12-1）又被称为青霉素 G，peillin G、青霉素钠，副作用小、疗效好，是临床上广泛使用的抗生素。自 20 世纪 40 年代初投入生产及临床应用以来，经久不衰，一直被用于多种细菌感染的疾病，目前已经发展壮大成了"青霉素大家族"。本章将带领同学们学习青霉素的基础知识和生产技术，同时，也学习在日常生活中应用广泛、同是发酵法生产的维生素 C，制备出合格的药品。

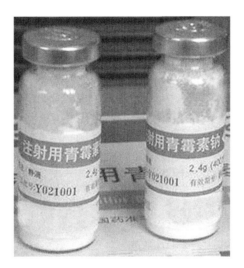

图 12-1　青霉素

ER-12-1
扫一扫，知重点

第一节　青霉素生产技术

▶▶ 课堂活动

农田里收获的玉米被人收购去了，村民说"药厂收购了，做药去了"。那么，玉米怎么变成"药"了呢？中间经过了哪些过程呢？原来，玉米淀粉水解制成的葡萄糖，是制造青霉素的重要材料，是青霉菌的重要"食品"。

青霉素是第一个应用于临床的抗生素，多年来一致被国内外临床证实具有抗菌作用强、疗效高、毒性低等优点。由于半合青霉素的飞跃发展，使青霉素类药品在临床上的应用也日趋增多。青霉素是一族抗生素的总称，它们是由不同的菌种或不同的培养条件所得的同一类化学物质，其共同化学结构如下：

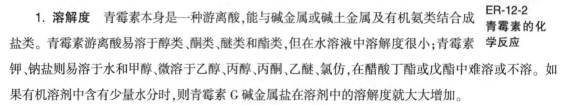

由（Ⅰ）式可见,青霉素分子是由侧链酰基与母核（Ⅱ）两大部分组成。母核为 6-氨基青霉烷酸（即 6-APA）,它是由四氢噻唑环和 β-内酰胺环稠合而成,也可看作是由半胱氨酸[（Ⅱ）式中虚线的左上方所示]和缬氨酸[（Ⅱ）式中虚线的右下方所示]结合而成的二肽。青霉素分子中含有三个手性的碳原子故具有旋光性。不同的侧链 R 构成不同类型的青霉素。若 R 为苄基即为苄青霉素或叫青霉素 G。目前,已知的天然青霉素（即通过发酵而产生的青霉素）有八种,见表 12-1,它们合称为青霉素族抗生素。其中以青霉素 G 疗效最好,应用最为广泛。如不特别注明,通常所谓青霉素即指苄青霉素。在医疗上应用的青霉素 G 钠盐、钾盐、普鲁卡因盐和二苄基乙二胺盐（即长交青霉素或苄星青霉素）等。

表 12-1　各种天然青霉素的结构与命名

序号	侧链 R	学名	俗名
1	HO—⬡—CH₂—	对羟基苄青霉素	青霉素 X
2	⬡—CH₂—	苄青霉素	青霉素 G
3	CH_3—CH_2—CH=CH—CH_2—	戊烯[2]青霉素	青霉素 F
4	CH_3—$(CH_2)_3$—CH_2—	戊青霉素	青霉素二氢 F
5	CH_3—$(CH_2)_5$—CH_2—	庚青霉素	青霉素 K
6	CH_2=CH—CH_2—S—CH_2—	丙烯巯甲基青霉素	青霉素 O
7	⬡—O—CH_2—	苯氧甲基青霉素	青霉素 V
8	HOOC—CH—$(CH_2)_2$—CH_2— ＼NH₂	4-氨基-4-羧基丁基青霉素	青霉素 N

一、青霉素理化性质、临床应用

ER-12-2
青霉素的化
学反应

（一）青霉素理化性质

1. 溶解度　青霉素本身是一种游离酸,能与碱金属或碱土金属及有机氨类结合成盐类。青霉素游离酸易溶于醇类、酮类、醚类和酯类,但在水溶液中溶解度很小;青霉素钾、钠盐则易溶于水和甲醇,微溶于乙醇、丙醇、丙酮、乙醚、氯仿,在醋酸丁酯或戊酯中难溶或不溶。如果有机溶剂中含有少量水分时,则青霉素 G 碱金属盐在溶剂中的溶解度就大大增加。

2. 吸湿性　青霉素的吸湿性与内在质量有关。纯度越高,吸湿性越小,也就易于存放。因此制成晶体就比无定形粉末吸湿性小,而各种盐类结晶的吸湿性又有所不同。且吸湿性随着湿度的增加而增大。在某个湿度,湿度在增大时,吸湿性明显上升,这点湿度称"临界湿度"。青霉素钠盐的临界湿度为72.6%,而钾盐的为80%。钠盐的吸湿性较强,其次为铵盐,钾盐较小。由此可见,钠盐比钾盐更不容易保存,因此分包装车间的湿度和成品的包装条件要求更高,以免产品变质。

3. 稳定性　一般来说,青霉素是一种不稳定的化合物,这主要是指青霉素的水溶液而言,成为晶体状态的青霉素还是比较稳定的。纯度、吸湿性、温度、湿度和溶液的酸碱性等对其稳定性都有很大影响。

(1)青霉素游离酸的无定型粉末在非常干燥的情况下能保存几个小时,在0℃可保存24小时。但其吸湿性较强,即使含微量水分就能使之很快失效。而青霉素盐晶体吸湿性小,因此制备一定晶形青霉素盐则可提高其稳定性。

(2)固体状态的青霉素钠盐类其稳定性质随质量的提高而增加,由于醋酸钾有强烈的吸湿性,所以成品中需将残留的醋酸钾除尽,否则会吸潮变质影响有效期。

(3)青霉素在水溶液里很快地分解或异构化,因此青霉素应尽量缩短在水中存放时间,特别由于温度、酸、碱性的影响。一般青霉素水溶液在15℃以下和pH在5~7范围内较稳定,最稳定的pH为6左右。一些缓冲液,如磷酸盐和柠檬酸盐对青霉素有稳定作用。

4. 酸碱性青霉素的分子结构中有一个酸性基团(羧基),用电位滴定法证明青霉素分子中没有碱性基团,这对讨论它的结构起着重要的作用。苄青霉素在水中的解离常数pK值为2.7,即$Ka = 2.0×10^{-3}$,所以酸化pH = 2萃取时,就能把青霉素解离成游离酸,从水相中转移到有机溶媒中。

(二) 临床应用

青霉素对大多数革兰阳性细菌,部分革兰阴性细菌,各种螺旋体及部分放线菌有较强抗菌作用。临床上主要用于链球菌所致的扁桃体炎、丹毒、猩红热、细菌性心内膜炎;肺炎球菌所致的大叶肺炎;敏感金黄色葡萄球菌所致的败血症、脑膜炎、骨髓炎、化脓性关节炎、脓疮、淋病、梅毒、炭疽病以及各种脓肿等。

青霉素的毒性低微,但最易引起过敏反应。常见的过敏反应有过敏性休克、血清病型反应、各器官及各组织的过敏反应等。特别是过敏性休克反应,如不及时抢救,危及生命。因此,凡应用青霉素药物都必须先作皮试,皮试阳性者禁用。

知识链接

青霉素的发现

科学史上有两个极为有名的"偶然":一是苹果砸在牛顿头上,牛顿发现了万有引力定律;另一个是青霉素被发现的故事。两个故事都印证科学发现中一个很经典的定律"机会总是留给有准备的人"。弗莱明(英国微生物学家)发现青霉素是一个偶然,但正是他在这方面的研究和探索才铸就了这个"偶然",也挽救了众多的生命。

青霉素发现以前，因为细菌感染导致的伤口恶化，是困扰医学界一个很大的难题，让即使手术成功的病人还不得不承受着很大的生命危险。金黄色葡萄球菌是一种常见的病原菌，弗莱明就从事此方面的研究。因为一次工作疏忽，其培养基上长出了青霉，一般这样的培养基就已经没用了。

青霉并不是一种神秘的物质，橘子变质就很容易长出青霉。培养基上长青霉，本来是一件司空见惯的事情，但弗莱明不这么认为。他将培养基放在显微镜下观察，发现青霉生长的菌落周围金色葡萄球菌都出现了死亡。他意识到青霉可以制造一种可以抑制葡萄球菌生长的物质。这就是后来的青霉素。

之后的科学家进行了青霉素的提纯研究，让其抗菌能力达到了一个很有效的程度。青霉素在世界大战中挽救了众多的生命，随后更多的抗菌素也相继被生产出来，大大推动了医药的发展。青霉素被誉为是"二十世纪最伟大的发现之一"。

二、青霉素生产原理

（一）发酵原理

青霉素是产黄青霉菌株在一定的培养条件下发酵产生的。生产上一般是将孢子悬液接入种子罐经二级扩大培养后，移入发酵罐进行发酵，所制得的含有一定浓度青霉素的发酵液经适当的预处理，再经提炼、精制、成品分包装等最终制得合乎药典要求的成品。

1. 青霉素产生菌的培养　产黄青霉菌在液体深层培养中菌丝可发育为两种形态，即球状菌和丝状菌。发酵生产青霉素的关键是要筛选高产菌种，另外要通过不断地分离纯化来保证高产菌种的纯度，避免生产波动。高产菌种选育和培养还要采用严格的无菌操作，防止污染杂菌。供日常生产的高产纯种还必须用良好的方法妥善保藏，以维持其优良性能，保证生产稳定。种子培养阶段以产生丰富的孢子（斜面和米孢子培养）或大量健壮菌丝体（种子罐培养）为主要目的。因此，在培养基中应加入比较丰富易代谢的碳源（如葡萄糖或蔗糖）、氮源（如玉米浆）、缓冲 pH 的碳酸钙以及生长所必需的无机盐，并保持最适生长温度 25~26℃和充分的通气搅拌，使菌体量倍增达到对数生长期，此期要严格控制培养条件及原材料质量以保持种子质量的稳定性。

2. 青霉素的生物合成　产黄青霉菌在发酵过程中首先合成其前体，即 α-氨基己二酸、半胱氨酸、缬氨酸，再在三肽合成酶的催化下，L-α-氨基己二酸与 L-半胱氨酸形成二肽，然后再与 L-缬氨酸形成三肽化合物，称 α-氨基己二酰-半胱氨酰-缬氨酸。

三肽化合物在环化酶的作用下闭环形成异青霉素 N，异青霉素 N 中的 α-AAA 侧链可以在酰基转移酶作用下转换成其他侧链，形成青霉素类抗生素。如果在发酵液中加入苯乙酸，就形成青霉素 G。产生菌菌体内酰基转移酶活性高时，青霉素产量就高。对于生产菌，如果其各代谢通道畅通就可大量生产青霉素。因此，代谢网络中各种酶活性越高，越利于生产，对各酶量及各酶活性调节是控制代谢通量的关键。产黄青霉生产青霉素中受下列方式调控：

（1）碳源：青霉素生物合成途径中一些酶（如酰基转移酶）受葡萄糖分解产物的阻遏。

（2）氮源：NH_4^+浓度过高，阻遏三肽合成酶、环化酶等。

（3）终产物：青霉素过量能反馈调节自身生物合成。

（4）分支途径：产黄青霉在合成青霉素途径中，分支途径中L-赖氨酸反馈抑制共同途径中的第一个酶—高柠檬酸合成酶。

3. 发酵 青霉素发酵是给予最佳条件培养菌种，使菌种在生长发育过程中大量产生和分泌抗生素的过程。发酵过程的成败与种子的质量、设备构型、动力大小、空气量供应、培养基配方、合理补料、培养条件等因素有关。发酵过程控制就是控制菌种的生化代谢过程，必须对各项工艺条件加以严格管理，才能做到稳定发酵。

青霉素发酵属于好氧发酵过程，在发酵过程中，需不断通入无菌空气并搅拌，以维持一定的罐压和溶氧。整个发酵阶段分为生长和产物合成两个阶段。前一个阶段是菌丝快速生长，进入生产阶段的必要条件是降低菌丝生长速度，这可通过限制糖的供给来实现。发酵过程中应严格控制发酵温度、发酵液中残糖量、pH值、排气中的CO_2和氧气量等。一般残糖量可通过控制氮源的补加量来控制；pH值可通过控制补加的葡萄糖量、酸或碱量来调节；通过控制搅拌转速、通气量来调节供氧量及液相中的氧含量；至于发酵温度一般可通过调整冷却介质量来加以调节。

此外，还要加入消泡剂（如豆油、玉米油或环氧乙烯聚醚类）以控制泡沫。在发酵期间为检测生产是否染菌，每隔一定时间应取样进行分析、镜检及无菌试验，检测生产状况，分析或控制相关参数。如菌丝形态和浓度、残糖量、氨基氮、抗生素含量、溶解氧、pH值、通气量、搅拌转速等。

发酵过程必需控制的经济指标有：

（1）发酵单位：即抗生素在发酵液中的浓度，一般用U/ml或μl/ml表示。U为抗菌活性单位，又称效价。发酵单位在一般情况下用于表示发酵水平的高低。当发酵周期相同和放罐发酵液体积不变时，发酵单位高的过程的时间效率和发酵罐容积效率较高，从而降低产品中的固定成本含量，而且高单位的发酵液一般有利于减轻提炼工序的操作负荷，减少提炼过程的原材料的消耗以及废水排放量，并因此降低提炼成本。

然而，当发酵单位的提高是通过延长发酵周期获得的，则对成本核算影响要具体分析。如果延长发酵周期后，单位产量成本上升，则延长发酵周期不可取，反之在经济上是合算的。发酵单位的提高还可能是由于蒸发量增加使放罐发酵液体积减少，或由于菌体浓度增长造成发酵滤液体积减少，从而形成表面上发酵单位提高而放罐发酵总亿单位不变甚至下降的局面，那么，这样获得的高发酵单位自然是不可取的。

知识链接

发酵单位

一个青霉素效价单位：在50ml肉汤培养基中完全抑制金黄色葡萄球菌标准菌株发育的最小青霉素剂量，以1U表示。 1U青霉素G钠盐=0.6μg青霉素G钠盐。

（2）发酵总亿单位：发酵单位与发酵液体积的乘积称为发酵总亿单位，以亿单位（10^8U）或十亿单位（10^9U或BU）表示。发酵总亿单位代表批发酵产量。因此，在相同的发酵周期下，发酵总亿单位越高,在单位产量上投入的固定成本就越小,经济效益也越高。但是,当发酵过程产生的菌体量偏大,因而占据较多发酵液体积时,则由于所获得的滤液体积小,以上所定义的发酵总亿单位便不能正确地反映批发酵产量,为此,引入"发酵滤液总亿单位"即发酵单位与发酵滤液体积的乘积,它代表真正的批发酵产量。

(3)发酵指数:发酵指数是每小时、每立方米发酵罐容积发酵产生的抗生素量。一般以 $10^8U/(m^3 \cdot h)$ 表示,能反映固定成本的效益,即发酵指数越高,固定成本效益也越高。

在抗生素批发酵过程中,发酵指数是不断变化的,一般在发酵前期迅速上升,进入抗生素合成高峰期后达到最大值,以后逐渐下降。当发酵指数处于高峰的时候,虽然固定成本效益也处于高峰,但由于可变成本效益还很低,故总的效益不高甚至亏损。随着发酵过程的继续,虽然发酵指数下降,固定成本效益也相应下降,但可变成本效益的增加超过固定成本效益的下降,因而总的效益上升,直到两种成本效益升降达到平衡。以后可变成本效益增加不足以弥补固定成本效益的下降,总的效益则下降。因此,抗生素发酵经济效益的高低,一般不能仅以发酵指数作为判断依据。

(4)年(月)发酵产率:发酵工厂每年(月)每立方米发酵罐容积产生的抗生素量称为年(月)发酵产率。和发酵指数相比,年(月)发酵产率更确切地反映了固定成本效益的高低。

(5)基质转化率:发酵过程消耗的主要基质(一般为碳源、能源或其他成本较高的基质)转化为抗生素的得率,称为基质转化率,以 g(抗生素)/g(基质)或 BU/kg(基质)表示。

(二) 发酵液的预处理和过滤

发酵产生的青霉素分泌到发酵液中。发酵液成分很复杂,其中含有菌体蛋白质等固体成分,含有培养基的残余成分及无机盐;除产物外,还会有微量的副产物及色素类杂质。因此,要从发酵液中将青霉素提取出来,才能制备合乎药典规定的抗生素成品。在提取时,先将发酵液过滤和预处理,目的在于分离菌丝、除去杂质。生产上采用二次过滤工艺,一次过滤主要除去菌体,二次过滤除去蛋白质等杂质。

发酵液中杂质很多,其中对青霉素提纯影响最大的是高价无机离子(Ca^{2+}、Mg^{2+}、Fe^{3+})和蛋白质。除去 Ca^{2+},最好加入草酸,因草酸溶解度较小,故当用量大时,可以用其可溶性盐类,如草酸钠,反应生成的草酸钙还能促使蛋白凝固。草酸镁的溶解度较大,要除去 Mg^{2+},可加入三聚磷酸钠,它和 Mg^{2+} 形成不溶性的络合物。用磷酸盐处理,也能大大降低 Ca^{2+} 和 Mg^{2+} 的浓度。要除去 Fe^{3+},可加入黄血盐,使形成普鲁士蓝沉淀。

$$Mg^{2+}+Na_5P_3O_{10}=\!=\!=MgNa_3P_3O_{10}+2Na^+$$

$$3K_4Fe(CN)_6+4Fe^{3+}=\!=\!=Fe_4[Fe(CN)_6]_3\downarrow+12K^+$$

除去蛋白质,尤其是包含在发酵液中的一部分可溶性蛋白质必须预先加以处理使沉淀后随同菌丝一起除去。除蛋白质的方法是等电点、加明矾或絮凝剂法。单靠调节 pH 至等电点的办法不能将大部分蛋白质除去。在酸性溶液中,蛋白质能与一些阴离子(如三氯乙酸盐、水杨酸盐、钨酸盐、香味酸盐、鞣酸盐、过氯酸盐、溴代十五烷吡啶等)形成沉淀。在碱性溶液中,能与一些阳离子(如 Ag^+、Cu^{2+}、Zn^{2+}、Fe^{3+}、Pb^{2+}等)形成沉淀。有机高分子絮凝剂带有—NH_2、—COOH、—OH 基团,能够形成高密度电荷来中和蛋白质的电性而促使其絮凝。青霉素生产中采用加酸调节 pH 值至等电点及加入絮凝剂除蛋白质。

经过预处理的发酵液便可进行过滤去除菌丝体及沉淀的蛋白质。青霉素发酵液过滤宜采用鼓式真空过滤机。因为青霉素在低温时比较稳定,同时细菌繁殖也较慢,可避免青霉素迅速被破坏,所以发酵液放罐后,一般要先冷却再过滤。过滤后的滤液需经酸处理除蛋白质,同时加入少量 PPB。由于发酵液中含有过剩的碳酸钙,在酸化除蛋白质时会有部分溶解,使 Ca^{2+} 呈游离状态,在酸化萃取时,遇大量 SO_4^{2-} 形成 $CaSO_4$ 沉淀。因此,预处理除蛋白质时 pH 值适当高些。

青霉素发酵液菌丝粗长,直径达 10 微米,其滤渣成紧密饼状,很易从滤布上刮下来,无须改善过滤性能。但除蛋白质进行二次过滤时,为了提高滤速应加硅藻土作助滤剂,或将部分发酵液不经一次过滤处理而直接进入二次过滤,利用发酵液中的菌体作助滤介质。生产上一般将不超过发酵液体积 1/3 的发酵液与一次滤液一起进行二次过滤。

(三) 青霉素的提取

青霉素发酵液经过预处理和过滤后得到的滤液,滤液中含有不到4%的青霉素及一些与水亲和的杂质,需经提取和精制加以去除。提取要达到提纯和浓缩两个目的,生产上常采用溶媒萃取法。其主要基于青霉素游离酸易溶于有机溶剂,而青霉盐易溶于水的特性,反复转移而达到提纯和浓缩。

由于发酵液中青霉素浓度很低,而杂质浓度相对较高。另外,青霉素水溶液也不稳定,且发酵液易被污染,故提取时要时间短、温度低、pH 值宜选择在对青霉素较稳定的范围、勤清洗消毒(包括厂房、设备、容器,并注意消灭死角)。

青霉素在酸性条件下易溶于丁酯,碱性条件下易溶于水,所以生产上采用萃取(酸性条件)及反萃取(碱性条件)的方法对含青霉素的滤液进行提取。当青霉素自发酵滤液萃取到乙酸丁酯中时,大部分有机酸(杂酸)也转移到溶剂中。无机杂质、大部分含氮化合物等碱性物质及大部分酸性较青霉素强的有机酸,在从滤液萃取到丁酯时,则留在水相。如酸性强弱和青霉素相差悬殊的也可以和青霉素分离,但对于酸性较青霉素弱的有机酸,在从丁酯反萃取到水中时,大部分留在丁酯中。只有酸性和青霉素相近的有机酸随着青霉素转移,很难除去。杂酸的含量可用污染数表示,污染数表示丁酯萃取液中杂酸和青霉素含量之比。总酸量可用 NaOH 滴定求得。青霉素含量可用旋光法或碘量法测定,两者之差即表示杂酸含量。

青霉素在酸性条件下极易水解破坏,生成青霉素酸,但要使青霉素在萃取时转入有机相,又一定要在酸性条件下。这一矛盾要求在萃取时选择合理的 pH 及适当浓度的酸化液。而从有机相转入水相中时,由于青霉素在碱性较强的条件下极易碱解破坏,生成青霉噻唑酸,但要使青霉素在反萃取时转入水相,又一定要在碱性条件下。这一矛盾要求在萃取时选择合理的 pH 及适当浓度的碱性缓冲液。

生产上一般采用二级逆流萃取。浓缩比选择很重要,因为丁酯的用量与收率和质量都有关系。如果丁酯用量太多,虽然萃取较完全,收率高,但达不到结晶浓度要求,反而增加溶媒的用量;如果丁酯用量太少,则萃取不完全,影响收率。发酵滤液与丁酯的体积比一般为 1.5~2∶1,即一次丁酯萃取液的浓缩倍数为 1.5~2。从丁酯相反萃取时为避免 pH 波动,常用缓冲液。可用磷酸盐缓冲液、碳酸氢钠或碳酸钠溶液等。反萃取时，因分配系数之值较大，浓缩倍数可以较高，一般 3~4 倍。从缓冲液再萃取到丁酯中的二次丁酯萃取液，浓缩倍数一般为 2~2.5。故几次萃取后共约浓缩 10~12 倍，浓度已合乎结晶要求。

在一次萃取丁酯中，由于滤液中有大量蛋白质等表面活性物质存在，易发生乳化，这时可加入去乳化剂。通常用 PPB，加入量为 0.05%~0.1%。关于乳化和去乳化的机制可简述如下：由于蛋白质的憎水性质，故形成 W/O 型乳浊液，即在丁酯相乳化，加入 PPB 后，由于其亲水性较大，乳浊液发生转型而破坏，同时使蛋白质表面成为亲水性，而被拉入水相，同时 PPB 是碱性物质，在酸性下留在水相，这样可使丁酯相含杂质较少。考虑温度对青霉素稳定性的影响，整个萃取过程应在低温下进行（10℃以下），各种贮罐都以蛇管或夹层通冷冻盐水冷却，在保证萃取效率的前提下，尽量缩短操作时间，可减少青霉素的破坏，青霉素不仅在水溶液中不稳定，而且在丁酯中也被破坏。从实验结果得知青霉素在丁酯中 0~15℃放置 24 小时不致损失效价，在室温放置 2 小时损失 1.96%，4 小时损失 2.32%。

（四）青霉素的精制及烘干

对产品精制、烘干和包装的阶段要符合 GMP 的规定。精制包括脱色和去热原质、结晶和重结晶等。一般生产上是在萃取液中加活性炭，过滤除去活性炭得精制的滤液。滤液采用反萃、共沸结晶，晶体经过滤、洗涤、烘干得成品。烘干一般采用双锥真空干燥器。

知识链接

有关热源及除去方法

热原质是在生产过程中由于被污染后由杂菌所产生的一种内毒素，各种杂菌所产生的热原反应有所不同，革兰阴性菌产生的热原反应一般比革兰阳性菌的为强。热原注入体内引起恶寒高热，严重的引起休克。它是多糖磷类脂质和蛋白质的结合体，为大分子有机物质，能溶于水，在 120℃加热 4 小时，它能被破坏 90%；180~200℃加热半小时或 150℃加热 2 小时能彻底被破坏。它也能被强酸、强碱、氧化剂等所破坏，它能通过一般过滤器，但能被活性炭、石棉滤板等吸附。生产中常用活性炭脱色去除热原质，但须注意脱色时 pH、温度、炭用量及脱色时间等因素，以及对抗生素的吸附问题，某些产品也可用超微过滤办法除去热原。

青霉素的品种很多，但目前青霉素主要用来裂解以生产深加工产品，经发酵、提炼得到的多数是青霉素钾工业盐，所以，主要学习青霉素钾盐的结晶技术。

青霉素水溶液-丁醇减压共沸结晶：将青霉素游离酸的醋酸丁酯提取液用碱（碳酸氢钾）水溶液抽提至水相中，形成青霉素钾盐水溶液，调节 pH 后加入丁醇进行减压共沸蒸馏。蒸馏是利用丁醇—水二组分能够形成共沸物，使溶液沸点下降，且两组分在较宽的液相组成范围内，蒸馏温度稳定等特点。进行减压共沸蒸馏是为了进一步降低溶液沸点，减少对青霉素钾盐的破坏。在共沸蒸馏过程中以补加丁醇的方法将水分分离，使溶液逐步达到过饱和状态而结晶析出。

（五）成品的检验及分包装

抗生素一般要求无菌，特别是注射剂更应满足严格无菌要求。因此，成品分包装必须在无菌或半无菌的场所进行。注射剂则应在无菌条件下用自动分装机械分装。药品分包装车间的整个生产流程必须纳入 GMP 管理标准，以确保药品质量。另外，钠盐比钾盐容易吸潮，因此包装车间的温度和成品包装条件要求也高。

三、青霉素生产工艺过程、控制要点

（一）青霉素的发酵工艺过程

1. 工艺流程

（1）丝状菌三级发酵工艺流程

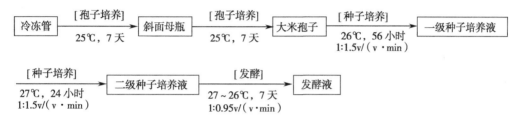

（2）球状菌二级发酵工艺流程

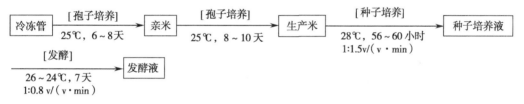

2. 工艺控制

（1）影响发酵产率的因素：

1）基质浓度：在分批发酵中，常因为前期基质浓度高，对生物合成酶系产生阻遏（或抑制）或对菌丝生长产生抑制，而后期基质浓度低限制了菌丝生长和产物合成，为了避免这一现象，在青霉素发酵中通常采用补料分批操作法。即对容易产生阻遏、抑制和限制作用的基质进行缓慢流加以维持一定的最适浓度。这里必须特别注意的是葡萄糖的流加，因为即使是超出最适浓度范围较小的波动，都将引起严重的阻遏或限制，使生物合成速度减慢或停止。

2）温度：青霉素发酵的最适温度随所用菌株的不同可能稍有差别，但一般是 25℃ 左右。温度过高将明显降低发酵产率，同时增加葡萄糖的维持消耗，降低葡萄糖至青霉素的转化率。对菌丝生长和青霉素合成来说，最适温度不是一样的，一般前者略高于后者，故有的发酵过程在菌丝生长阶段采用较高的温度，以缩短生长时间，到达生产阶段后便适当降低温度，以利于青霉素的合成。

3）pH 值：青霉素发酵的最适 pH 值为 6.5 左右，有时也可以略高或略低一些，但应尽量避免 pH 值超过 7.0，因为青霉素在碱性条件下不稳定，容易加速其水解。在缓冲能力较弱的培养基中，pH 值的变化是葡萄糖流加速度高低的反映。过高的流加速率造成酸性中间产物的积累使 pH 值降低；过低的加糖速率不足以中和蛋白质代谢产生的氨或其他生理碱性物质代谢产生的碱性化合物而引起 pH 值上升。

4）溶氧：对于好氧的青霉素发酵来说，溶氧浓度是影响发酵过程的一个重要因素。当溶氧浓度降到30%饱和度以下时,青霉素产率急剧下降,低于10%饱和度时,则造成不可逆的损害。溶氧浓度过高,说明菌丝生长不良或加糖率过低,造成呼吸强度下降,同样影响生产能力的发挥。溶氧浓度是氧传递和氧消耗的一个动态平衡点,而氧消耗与碳能源消耗成正比,故溶氧浓度也可作为葡萄糖流加控制的一个参考指标。

5)菌丝浓度:发酵过程中必须控制菌丝浓度不超过临界菌体浓度,从而使氧传递速率与氧消耗速率在某一溶氧水平上达到平衡。青霉素发酵的临界菌体浓度随菌株的呼吸强度(取决于维持因数的大小,维持因数越大,呼吸强度越高)、发酵通气与搅拌能力及发酵的流变学性质而异。呼吸强度低的菌株降低发酵中氧的消耗速率,而通气与搅拌能力强的发酵罐及黏度低的发酵液使发酵中的传氧速率上升,从而提高临界菌体浓度。

6)菌丝生长速度:青霉素工业发酵生产阶段控制小于0.015/h的比生长速率,由于工业上采用的补料分批发酵过程不断有部分菌丝自溶,抵消了一部分生长,故虽然表观比生长率低,但真比生长率却要高一些。

7)菌丝形态:在长期的菌株改良中,青霉素产生菌在沉没培养中分化为主要呈丝状生长和结球生长两种形态。前者由于所有菌丝体都能充分和发酵液中的基质及氧接触,故一般比生产率较高;后者则由于发酵液黏度显著降低,使气—液两相间氧的传递速率大大提高,从而允许更多的菌丝生长(即临界菌体浓度较高),发酵罐体积产率甚至高于前者。

ER-12-4
青霉素比生
长速率

在丝状菌发酵中,控制菌丝形态使其保持适当的分枝和长度,并避免结球,是获得高产的关键要素之一。而在球状菌发酵中,使菌丝球保持适当大小和松紧,并尽量减少游离菌丝的含量,也是充分发挥其生产能力的关键要素之一。这种形态的控制与糖和氮源的流加状况及速率、搅拌的剪切强度及比生长率密切相关。

(2)工艺控制要点:

1)种子质量的控制:丝状菌的生产种子是由保藏在低温的冷冻安瓿管经甘油、葡萄糖、蛋白胨斜面移植到小米固体上,25℃培养7天,真空干燥并以这种形式保存备用。生产时它按一定的接种量移种到含有葡萄糖、玉米浆、尿素为主的种子罐内,26℃培养56小时左右,菌丝浓度达6%～8%,菌丝形态正常,按10%～15%的接种量移入含有花生饼粉、葡萄糖为主的二级种子罐内,27℃培养24小时,菌丝体积10%～12%,形态正常,效价在700u/ml左右便可作为发酵种子。

球状菌的生产种子是由冷冻管孢子经混有0.5%～1.0%玉米浆的三角瓶培养原始亲米孢子,然后再移入罗氏瓶培养生产大米孢子(又称生产米),亲米和生产米均为25℃静置培养,需经常观察生长发育情况,在培养到三至四天,大米表面长出明显小集落时要振摇均匀,使菌丝在大米表面能均匀生长,待十天左右形成绿色孢子即可收获。亲米成熟接入生产米后也要经过激烈振荡才可放置恒温培养,生产米的孢子量要求每粒米300万只以上。亲米、生产米孢子都需保存在5℃冰箱内。

工艺要求将新鲜的生产米(指收获后的孢瓶在十天以内使用)接入含有花生饼粉、玉米胚芽粉、葡萄糖、饴糖为主的种子罐内,28℃培养50～60小时。当pH由6.0～6.5下降至5.5～5.0,菌丝呈菊花团状,平均直径在100～130μm,球数为6～8万只/ml,沉降率在85%以上,即可根据发酵罐球数控制在 8000~11 000 只/ml 范围的要求,计算移种体积,然后接入发酵罐,多余的种子液弃去。球状菌以新鲜孢子为佳,其生产水平优于真空干燥的孢子,能使青霉素发酵单位的罐批差异减少。

2)培养基成分的控制:

a. 碳源:产黄青霉菌可利用的碳源有:乳糖、蔗糖、葡萄糖等。目前生产上普遍采用的是淀粉水解糖,糖化液(DE 值 50%以上)进行流加。

b. 氮源:氮源常选用玉米浆、精制棉籽饼粉、麸皮,并补加无机氮源(硫酸铵、氨水或尿素)。

c. 前体:生物合成含有苄基基团的青霉素 G,需在发酵液中加入前体。前体可用苯乙酸、苯乙酰胺,一次加入量不大于 0.1%,并采用多次加入,以防止前体对青霉素的毒害。

d. 无机盐:加入的无机盐包括硫、磷、钙、镁、钾等,且用量要适度。另外,由于铁离子对青霉素毒害作用,必须严格控制铁离子的浓度,一般控制在 30μg/ml。

3)发酵培养的控制:

a. 加糖控制:加糖量的控制是根据残糖量及发酵过程中的 pH 值确定,最好是根据排气中 CO_2 及 O_2 量来控制,一般在残糖降至 0.6%左右,pH 值上升时开始加糖。

b. 补氮及加前体:补氮是指加硫酸铵、氨水或尿素,使发酵液氨氮控制在 0.01%~0.05%,补前体以使发酵液中残存苯乙酰胺浓度为 0.05%~0.08%。

c. pH 值控制:对 pH 值的要求视不同菌种而异,一般为 6.4~6.8,可以补加葡萄糖来控制。目前一般采用加酸或加碱控制 pH 值。

d. 温度控制:前期 25~26℃,后期 23℃,以减少后期发酵液中青霉素的降解破坏。

e. 溶解氧的控制:一般要求发酵中溶解氧量不低于饱和溶解氧的 30%。通风比一般为 1:0.8L/(L·min),搅拌转速在发酵各阶段应根据需要而调整。

f. 泡沫的控制:在发酵过程中产生大量泡沫,可以用天然油脂,如豆油、玉米油等或用化学合成消泡剂"泡敌"来消泡,应当控制其用量并要少量多次加入,尤其在发酵前期不宜多用,否则会影响菌体的呼吸代谢。

g. 发酵液质量控制:生产上按规定时间从发酵罐中取样,用显微镜观察菌丝形态变化来控制发酵。生产上惯称"镜检",根据"镜检"中菌丝形态变化和代谢变化的其他指标调节发酵温度,追加糖或补加前体等各种措施来延长发酵时间,以获得最多青霉素。当菌丝中空泡扩大,增多及延伸,并出现个别自溶细胞,这表示菌丝趋向衰老,青霉素分泌逐渐停止,菌丝形态上即将进入自溶期,在此时期由于菌丝自溶,游离氨释放,pH 值上升,导致青霉素产量下降,使色素、溶解和胶状杂质增多,并使发酵液变黏稠,增加下一步提纯时过滤的困难。因此,生产上根据"镜检"判断,在自溶期即将来临之际,迅速停止发酵,立刻放罐,将发酵液迅速送往提炼工段。

(二) 青霉素的提取和精制工艺过程

1. **工业钾盐生产工艺流程**　青霉素产品有青霉素钾工业盐、注射用青霉素钾、青霉素钠盐等,目前生产的青霉素主要用来裂解生产 6-APA,以进一步深加工生产其下游产品,所以,在此仅介绍青霉素钾工业盐的生产工艺。该品种的生产也有饱和盐析法和共沸结晶法两种工艺,较常用的是共沸结晶工艺,其流程如图 12-2 所示。

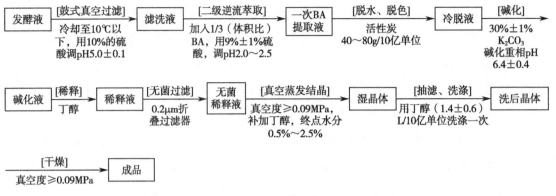

图 12-2 共沸结晶法生产青霉素钾工业盐工艺流程

2. 工艺控制

青霉素性质不稳定,在发酵液预处理、提取和精制过程应注意条件温和、速度快、以防止青霉素破坏。预处理及过滤、提取过程是青霉素各产品生产的共性部分,其工艺控制基本相同,只是精制过程有所差别。

(1)预处理及过滤:发酵液放罐后需冷却至10℃后,经鼓式真空过滤机过滤。从鼓式真空过滤机得到青霉素滤液 pH 在 6.27~7.2,蛋白质含量一般在 0.05%~0.2%。这些蛋白质的存在对后面提取有很大影响,必须加以除去。除去蛋白质通常采用10%硫酸调节 pH 4.5~5.0,加入0.05%(W/V)左右的溴代十五烷吡啶(PPB)的方法,同时再加入0.7%硅藻土作助滤剂,再通过板框过滤机过滤。经过第二次过滤的滤液一般澄清透明,可进行萃取。

(2)提取:结合青霉素在各种 pH 下的稳定性,一般从发酵液中萃取到醋酸丁酯时,pH 选择在1.8~2.2 范围内,而从丁酯相反萃取到水相时,pH 选择在6.8~7.4 范围内对提取有利。生产上一般将发酵滤液酸化至 pH 等于2.0,加1/3体积的醋酸丁酯(简称BA)混合后以卧式离心机(POD机)分离得一次 BA 萃取液,然后用30%的 K_2CO_3 溶液在 pH 为6.8~7.4条件下将青霉素从 BA 中萃取到缓冲液中,再用10% H_2SO_4 调节 pH 等于2.0,将青霉素从缓冲液再次转入到 BA 中(方法同前面所述),得二次 BA 萃取液。

(3)脱色:在二次 BA 萃取液中加入活性炭 150~300g/10 亿 U,进行脱色,石棉过滤板过滤。

(4)结晶:目前常用的是青霉素水溶液-丁醇减压共沸结晶,工艺流程如图12-3所示,工艺过程如下:

丁酯萃取液以30%的 K_2CO_3 溶液萃取,在 pH 6.4~6.8 下得到钾盐水浓缩液,浓度为15~25 万 U/ml,加2.5~3 倍体积的丁醇,在16~26℃,0.67~1.3kPa 下共沸蒸馏。一般开始共沸结晶时,先加水液相同体积的丁醇作为基础料,其他1.5~2 倍丁醇随蒸馏过程分5~6次补加入罐内。蒸馏时水分与丁醇成共沸物蒸出,当浓缩到原来水浓缩液体积,气相中含水量达到2%~4%时停止蒸馏,钾盐则结晶析出。在钾盐结晶析出过程中要注意养晶,以利于晶体粗大利于过滤,且纯净度高杂质少。生产上养晶一般补加第三次丁醇后,亦即蒸馏三个小时后,此时料液变黏,有泡沫产生,同时溶液温度有所下降,此即达到过饱和状态,是即将出现晶体析出的象征,这个时候要采取措施减缓其蒸发速度,使过饱和度逐渐形成,使晶核慢慢产生,以利晶体成长,待大量晶核出现30~60分钟后,再加大蒸发速度和脱水,使结晶完全。结晶后的钾盐经过滤,洗涤后干燥得工业品青霉素钾盐。

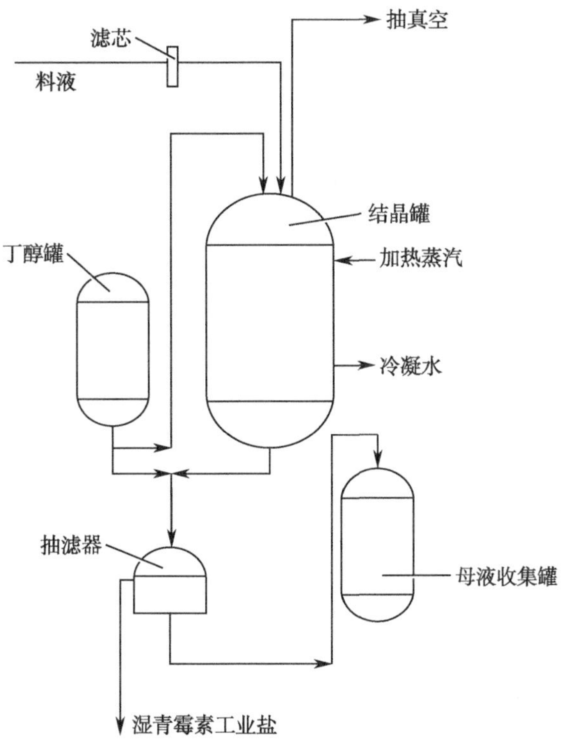

图 12-3 青霉素钾盐结晶工艺流程图

点滴积累 ∨

1. 影响青霉素发酵的因素 基质浓度、温度、pH、溶氧、菌丝浓度、菌丝生长速度、菌丝形态。

2. 用萃取方法提取青霉素;用水-丁醇减压共沸结晶;用减压真空干燥。

3. 提取要达到提纯和浓缩两个目的,青霉素不稳定,整个提炼过程要求"快""冷"。

第二节 维生素 C 生产技术

▶ 课堂活动

当你走进药店,柜台上摆满了琳琅满目、各种口味的 VC 产品:VC 含片、VC 咀嚼片、葡萄籽维生素 C 加 E 片……营业员会给你介绍,这都是天然维生素 C,是从粮食中提取的。 那么,它是怎么从粮食中获得的呢? 你知道经过了哪些复杂的过程吗?

一、维生素 C 结构、理化性质、应用

维生素 C(Vitamin C,VC)又名抗坏血酸,化学名称为 L-2,3,5,6-四羟基-2-己烯酸-γ-内酯,是人体不可缺少的要素。维生素 C 是细胞氧化-还原反应中的催化剂,参与机体新陈代谢,增加机体对感染的抵抗力。用于防治维生素 C 缺乏症和抵抗传染性疾病,促进创伤和骨折愈合,以及用作辅助药

物治疗。维生素 C 参与机体新陈代谢,帮助酶将胆固醇转化为胆酸而排泄,以减轻毛细管的脆性,增加机体抵抗力;它还能促进肠道内铁的吸收,如缺乏维生素 C,会使血浆与贮存器官中铁的运输遭破坏;它与叶酸之间也有一定作用,能促进叶酸转变成甲酰四氢叶酸,以保持人体正常造血功能。在临床上,维生素 C 用于防治维生素 C 缺乏症、预防冠心病,大剂量静脉注射可用于克山病的治疗。由于维生素 C 是一种强还原剂,故还可用于食品保鲜与贮藏,油脂的抗氧化、植物生长等领域以及作为人体营养剂,健康食品添加剂等。

知识链接

维生素 C 与美容

维生素 C 是水溶性维生素,水果和蔬菜中含量丰富,但容易因外在环境改变而遭到破坏。 人体自身无法合成维生素 C,必须额外从食物中获取。 维生素 C 在体内经代谢分解成草酸或与硫酸结合生成抗坏血酸-2-硫酸由尿排出,另一部分可直接由尿排出体外。

维生素 C 能增强皮肤弹性,预防色斑; 可促进伤口愈合,治疗外伤、灼伤,加速手术后的恢复; 可促使蛋白质细胞互相牢聚,有助制造胶原,防止衰老,延长生命;有助于治疗牙龈出血;可以帮助机体吸收铁质,分解叶酸,预防贫血; 能防止致癌物质亚硝基胺的形成; 可预防坏血病的产生。 帮助降低血液中的胆固醇;减少静脉中血栓的发生; 增强治疗尿道感染的药物之疗效; 预防滤过性病毒和细菌的感染,具有抗癌作用;并增强免疫系统功能; 可治疗普通的感冒,并有预防的效果等。

维生素 C 有这么多的好处,喜欢美容的小伙伴,可以另外补充。

维生素 C 最早(1932 年)是由柠檬汁浓缩液中提取的结晶体。其结构式为:

维生素 C 是一种白色或略带淡黄色的结晶或粉末,无臭、味酸、遇光色渐变深,水溶液显酸性。结晶体在干燥空气中较稳定,但其水溶液能被空气中氧和其他氧化剂所破坏,所以贮藏时要阴凉干燥,密闭避光。熔点为 190~192℃,熔融时同时分解。

维生素 C 易溶于水,略溶于乙醇,不溶于乙醚、氯仿和石油醚等有机溶剂。水溶液在 pH 为 5~6 之间稳定,若 pH 值过高或过低,并在空气、光线和温度的影响下,可促使内酯环水解,并可进一步发生脱羧反应而成糠醛,聚合易变色。反应过程如下。

其水溶液呈酸性是由于分子中存在烯醇结构($—\overset{OH}{\underset{}{C}}=\overset{OH}{\underset{}{C}}—$),表现出强还原作用的缘故;也是因烯醇结构易被氧化成双酮结构($—\overset{O}{\underset{}{C}}—\overset{O}{\underset{}{C}}—$),故微量金属离子($Cu^{2+}$、$Zn^{2+}$、$Mn^{2+}$、$Fe^{2+}$ 等)的存

在会使氧化反应加速。

维生素 C 虽广泛存在于自然界,但含量很低,目前主要采用莱氏法和两步发酵法来制备。国外维生素 C 的生产主要采用莱氏法及其改进路线,其生产自动化水平较高,生产能力也较大。我国 70 年代初开始研制维生素 C 两步发酵法并投入生产,其工艺已达到国际先进水平,总收率为 63.5%,高于国外(约 61%)。1991 年,瑞典一家药厂以 550 万美元买走上海三维制药公司(原上海第二制药厂)维 C 两步发酵法专利,创造了我国医药史上第一项软技术出口的记录。目前,在生物工程上,维生素 C 从山梨醇两步发酵法发展到 D-葡萄糖经 2-酮基-L-古龙酸(简称 2-KGA)的新两步发酵法和从葡萄糖起始的三步发酵法直接得维生素 C。1984 年日本推出了从 D-葡萄糖到维生素 C 的一步发酵法。由于我国主要采用“两步发酵法”生产,所以,在此主要学习该法,“莱氏法”见本节数字材料。

二、合成原理

维生素 C 分子中有两个手性碳原子,有四种同分异构体,如图 12-4。其中只有 L (+)抗坏血酸生物活性最高,其他三种临床效用很低或无活性。D 型(Ⅱ)(Ⅳ)无生物活性,(Ⅲ)仅具有(Ⅰ)的 1/20 的生理效能。由于维生素 C 的构型与生物活性有一定的关系,所以合成时必须以第四个碳原子和抗坏血酸结构相同的物质作为原料,而且保证在合成过程中此种碳原子的构型不变。

ER-12-6
莱氏法生产
维 生 素 C
工艺

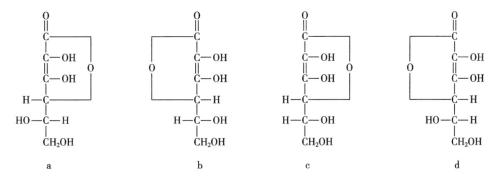

图 12-4 维生素 C 四种同分异构体

a.L-抗坏血酸(Ⅰ);b.D-抗坏血酸(Ⅱ);c.L-异抗坏血酸(Ⅲ);d.D-异抗坏血酸(Ⅳ)

70 年代初,中国科学院微生物研究所等单位筛选得到一株以氧化葡萄糖酸杆菌(Glnanobacter oxydans)为主要产酸菌,以条纹假单孢杆菌(Pseudomonas striata)为伴生菌的自然组合菌株,此组合菌株能将 L-山梨糖继续氧化成 2-酮基-L-古龙酸(维 C 的前体),最后经化学转化制备成维生素 C。这一方法称为两步发酵法。其合成路线如下:

$$
\text{D-葡萄糖} \xrightarrow[\text{H}_2]{\text{[氢化还原]}} \text{D-山梨醇} \xrightarrow[\text{O}_2/\text{黑醋菌}]{\text{[生物氧化]}}
$$

$$
\text{L-山梨糖} \xrightarrow[\text{O}_2/\text{假单孢杆菌}]{\text{[生物氧化]}} \text{2-酮基-L-古龙酸} \xrightarrow[\text{HCl38\%}]{\text{[转化]}} \text{L-维生素 C}
$$

三、生产工艺过程、控制要点及"三废"治理

莱氏法的优点是生产工艺成熟,总收率能达到 60%(对 D-山梨醇计),优级品率为 100%,但生产中为使其他羟基不受影响,需用丙酮保护,使反应步骤增多,连续操作有困难,且原料丙酮用量大,苯毒性大,劳动保护强度大,并污染环境。由于存在上述问题,莱氏法工艺已逐步被两步发酵法所取代。

两步发酵法也是以葡萄糖为原料,经高压催化氢化、两步微生物(黑醋菌、假单孢杆菌和氧化葡萄糖酸杆菌的混合菌株)氧化,酸(或碱)转化等工序制得维生素 C。这种方法系将莱氏法中的丙酮保护和化学氧化及脱保护等三步改成一步混合菌株生物氧化。因为生物氧化具有特异的选择性,利用合适的菌将羟基氧化,可以省去保护和脱保护两步反应。

此法的最大特点是革除了大量的有机溶剂,改善了劳动条件和环境保护问题,近年来又去掉了动力搅拌,大大地节约了能源。我国已全部采用两步发酵法工艺,淘汰了莱氏法工艺。

(一) D-山梨醇的制备

山梨醇是葡萄糖在氢作还原剂,镍作催化剂的条件下,将葡萄糖醛基还原成醇羟基而制得的,其反应式如下:

$$
\begin{array}{c}
\text{CH}_2\text{OH} \\
| \\
\text{HO}\!-\!\text{C}\!-\!\text{H} \\
| \\
\text{HO}\!-\!\text{C}\!-\!\text{H} \\
| \\
\text{H}\!-\!\text{C}\!-\!\text{OH} \\
| \\
\text{HO}\!-\!\text{C}\!-\!\text{H} \\
| \\
\text{CHO}
\end{array}
\quad
\xrightarrow[\substack{0.04\text{MPa} \\ 150\text{℃}}]{\substack{[\text{氢化还原}] \\ \text{H}_2 \diagup \text{Ni}}}
\quad
\begin{array}{c}
\text{CH}_2\text{OH} \\
| \\
\text{HO}\!-\!\text{C}\!-\!\text{H} \\
| \\
\text{HO}\!-\!\text{C}\!-\!\text{H} \\
| \\
\text{H}\!-\!\text{C}\!-\!\text{OH} \\
| \\
\text{HO}\!-\!\text{C}\!-\!\text{H} \\
| \\
\text{CH}_2\text{OH}
\end{array}
$$

D-葡萄糖　　　　　　　　　　　　　　D-山梨醇

1. 工艺过程　将水加热至 70~75℃,在不断搅拌下逐渐加入葡萄糖至全溶,制成 50% 葡萄糖水溶液,再加入活性炭于 75℃,搅拌 10 分钟,滤去炭渣,然后用石灰乳液调节滤液 pH 8.4,备用。当氢化釜内氢气纯度≥99.3%,压强>0.04Mpa 时可加入葡萄糖滤液,同时在触媒槽中添加活性镍,利用糖液冲入釜内,以碱液调节 pH 为 8.2~8.4,然后通蒸气并搅拌。当温度达到 120~135℃时关蒸气,并控制釜温在 150~155℃,压强在 3.8~4.0MPa。取样化验合格后,在 0.2~0.3MPa 压强下压料至沉淀缸静置沉淀,过滤除去催化剂,滤液经离子交换树脂交换,活性炭处理,即得 D-山梨醇。收率为 95%。

山梨醇是无色透明或微黄色透明黏稠液体,主要用作生产维生素 C 的原料,也可作表面活性剂,制剂的辅料、甜味剂、增塑剂,牙膏的保湿剂,其口服液还可治疗消化道疾病。

2. 注意事项及三废处理　车间进行葡萄糖还原反应时氢气需自制,故配有氢气柜。应杜绝火源,以免氢气发生爆炸。催化氢化前,葡萄糖液的 pH 值应严格控制在 8.0~8.5,如 pH 偏低或偏高,将会使甘露醇含量增加。山梨醇是多元醇,在高温下具有溶解多种金属的性能,因而生产中应避免使用铁、铝或铜制设备,尤其在料液经过树脂交换后,应全部使用不锈钢设备。废镍触媒可压制成块,冶炼回收;再生废液中的镍经沉淀后可回收。废酸、废碱液经中和后放入下水道。

(二) L-山梨糖的制备

经过黑醋菌的生物氧化,可选择性地使 D-山梨醇的 2 位羟基氧化成酮基,即得 L-山梨糖。

$$
\begin{array}{c}
\text{CH}_2\text{OH} \\
| \\
\text{HO}\!-\!\text{C}\!-\!\text{H} \\
| \\
\text{HO}\!-\!\text{C}\!-\!\text{H} \\
| \\
\text{H}\!-\!\text{C}\!-\!\text{OH} \\
| \\
\text{HO}\!-\!\text{C}\!-\!\text{H} \\
| \\
\text{CH}_2\text{OH}
\end{array}
+ [\text{O}]
\quad
\xrightarrow[\text{黑醋菌}]{[\text{生物氧化}]}
\quad
\begin{array}{c}
\text{CH}_2\text{OH} \\
| \\
\text{C}\!=\!\text{O} \\
| \\
\text{HO}\!-\!\text{C}\!-\!\text{H} \\
| \\
\text{H}\!-\!\text{C}\!-\!\text{OH} \\
| \\
\text{HO}\!-\!\text{C}\!-\!\text{H} \\
| \\
\text{CH}_2\text{OH}
\end{array}
+ \text{H}_2\text{O}
$$

D-山梨醇　　　　　　　　　　　　　　L-山梨糖

1. 工艺过程

(1)菌种制备:黑醋菌是一种小短杆菌,属革兰阴性菌(G$^-$),生长温度为 30~36℃,最适温度为 30~33℃。培养方法是将黑醋菌保存于斜面培养基中,每月传代一次,保存于 0~5℃冰箱内。以后菌种从斜面培养基移入三角瓶种液培养基中,在 30~33℃振荡培养 48 小时,合并入血清瓶内,糖量在100mg/ml以上,镜检菌体正常,无杂菌,可接入生产。该部分与莱氏法完全相同。

(2)发酵:种子培养分为一、二级种子罐培养,都以质量浓度为16%~20%的D-山梨醇投料(该投料浓度同莱氏法工艺,二步法D-山梨醇的投料浓度适当低些,10%左右),并以玉米浆、酵母膏、泡敌、碳酸钙、复合维生素B、磷酸盐、硫酸盐等为培养基,在pH 5.4~5.6下于120℃保温30分钟灭菌,待罐温冷却至30~34℃,用微孔法接种。在此温度下,通入无菌空气(1VVM),并维持罐压0.03~0.05MPa进行一、二级种子培养。当一级种子罐产糖量大于50mg/ml(发酵率达40%以上),二级种子罐产糖量大于70mg/ml(发酵率在50%以上),菌体正常,即可移种。

发酵罐部分是以20%左右D-山梨醇为投料浓度,另以玉米浆、尿素为培养基,在pH 5.4~5.6,灭菌消毒冷却后,按接种量为10%接入二级种子培养液。在31~34℃,通入无菌空气(0.7VVM),维持罐压0.03~0.05Mpa等条件下进行培养。当发酵率在95%以上,温度略高(31~33℃)、pH在7.2左右,糖量不再上升时即为发酵的终点。达终点后对生成的L-山梨糖(醪液)立即于80℃加热10分钟,杀死第一步发酵液微生物后,冷却至30℃,再开始进行第二步的混合菌株发酵。

(3)后处理:将发酵液过滤除去菌体,然后控制真空度在0.05MPa以上,温度在60℃以下,将滤液减压浓缩结晶即得L-山梨糖。

2. 影响因素

(1)山梨醇的纯度与收率有关,纯度越高收率越高。

(2)氧化速率与山梨醇的浓度有很大关系,浓度高,超过40%,通气速率低,细菌几乎无作用,但浓度过低,则需庞大的发酵罐及浓缩设备,设备利用率低,选用浓度一般不大于25%。

(3)发酵液中金属离子的存在抑制细菌脱氢活性,若有两种或更多种金属离子存在,抑制作用更大。镍离子抑制作用最强。因而控制D-山梨醇中镍≤5mg/kg,铁≤70mg/kg。

(4)发酵液中加生物催化剂(如维生素B族、玉米提取物、酵母)能提高发酵率。

(5)空气流量(VVM,每分钟、每立方米发酵液中空气体积)越大越有利于发酵,但过大,动力消耗大,且泡沫量增大,一般生产上控制在0.7~1.0VVM。

3. 注意事项　在发酵过程中,若出现苷糖高、周期长、酸含量低、pH值下降的现象,说明发生染菌。染菌会大大影响发酵收率,所以要避免染菌。常见的染菌途径有:种子或发酵罐带菌,接种时罐压低于大气压,培养基灭菌不彻底,操作中的染菌、阀门泄漏等。

(三) 2-酮基-L-古龙酸的制备

1. 菌种制备　将保存于冷冻管的假单孢杆菌和氧化葡萄糖酸杆菌菌种活化,分离及混合培养后移入三角瓶种液培养基中,在29~33℃振荡培养24小时,产酸量在6~9mg/ml,pH值降至7以下,菌形正常无杂菌,再移入血清瓶中,即可接入生产。

2. 发酵液制备　先在一级种子培养罐内加入经过灭菌后的辅料(玉米浆、尿素及无机盐)和醪液(折纯含山梨糖1%),控制温度为29~30℃,发酵初期温度较低,通入无菌空气维持罐压为0.05MPa,pH 6.7~7.0,至产酸量达合格浓度,且不再增加时,接入二级种子罐培养,条件控制同前。作为伴生菌的芽孢杆菌开始形成芽孢时,产酸菌株开始产生2-酮基-L-古龙酸,直到完全形成芽孢和出现游离芽孢时,产酸量达高峰(5mg/ml以上)为二级种子培养终点。

供发酵罐用的培养基经灭菌冷却后,加入至山梨糖的发酵液内,接入第二步发酵菌种的二级种子培养液,在温度30℃,通入无菌空气下进行发酵,为保证产酸正常进行,往往定期滴加灭菌的碳酸钠溶液调 pH 值,使保持 7.0 左右。当温度略高(31~33℃),pH 在 7.2 左右、二次检测酸量不再增加,残糖量 0.5mg/ml 以下,即为发酵终点,得含古龙酸钠的发酵液。此时游离芽孢及残存芽孢杆菌菌体已逐步自溶成碎片,用显微镜观察已无法区分两种细菌的差别,整个产酸反应到此也就结束了。所以,根据芽孢的形成时间来控制发酵是一种有效的办法。在整个发酵期间,保持一定数量的氧化葡萄糖酸杆菌(产酸菌)是发酵的关键。

知识链接

2-酮基-L-古龙酸发酵过程分析

整个发酵过程可分为产酸前期、产酸中期和产酸后期。产酸前期主要是菌体适应环境进行生长的阶段。该阶段产酸量很少,为了提高发酵收率应尽可能缩短产酸前期。产酸前期长短与底物浓度、接种量、初始 pH 及溶氧浓度等有关。产酸中期是菌体大量积累产物的时期。产酸中期的时间主要决定于产酸前期菌体的生长的好坏和中期的溶氧浓度控制,也与 pH 值等有关。因此适宜的操作条件可获得较大的产酸速率和较长的发酵中期,从而可提高发酵收率。产酸后期,菌体活性下降,产酸速率变小,同时部分酸发生分解,引起酸浓度下降。生产上由于要求发酵液中残糖浓度小于 0.5mg/ml,不可能提前终止发酵,所以在此期间应采取措施,设法延长菌体活性,使之继续产酸。

影响发酵产率的因素主要有以下几点:

(1)山梨糖初始浓度:在一定的温度(30℃)、压力(表压 0.05Mpa)和 pH(6.7~7.0)和溶液氧浓度(10%~60%)下存在一个极限浓度,此极限浓度为 80mg/ml。当山梨醇浓度大于该浓度时,将抑制菌体生长,表现为产酸前期长,产酸速率变小,使发酵产率下降。从生产角度考虑,希望得到尽可能高的酸浓度,也即要求山梨糖初始浓度越高越好。因此,较适宜的初始浓度为 80mg/ml 左右。在产酸中期,菌体生长正常时,高浓度的山梨糖对发酵收率影响不大。因此,在发酵过程中滴加山梨糖或一次补加山梨糖均能提高发酵液中产物浓度。

(2)溶氧浓度:在发酵过程中,溶氧不但是菌体生长所必需的条件,而且又是反应物之一。在菌体生长阶段,高溶氧能使菌体很好地生长,而在中期,则应控制一定的溶氧浓度以限制菌体的过渡生长,避免过早衰老,从而延长菌体的生产期。中期溶氧浓度越高,产酸速率越大,但产酸中期越短,这对整个发酵过程是不利的。因此,生产上一般前期处于高的溶氧状态;中期溶氧以 3.5~6.0mg/ml 为宜;后期耗氧减少,大多数情况下溶氧浓度会上升。

(3)pH 值:发酵过程中如 pH 降至 6.4 是不利的,如能通过连续的调节使 pH 维持于 6.7~7.9 间对发酵是有利的。

3. 2-酮基-L-古龙酸的制备　2-酮基-L-古龙酸是将 2-酮基-L-古龙酸钠用离子交换法经过两次交换,去掉其中 Na⁺ 而得。一次、二次交换中均采用 732 阳离子交换树脂。

(1)工艺过程:

1)一次交换:将发酵液冷却后用盐酸酸化,调至菌体蛋白等电点,使菌体蛋白沉淀。静置数小时后去掉菌体蛋白,将酸化上清液以 $2\sim3m^3/h$ 的流速压入一次阳离子交换柱进行离子交换。当回流到 pH 3.5 时,开始收集交换液,控制流出液的 pH 值,以防树脂饱和,发酵液交换完后,用纯水洗柱,至流出液古龙酸含量低于 1mg/ml 以下为止。当流出液达到一定 pH 值时,则更换树脂进行交换,原树脂进行再生处理。

2)加热过滤:将经过一次交换后的流出液和洗液合并,在加热罐内调 pH 至蛋白质等电点,然后加热至70℃左右,加0.3%左右的活性炭,升温至90~95℃后再保温10~15分钟,使菌体蛋白凝结。停搅拌,快速冷却,高速离心过滤得清液。

3)二次交换:将酸性上清液打入二次交换柱进行离子交换,至流出液的 pH 1.5 时,开始收集交换液,控制流出液 pH 1.5~1.7,交换完毕,洗柱至流出液古龙酸含量在1mg/ml 以下为止。若 pH>1.7 时,需更换交换柱。

4)减压浓缩结晶:先将二次交换液进行一级真空浓缩,温度45℃,至浓缩液的相对密度达1.2左右,即可出料。接着,又在同样条件下进行二级浓缩,然后加入少量乙醇,冷却结晶,甩滤并用冰乙醇洗涤,得 2-酮基-L-古龙酸。

如果以后工序使用碱转化,则需将 2-酮基-L-古龙酸进行真空干燥,以除去部分水分。

(2)注意事项及"三废处理":

1)调好等电点是凝聚菌体蛋白的重要因素。

2)树脂再生的好坏直接影响 2-酮基-L-古龙酸的提取。标准为进出酸差小于1%、无 Cl⁻。

3)浓缩时,温度控制在45℃左右较好,以防止跑料和炭化。

4)结晶母液可再浓缩和结晶甩滤,加以回收以提高收率;废盐酸回收后可再用于第一次交换。

(四) 粗品维生素 C 的制备

由 2-酮基-L-古龙酸(简称古龙酸)转化成维生素 C 的方法目前已从酸转化发展到碱转化、酶转化,使维生素 C 生产工艺日趋完善。

1. 酸转化

(1)反应原理:同莱氏法生产粗维生素 C 酸转化的反应原理。反应包括三步:先将双丙酮古龙酸水解脱去保护基丙酮,再进行内酯化,最后进行烯醇化即得粗维生素 C。三步反应速度很快,很难得到相应的中间体。

(2)工艺过程:配料比为 2-酮基-L-古龙酸:38%盐酸:丙酮=1:0.4(W/W):0.3(W/W)。先将丙酮及一半古龙酸加入转化罐搅拌,再加入盐酸和余下的古龙酸。待罐夹层满水后开蒸气阀,缓慢升温至30~38℃关气,自然升温至52~54℃,保温约5小时,反应到达高潮,结晶析出,罐内温度稍有上升,最高可达59℃,严格控制温度不能超过60℃。反应过程中为防止泡沫过多引起冒罐,可在投料时加入一定量的泡敌作消泡剂。剧烈反应期后,维持温度在50~52℃,至总保温时间为20小时。开冷却水降温1小时,加入适量乙醇,冷却至-2℃,放料。甩滤0.5小时后用冰乙醇洗涤,甩干,再洗涤,甩干3小时左右,干燥后得粗维生素 C。

(3)影响因素:盐酸浓度低,转化不完全;浓度过高,则分解生成许多杂质,使反应物色深,一般盐酸浓度为38%。转化反应中需加入一定量丙酮,以溶解反应中生成的糠醛,避免其聚合,保持物料中有一定浓度的糠醛,从而防止抗坏血酸的进一步分解生成更多的糠醛。

2. 碱转化

(1)反应原理:先将古龙酸与甲醇进行酯化反应,再用碳酸氢钠将 2-酮基-L-古龙酸甲酯转化成钠盐,最后用硫酸酸化得粗维生素 C。反应过程如下:

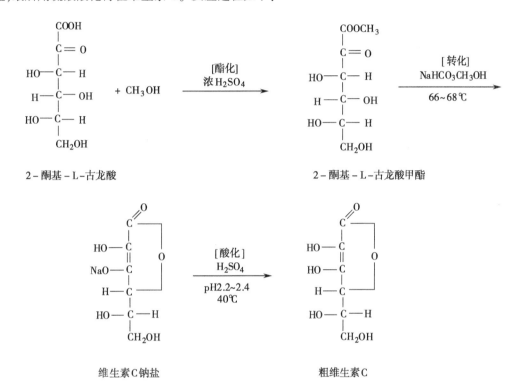

(2)工艺过程:

1)酯化:将甲醇、浓硫酸和干燥的古龙酸加入罐内,搅拌并加热,使温度为 66~68℃,反应 4 小时左右即为酯化终点。然后冷却,加入碳酸氢钠,再升温至 66℃左右,回流 10 小时后即为转化终点。再冷却至 0℃,离心分离,取出维生素 C 钠盐,母液回收。

2)酸化:将维生素 C 钠盐和一次母液干品、甲醇加入罐内,搅拌,用硫酸调至反应液 pH 为 2.2~2.4,并在 40℃左右保温 1.5 小时,然后冷却,离心分离,弃去硫酸钠。滤液加少量活性炭,冷却压滤,然后真空减压浓缩,蒸出甲醇,浓缩液冷却结晶,离心分离得粗维生素 C。回收母液成干品,继续投料套用。

3. 改进后的转化工艺

碳酸氢钠转化有许多不足之处。由于使用 NaHCO$_3$ 后,带入大量钠离子,直接影响了维生素 C 的质量。转化后母液中产生大量的硫酸钠,严重影响母液套用及成品质量,且生产劳动强度大。瑞士 1984 年推出的维生素 C 碱转化新工艺有效地防止了碳酸氢钠转化的不足。新工艺采用有机胺与 2-酮基-L-古龙酸甲酯成盐,通过有机溶剂提取、裂解、游离成维生素 C。

（1）反应原理：

式中 X—15～30 碳直链叔胺；16～25 碳支链仲胺；12～24 碳支链伯胺

（2）工艺过程：首先将 2-酮基-L-古龙酸甲酯加入甲醇中，搅拌，升温，回流溶解。在惰性气体中滴加胺，回流、搅拌、浓缩，用蒸馏水溶解油状物。有机溶媒提取、分离，有机层用硫酸钠干燥后，回收套用；水层经浓缩、结晶得维生素 C 晶体。

（3）碱转化新工艺的主要特点：克服了目前碱转化的缺点，提高了产品的质量，转化收率有所提高，有机溶媒回收套用率高，反应温度要求不高，大量使用液体投料，对自动控制千吨维生素 C 的生产创造了有利条件。其不足之处是 2-酮基-L-古龙酸甲酯与胺反应需在惰性气体保护下进行，如氮气、氩气等。

在本工艺中，维生素 C 胺盐的游离有独特之处。按常规需加入酸或碱中和才能使胺游离，而本工艺采用了有机溶媒的液-液提取方法。当然，也可用温浸的办法，即加热有机溶媒，以达到游离的目的。

知识链接

转化工艺发展

日本于 80 年代推出了酸转化新工艺。日本盐野义制药株式会社对发酵后的酸转化做了改进。主要工艺是将 2-酮基-L-古龙酸钠盐加入到乙醇与丙酮的混合液中，在室温下搅拌，并向混合液中通入氯气，于 60℃左右反应，析出氯化钠固体，滤去，并用丙酮和乙醇混合液洗净，合并滤液，加入惰性溶剂，经保温、搅拌、冷却、析晶，得维生素 C 精品。本工艺的主要特点是析晶纯度较高，反应温度低，工艺时间缩短，减少了维生素 C 精制过程中的水溶解，因而避免了导致维生素 C 不稳定因素，提高了产品质量，收率也较高，溶媒经分馏后可重新使用。新的酸转化工艺采用的惰性溶媒有氯甲烷、氯乙烷、甲苯、氯仿等。

（五）维 C 的精制

1. 工艺过程　配料比为粗维生素 C：蒸馏水：活性炭：晶种 = 1：1.1：0.58：0.00023（重量比）。将粗维生素 C 真空干燥，加蒸馏水搅拌溶解后，加入活性炭，搅拌 5～10 分钟，压滤。滤液至结晶罐，向罐中加 50L 左右的乙醇，搅拌后降温，加晶种使其结晶。将晶体离心甩滤，用冰乙醇洗涤，再甩滤，至干燥器中干燥，即得精制维生素 C。

2. 注意事项　①结晶时，结晶罐中最高温度不得高于 45℃，最低不得低于 -4℃，不能在高温下加晶种；②回转干燥要严格控制循环水温和时间，夏天循环水温高，可用冷凝器降温；③压滤时遇停电，应立即关空压阀保压。

（六）生产中维生素 C 收率的计算

$$理论值(\%)=\frac{D-山梨醇投料量}{理论维 C 生成量}\times\frac{D-山梨醇分子量}{维 C 分子量}\times100$$

$$实际值(\%)=发酵收率(\%)\times提取收率(\%)\times转化收率(\%)\times精制收率(\%)$$

$$维 C 转化生成率(\%)=\frac{维 C 收得量}{2-KGA 投料用量}\times\frac{2-KGA 分子量}{维 C 分子量}\times100$$

点滴积累

1. 两步发酵法是以葡萄糖为原料，经高压催化氢化、两步微生物氧化，酸（或碱）转化等工序制得维生素 C。

2. 维生素 C 是人体必需的维生素，食物中摄入不足可以另外补充。

3. "二步" 发酵法其实是两步酶催化下的生物氧化，发酵的目的是培养菌种以获得 "酶"。

目标检测

一、选择题

（一）单项选择题

1. 青霉素类抗生素属于（　　）

    A. β-内酰胺类　　　　　B. 氨基糖苷类　　　　　C. 大环内酯类　　　　　D. 四环类

2. 影响青霉素稳定的因素有（　　）

    A. 酸和碱　　　　　　　B. 含水量　　　　　　　C. 温度　　　　　　　　D. 以上都有

3. 下列不作为碳源的是（　　）

    A. 甘油　　　　　　　　B. 糊精　　　　　　　　C. 尿素　　　　　　　　D. 玉米油

4. 下列哪种化合物可以增加青霉素 G 发酵过程中产物的浓度（　　）

    A. 苯乙酸　　　　　　　B. 苯氧乙酸　　　　　　C. 苯甲酸　　　　　　　D. 苯丙酸

5. 既作为碳源，又可以作为消沫剂的是（　　）

    A. 葡萄糖　　　　　　　B. 花生饼粉　　　　　　C. 玉米油　　　　　　　D. 酵母膏

6. 下列属于天然培养基的是（　　）

    A. 蔗糖　　　　　　　　B. 乳糖　　　　　　　　C. 葡萄糖　　　　　　　D. 牛肉膏

7. 以下属于生理酸性物质的是（　　）

    A. 硝酸镁　　　　　　　B. 乙酸钠　　　　　　　C. 硝酸铜　　　　　　　D. 硫酸铵

8. 下列不属于菌体自溶阶段的现象是（　　）

    A. pH 上升　　　　　　　　　　　　B. 产物合成能力衰退

    C. 氨氮含量下降　　　　　　　　　　D. 生产速率下降

9. 发酵过程中可以作为缓冲剂的是（　　）

    A. 硫酸铵　　　　　　　B. 尿素　　　　　　　　C. 碳酸钙　　　　　　　D. 硝酸钠

10. 下列物质中,均属于微生物的次生代谢产物的是（　　）

A. 氨基酸、维生素、抗生素　　　　　B. 抗生素、毒素、色素

C. 多糖、核苷酸、维生素　　　　　D. 激素、维生素、色素

11. 工业发酵中最常用的单糖是(　　)

A. 果糖　　　　　B. 葡萄糖　　　　　C. 木塘　　　　　D. 半乳糖

12. 常用的生理酸性物质(　　)不仅可以调节发酵液 pH 值,还可以补充氮源

A. NaOH　　　　　B. 氨水　　　　　C. $(NH4)_2SO_4$　　　　　D. 尿素

13. 工业上常用的化学消泡剂中称为"泡敌"的是指(　　)

A. 聚氧丙烯　　　　　　　B. 聚氧乙烯氧丙烯甘油

C. 聚二醇　　　　　　　　D. 聚二甲基硅氧烷

14. 下列属于碳源的是(　　)

A. 糖蜜　　　　　B. 花生饼粉　　　　　C. 蛋白胨　　　　　D. 鱼粉

15. 两步发酵法制备维生素 C 中没用到的氧化菌种为(　　)

A. 氧化葡萄糖酸杆菌　　　B. 芽孢杆菌　　　　　C. 青霉菌　　　　　D. 黑醋菌

16. 关于维生素 C 下列表述不正确的是(　　)

A. 为白色或略带淡黄色的结晶或粉末

B. 水溶液能被空气中氧和其他氧化剂所氧化

C. 无臭、味酸,遇光色渐变深

D. 国内厂家的生产工艺采用莱氏法

(二) 多项选择题

1. 发酵液预处理工艺包括(　　)

A. 调 pH　　　　　　　　B. 盐析

C. 絮凝　　　　　　　　D. 改变发酵液温度

2. 通过向发酵液中加入助滤剂来改变过滤速度和效率应考虑(　　)

A. 温度　　　　　B. 助滤剂加入量　　　　　C. 发酵液 pH 值　　　　　D. 助滤剂种类

3. 微生物发酵液预处理目的有(　　)

A. 提高滤速　　　　　　　B. 相转移

C. 去除部分杂质　　　　　D. 提高滤液澄清度

4. 下列说法正确的是(　　)

A. 用萃取法提取青霉素

B. 提取青霉素所用溶剂是乙酸乙酯

C. 青霉素提炼操作要求是"快""冷"

D. 采用水溶液-丁醇减压共沸的方法进行结晶

5. 下列说法正确的是(　　)

A. 维生素 C 是水溶性维生素　　　B. 维生素 C 是脂溶性维生素

C. 维生素能够增强人体免疫力　　　D. 维生素 C 可预防坏血病的产生

二、简答题

1. 青霉素发酵过程的各种因素对发酵有何影响？

2. 青霉素发酵液预处理的目的是什么？生产中采用的方法是什么？

3. 青霉发酵过程中主要控制要点是什么？简述青霉素钾的生产工艺过程？

4. 如何利用青霉酸(盐)的性质进行提取精制？多级萃取与反萃取的目的是什么？影响青霉素稳定性的因素有哪些？生产过程中如何避免青霉素水解？

5. 维生素 C 为什么呈酸性,久置易变为黄色？

6. 两步发酵法生产维生素 C 的特点是什么？影响发酵收率的因素有哪些？

三、实例分析

图 12-5 是某青霉素发酵过程中时间—呼吸强度曲线。试根据此曲线及菌体生长规律,说明如何合理控制通气与搅拌工艺。

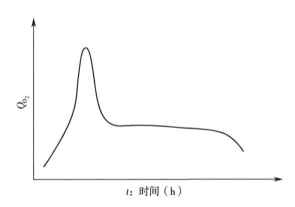

图 12-5　青霉素发酵时间—呼吸强度曲线

第十三章

药品生产洁净技术与验证技术

学前导语

《药品生产质量管理规范》（以下简称 GMP）的核心之一就是防止污染和交叉污染。 药品生产过程中如果不对生产环境进行严格控制，很容易受到尘粒、微生物等的污染或交叉污染。 在药品的生产过程中洁净技术的实施水平直接影响到药品的质量。

验证是 GMP 的要求，是制药企业质量保证体系的一部分。 验证能够确保制药企业有关操作的关键要素得到有效控制，确保产品质量符合规定，从而确保患者用药的安全性和有效性。

那么，在药品生产过程中，对室内外环境，对洁净区的温度、湿度、洁净度、压差，对物料、设备和器具的使用、清洁，以及操作人员的卫生等有哪些要求？ 如何进行控制？ 为什么要进行验证？ 如何进行验证的实施？ ……这些都是完成本章学习要解决的问题。

ER-13-1
扫一扫，知
重点

第一节　工作任务及岗位职责要求

洁净技术涵盖了药品生产过程中对空气、水、原材料、人员、设施、设备等方面的要求与控制，每一名从事药品生产的操作人员均应熟悉相关要求。验证技术包括用于药品生产的公用设施、工艺设备、分析方法、清洗工艺、生产工艺、计算机系统等方面，是制药工程中十分重要的环节。验证工作的实施离不开操作人员的具体参与。

一、岗位工作任务

不同的设备、不同的确认或验证的内容，具体的工作任务有所差异，但基本任务如下：

1. 按照制订的各种标准操作规程进行操作，使设备及生产正常运转，保证产品质量。

2. 按要求操作设备，正确投料，控制反应条件，放料，随时监控生产过程的工艺参数，并记录。

3. 按照制订的各种清洁操作规程完成各项清洁工作，并做好记录。

4. 生产操作或验证过程中，发现偏差，应及时上报上级管理部门。

二、岗位职责

药品生产洁净岗位与验证各部门的基本职责如下：

1. 做好岗位员工的培训工作。

2. 保证生产、检验等涉及的仪器仪表经过校验,且在效期内。

3. 车间各岗位,根据验证方案,实施验证。

4. 按照标准操作规程对设备进行操作、清洁。

5. 认真填写与生产、验证有关的记录、报告,字迹要端正,数据要完整准确。

第二节　药品生产洁净技术

一、GMP 对洁净技术的要求

GMP 的要求,其中核心之一就是防止污染和交叉污染。药品生产过程中,在取样、生产、包装过程中可能向起始原料、中间产品、成品中引入了不需要的、常是有害的物质或生物,这样就使药品受到了污染。

污染的种类一般包括物理污染、化学污染、生物污染和细菌内毒素的污染。而在生产过程中不同的物料、产品之间造成的污染则为交叉污染,交叉污染原因主要包括空气处理系统和除尘系统设计缺陷、运行不良和(或)没有得到良好的维护;人员、物料、设备和器具没有按照正确的程序进行管理;设备和器具没有进行有效的清洁和消毒等。

如何才能减少污染和交叉污染? 主要的方式有:保证足够和适当的厂房设施及必要的空气净化系统;制定有效的人员、物料、设备和器具的使用、清洁等管理规程并良好地执行;进行有效的清场等。

知识链接

污染的主要来源

药品生产主要传播污染的四大媒介: 空气、水、表面和人体。

空气: 充满携带微生物的尘埃和水滴,从而成为污染物的主要媒介。

水: 绝对纯净的水中是不会滋生微生物的,但我们实际所使用的水总是含有一定量的可溶性有机物和盐类,它们是微生物赖以生存和繁殖所必需的营养。

表面: 包括建筑物表面、设备表面、管壁、地面等。 表面因为尘埃微粒和微生物由空气传播的回降而受到污染。 由于空气中的湿度,所有表面都包上一层含水的薄膜,并由于静电吸引而饱含尘埃微粒,并滋生微生物。 一个表面看起来很干净,而实际上可能已被千百万个微生物所污染,除非已经做了正确的消毒灭菌。

人体: 人体是一个永不休止的污染媒介。 人的头发和皮肤,呼吸和咳嗽产生的水滴,衣着散发出的纤维和尘粒,化妆品和首饰等,都会带来污染。

二、洁净技术

GMP 是药品生产质量的保障,主要设施内容包括软件和硬件两部分。这里的硬件指的是合格的厂房、生产环境和设备。其中,空调净化系统、工艺用水系统属于硬件的核心内容,也是洁净技术的重中之重。

（一）环境控制

1. 空气净化系统

(1)空气净化系统的作用:空气净化系统又称空调净化系统(英文缩写 HVAC 系统),它的作用是提供洁净、温湿度适合的生产环境,保护产品不受环境的污染和其他负面影响,同时为人员提供舒适的工作环境。

(2)空气净化系统的级别要求:在药品生产企业,洁净室的作用就是控制室内空气浮游微粒及细菌对生产的污染,使室内生产环境的空气洁净度符合工艺要求。空气洁净度是指洁净环境中的空气含尘(微粒)多少的程度。含尘浓度高则洁净度低,含尘浓度低则洁净度高。空气洁净度的高低可用空气洁净度级别来区别。我国 GMP(2010 版)附录中将药品生产企业洁净室(区)的空气洁净度定为 A、B、C、D 四个级别,采用国际单位制,空气洁净度级别以每立方米空气中的最大允许微粒数来确定。HVAC 系统是否符合要求,直接影响洁净室的洁净级别。各级别空气悬浮粒子的标准规定见表 13-1,洁净区微生物监测的动态标准见表 13-2。

表 13-1 各级别空气悬浮粒子的标准

洁净度级别	悬浮粒子最大允许数/立方米			
	静态		动态	
	≥0.5μm	≥5.0μm	≥0.5μm	≥5.0μm
A 级	3520	20	3520	20
B 级	3520	29	352 000	2900
C 级	352 000	2900	3 520 000	29 000
D 级	3 520 000	29 000	不作规定	不作规定

表 13-2 洁净区微生物监测的动态标准

洁净度级别	浮游菌 cfu/m³	沉降菌（φ90mm） cfu/4 小时	表面微生物	
			接触（φ55mm） cfu/碟	5 指手套 cfu/手套
A 级	<1	<1	<1	<1
B 级	10	5	5	5
C 级	100	50	25	–
D 级	200	100	50	

(3)空气净化系统的净化处理和运行管理:空气净化系统主要包括空调器、除湿、加湿器、风管、空气过滤器等,新风经初效空气过滤器过滤后与回风混合,再经冷却、加热等一系列处理,然后经中效空气过滤器,最后经高效空气过滤器,将一定洁净度的空气送到洁净室,保持洁净室的温湿度、压差。

空调系统最好连续运行,生产前,根据自净时间及温湿度要求确定空调净化系统提前开机时间,自净时间的确定需要进行相应的验证。开机时,先开送风系统,后开回风、排风系统;停机时相反。停运期间,所有与洁净区相邻的房间、传递窗等均应密闭。因故停机再次开启空气净化系统,应当进行必要的测试以确认仍然达到规定的洁净度要求。

(4)空气净化系统的清洗、更换:过滤器应经常进行检测,一般情况下,初效过滤器和中效过滤器的终阻力达始阻力的2倍时,进行清洗,且初、中效过滤器滤材发现无法修补的应及时更换。高效过滤器一般每半年检查风速,高效过滤器的送风量为原风量的70%,气流速度降低到最低限度,即使更换初、中效过滤器,风速也不能增大时应更换高效过滤器;高效过滤器出现无法修补的渗漏时,应及时更换。

知识链接

洁净室(区)内温湿度、压差、风量和换气次数

温度和湿度:生产工艺对温度和湿度无特殊要求时,洁净室(区)温度为18~26℃,相对湿度为45%~65%。 生产工艺对温、湿度有特殊要求时,应根据工艺要求确定。

压差:洁净室(区)的空气必须维持一定的正压。 洁净区与非洁净区之间、不同级别洁净区之间的压差应当不低于10Pa。 必要时,相同洁净度级别的不同功能区域(操作间)之间也应当保持适当的压差梯度。

风量和换气次数:为维持室内所需求的洁净度,需要送入足够量的、经过滤处理的洁净空气,以排除、稀释室内的污染物。 所需送风量的多少取决于室内污染物的发生量、室外新风量及所含同种污染物质的浓度、空气再循环比例等因素。 衡量一个洁净室(区)是否被送入了足够的风量时,常常用"换气次数"来表示,其单位为次/h。 在实际设计中,通常采用如下换气次数:

①A级区域:300~600次/h;

②B级区域:40~60次/h;

③C级区域:20~40次/h;

④D级区域:15~20次/h。

---

2. 厂区环境卫生要求

厂区环境卫生应符合如下几点要求:①厂区环境清洁、整齐,排水通畅,无杂草,无积水,无蚊蝇滋生地;②厂区路面平整、清洁、通畅,不起尘;③厂区绿化草地整洁无杂草,无露土地面,绿化要种植草坪及常绿色灌木,不宜种植观赏花草,或易招引昆虫的能产生花絮、绒毛、花粉等对空气产生污染的植物;④厂区内车辆运输等不应对药品生产造成污染,其他物品按规定存放;⑤厂区内不得堆放废弃物及垃圾,生产、工作中的废弃物及垃圾必须放在密闭容器内及袋内,码放在固定地点,及时运出;⑥厂内施工必须采取有效措施,将施工现场与厂区环境隔离,有明显的施工标志,不得产生污染;⑦厂区内设置与职工人数相适应的卫生设施;⑧卫生设施要清洁,通畅,无堵塞物,有专人清扫,管理,不得对周围环境产生污染;⑨更衣室、浴室、厕所等卫生设施要由专人负责清洁。

3. 生产区厂房设施的清洁与消毒

（1）清洁周期：可根据清洁区域的净化级别和生产工序的特点，来制定相应的清洁频率。以非无菌原料药为例，可参考表 13-3 清洁区域及清洁频率表。

表 13-3　清洁区域及清洁频率表

级别	区域	清洁频率	清洁对象
洁净区	混合间、内包间、精制间、干燥间	生产结束后	废弃物贮器；门窗、地面、地漏；设备、工作台面；墙面污渍；顶棚、墙面、灯具；送回风口、管线、吸尘罩
		1次/月	房间全面消毒（臭氧消毒）
	器具清洗间、存放间、清洁工具洗存间；化验室、洁净走廊	1次/日	洗手盆、台面、清洗槽；工作台、架；地面、地漏、门窗；墙面污渍
		1次/周	顶棚、墙面、灯具；送回风口、管线
		1次/月	房间全面消毒（臭氧消毒）
	更衣室、人员缓冲间	1次/日	门窗、地面、墙面污渍；手消毒器加满消毒液
		1次/周	墙面、顶棚、灯具；送回风口、更衣柜
		1次/月	房间全面清洁、消毒
非洁净区	生产操作间	1次/日	清除废物贮器；门窗、地面、地漏；设备、工作台面；墙面污渍
		1次/周	墙壁、顶棚、照明；送回风口、管线
	更衣室、洗涤室、办公室、物料走廊、空调室	1次/日	地面、洗手槽、工作台、架
		1次/周	顶棚、墙面、送回风口、管线
	大厅、人员走廊	1次/日	地面、台面、灭蝇灯、捕鼠装置

（2）一般生产区厂房设施的清洁：

1）清洁剂和清洁工具：清洁剂可采用洗衣粉、肥皂、洗洁精、碱面、草酸等。清洁工具有扫帚、拖布、钢丝球、水盆、毛巾、簸箕及吸尘器等。

2）清洁标准：清洁应达到如下要求：①屋顶、墙壁、灯具（包括灭蝇灯）、门窗及玻璃完好、清洁无污物；②水池、地漏清洁无污物，地面清洁，无积水，无杂物，无撒落物料；③各种设施、设备、仪器完好、整齐、清洁；④房间无虫、蝇，卫生工具定置存放，可移动物品定置存放；⑤无与生产无关的物品和私人杂物。

3）清洁要求及方法：按照以下方法进行清洁：①每班生产操作完毕，先按照清场标准操作规程进行现场遗留物的清场；②清除并清洗废物贮器；③擦拭地面、室内桌椅柜及设备外壁；④擦去门窗、墙壁等设施上污迹；⑤按相应的清洁操作规程清洁水池、地漏；⑥检查并清洁灭蝇灯和驱鼠器。

（3）洁净区厂房设施的清洁：

1）清洁剂、消毒剂和清洁工具：清洁剂采用纯化水。消毒剂采用 0.2% 新洁尔灭溶液、季铵盐类消毒剂、75% 乙醇、70% 异丙醇等。消毒剂应轮换使用，以防止微生物产生耐药菌株。清洁工具采用丝光毛巾、专用拖布、盆、簸箕等。

2）清洁标准：除符合一般生产区的清洁标准外，还须做到设备、容器、工具、管道等保持清洁，水池、地漏无污迹及可见异物。

3）清洁要求及方法：按照以下方法进行清洁：①每班操作完毕，进行遗留物的清场；②收集整理操作台面和地面，将废弃物收入废物贮器，清除并清洗废物贮器；③用拖把或抹布对设备表面、地面上粉尘进行除尘，直至其表面无粉尘；④抹布擦拭各操作台面和侧表面；⑤用专用拖布浸纯化水擦拭地面；⑥墙壁和门窗用纯化水湿润的丝光抹布擦拭；⑦地漏、送风口、回风口、传递窗、照明器具等的清洁按照各自的清洁程序执行；⑧墙壁、门窗、顶棚等表面清洁后，按规定周期用抹布经消毒剂润湿后对其全面擦拭消毒；⑨设备表面、台面等清洁后，按规定周期用抹布经消毒剂润湿后对其全面擦拭消毒；⑩地漏、工器具按相应的消毒规程进行消毒。

4）洁净区空间消毒：除了对洁净区进行常规清洁、消毒外，还应按规定周期对洁净区进行整体空间的消毒。常见消毒方式主要包括以下几种：①臭氧消毒：臭氧消毒具有高效、广谱的特点，不仅可以杀死细菌、肝炎病毒、真菌等，对真菌的杀毒效果也很好。臭氧最终分解产物为氧气，不存在任何有毒残留物，因此被称为无污染消毒剂。臭氧需要安装臭氧发生器，可采用内循环局部灭菌也可利用 HVAC 系统通风管送回风进行消毒。由于其安全方便和消毒效果好的特点，目前已被广泛使用。②甲醛熏蒸：甲醛熏蒸消毒是洁净室常用的一种消毒方式。但是由于甲醛对人体有致癌性，而且通风时间长，同时使用甲醛熏蒸会出现多聚甲醛的白色粉末，易吸附在厂房、设备、管道表面，且堵塞高效过滤器，目前已经逐步被制药企业所淘汰。③干雾喷雾消毒：干雾是指粒径大于 2.5μm 且小于 10μm 的液滴。干雾喷雾消毒是利用专门的设备，将过氧化氢和过氧乙酸的混合物喷射出来，使其离解在 10 微米左右，这样大小的液滴就可以通过布朗运动在空气中自由扩散，从而达到能够填充整个空间来达到对洁净室消毒的目的。

4. 虫害控制方法

（1）厂区内措施：采取以下措施对厂区内进行虫害控制：①清除厂区内无序的杂草、灌木丛、垃圾等，尽量用水泥铺砌地面，以减少害虫进入工厂的机会；②地面要保持清洁，无脏水，以减少害虫的生存；③将厂区垃圾暂存间、污水处理站、仓库及食堂周边、办公楼等处作为捕鼠点，可视情况布置鼠夹、粘鼠板、鼠笼等，具体应有虫害控制图；④对于厂区垃圾站要密闭存放垃圾，当日垃圾要及时送出厂外，垃圾暂存间每周要进行清扫，确保清洁，不吸引害虫；⑤如厂区道路发现有爬虫等害虫可用杀虫剂进行灭虫。

（2）车间防虫措施：车间防虫采取以下措施：①车间与外界相通的窗户必须密封或者安装纱窗，不得有缝隙，以避免飞虫进入车间；②车间与外界相通的门，设有软门帘以避免飞虫进入车间；③车间排水管道应保持清洁并设有水封装置，以防止鼠、虫等爬入车间；④车间废弃物运出车间时，必须密封好，不得有污水滴落或脏物遗撒；⑤在车间入口处应安装灭蝇灯，防止蚊蝇飞虫进入车间。

5. 车间排水系统的控制和地漏清洁

（1）车间排水系统的控制要求：车间排水系统的控制包括：①车间内同外部排水系统的连接方式应当能够防止微生物的侵入；②无菌生产的 A/B 级洁净区内禁止设置水池和地漏；③在其他洁净

区内,水池或地漏应当有适当的设计、布局和维护,并安装易于清洁且带有空气阻断功能的装置以防倒灌;④洁净室内地漏必须设有水湾或水封闭装置,能防止废水废气倒灌。⑤设在洁净室的地漏,要求材质不易生锈,不易腐蚀,不易结垢,有密封盖,开启方便,允许冲洗地面时临时开盖,不用时则盖严;⑥应按洁净室地漏清洁规程定期对地漏进行清洗消毒。

(2)地漏清洁的要求:地漏清洁的要求包括:①每次生产结束后,及时对使用的地漏及其周围区域进行清洁;②生产或清洁过程中,需打开地漏盖使用地漏的,在使用结束后,应及时盖好地漏盖;③一般生产区地漏定期进行彻底清洁,将地漏盖打开,将地漏中的脏物取出,用自来水对地漏进行冲洗,清洁盖板、地漏槽、水封盖外壁等,必要时用刷子进行刷洗;④洁净区地漏在清场时,除彻底清洁外,清洁结束还要倒入消毒液进行浸泡消毒。

(二) 人员洁净要求

1. 人员卫生健康要求 按照 GMP 要求所有人员都应接受卫生要求的培训,企业应建立人员卫生操作规程,最大限度地降低人员对药品生产造成的污染风险。为满足企业的各种需要,人员卫生操作规程应包括与健康、卫生习惯及人员着装相关的内容。

ER-13-2
来源于人的
污染

企业应采取措施保持人员良好的健康状况,并有健康档案。直接接触药品的生产人员应每年至少体检一次。企业应采取适当措施,避免体表有伤口、患有传染病或其他可能污染药品疾病的人员从事直接接触药品的生产。应限制参观人员和未经批准的人员进入生产区和质量控制区,不可避免时,应事先就个人卫生、更衣等要求进行指导。

2. 洁净区着装和更衣要求

(1)任何进入生产区的人员均应按规定更衣:工作服及其质量应与生产操作的要求及操作区的洁净度级别相适应,其式样和穿着方式应能够满足保护产品和人员的要求。各洁净区的着装要求如下:

D 级洁净区:应当将头发、胡须等相关部位遮盖。应当穿合适的工作服和鞋子或鞋套。应当采取措施,以避免带入洁净区外的污染物。与物料直接接触的操作人员应戴手套。

C 级洁净区:应当将头发、胡须等相关部位遮盖,应当戴口罩。应当穿手腕处可收紧的连体服或衣裤分开的工作服,并穿适当的鞋子或鞋套。工作服应当不脱落纤维或微粒。与物料直接接触的操作人员应戴手套。

A/B 级洁净区:应当用头罩将所有头发以及胡须等相关部位全部遮盖,头罩应当塞进衣领内,应当戴口罩以防散发飞沫,必要时戴防护目镜。应当戴经灭菌且无颗粒物(如滑石粉)散发的橡胶或塑料手套,穿经灭菌或消毒的脚套,裤腿应当塞进脚套内,袖口应当塞进手套内。工作服应为灭菌的连体工作服,不脱落纤维或微粒,并能滞留身体散发的微粒。图 13-1 为部分洁净区工作服实例。

(2)更衣和洗手必须遵循相应的书面规程,以尽可能减少对洁净区的污染。

(3)个人外衣不得带入通向 B 级或 C 级洁净区的更衣室。每位员工每次进入 A/B 级洁净区,应当更换无菌工作服;或每班至少更换一次,但应当用监测结果证明这种方法的可行性。操作期间应当经常消毒手套,并在必要时更换口罩和手套。

D级(冻干绿色上下装)　　　　C级(冻干白色上下装)　　　B级或C级无菌(冻干蓝色连体装)

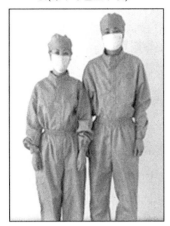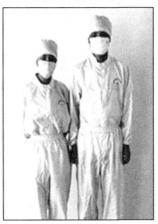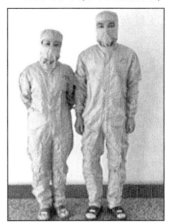

图 13-1　洁净区工作服实例

(4)洁净区所用工作服的清洗和处理方式应当能够保证其不携带有污染物,不会污染洁净区。应当按照相关操作规程进行工作服的清洗、灭菌,洗衣间最好单独设置。

3. 生产区人员卫生管理

(1)人员行为管理:进入生产区工作的人员应保持良好的卫生习惯,勤洗澡、勤修剪指甲、刮胡须,每月理发,勤换洗衣服。患有上呼吸道感染、皮肤病或体表有伤口的人员应及时治疗,经治愈体检合格后方可上班。生产区内禁止吸烟,禁止携带和存放食品、饮料、香烟和个人用药品等非生产用物品,禁止吃零食。生产区禁止随地吐痰。生产区禁止跑动、跳动。生产区内要随手关门。进入洁净区的人员不得化妆和佩戴饰物。操作人员应避免裸手直接接触药品、与药品直接接触的包装材料和设备的表面。

(2)洁净区定员管理:正常生产时,各洁净区只限本区域生产操作人员、技术人员、生产监控人员进入,若设备出现故障,允许设备维修人员进入。不同级别洁净区人员不得串岗,非洁净区人员未经允许不得进入洁净区。对 A、B、C 级区的主要操作间实行定员管理,防止操作间人员数量超员时,导致洁净区的微生物数量超限。相关生产技术人员、设备人员进入洁净区时须经车间主任同意后方可进入,外来检查及参观人员进入洁净区须经公司主管人员批准,由陪同人员带领登记后,在车间主任或陪同人员的指导下进行更衣,进入车间洁净区。

4. 人员进出洁净生产区的更衣程序

(1)人员进出非无菌洁净室(区)的净化操作规程:人员进出非无菌洁净室(区)流程图如图 13-2 所示。

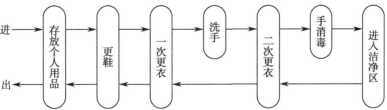

图 13-2　人员进出非无菌洁净室(区)的净化操作规程

1)存放个人物品:进入洁净区的工作人员,将携带的物品(雨具、包等)存放于指定的贮存位置,进入更鞋室。

2)更鞋:工作人员进入更鞋室后,将一般生产区工作鞋脱下放在外侧更鞋柜中,坐在更鞋凳上转过身体,从内侧更鞋柜中取出拖鞋换上,进入一次更衣室。

3)一次更衣:在一更室,按工号打开自己的更衣柜,将易产生脱落物的外衣、外裤脱下,叠放整齐,放入柜内或整齐挂好,锁好柜子,进入缓冲洗手室。

4)洗手:用流动的纯化水润湿手部(至手腕上5cm处),加上适量的洗手液反复搓洗,使洗手液泡沫涂满手部,应注意对指缝、指甲缝、手背、掌纹等处加强搓洗,冲洗干净后将手放感应式烘手器下烘干,进入二次更衣室。六步洗手法如图13-3所示。

六步洗手法

第一步:掌心相对,手指并拢相互摩擦

第四步:一手握另一手大拇指旋转搓擦,交换进行

第二步:手心对手背沿指缝相互搓擦,交换进行

第五步:弯曲各手指关节,在另一手掌心旋转搓擦,交换进行

第三步:掌心相对,双手交叉沿指缝相互摩擦

第六步:搓洗手腕,交换进行

图13-3　六步洗手法

5)二次更衣:进入二更室后,按工号从更衣柜内取出自己的洁净服穿上,穿戴顺序是:先戴口罩,然后穿上衣,戴帽子,最后穿下衣。然后坐在隔离凳上,脱下拖鞋,将拖鞋放入外侧鞋柜内,转过身体,从内侧鞋柜内拿出自己的洁净工作鞋穿上,关闭柜门。进入缓冲手消毒间。

6)检查确认:穿戴好洁净工作服后在整衣镜前检查确认工作服穿戴是否合适。必须将头发完全包在帽内,不得外露;上衣束入下衣内,扣紧领口、袖口、裤腰、裤管口,内衣不得外露;口罩应将口鼻完全遮盖。

7)手消毒:将手放感应消毒机消毒口下,双手(至手腕上5cm处)均匀喷洒消毒液使全部润湿,晾干。六步手部消毒如图13-4所示。

六步手部消毒

第一步:掌心对掌心揉搓

第四步:双手互搓,互搓指背

第二步:手指交错,掌心对手背揉搓

第五步:拇指在掌中,转动揉搓

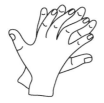

第三步:手指交错,掌心对掌心揉搓

第六步:指尖在掌心摩擦

图13-4 六步手部消毒

8)进入洁净区:经洁净走廊进入工作区。

9)离开洁净区:离开洁净区按进入洁净区更衣的逆向顺序进行更衣(不需洗手及手部消毒)。

(2)人员进出无菌洁净室(区)的净化操作规程:人员进出无菌洁净室流程图如图13-5所示。其中,存放个人物品、更鞋、一次更衣同人员进出非无菌洁净室(区)的净化操作规程。

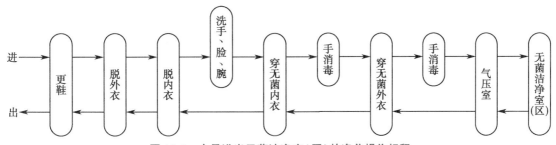

图13-5 人员进出无菌洁净室(区)的净化操作规程

1)洗手、洗脸、洗腕:用流动的纯化水润湿手部及手腕,加上适量的洗手液反复搓洗,使洗手液泡沫涂满手部,应注意对指缝、指甲缝、手背、手腕、掌纹等处加强搓洗,冲洗干净手部泡沫,然后用手接纯化水润湿面、颈及耳部,打上液体皂仔细轻轻搓洗,应注意对眼、眉、鼻孔、耳廓、发际及颈部等处加强搓洗,再用纯化水淋洗无泡沫后(浴室沐浴后),无菌风吹干,进入二次更衣室。

2)二次更衣:用手腕推开房门,进入二次更衣室,按工号从更衣柜内取出无菌内衣,按从上到下

335

顺序,穿好无菌内衣,将手放感应消毒机消毒口下,双手及前臂均匀喷洒消毒液使全部润湿,消毒,晾干后按从上到下顺序穿无菌外衣,先戴口罩,穿上衣,戴帽子,再穿裤子,然后坐在隔离凳上,脱下拖鞋,将拖鞋按工号放入外侧鞋柜内,转身,按工号从内侧鞋柜内取出无菌工作鞋穿上,关闭柜门。进入缓冲消毒间。

3)检查确认:穿戴好无菌工作服后在整衣镜前检查确认工作服穿戴是否合适。必须将头发完全包在帽内,不得外露;上衣束入下衣内,扣紧领口、袖口、裤腰、裤管口,内衣不得外露;口罩应将口鼻完全遮盖。

4)手消毒:将手放感应消毒机消毒口下,双手(至手腕上 5cm 处)均匀喷洒消毒液使全部润湿,晾干。

5)进入无菌洁净区:经无菌洁净走廊进入工作区。

6)离开无菌洁净区:离开洁净区按进入洁净区更衣的逆向顺序进行更衣(不需洗手、洗脸、洗腕及手部消毒)。

▶▶ 课堂活动

　　根据六步洗手法的要点,一起练习六步洗手。

(三) 设备与工器具

1. 设备清洁技术生产设备清洁是指从设备表面去除可见及不可见物质的过程。这些物质包括活性成分及其衍生物、辅料、清洁剂、微生物、润滑剂、环境污染物质、冲洗水中残留的异物及设备运行过程中释放出的异物。

(1)设备的设计要求:需清洗的设备表面应光洁,接触药品的表面需圆弧过渡、平整、光洁、没有死角、便于清洗,同时考虑加工可行性,不接触药品的部位表面也应平整、光洁、便于清洗。

(2)清洁工具的选择:洁净区内清洁器具应不脱落纤维和微粒,耐腐蚀,耐洗涤、消毒、干燥。各不同级别洁净区内应有各自的清洁工具,本区域的清洁工具只限于在本区域内使用。

(3)清洁介质的选择:常用的清洗介质有水和有机溶媒。水作为清洗介质的优点是无毒、无残留且价格低廉,成为我们最常用的清洗介质。用于无菌洁净室及设备的最初清洗介质至少是纯化水,最终冲洗应使用注射用水。当生产设备上的残留物可溶于有机溶媒时可选择丙酮、庚烷等有机溶媒清洗。

(4)清洁剂的选择:清洁剂的选择取决于待清洗设备表面污染物的性质。应尽量选择组分简单、成分确切的清洁剂。根据残留物和设备的性质,可自行配制成分简单效果确切的清洁剂,如一定浓度的酸、碱溶液等。如碳酸氢钠可作为注射剂的原料,氢氧化钠则常用来调节注射剂的 pH 值,它们兼具有去污能力强及易被冲洗掉的特点,因而成为在线清洗首选的清洁剂。

2. 设备清洁的管理要求

(1)主要生产设备都应制定明确的清洁操作规程,并按照详细规定的操作规程清洁生产设备。

(2)生产设备清洁的操作规程应当规定具体而完整的清洁方法、清洁用设备或工具、清洁剂的名称和配制方法、去除前一批次标识的方法、保护已清洁设备在使用前免受污染的方法、已清洁设备最长的保存时限、使用前检查设备清洁状况的方法,使操作者能以可重现的、有效的方式对各类设备进行清洁。

(3)如需拆装设备,还应当规定设备拆装的顺序和方法;如需对设备消毒或灭菌,还应当规定消毒或灭菌的具体方法、消毒剂的名称和配制方法。必要时,还应当规定设备生产结束至清洁前所允许的最长间隔时限。

(4)已清洁的生产设备应当在清洁、干燥的条件下存放。

(5)原料药生产中难以清洁的设备或部件应当专用。

(6)原料药生产设备的清洁应当符合以下要求:①同一设备连续生产同一原料药或阶段性生产连续数个批次时,宜间隔适当的时间对设备进行清洁,防止污染物(如降解产物、微生物)的累积。如有影响原料药质量的残留物,更换批次时,必须对设备进行彻底的清洁;②非专用设备更换品种生产前,必须对设备(特别是从粗品精制开始的非专用设备)进行彻底的清洁,防止交叉污染;③对残留物的可接受标准、清洁操作规程和清洁剂的选择,应当有明确规定并说明理由。

3. 设备清洁方式工艺设备的清洁,通常分为手工清洁方式和自动清洁方式,或两者结合使用。

手工清洁方式的特征是主要由人工持清洁工具,按预定的要求清洗设备,根据目测确定清洁的程度,直至清洁完成。常用的清洁工具一般有能喷洒清洁剂和淋洗水的喷枪、刷子等。清洗前通常需要将设备拆卸到一定程度并转移到专门的清洗场所。

自动清洁方式是由自动化的专门设备按预定的程序完成整个清洁过程。通常只要将清洗装置同待清洗的设备相连接,清洁剂和淋洗水在泵的驱动下以一定的温度、压力、速度和流量流经待清洗设备的管道,或通过专门设计的喷淋头均匀喷洒在设备内表面,从而达到清洗的目的。整个清洁过程通常不需要人工干预程序的执行和清洁程度的检查。

清洁方式的选择应当全面考虑设备的材料、结构、产品的性质、设备的用途及清洁方法能达到的效果等各个方面。

如果设备体积庞大且内表面光滑无死角,生产使用的物料和产品易溶于水或一定的清洁剂,这种情况比较适合采用自动或半自动的在线清洗方式。大容量注射剂的配制系统多采用这种方式。

如果生产设备死角较多,难以清洁,或生产的产品易黏结在设备表面、易结块,则需要进行一定程度的拆卸并用人工或专用设备清洗。注射剂的灌装机、胶囊填充机、制粒机、压片机等一般采用人工清洗方式。

4. 清洁规程的制订不管采取哪种清洁方式,都必须制定一份详细的书面清洁规程,规定每一台设备的清洗程序,从而保证每个操作人员都能以相同的方式实施清洗,并获得相同的清洁效果。清洁规程至少对以下方面作出规定:

(1)清洁开始前对设备必要的拆卸要求和清洁完成后的装配要求。

(2)所用清洁剂的名称、成分和规格。

(3)清洁溶液的浓度和数量。

(4)清洁溶液的配制方法。

(5)清洁溶液接触设备表面的时间、温度、流速等关键参数。

(6)淋洗要求。

(7)生产结束至开始清洁的最长时间。

(8)连续生产的最长时间。

(9)已清洁设备用于下次生产前的最长存放时间。

5. 设备清洁的主要流程

(1)拆卸:大多数设备,如大容量注射剂的灌装机、一步制粒机等在清洁前需要预先拆卸到一定程度。

(2)预洗:预洗的目的是除去大量、可见的残余产品或物料,为此后的清洁创造一个基本一致的起始条件,以提高随后各步操作的重现性。

(3)清洗:此步的目的在于用清洁剂以一定的程序(如固定的方法、清洗时间等)除去设备上残留的肉眼不可见的产品或物料等的残留物。配制清洁溶液的水可根据需要采用饮用水或纯化水。

(4)淋洗:用水以固定的方法和固定的淋洗时间淋洗设备表面,以除去设备上看不到的清洁剂残留。在淋洗阶段,应根据产品的类型采用符合药典标准的纯化水或注射用水。

(5)干燥:根据需要进行干燥除去设备表面的残留水分以防止微生物生长。如果设备淋洗后要进行灭菌处理,或是采用高温、无菌的注射用水淋洗后并保持密闭的设备则不一定要进行干燥处理。

(6)检查:清洁完成后目检所有设备的表面,不得有残余物。

(7)装配:按照清洁规程的规定将被拆卸的设备部件重新装配完好,装配期间避免污染设备和部件。

(四) 工艺用水

水是药品生产中用量大、使用广的一种辅料,用于生产过程及药物制剂的制备。制药用水因其使用的范围不同而分为饮用水、纯化水、注射用水及灭菌注射用水。一般应根据各生产工序或使用目的与要求选用适宜的制药用水。药品生产企业应确保制药用水的质量符合预期用途的要求。

制药用水的原水通常为饮用水。制药用水的制备从系统设计、材质选择、制备过程、储存、分配和使用均应符合 GMP 的要求。制水系统应经过验证,并建立日常监控、检测和报告制度,有完善的原始记录备查。制药用水系统应定期进行清洗与消毒,消毒可以采用热处理或化学处理等方法。采用的消毒方式以及化学处理后消毒剂的去除应经过验证。

▶ 课堂活动

制药用水分为哪几类? 分别用于哪些生产工序?

1. 饮用水是指符合现行中华人民共和国国家标准《生活饮用水卫生标准》的水,饮用水的来源一般包括地下水(深井水)、市政自来水、地表水。

企业应建立饮用水的质量标准,包括全检的标准和定期检查的标准。全检每年进行一次,一般由官方部门如卫生防疫站出具年度质量检验报告。定期检查由公司进行,如每月对饮用水进行有限项目的检查,确定的检查项目可以比饮用水的国家标准少。饮用水的取样位置,应该是公司的深井水的出水品或是市政自来水的进水口,必要时应增加用于生产纯化水的饮用水储罐的取水点。

为确保饮用水的供应稳定,一般企业会考虑使用饮用水的储罐和蓄水池。无论储罐或蓄水池,都应定期进行清洁和消毒,避免饮用水储罐或水池造成饮用水的污染。饮用水的管道应有必要的标识,并考虑水管的布置和用水点的分布,应避免产生水管的盲管。

2. 纯化水为饮用水经蒸馏法、离子交换法、反渗透法或其他适宜的方法制备的制药用水,不含任何附加剂,其质量应符合《中国药典》二部纯化水项下的规定。

ER-13-3
水系统消毒方式

(1)纯化水用途:①制备注射用水(纯蒸气)的水源物料的配制;②非无菌药品直接接触药品的设备、器具和包装材料最后一次洗涤用水;③注射剂、无菌药品瓶子的初洗;④非无菌药品的配料;⑤非无菌原料药精制;⑥非无菌洁净区工作服的最后一遍清洗用水;⑦洁净区内各岗位的清洗、清洁用水;⑧纯化水制备岗位自用的清洗用水;⑨生产工艺要求使用纯化水的岗位。

(2)纯化水的制备、储存和分配应符合下列要求:①纯化水储罐和输送管道所用材料,应无毒、耐腐蚀,宜采用不锈钢或其他不污染纯化水的材料。储罐的通气口应安装不脱落纤维的疏水性过滤器;②纯化水的储存宜采用循环方式;③纯化水输送管道在设计和安装时,应避免出现死角、盲管,不应出现使水滞留和不易清洁的部位;④纯化水储罐和输送系统,应能定期清洁、灭菌。

(3)纯化水系统的清洁与消毒:纯化水系统应定期进行清洁和消毒,当系统运行的性能明显下降,产水量、电导率、压差相差15%以上,通过冲洗已经不能够恢复或接近原来的性能时,必须进行化学清洗,按照合适的化学药剂配方和相应的运行程序进行。

3. 注射用水为纯化水经蒸馏所得的水,应符合细菌内毒素试验要求。

注射用水的用途:①无菌产品直接接触药品的包装材料最后一次精洗用水;②注射剂、无菌冲洗剂配料;③无菌原料药的精制;④无菌原料药直接接触无菌原料的包装材料的最后洗涤用水。

知识链接

常用的反渗透纯化水制备方法

1. 预处理系统

预处理系统:通常包括石英砂过滤器、活性炭过滤器、软化器。

备洗系统包括:自动加药系统臭氧水反冲洗、热水消毒系统。

其主要功能:保证在不同的进水情况,使得反渗透系统获得一个稳定、合格的进水水质。

2. 反渗透系统

反渗透系统承担了主要的脱盐任务,典型的反渗透系统包括反渗透给水泵、5μm精密过滤器、一级高压泵、一级反渗透装置、二级高压泵、二级反渗透装置及反渗透清洗装置等。

反渗透(RO)是压力驱动工艺,利用半渗透膜去除水中溶解盐类,同时去除一些有机大分子,前阶段没有去除的小颗粒等。半渗透的膜可以渗透水,而不可以渗透其他的物质,如盐、酸、细菌和内毒素。

（五）清场管理

▶ 课堂活动

请同学们想一想：清场与清洁区别是什么？

1. 清场的基本要求 清场是指在药品生产过程中，每一个生产阶段完成之后，由生产人员按规定的程序和方法对生产过程中所涉及的设施、设备、仪器、物料等作一清理，以便下一阶段的生产。为了防止药品生产中不同批号、品种、规格之间的污染和交叉污染，各生产工序在生产结束、更换品种及规程或换批号前，应彻底清理及检查作业场所。有效的清场管理程序，可以防止药品混淆、差错事故的发生。

清场分为大清场和小清场。大清场是指换品种时或者同一品种连续生产一定批次后进行的清场。大清场要确保所有前一批次生产所用物料、产品、文件、废品等全部移出，设备、房间按照清洁操作规程的要求进行彻底清洁。小清场是指同品种生产的批间清场和生产完工后的每日清场。小清场时应确保前一批次生产所用的物料、产品、文件、废品等全部移出，设备、房间清除表面粉尘，确保目视清洁。

2. 清场的内容

（1）物料：清点本工序所有物料的名称、数量。将本批生产剩余的物料清离现场，退库或放回车间指定地点。废弃物转运至厂区规定位置。

（2）产品：将本工序生产的中间产品、待包装产品进行标识后运至中间站或指定位置。包装工序将本批包装完的成品移至待验区待验。

（3）文件：清点、整理本工序（岗位）上的各种 SOP、辅助生产记录并定置存放。将本批批生产记录交于车间工艺员。

（4）清洁：设备、器具、操作间等按各自清洁标准操作规程进行清洁。清洁合格后按规定挂置清洁合格证。

3. 清场记录

清场操作结束后，操作人员按要求填写清场记录。清场记录内容应包括：工序、品名、生产批号、清场日期、清场内容、清场检查结果、清场操作人及复核人签名。

4. 清场合格标准

（1）上批物料名称相符，数量准确，账物相符，且按要求存放在相应区域。

（2）本岗位各种 SOP、辅助记录定置存放，批生产记录流转符合要求。

（3）各种状态标识能正确反映设备、容器、操作室、物料、中间产品等所处的状态且摆放悬挂正确。

（4）设备、操作间、工器具的清洁状态符合要求。

5. 清场检查清场结束后由质量保证部 QA 人员按上述要求检查，并在清场记录上注明检查结果，合格后发放"清场合格证"。"清场合格证"是下次开工生产前确认的必备条件之一，无"清场合格证"不得进行生产。

点滴积累 ∨

1. 制药用水包括 饮用水、纯化水和注射用水。 纯化水、注射用水的制备、贮存和分配应当能够防止微生物的滋生。

2. 每批药品的每一生产阶段完成后必须由生产操作人员清场，并填写清场记录。

3. 任何进入生产区的人员均应当按照规定更衣，进行洁净生产区的人员不得化妆和佩戴饰物。

第三节 确认与验证技术

一、确认与验证的基本过程

(一) 确认与验证技术概述

在长期的实践过程中,人们对药品生产及质量保证手段的认识逐步深化,GMP 的内容不断更新。企业建立药品质量管理体系的目标是确保持续稳定地生产出符合预定用途和注册要求的药品。验证是 GMP 的基本组成部分,其指导思想是通过验证确立控制生产过程的运行标准,通过对已验证状态的监控,控制整个工艺过程,确保质量。通过强化生产的全过程控制,进一步规范企业的生产和质量管理实践活动。

中国 GMP2010 版验证的定义为"证明任何操作规程(或方法)、生产工艺或系统能达到预期结果的一系列活动"。确认的定义为"证明厂房、设施、设备能正确运行并可达到预期结果的一系列活动"。验证和确认本质上是相同的概念,确认通常用于厂房、设施、设备和检验仪器,而验证则用于操作规程和检验方法、生产工艺或系统。在此意义上,确认是验证的一部分。

验证在药品生产和质量保证中有着重要的地位和作用。验证在 GMP 中所体现的价值和所发挥的作用主要有以下几方面:

1. **符合法规要求,降低患者风险** 验证是当前的 GMP 法规要求,验证能使药品生产企业生产出高质量的产品,保证患者用药有效安全。

2. **优化工艺,保证药品质量** 在完善健全的质量管理体系中,始终经过控制的工艺需要较少的工艺支持,较少的时间,并产生较少的失败,操作会更有效,质量更有保证。验证的工艺为产品的质量提供了可靠的保证。

3. **降低质量成本,提高经济效益** 验证活动能够降低系统故障率,减少产品报废、返工和复检的次数并使用户投诉以及产品召回的事件大大减少。

(二) 验证的分类

1. **前验证** 指一项工艺、一个过程、一个系统、一个设备或一种材料在正式投入使用前,按照设定的验证方案进行的验证。前验证的适用条件:

(1)一般适用于产品要求高,但没有历史资料或缺乏历史资料,单靠生产控制及成品检查不足以确保重现性及产品质量的生产工艺或过程。例如,冻干剂的除菌过滤及无菌灌装都必须进行前验证,因为药品的无菌不能只靠最终成品的无菌检查结果来判断,必须以物理实验及生物指示剂实验来证实工艺或过程的可靠性和稳定性。

(2)引入新产品、新设备以及新的生产工艺时应采用前验证的方式。前验证的成功是实现新工艺从研究阶段向生产阶段转移的必要条件,是一个新产品、一项新工艺研究开发的终点,也是交付常规生产的起点。

(3)原料药生产工艺的验证方法一般应为前验证。

应根据生产工艺的复杂性及工艺变更的大小决定工艺验证的运行次数。前验证通常采用3个连续的、成功的批次。但是某些情况下,例如复杂的原料药生产工艺或周期很长的原料药生产工艺,需要更多的批次才能保证工艺的一致性。

2. 同步验证 同步验证指生产中在某项工艺运行的同时进行的验证,即从工艺实际运行过程中获得的数据作为验证文件的依据,以证明某项工艺达到预定要求的一系列活动。同步验证实际上是特殊监控条件下的试生产,于此过程既可获得合格产品又可得到验证结果,即"工艺的重现性及可靠性"的证据,从而证实工艺条件的控制达到预定要求。同步验证的适用条件:

(1)已设计了完善的取样计划,对生产工艺条件能充分地监控;检验方法已经过验证,方法的灵敏度及选择性比较好;对所验证的产品或工艺过程已有比较成熟的经验与把握。

(2)由于同步验证对产品质量风险很大,只适用于非无菌产品的验证。

(3)因原料药生产批数不多、原料药不经常生产,或用验证过的工艺生产原料药,但该生产工艺已有变更等原因,难以从原料药的重复性生产获得现成的数据时,可进行同步验证。

同步验证通常也采用3个连续的、成功的批次。但是某些情况下,例如复杂的原料药生产工艺或周期很长的原料药生产工艺,需要更多的批次才能保证工艺的一致性。

3. 回顾性验证 回顾性验证指以历史数据的统计分析为基础,旨在证实正式生产工艺条件适用性的验证。当某一项生产工艺有较长的稳定生产历史,通过监控已积累了充分的历史数据时,可采用回顾性验证的方式,通过对丰富的历史数据的回顾分析找出工艺控制受控、达到设定标准的文件依据。回顾性验证的适用条件:

(1)关键质量属性和关键工艺参数均已确定。

(2)已设定合适的中间控制项目和合格标准。

(3)除操作人员失误或设备故障外,从未出现较大的工艺或产品不合格的问题。

(4)已明确原料药的杂质情况。

同步验证、回顾性验证一般用于非无菌产品生产工艺的验证,两者通常可结合使用。以同步验证为起点,运行一段时间然后转入回顾性验证阶段,经过一定时间的正常生产后,将按验证方案所收集的各种数据进行统计分析以判断生产工艺的可靠性和稳定性。

回顾性验证的批次应当是验证阶段中所有的生产批次,包括不合格批次。应有足够多的批次数,以证明工艺的稳定。必要时,可用留样检验获得的数据作为回顾性验证的补充。

回顾性验证一般需审查10~30个连续批次的数据,方可评估工艺的一致性,但如有充分的理由,审查的批次数可以减少。批次越多,所收集的数据越多,越有助于验证结果的可靠性。

4. 再验证　再验证是指一项工艺、一个过程、一个系统、一个设备或一种材料经过验证并在使用一个阶段后进行的,旨在证实已验证状态没有发生漂移而进行的验证。根据再验证原因,可以将再验证分为三种类型:药品监督部门或法规要求的强制性再验证;发生变更时的改变性再验证;每隔一段时间进行的定期再验证。再验证的适用条件:

(1)药品监管部门或法规要求的强制性再验证:至少包括下述两种情况:无菌操作的培养基灌装试验(WHO 的 GMP 指南的要求),计量器具和压力容器的强制检定。

(2)发生变更时的改变性再验证:实际运行当中,需要对设备、系统、材料及管理或操作规程作某种变更,有时很小的改变就有可能对产品质量造成相当重要的影响,因此需要进行再验证。这些改变包括:工艺方法参数的改变或工艺路线的改变,设备的改变,生产处方的修改或批量数量级的改变,常规检测表明系统存在着影响质量的变迁迹象。

(3)每隔一段时间进行的定期再验证:由于有些关键设备和关键工艺对产品的质量和安全性起着决定性的作用,因此,即使是在设备及规程没有变更的情况下也应定期进行再验证。如:无菌药品生产过程中使用的灭菌设备,洁净区的空调净化系统、纯化水系统,与药物直接接触的压缩空气等。

(三) GMP 对药品生产系统的验证要求

中国 GMP(2010 版)中明确规定:企业的厂房、设施、设备和检验仪器应当经过确认,应当采用经过验证的生产工艺、操作规程和检验方法进行生产、操作和检验,并保持持续的验证状态。

1. 设计确认(Design qualification,DQ)　新设施、系统或设备验证的第一个步骤为设计确认。

设计确认是通过有文件记录的方式证明所提出的厂房、系统和设备设计适用于其预期用途和 GMP 的要求,用科学的理论和实际的数据证明设计结果满足用户需求。完善的设计确认是保证用户需求以及设备正常发挥功效的基础,经过批准的设计确认报告是后续确认活动(如安装确认、运行确认、性能确认)的基础。

2. 安装确认(Installation qualification,IQ)　新的或发生改造之后的厂房、设施或设备仪器等需进行安装确认。

安装确认的目的是证实设备或系统中的主要部件正确的安装,以及和设计要求一致。安装确认过程一般不作动力接通和动作测试。只有等安装确认核对无误后方能进行后续的确认工作。

3. 运行确认(Operational qualification,OQ)　运行确认是通过有文件记录的形式证明所安装或更改的厂房、系统和设备在其整个预期运行范围之内可按预期形式运行。

运行确认是通过检查、检测等测试方式,用文件的形式证明设备的运行状况符合设备出厂技术参数,能满足设备的用户需求说明和设计确认中的功能技术指标,是证明系统或设备各项技术参数能否达到设定要求的一系列活动。

4. 性能确认(Performance qualification,PQ)　性能确认是为了证明按照预定的操作程序,设备在其设计工作参数内负载运行,其可以生产出符合预定质量标准的产品而进行的一系列的检查、检验等测试。

性能确认应在安装确认和运行确认成功完成之后执行。可以将性能确认作为一个单独的活动进行描述,在有些情况时也可以将性能确认与运行确认结合在一起进行。性能确认可通过文件证明当设备、设施等与其他系统完成连接后能够有效地可重复地发挥作用。就工艺设备而言,性能确认实际上是通过实际负载生产的方法,考察其运行的可靠性、关键工艺参数的稳定性和产出的产品的质量均一性、重现性的一系列活动。

5. 工艺验证　工艺验证是为证明与产品制造相关人员、材料、设备、方法、环境条件以及其他有关公用设施的组合可以始终如一地生产出符合企业内控标准及国家法定标准的产品,工艺稳定可靠,符合 GMP 要求。

ER-13-4 药品检验的局限性

(1)工艺验证的先决条件:在执行工艺验证之前应保证满足以下先决条件:①关键质量属性和关键工艺参数已确定;②工艺验证中使用的厂房设施、系统和设备已经过验证;③所有用于完成工艺验证的分析方法已经过充分的验证或检查确认;④在开始进行工艺验证测试样品之前,用于工艺验证的所有实验室设备和仪表均已经过了充分的确认或校准;⑤参与工艺验证工作的所有相关部门人员的培训已经完成;⑥已有与厂房、公用工程及其他系统和设备相关的可用并已获批准的标准操作程序;⑦工艺验证中所用的所有原材料和包装材料均必须由质量部门批准;⑧所有仪表均在有效期内。

(2)工艺验证方案内容:在进行工艺验证之前,先要拟定一个方案或计划,方案中至少要包含以下内容:①目的;②范围;③职责;④参考法规和指南;⑤产品和工艺描述;⑥验证前检查确认;⑦取样计划及评估标准;⑧工艺验证执行;⑨工艺验证总结;⑩工艺验证报告和偏差报告。

(3)工艺验证实施:工艺验证实施步骤包括:①操作人员按生产工艺规程进行操作,生产工艺规程要对所要求的工作进行充分描述;②在工艺验证过程中对所列出的关键工艺参数进行检查确认;③根据工艺过程及产品质量标准确定的取样计划,合理安排人员进行生产产品的取样;④生产工艺结束后,应按文件规定对产品进行成品检验,检验结果应符合成品质量标准,将统计结果记入测试数据表中;⑤根据验证检验结果,对工艺验证结果的各步骤进行总结。

(4)工艺验证报告:证明工艺验证方案提供的记录表中所有的测试项目都已完成并已附在总结报告上;证明所有变更和偏差已得到记录和批准并附在报告上,并提交批准。报告内容至少包括:

1)对方案的结果进行记录以及评估,评估的程序、项目和内容以验证方案中的工序划分为单位。

2)在各工序验证的基础上,对整个工艺验证进行总结和评价,评价结果记录到验证报告中。

3)通过数据分析指出现有工艺规程或控制中需要修订和改变的地方,使工艺规程更加完善,工艺过程更加稳定。

(5)工艺再验证:

1)变更引起的再验证。可能影响验证状态的变更有:关键的产品成分、工艺设备、工艺参数。

2)其他事件引起的再验证。如偏差调差引起的再验证。

3)年度质量审核报告中会确认现有工艺是否稳定,是否需要再验证。

4)再验证的方案应指出哪些相关生产工艺步骤需要再验证。

▶▶ **课堂活动**

产品的工艺验证能否用最终产品的检验代替,为什么?

(四) 验证工作基本程序

1. 成立验证组织　对于制药企业来讲,验证是一项经常性的工作且对验证人员的专业知识有很高的要求,所以一般要成立验证的组织机构并由专人进行管理。通常验证部门的职责至少包括:

1)验证管理和操作规程的制定和修订。

2)变更控制的审核。

3)验证计划、验证方案的制订和监督实施。

4)参加企业新建和改建项目的验证以及新产品生产工艺的验证。

5)企业验证总计划的制订、修订和执行情况的监督。

2. 验证项目的确定　验证组织成立后,应根据公司的剂型、产品、设备、工艺、过程等确定需要进行验证的项目,确定的验证项目一般包括:

1)设备验证。如设备的设计确认、安装确认、运行确认和性能确认。

2)方法验证。如分析方法验证、取样方法验证。

3)规程的验证。如清洁规程的验证、灭菌规程的验证。

4)工艺的验证。如产品的生产工艺验证、无菌工艺验证、工艺变更的验证。

5)系统的验证。如厂房设施的验证、空气净化系统验证、纯化水系统验证等。

3. 验证总计划的编制　每个企业必须要制定验证总计划,该文件是指导企业进行验证的纲领性文件。验证总计划一般应包括下述内容:

1)验证必做遵循的指导方针与指南。

2)详细说明验证活动中相关部门的职责。

3)验证的范围。已验证和需验证的厂房、设施、设备、检验仪器、生产工艺、操作规程和检验方法等的情况。

4)相关文件。列出项目验证活动所涉及的相关管理及操作规程的名称和代号。

5)项目进度计划和时间表。

6)变更控制。

7)附录。平面布置图、工艺流程图、系统图以及其他各种图表等。

知识链接

验证总计划

验证总计划重点解决4个"W"和一个"H"的问题:

1. Why,为什么要进行验证,即验证的目的;

2. What,指验证什么内容,即验证的内容与范围;

3. Who,由谁来组织与实施,即验证的机构及其职责;

4. When,什么时间,即验证的时间进度计划;

5. How,怎么验证,即具体验证的标准的大致要求。

4. 验证方案的编制 验证方案的起草是设计、检查及试验方案的过程,因此它是实施验证工作的依据,是重要的技术标准,因此,在实施验证活动前,必须制定好验证方案。验证方案的主要内容一般包括:

(1)验证概述。

(2)验证目的:详细说明验证的目的。

(3)验证范围:该验证方案的适用范围。

(4)验证依据:编写验证方案参考的法规与指南的依据。

(5)验证小组成员及职责:列出参加验证的人员及职责。

(6)验证内容和可接受标准:列出所有验证程序和可接受标准。

(7)验证结果与分析。包括验证试验过程中对验证方案有无修改,修改原因、依据以及是否经过批准;验证记录是否完整;验证试验结果是否符合标准要求;偏差及对偏差说明是否合理;是否需要进一步补充试验等。

(8)异常情况和变更。

(9)再验证:描述再验证的周期。

(10)附件:按照验证所需测试的各个项目设计验证记录空白表作为验证方案的附件。如果将验证记录空白表设计到正文中,可不在附件中出现。

5. 验证过程的实施 验证方案确定后,验证小组成员根据确定的验证时间计划和验证方案的内容,进行验证,验证过程中应全面充分地记录验证过程中的任何数据和过程,并填写验证的原始记录。根据验证中出现的结果,如果出现不符合的情况,必要时应进行偏差的调查,并调整验证方案,重新验证等。所有验证过程均应有验证的原始记录,原始记录应体现数据的原始性。实施各阶段验证过程中形成的记录应及时、清晰、完整,并有各实施人员签名。验证小组成员在实现施验证过程中的记录应交验证小组组长汇总。

6. 编制验证报告 验证报告是对验证方案及已完成验证试验的结果、漏项及发生的偏差等进行回顾、审核并做出评估的文件。验证报告的主要内容应包括:

(1)简介:概述验证总结的内容和目的。

(2)系统描述:对所验证的系统进行简要描述。

(3)人员及职责:说明参加验证的人员及各自的职责。

(4)验证合格的标准:可能的情况下标准应用数据表示。

(5)验证的实施情况:预计要进行哪些试验,实际实施情况如何。

(6)验证实施的结果:各种验证试验的主要结果。

(7)偏差及措施:阐述验证实施过程中所发现的偏差情况以及所采取的措施。

(8)验证的结论:明确说明被验证的项目或系统是否通过验证并能否交付使用。

(9)再验证周期。

点滴积累 ✓

> 确认和验证不是一次性的行为。 首次确认或验证后，应当根据产品质量回顾分析情况进行再确认或再验证。 关键的生产工艺和操作规程应当定期进行再验证，确保其能够达到预期结果。

二、典型的验证案例

原料药同步工艺验证实例：

原料药工艺验证方案

××××制药有限公司

××××年

本公司产品×××××是非无菌原料药产品，为保证生产工艺在实际生产中的有效性和可靠性，故对其进行工艺验证，本工艺验证采用同步验证的方式。本生产工艺的验证是由质量管理部负责组织，生产技术部、设备工程部、生产车间及 QC 检验室有关人员参与实施。

验证小组成员组成、方案制订、方案审核、方案批准分别见表 13-4、13-5、13-6、13-7 所示。

表 13-4 验证小组成员

部门	人员	职责
质量管理部		
生产技术部		
设备工程部		
生产车间		
QC 检验室		

表 13-5 方案制订

部门	签名	日期
质量管理部		
生产技术部		
设备工程部		
生产车间		
QC 检验室		

表 13-6 方案审核

部门	签名	日期
质量管理部		
生产技术部		

表 13-7 方案批准

部门	签名	日期
质量管理部		

目　　录

5.1　偏差与调查

5.2　失败情况处理

6　可接受标准

7　验证结果评定与结论

8　参考文件

9　附件

1　基本情况

1.1　概述

本公司生产的×××××是非无菌原料药产品,为保证生产工艺在实际生产中的有效性和可靠性,采取同步验证的方式来验证×××××的整个生产工艺过程。

1.2　生产工艺

1.2.1　生产工艺流程图

(略)

1.2.2　生产工艺的详细描述

目前执行的工艺规程编号为:SC/JB/GY/00100,于 2015 年 12 月 1 日批准生效。具体工艺描述见以下内容。

(略)

1.2.3　关键工艺步骤和参数

按照不同中间体、半成品和成品分别列表,见表 13-8。

表 13-8　关键工艺参数列表

序号	工艺步骤	关键工艺参数描述	关键参数限度
1			
2			
……			

2　验证目的

通过对整个生产工艺的验证,以证实生产工艺是有效的、稳定的、能够始终如一地生产出符合要求的产品。

3　验证实施前必备条件的确认

3.1　厂房设施与设备情况

生产×××××的厂房设施、主要生产设备和公用系统均通过安装确认、运行和性能确认,并被批准使用。各设备均制定了清洁规程,对关键设备进行了清洁验证,且验证结果符合要求。具体的验证情况见表 13-9。

表 13-9　厂房设施与设备验证情况表

序号	验证项目名称	文件编号	验证完成时间
1	厂房设施 IOQ 报告		
2	空调净化系统 IOQ 报告		
3	纯化水系统 IOQ 报告		
4	压缩空气系统 IOQ 报告		
……			

3.2　计量器具情况

生产×××××涉及到的仪器、仪表等计量器具均经过校验,且校验状态是合格并在有效期内。计量器具情况见表 13-10。

表 13-10　计量器具情况校验情况表

序号	计量器具名称	编号	校验时间	校验结果	校验周期	安装位置
1						
2						
……						

3.3　检验用设备、仪器和检验方法情况

×××××工艺验证涉及到的中控、中间体、成品检验所使用的设备、仪器和检验方法已经过校验或验证。检验用设备、仪器和检验方法情况见表 13-11。

表 13-11　检验用设备、仪器和检验方法情况表

序号	设备（仪器、检验方法）	编号	校验（验证）时间	校验（验证）结果	校验周期	安装位置
1						
2						
……						

3.4　所用文件的准备情况

在进行工艺验证前,各种管理规程,各岗位的标准操作规程,各设备的标准操作规程,各设备的清洁标准操作规程以及设备的维修保养规程等与生产有关的各种文件均已经制订并签字生效。中间产品、成品的质量标准已建立,并已经质量保证部批准。涉及到的主要文件见表 13-12。

表 13-12　涉及到的主要文件

序号	文件名称	文件编号	文件生效时间
1			
2			
……			

3.5 人员情况

在进行工艺验证前,与生产和质量有关的人员均进行了相关培训,并经考核合格。培训内容包括:

— GMP 及药品管理法培训

— 安全防护规程

— 微生物基础知识及微生物污染的防范培训

— 所在岗位相关设备的操作、清洗、维修保养规程

— 进出生产控制区更衣技术培训

— 岗位操作培训

— 生产过程质量控制培训

与生产和质量有关的人员均按规定进行了健康检查,各项指标正常,身体健康,符合 GMP 要求。

3.6 所用原辅料和包装材料情况

在进行工艺验证前,对所使用的原辅料和包装材料的供应商的情况进行核查,确认所用的原辅料和包装材料的供应商均是批准的合格供应商。应用于工艺验证的原辅料和包装材料均应符合相应原辅料、包装材料的质量标准。原辅料和包装材料情况见表 13-13。

表 13-13　主要原辅料包装材料一览表

序号	物料名称	供应商名称	备注
1			
2			
……			

4　验证方案

4.1　验证计划

按照批准的工艺规程连续生产三批产品,对生产工艺进行全面考察。具体的验证批号填入表 13-14。

表 13-14　验证批号

产品名称	批次	批号	生产批量	生产日期
	1			
	2			
	3			

4.2　第一步反应(生产××××粗品)的验证

应包括所有重点考察的生产关键参数:结晶、离心、干燥等。

4.2.1　第一步反应(生产××××粗品)关键工艺参数验证

验证方法:根据××××产品的合成工艺,对第一步反应中涉及的关键工艺参数进行验证。

判断标准:三批生产的实际关键参数控制符合工艺规程规定的要求。

验证结果记录见表13-15。

表 13-15　第一步反应关键工艺参数验证结果表

序号	工艺步骤	关键工艺参数描述	关键参数限度	验证批工艺参数		
				批号（第一批）	批号（第二批）	批号（第三批）
1						
2						
……						

验证结果：

验证人：

验证时间：

4.2.2　第一步反应收率情况验证

验证方法：将三批产品第一步反应生产的×××××粗品的收率与理论收率相比较。

判断标准：三批产品的第一步反应生产的×××××粗品的收率符合理论收率范围。

验证结果记录见表13-16。

表 13-16　中间体收率情况表

中间体名称	批号	理论收率范围	产量	实际收率

验证结果：

验证人：

验证时间：

4.2.3　第一步反应中间体的质量情况验证

验证方法：将三批产品第一步反应的中间体（×××××粗品）的质量检验情况与相应的中间体质量标准相比较。

判断标准：三批产品的第一步反应的中间体（×××××粗品）的质量符合既定的质量标准。

验证结果记录见表13-17。

表 13-17　中间体质量验证结果表

检验项目	质量标准	检验结果		
		批号（第一批）	批号（第二批）	批号（第三批）
1				
2				
……				

验证结果：

验证人：

验证时间：

4.3　粗品精制工序的验证

4.3.1　溶解脱色验证

验证方法：根据×××××产品的粗品精制工艺要求，对溶解脱色过程中涉及的关键工艺参数进行验证，并且对过滤后溶液取样检验。

取样和检验方法：过滤结束后每 10 分钟用量筒取样一次，取样量为 100ml，连续取样三次，目测溶液是否澄清。

判断标准：三批生产的实际关键参数控制符合溶解脱色步骤规定的要求，过滤后的溶液应澄清透明。

验证结果记录见表 13-18 和表 13-19。

表 13-18　溶解脱色关键工艺参数验证结果表

序号	关键工艺参数描述	关键参数限度	验证批工艺参数		
			批号（第一批）	批号（第二批）	批号（第三批）
1					
2					
……					

验证结果：

验证人：

验证时间：

表 13-19　过滤后溶液检测结果表

第一批			第二批			第三批		
10min	20min	30min	10min	20min	30min	10min	20min	30min
……								

验证结果：

验证人：

验证时间：

4.3.2　结晶工序验证

验证方法：根据×××××产品的结晶工艺要求，对结晶操作过程中涉及的关键工艺参数进行验证，结晶结束后取样检测晶体形态和料液外观，并且在最终成品的质量和收率中考察结晶效果。

取样和检验方法：结晶结束后用烧杯取样，放大镜检测晶体晶型符合要求，目测溶液澄清透明。

判断标准：三批生产的实际关键参数控制符合结晶步骤规定的要求。结晶后晶体符合要求，料液澄清透明，最后成品质量符合质量标准，成品收率符合工艺要求。

验证结果记录见表 13-20 和表 13-21。

表 13-20 结晶关键工艺参数验证结果表

序号	关键工艺参数描述	关键参数限度	验证批工艺参数		
			批号（第一批）	批号（第二批）	批号（第三批）
1					
2					
……					

验证结果：

验证人：

验证时间：

表 13-21 结晶样品检验结果表

检验项目	质量标准	检验结果		
		批号（第一批）	批号（第二批）	批号（第三批）
1				
2				
……				

验证结果：

验证人：

验证时间：

4.3.3 分离工序验证

验证方法：根据×××××产品的分离工艺要求，对分离操作过程中涉及的关键工艺参数进行验证，分离结束后在分离机上、中、下三个位置取混合样，检测样品中的溶剂残留或水分，也可检测最后一次溶剂冲洗后母液中所含产品的含量。

取样和检验方法：分离结束后在分离机上中下取样并混合，取样量 50g，按照水分或残留溶剂测定方法检验。用烧杯取最后一次溶剂冲洗后母液 50ml，按照成品检验方法检查含量。

判断标准：三批生产的实际关键参数控制符合分离步骤规定的要求。分离后样品溶剂残留或水分小于 5%（根据工艺调整），最后一次溶剂冲洗后母液中所含产品的含量小于 10%（根据工艺调整）。

验证结果记录见表 13-22 和表 13-23。

表 13-22 分离工序关键工艺参数验证结果表

序号	关键工艺参数描述	关键参数限度	验证批工艺参数		
			批号（第一批）	批号（第二批）	批号（第三批）
1					
2					
……					

验证结果：

验证人：

验证时间：

表 13-23　分离样品检验结果表

检验项目	合格标准	检验结果		
		批号（第一批）	批号（第二批）	批号（第三批）
1				
2				
……				

验证结果：

验证人：

验证时间：

4.3.4　干燥工序验证

验证方法：根据××××产品的干燥工艺要求，对干燥过程中涉及的关键工艺参数进行验证，并且干燥结束后取样测定水分。

取样和检验方法：干燥结束后在干燥器的上中下三点取样，取样量 10g，分别标 1 号、2 号、3 号测定水分。按照水分测定方法检验。

判断标准：三批生产的实际关键参数控制符合干燥步骤规定的要求，水分测试标准≤0.5%。

验证结果记录见表 13-24 和表 13-25。

表 13-24　干燥工序关键工艺参数验证结果表

序号	关键工艺参数描述	关键参数限度	验证批工艺参数		
			批号（第一批）	批号（第二批）	批号（第三批）
1					
2					
……					

验证结果：

验证人：

验证时间：

表 13-25　干燥后水分验证结果表

测试项目	测试结果								
	批号（第一批）			批号（第二批）			批号（第三批）		
	1号	2号	3号	1号	2号	3号	1号	2号	3号
水分									
平均									

验证结果：

验证人：

验证时间：

4.3.5　小批成品收率情况验证

验证方法：将三批产品××××每小批成品的收率与理论收率相比较。

判断标准：三批产品××××每小批成品的收率符合理论收率范围。

验证结果记录见表 13-26。

表 13-26　小批成品收率结果表

成品名称	批号	理论收率范围	产量	实际收率

验证结果：

验证人：

验证时间：

4.3.6　小批成品的质量情况验证

验证方法：将三批产品××××小批成品的质量检验情况与相应的成品质量标准相比较。

判断标准：三批产品××××小批成品的质量符合既定的质量标准。

验证结果记录见表 13-27。

表 13-27　小批成品质量验证结果表

检验项目	合格标准	检验结果		
		批号（第一批）	批号（第二批）	批号（第三批）
1				
2				
……				

验证结果：

验证人：

验证时间：

4.4　批混合工艺的验证

4.4.1　批混合工序关键工艺参数验证

验证方法：根据××××产品的混合工艺要求，对批混合过程中涉及的关键工艺参数进行验证。

判断标准：三批生产的实际关键参数控制符合工艺规定的要求。

验证结果记录见表 13-28。

表 13-28　批混合工序关键工艺参数验证结果表

序号	关键工艺参数描述	关键参数限度	验证批工艺参数		
			批号（第一批）	批号（第二批）	批号（第三批）
1					
2					
……					

验证结果：

验证人：

验证时间：

4.4.2　批混合效果的验证

验证方法及取样计划：按照既定的工艺参数混合结束后在混合器的上、中、下各 3 个不同的部位取样，共 9 个样品，对各点检测含量，连续进行三批产品的验证。

可接受标准：根据不同位置的检验结果，每一批产品不同的部位取样点的含量相对标准偏差 $RSD \leqslant 2.0\%$（$RSD = S/X_n$，S 为标准偏差，X_n 为平均值）。

验证结果记录见表 13-29。

表 13-29　批混合效果验证结果表

物料批号 / 取样位置	批号（第一批）			批号（第二批）			批号（第三批）		
上部									
中部									
下部									
含量相对标准偏差									
检测人									

验证结果：

验证人：

验证时间：

4.5　最终成品的质量情况验证

验证方法：将三批产品××××成品的质量检验情况与相应的成品质量标准相比较。

判断标准：三批产品××××成品的质量符合既定的质量标准。

验证结果记录见表 13-30。

表 13-30　最终成品质量验证结果表

检验项目	质量标准	检验结果		
		批号（第一批）	批号（第二批）	批号（第三批）
1				
2				
……				

验证结果：

验证人：

验证时间：

5　验证过程的偏差与处理

5.1　偏差与调查

— 验证过程中若出现任何偏差,均应及时进行偏差调查,并给出合理的偏差处理结果,并上报验证领导小组。

— 偏差调查及要求的纠正措施,均作为验证原始记录的一部分给予保存。

5.2　失败情况处理

— 如果某一批因与工艺性能无关的因素(动力或设备故障)而失败,则这一批将从验证批中剔除,另外增加一个验证批。应考虑的是,验证要求的是连续批。

— 与工艺相关的偏差导致验证失败,调查原因,落实纠正措施后,再重新进行三批验证。

— 如果由于工艺及设备能力等不相关因素导致的偏差,且偏差不导致批不合格,经过判断可不增加验证批次。

6　可接受标准

— 工艺验证实施前必备条件均已完成并得到确认。

— 原辅料、包装材料、中间产品和成品符合质量标准。

— 各步收率范围符合规定。

— 关键工艺参数在规定的范围内。

— 中间控制检验符合标准规定。

— 没有发生严重的偏差。

— 三个连续批的批生产记录符合要求。

— 批生产记录已经质量管理部审核和批准。

7　验证结果评定与结论

验证小组负责对验证结果进行综合评审,做出相应的评定与结论,报请验证领导小组批准。对验证结果的评审应包括：

— 验证试验是否有遗漏？验证记录是否完整？

— 验证过程中验证方案有无修改？修改原因、依据以及是否经过批准？

— 验证试验结果是否符合标准要求？偏差及对偏差的说明是否合理？是否需要进一步补充试验？

— 生产工艺是否稳定，按此工艺生产能否得到质量均一、稳定的产品？

— 有无需要改进的设备、生产条件、操作步骤？

— 生产过程中有无需要增加的检测、控制项目？

8 参考文件

— 药品生产质量管理规范(2010 年版)

— ICH Q7

— 欧盟 GMP 附录 15 确认与验证

9 附件

— 培训记录

— 批生产记录

— 批检验记录

— 偏差调查档案(若有)

目标检测

一、选择题

(一) 单项选择题

1. 空气净化系统的初效过滤器和中效过滤器的终阻力达始阻力的(　　)，进行清洗。

　　A. 2 倍　　　　　　　　B. 3 倍　　　　　　　　C. 4 倍　　　　　　　　D. 5 倍

2. 称为无污染消毒剂的消毒方式是(　　)

　　A. 甲醛熏蒸　　　　　B. 干雾喷雾消毒　　　　C. 臭氧消毒　　　　　D. 紫外消毒

3. 以下描述错误的是(　　)

　　A. 企业应建立人员卫生操作规程，最大限度地降低人员对药品生产造成的污染风险

　　B. 人员卫生操作规程应包括与健康、卫生习惯及人员着装相关的内容

　　C. 参观人员进入生产区和质量控制区，应事先就个人卫生、更衣等要求进行指导

　　D. 直接接触药品的生产人员应每年至少体检二次

4. 人员进出非无菌洁净生产区的更衣程序，正确的是(　　)

　　①存放个人物品②更鞋③一次更衣④二次更衣⑤洗手⑥手消毒⑦洗手、洗脸、洗腕⑧离开洁净区⑨进入洁净区⑩检查确认

　　A. ①②③⑤④⑩⑥⑨⑧　　　　　　B. ①②③⑦④⑩⑥⑨⑧

　　C. ①②③⑤⑥④⑩⑨⑧　　　　　　D. ①②③④⑤⑥⑩⑨⑧

5. 制药用水的原水通常为(　　)

　　A. 注射用水　　　　　B. 饮用水　　　　　　　C. 纯化水　　　　　　D. 高纯水

6. 以下不属于清场管理的是(　　)

　　A. 设备、器具、操作间等按各自清洁标准操作规程进行清洁

　　B. 清点本工序所有物料的名称、数量;将本批生产剩余的物料清离现场,退库或放回车间指定地点

　　C. 将本工序生产的中间产品、待包装产品进行标识后运至指定位置

　　D. 设备的清洁,通常分为手工清洁方式和自动清洁方式,或两者结合使用

7. 工艺验证应当证明一个生产工艺按照规定的工艺参数能够持续生产出符合(　　)产品

　　A. 用途和功能　　　　　　　　　　B. 企业内控标准和用途

　　C. 企业内控标准和国家法定标准　　D. 国家法定标准和功能

8. 工艺验证一般按照批准的工艺规程连续生产(　　)产品,对生产工艺进行全面考察

　　A. 一批　　　　　　B. 二批　　　　　　C. 三批　　　　　　D. 四批

(二) 多项选择题

1. 根据再验证的原因,可以将再验证分为以下几种类型(　　)

　　A. 药品监督部门或法规要求的强制性再验证

　　B. 发生变更时的改变性再验证

　　C. 每隔一段时间进行的定期再验证

　　D. 年度质量分析

2. 药品生产主要传播污染的主要媒介有(　　)

　　A. 空气　　　　　　B. 水　　　　　　C. 表面　　　　　　D. 人体

3. 清场的合格标准有(　　)

　　A. 上批物料名称相符,数量准确,帐物相符,且按要求存放在相应区域

　　B. 本岗位各种 SOP、辅助记录定置存放,批生产记录流转符合要求

　　C. 各种状态标识能正确反映设备、容器、操作室、物料、中间产品等所处的状态且摆放悬挂正确

　　D. 设备、操作间、工器具的清洁状态符合要求

4. 再验证的适用条件包括(　　)

　　A. 药监部门的强制要求　B. 定期再验证

　　C. 引入新工艺时的验证　D. 因发生变更时的再验证

5. 以下属于验证分类内容的是(　　)

　　A. 前验证　　　　　B. 同步验证　　　　　C. 回顾性验证　　　　　D. 再验证

二、简答题

1. 简述人员进入非无菌洁净区的净化程序。

2. 设备清洁的主要流程是什么?

3. 清场的内容包括哪些?

4. 什么是验证？验证与确认在内容上有什么区别？

5. 验证工作的基本程序是什么？

三、实例分析

1. 2007年7月，国家药品不良反应监测中心陆续接到报告，广西、上海部分医院的白血病患者出现下肢疼痛、乏力、行走困难等不良反应症状，他们都使用了上海华联制药厂生产的注射用甲氨蝶呤。此次事件涉及北京、安徽、河北、河南、广西、上海等多个省市的患者。后查明，生产人员更换生产品种时未严格执行清场程序，将硫酸长春新碱尾液混于甲氨蝶呤，是造成这次药害事件的直接原因。

通过此案，分析清场及设备清洁的重要性。

2. 2014年8月，河北省食品药品监督管理局对某药厂进行GMP认证现场检查，检查文件时，发现该企业的工艺验证报告，只对个别参数进行了定义，经检查组商议后，将此项目定义为主要缺陷。

结合工艺验证知识，分析该公司的工艺验证未做好哪项先决条件？

分析说明：要基于科学的理论定义"关键工艺参数"，通过对关键参数的验证和控制，确保产品质量持续符合预期的标准。

能力训练项目

能力训练项目1 阿司匹林的合成与精制

一、实训目的

1. 通过本实训,掌握酯化反应的原理,会进行酯化反应操作。
2. 会选择重结晶溶剂,并正确进行精制操作。

二、实训原理

邻羟基苯甲酸(水杨酸)在浓硫酸的催化作用下与醋酐发生酯化反应,得到阿司匹林(乙酰水杨酸),反应式如下:

三、主要试剂用量及规格

名称	分子量	熔点	用量	规格	沸点	溶解度
水杨酸	138.12	157~159℃	30g	化学纯		水1:46,沸水1:15,乙醇1:2.7,乙醚1:3
醋酐	102.09		42ml	化学纯	139℃	溶于三氯甲烷、乙醚
浓硫酸	98.08		15滴	化学纯	290℃	溶于水、乙醇
乙醇	46.07		30ml	化学纯	78.5℃	与水及许多有机液体互溶

四、实训步骤

1. **酯化操作** 在干燥的装有搅拌、温度计和球形冷凝器的250ml三口烧瓶中,依次加入水杨酸30g,醋酐42ml,开动搅拌,加浓硫酸15滴。打开冷却水,逐渐加热到70℃,在70~75℃反应半小时。取样测定,反应完成后,停止搅拌,然后将反应液倾入300ml冷水中,继续缓缓搅拌,直至阿司匹林全部析出,抽滤,用 20ml×2 的水洗涤、压干,即得粗品。

2. 精制(重结晶) 将上步所得粗品置装有搅拌、温度计和球形冷凝器的 250ml 三口烧瓶中,按质量体积比 1∶1 加入乙醇,微热溶解,在搅拌下按乙醇–水(1∶3)加入温度为 60~75℃ 热水,按 5% 质量比加活性炭脱色,脱色 5~10 分钟。趁热过滤,搅拌下滤液自然冷至室温,冰浴下搅拌 10 分钟。过滤,用 15ml×2 冷水洗涤、压干,置烘箱内干燥(干燥温度不超过 60℃ 为宜),熔点 135~138℃,称重并计算收率。

五、注意事项

1. 本实验所用的仪器、量具必须干燥无水。

2. 反应终点控制方法 取一滴反应液放在表面皿上,滴加三氯化铁试液一滴,不应呈现深紫色而应显轻微的淡紫色。

六、探索与思考

1. 本实验所用的仪器、量具为何干燥无水?反应液可否直接接触铁器?为什么?

2. 本反应中加入少量浓硫酸的目的是什么?不加是否可以?可否用其他酸替代?

3. 本反应中可能发生哪些副反应?产生哪些副产物?

4. 阿司匹林在水、乙醇中的溶解度怎样?为什么可以选用乙醇-水为溶剂进行精制?在精制过程中,为何要使滤液温度自然下降?若下降太快会出现什么情况?

5. 本反应是什么类型的反应?其反应机制如何?

6. 为什么要加冷凝装置?

能力训练项目 2 维生素 C 的精制

维生素 C(vitamin C)又名 L-抗坏血酸(L-Ascorbic acid)。为白色或略带淡黄色结晶或结晶性粉末,熔点 190~192℃,比旋光度 +20.5°~+21.5°(水溶液),+48°(甲醇溶液)。化学结构式为:

维生素 C 是人体必需的一种维生素,主要参与机体代谢,在生物氧化还原作用和细胞呼吸中起重要作用,可帮助酶将胆固醇转化为胆酸而排泄,以降低毛细血管的脆性,增加机体的抵抗力。本品在各种维生素中产量最大,在医药、食品、化学工业等都有广泛应用。

一、实训目的

1. 掌握粗品维生素 C 精制过程的原理和基本操作。

2. 熟悉结晶实验操作过程。

3. 会选择结晶、重结晶溶剂。

二、实训原理

维生素 C 在水中溶解度较大,而且随着温度的升高,溶解度增加较多,因而可以采用冷却结晶方法得到晶体产品。维生素 C-水为简单低共熔物系,低共熔温度为-3℃,组成为 11%(质量分数),结晶终点不应低于其低共熔温度。向维生素 C 的水溶液中加入无水乙醇,维生素 C 的溶解度会下降。结晶终点温度可在-5℃左右(温度过低会有溶剂化合物析出),有利于提高维生素 C 的结晶收率。维生素 C 在水溶液中为简单的冷却结晶,在乙醇-水溶液中为盐析冷却结晶。乙醇-水的比例应适当,乙醇太多会增大母液量,增加了回收母液的负担。通常自然冷却条件下晶体产品粒度分布较宽,研究表明:加以控制的冷却过程所得产品的平均粒度大于自然冷却所得产品。为了改善晶体的粒度分布与平均粒度,利用控制冷却曲线进行结晶操作。

三、主要试剂、仪器与设备

1. 实验设备与仪器

仪器名称	规格	单位	数量	备注
恒温水浴锅		台	1	
电动搅拌		套	1	
抽滤装置		套	1	
真空干燥箱		台	1	
圆底烧瓶	250ml	个	1	

2. 实验材料与试剂

试剂名称	规格	单位	数量	备注
粗维生素 C	粗品	g	80	
无水乙醇	分析纯	ml	适量	
活性炭	化学纯	g	适量	

四、实训步骤

1. **溶解、脱色和过滤** 在 250ml 圆底烧瓶中加入 80g 维生素 C 粗品、80ml 纯水,开启恒温水浴锅加热,搅拌,控制溶解温度为 65~68℃,并保持在此温度使之溶解(注意时间尽可能短,可以加入少量去离子水并记录加入水的量,最终可能会有少量不溶物)。溶解后向烧瓶中加入少量活性炭,搅拌,趁热抽滤,得滤液。

2. 结晶、过滤、洗涤、干燥 将滤液倒入圆底烧瓶中,使圆底烧瓶初始温度为 60℃ 左右,加入 12ml 无水乙醇,搅拌,全部溶解后,进行冷却结晶。结晶完成后,抽滤。用 0℃ 无水乙醇浸泡、洗涤产品。于 38℃ 左右进行真空干燥,称重,计算收率。

五、注意事项

1. 由于维生素 C 结晶过程中溶液存在剩余过饱和度,到达结晶终点温度时,产品收率将低于理论值。

2. 维生素 C 还原性强,在空气中容易被氧化,在碱性溶液中容易被氧化。高温下会发生降解,造成产率下降。由于维生素 C 的强还原性,它不能与金属接触,接触过维生素 C 的研钵等器皿也要及时洗净。粗维生素 C 及产品一定放回干燥器内保存。

3. 实验表明,冷却速率是影响晶体粒度的主要因素,在实际生产中应设法控制冷却速率。在搅拌器的选择上,应满足溶液均匀、晶体悬浮的前提下,尽量选择转速低的搅拌器。

4. 由于粗维生素 C 已经有部分被氧化、降解,所以脱色效果不十分明显,脱色温度不宜太高,时间不宜太长,以防止维生素 C 降解。

六、探索与思考

1. 0℃ 无水乙醇浸泡、洗涤晶体产品的目的是什么?
2. 搅拌速率对晶体粒度有何影响?
3. 为了提高产品纯度和收率以及改善晶体粒度和粒度分布可以进行哪些改进?

能力训练项目 3　10L 玻璃反应釜操作实训

一、实训目的

1. 按照操作规程操作 10L 玻璃反应釜,防止出现安全事故。
2. 能够进行反应釜的安装、使用、清理和保养。

二、实训原理

通过反应釜夹层,注入恒温的(高温或低温)热溶媒体或冷却媒体,对反应釜内的物料进行恒温加热或制冷,并提供搅拌。物料在反应釜内进行反应,并能控制反应溶液的蒸发与回流,反应完毕,物料可从釜底的出料口放出。

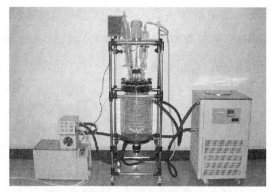

实训图1 玻璃反应釜结构

三、产品特性及附件

1. 10L双层玻璃反应釜的结构如实训图1所示,其配件如下表。

序号	配件名称	数量	说明
1	双层釜体	1台	有效容积10L
2	搅拌电机	1台	转速0~1350r/min(可调)
3	变频调速器	1台	带有数字显示功能(无级调速)
4	五口釜盖	1个	与釜体配套使用
5	反应釜架子	1套	支撑釜体等用
6	冷凝器	1个	蒸馏冷凝
7	四氟放料器	1个	放料(可以拆卸)
8	温度计套管	1个	放温度计
9	加料阀	1个	真空状态下加料
10	四氟搅拌杆	1套	内径不锈钢
11	蒸馏冷凝弯管	1个	连接釜盖和冷凝器

2. 设备主要特点

(1)采用优质硼硅玻璃、机械-四氟复合密封、四氟搅拌桨。

(2)可进行常温、高温及低温反应。

(3)可在常压及负压下工作,负压可达到-0.09MPa。

(4)变频恒速搅拌系统,工作平稳,转速数显。

四、实训步骤

1. 安装

(1)打开包装后,按照装箱清单检查主要配件是否齐全。

(2)将不锈钢管与固定件按照说明书所示组装框架。

(3)将电气箱安装在右后立杆顶端并旋紧螺钉,插上七芯插头。真空表安装在左后端,拧紧螺钉。

(4)根据使用高度,将釜圆形托架固定在立杆滑块上,釜放在托架上,半圆型抱箍用于固定釜颈部分别插入立杆滑块,合拢后拧紧固定螺丝,安装时注意反应釜主体垂直。

(5)搅拌棒固定在电机主轴的齿环夹头上,搅拌棒穿过盖中间旋转轴承,拧紧专用连接器,然后调整电机的位置,注意垂直同心度。

(6)瓶盖上左边40#标准口插蛇型回流冷凝器,右边40#标口为加料口连接恒压漏斗,中前方24#标口为插温度计套管口,帽子后方为34#标口为多功能备用口,底部设有放料阀门,釜身上下分别为循环液进出口。下口接循环液进口,上口接循环液回流口。

(7)安装玻璃仪器时必须清洁,各接口处用凡士林涂抹,以防止玻璃抱死现象出现,然后涂上真空脂以防漏气。

(8)按下万向轮固定装置,进行搅拌,如果搅拌稳定,说明调试已好。

2. 作业前的安全检查

(1)检查开关、电机接地是否牢固,若有松动或脱落,要立即接牢。

(2)检查夹套内没有残存的液体。

(3)检查自动加热装置的电源及加热介质的液位。如果加热介质偏少的话,加到指定位置。

(4)插上电源插头,打开变频器上的电源开关,用调速旋钮来选择适合的转速。

(5)反应釜没有裂痕,各固定装置牢靠。

3. 反应釜操作

(1)搅拌棒装上后,必须用手旋转一下,注意同心度是否好,如同心度不好应松开重夹,夹正后再打开电源,由慢至快逐步调整。

(2)按照实验要求计算物料并做好记录。要做到双人复核,确保称量的正确性。一般情况下先加入固体,再加入液体。

(3)反应过程中,随时观察,注意反应的现象、液面的升降、固体物料的溶解与结晶等现象。定时记录温度、压力、转速、时间、pH等反应指标。

(4)若物料的流动与电机转速的动力在某一点时可能会产生共振,请改变电机的转速,避免共振。

(5)使用中溶液内如有微粒物体,放料时有可能存积剩物在阀门的聚四氟活塞上,再次使用时气密性会有影响,务必每次放料后先清洗再使用。

五、注意事项

(一) 反应釜保养

1. 用前仔细检查仪器、玻璃瓶是否有破损,各接口是否吻合,注意轻拿轻放。

2. 用软布(可用餐巾纸替代)擦拭各接口,然后涂抹少许真空脂。(真空脂用后一定要盖好,防止灰砂进入。)

3. 各接口不可拧得太紧,要定期松动活络,避免长期紧锁导致连接器咬死。

4. 先开电源开关,然后让机器由慢到快运转,停机时要使机器处于停止状态,再关开关。

5. 各处的聚四氟开关不能过力拧紧,容易损坏玻璃。

6. 每次使用完毕必须用软布擦净留在机器表面的各种油迹、污渍、溶剂剩留,保持清洁。

7. 停机后拧松各聚四氟开关,长期静止在工作状态会使聚四氟活塞变形。

8. 定期对密封圈进行清洁,方法是:取下密封圈,检查轴上是否积有污垢,用软布擦干净,然后涂少许真空脂,重新装上即可,保持轴与密封圈滑润。

(二) 故障排除方法

故障	原因及排除方法
开启电源开关,指示灯不亮	外接电源未通或接触不良,应检查电源、插座
保险管短路	将电源开关置于 OFF 位置,再换置保险管
电源指示灯亮,但不旋转	旋转轴生锈,停止使用,与供应商联系;电机、电气箱故障,未连接七芯插头,重新连接七芯插头
真空突然消失,玻璃有裂痕,开关有破损	检查玻璃部件,调换开关
有真空,但抽不上	密封圈磨损,连接真空开关泄漏,请更换密封圈开关
真空时有时无	钢轴上有污垢,连接器有松动请清除污垢检查真空表、真空泵
真空软管老化	更换真空软管
电机温度过高(室温加 40℃属正常)	超负荷,停机,用手使机轴转动,是否很重,清除密封圈与玻璃轴接触部上的污垢,涂上真空脂
转速显示与实际不符	电压不稳定,自身有误差,与供应商联系
外壳带电	加热管有裂痕进水,请专业电工检查

能力训练项目 4　对乙酰氨基酚的制备与定性鉴别

一、实训目的

1. 会铁粉还原硝基化合物的操作,并掌握其操作要点。

2. 掌握还原反应、选择性酰化的原理、影响因素以及操作方法。

3. 能够作重结晶和熔点测定等基本操作。

4. 了解对乙酰氨基酚定性鉴别原理,会进行鉴别。

二、实训原理

扑热息痛(acetaminophen),化学名对乙酰氨基酚、对羟基乙酰苯胺,是乙酰苯胺类解热镇痛药。

其合成方法为,以对硝基苯酚为原料,在酸性介质中用铁粉还原,生成对氨基苯酚。对氨基苯酚进行选择性 N-酰化得产品。工业上常用醋酸为酰化剂回流反应,并蒸出少量的水,促进反应的进行;在实验室,可用醋酐为酰化剂,但为了避免 O-酰化的副反应发生,需控制反应的条件。反应式如下:

$$4HO-\langle\bigcirc\rangle-NO_2 + 9Fe + 4H_2O \xrightarrow{HCl} 4HO-\langle\bigcirc\rangle-NH_2 + 3Fe_3O_4$$

$$HO-\langle\bigcirc\rangle-NH_2 + Ac_2O \longrightarrow HO-\langle\bigcirc\rangle-NHAc + AcOH$$

三、主要药品用量及规格

步骤	药品名称	规格	用量
还原	对硝基苯酚	化学纯	83.4g
	铁粉	还原用铁粉	110g
	盐酸	30%以上	11ml
	碳酸钠	CP 或工业	约 6g
	亚硫酸氢钠	CP 或工业	约 6g
酰化	对氨基苯酚	自制	10.6g
	醋酐	CP,93%	13.0g
	亚硫酸氢钠	CP	适量
定性鉴别	氯化铁试液、β-萘酚试液 亚硝酸钠试液		

四、实训步骤

1. 还原 在 1000ml 烧杯中放置 200ml 水,于石棉网上加热至 60℃ 以上,加入约 1/2 量的铁粉和 11ml 盐酸,继续加热搅拌,慢慢升温制备氯化亚铁约 5 分钟。此时温度已在 95℃ 以上,撤去热源,将烧杯从石棉网上取下,立即加入大约 1/3 量的对硝基苯酚,用玻璃棒充分搅拌,反应放出大量的热,使反应液剧烈沸腾,此时温度已自行上升到 102~103℃ 左右,将温度计取出。如果反应激烈,可能发生冲料时,应立即加入少量预先准备好的冷水,以控制反应避免冲料,但反应必须保持在沸腾状态。继续不断搅拌,待反应缓和后,用玻璃棒沾取反应液点在滤纸上,观察黄圈颜色的深浅,确定反应程度,等黄色褪去后再继续分次加料。将剩余的对硝基苯酚分三次加入,根据反应程度,随时补加剩余的铁粉。如果黄圈没褪,不要再加对硝基苯酚;如果黄圈迟迟不褪,则应补加铁粉,而且铁粉最好留一部分在最后加入。当对硝基苯酚全部加完试验已无黄圈时(从开始加对硝基苯酚到全部加完并使黄色褪去的全部过程,以控制在 15~20 分钟内完成较好),再煮沸搅拌 5 分钟。然后向反应液中慢慢加入粉末状的碳酸钠 6g 左右,调节 pH 6~7,此时不要加入得太快,防止冲料。中和完毕,加入沸水,使反应液总体积达到 1000ml 左右,并加热至沸。将 5g 亚硫酸氢钠放入抽滤瓶中,趁热抽滤。冷后析出结晶,抽滤。将母液和铁泥都转移至烧杯中,加入 2~3g 亚硫酸氢钠,加热煮沸,再趁热抽滤(滤瓶中预先加入 2~3g 亚硫酸氢钠),冷却,待结晶析出完全后抽滤。合并两次所得结晶,用

1%亚硫酸氢钠液洗涤。置红外灯下快速干燥,即得对氨基苯酚粗品,约50g。

每克粗品用水15ml,加入适量(每100ml水加1g)的亚硫酸氢钠,加热溶解。稍冷后加入适量(越粗品5%~10%)的活性炭,加热脱色5分钟,趁热抽滤(滤瓶中放入与脱色时等量的亚硫酸氢钠),冷却析晶,抽滤,用1%亚硫酸氢钠溶液洗涤两次。干燥,熔点183~184℃(分解)。

2. 酰化　在100ml锥形瓶中,放入10.6g对氨基苯酚,加入30ml水⑧,再加入12ml醋酐,振摇,反应放热并成均相。在预热至80℃的水浴中加热30分钟,冷却,待结晶析出完全后过滤,用水洗2~3次,使无酸味。干燥,得白色结晶性的对乙酰氨基酚粗品10~12g。

每克粗品用5ml水加热溶解,稍冷后加入1%~2%的活性炭,煮沸5~10分钟。趁热抽滤时应预先在接受器中加入少量亚硫酸氢钠。冷却析晶,抽滤,用少量0.5%亚硫酸氢钠溶液洗两次。干燥得精品约8g。熔点168~170℃。

3. 定性鉴别

(1)取本品10mg,加1ml蒸馏水溶解,加入$FeCl_3$试剂,即显蓝紫色。

(2)取本品0.1g,加稀盐酸5ml,置水浴中加热40分钟,放冷,取此溶液0.5ml,滴加亚硝酸钠5滴,摇匀。用3ml水稀释,加碱性β-萘酚试剂2ml,振摇,即显红色。

五、注意事项

1. 因需充分搅拌,易碰碎温度计,只需测定沸腾时温度,保持反应继续沸腾即可,不必一直将温度计插在反应液中。

2. 加水量要少,只要控制不冲料即可;如水量加多,反应液不能自行沸腾,需在石棉网上加热沸腾。

3. 黄色褪去,只能说明没有对硝基苯酚,并不说明还原已经完全,还应继续反应5分钟。

4. 反应速度快,时间短,产品质量好。

5. 反应液偏酸或偏碱均可使对氨基苯酚成盐,增加溶解度,影响产量。

6. 加入亚硫酸氢钠可以防止对氨基苯酚的氧化。

7. 对氨基苯酚的质量是影响对乙酰氨基酚质量和产量的关键。用于酰化的对氨基苯酚应是白色或淡黄色颗粒状结晶,熔点183~184℃。

8. 有水存在,醋酐可以选择性酰化氨基而不与酚羟基作用。酰化剂醋酐虽然较贵,但操作方便,产品质量好。若用醋酸反应时间长,操作麻烦,少量做时很难控制氧化副反应,产品质量差。

9. 若振摇时间稍长,反应温度下降,可有少量对乙酰氨基酚结晶析出,但在80℃水浴加热振摇后又能溶解,并不影响反应。

六、探索与思考

1. 对氨基苯酚遇冷易结晶,在制备过程中,需要多次过滤,在每次过滤时,为了减少产品的损失,应对漏斗如何处理?

2. 在还原过程中,为什么用黄圈颜色来判断反应进行的程度?

3. 在还原过程中,既要保持沸腾状态,又要防止反应液溢出,应如何操作? 为什么需控制反应在较短的时间内完成? 如果时间过长,会出现什么副反应?

4. 本实验产品的收率如何? 如何进一步产品提高收率?

能力训练项目5　马铃薯蔗糖培养基制备

一、实训目的

1. 通过本实训,学生掌握常用的真菌培养基的制备。

2. 学会高温高压蒸汽灭菌方法

二、实训原理（略）

三、主要原料用量及规格

1. **仪器及其他工具**　小铝锅、天平、牛角匙、玻璃棒、pH 试纸、试管、分装漏斗、棉花、纱布、电炉、记号笔、高压蒸汽灭菌锅、恒温培养箱等。

2. **所需主要原料**

真菌培养基所需主要原料

名称	分子量	熔点	用量	规格
马铃薯			200g	
蔗糖			20g	
琼脂			20g	

四、实训步骤

1. 称取去皮新鲜马铃薯 200g,切成 1cm 见方小块放于小铝锅内,加 1000ml 自来水,置电炉上煮沸 20 分钟后,用双层纱布过滤。滤液计量体积后倒入小铝锅中煮沸。

2. 加入称好的 20g 蔗糖、20g 琼脂,加热搅拌至琼脂完全融化,并补足水量至 1000ml。

3. 趁热用分装漏斗分装于试管。分装完毕后塞好棉塞,装入小试管筐并捆扎好,写好标签。

4. 高压蒸汽灭菌 20 分钟后,趁热摆成斜面。

五、注意事项

1. 配制培养基时,写好配料单,按照料单顺序配料,防止错配、漏配或重复配制。

2. 配制时,注意不要使培养基沾在管口上,以免沾污棉塞。

3. 灭菌过程中,注意温度、压力是否一致。

六、探索与思考

1. 培养基配好后,为什么必须立即灭菌? 如何检查灭菌后的培养基是无菌的?

2. 灭菌前后培养基 pH 为什么会变化?

3. 培养基配制过程中还需要注意什么问题?

能力训练项目6　细菌的液体培养及菌种的保存与复苏

一、实训目的

1. 通过本实训,掌握液体培养时无菌操作接种技术,学会使用超净工作台。

2. 掌握恒温振荡培养箱的使用,掌握细菌的液体培养方法。

3. 掌握冷冻干燥菌种保藏与复苏方法。

二、实训原理

将斜面保藏的大肠埃希菌菌种,在无菌超净工作台上,接种至牛肉膏蛋白胨液体培养基中。培养出的大肠埃希菌可用于观察菌体形态、菌体在液体培养基中呈现的状态、菌体的扩大培养等。

菌体保藏的方法包括斜面传代保藏、穿刺保藏、液体石蜡保藏、沙土管保藏、冷冻干燥保藏、液氮冷冻保藏等。其中冷冻干燥保藏是适用范围广、保藏期长、存活率高的一种保藏方法。其原理包括低温、缺氧、干燥和添加保护剂。

三、主要试剂用量及规格

名称	分子量	熔点	用量	规格
大肠埃希菌菌种			1试管	
牛肉膏蛋白胨液体培养基			30ml	
脱脂牛奶				
乙醇				
水				

四、实训步骤

1. 大肠埃希菌的液体接种

净手:用浸泡 75% 乙醇中的脱脂棉球擦净双手。

贴标签:接种前,在牛肉膏蛋白胨液体培养基的三角瓶上贴上标签,注明将要接种的菌名、日期和接种人姓名等信息。

点燃:在超净工作台上点燃酒精灯。

接种:按照无菌操作的要求,左手拿接种试管,将斜面朝上,成水平状态。右手拿接种环,在酒精灯上灼烧灭菌。在酒精灯火焰处,用小指和无名指夹持棉塞,将其取出。将灭菌的接种环伸入到菌种试管内,先将环接触试管内壁或未长菌的培养基,达到冷却的目的,待接种环冷却后,轻轻取一环菌种,将接种环退出菌种管。在火焰下风口处,将沾有菌种的接种环伸入液体培养基中,在液体表面处的管内壁上轻轻摩擦,使菌体从接种环上脱落,混进液体培养基。塞好塞子,将三角瓶轻轻晃动,使菌体在液体中分布均匀。

2. 大肠埃希菌的液体培养 将接种好的菌种,放置于恒温振荡培养箱中,设定温度37℃,转速180r/min。培养时间为48小时。

3. 冷冻干燥保藏

准备安瓿瓶:将内径6~8mm、长10.5cm的由硬质玻璃制成的安瓿瓶,用10%HCl浸泡8~10小时后用自来水冲洗多次,最后用去离子水洗1~2次,烘干。将印有菌名和接种日期的标签放入安瓿瓶内,有字的一面朝向管壁。管口加棉塞,121℃灭菌30分钟。

准备脱脂牛奶:将脱脂奶粉配成20%乳液,然后分装,121℃灭菌30分钟,并做无菌试验。

制备菌液及分装:将液体培养的菌体离心。倒掉上清液,用去离子水洗涤两次。吸取3ml无菌牛奶加入其中,制成均匀的细胞悬液。用吸量管将菌液分装于安瓿瓶底部,每管装0.2ml。

预冻:将安瓿瓶放入真空冷冻干燥装置,浸入装有干冰和95%乙醇的预冷槽中,冷冻1小时,将悬液冻结成固体。

真空干燥:完成预冻后,安置好安瓿瓶,开启真空泵,冻结的悬液开始升华,当真空度达到26.7~13.3Pa时,冻结样品逐渐被干燥成白色片状,继续干燥。一般3~4小时即可。

封口:样品干燥后继续抽真空达1.33Pa时,在安瓿瓶棉塞的稍下部位用酒精喷灯火焰灼烧,拉成细颈并熔封,置于4℃冰箱内保藏。

4. 菌种复苏 用75%乙醇消毒安瓿瓶外壁后,在火焰上烧热安瓿瓶上部,然后将无菌水滴在烧热处,使管壁出现裂缝,放置片刻,让空气从裂缝中缓慢进入管内后,将裂口端敲掉,这样可防止空气因突然开口而进入管内致使菌粉飞扬。将合适的培养液加入冻干样品中,使干菌粉充分溶解,再用无菌的长颈滴管吸取菌液至合适培养基中,放置在最适温度下培养。

五、注意事项

1. 整个实验是无菌操作,要避免染菌。

2. 在真空干燥过程中,安瓿瓶应保持冻结状态,以防止抽真空时样品产生泡沫而外溢。

3. 熔封安瓿瓶时注意火焰大小要适中,封口处灼烧要均匀,若火焰过大,封口处易歪斜,冷却后易出现裂缝而造成漏气。

六、探索与思考

1. 冷冻干燥保藏菌种的优缺点是什么？
2. 液体培养细菌时，装液量是如何确定的？

能力训练项目7　高温高压蒸汽灭菌操作

一、实训目的

1. 了解高温高压蒸汽灭菌的基本原理及应用范围。
2. 学习高温高压蒸汽灭菌的操作方法。

二、实训原理

高温高压蒸汽灭菌是将待灭菌的物品放在一个密闭的高压灭菌锅内，通过加热，使灭菌锅底部的水沸腾而产生蒸汽，进而灭菌的方法。工作原理是，当沸腾产生的水蒸气将锅内的冷空气由排气阀中驱尽时，关闭排气阀，继续加热，此时由于蒸汽不能溢出，从而增加了灭菌锅内的压力，使沸点增高，得到高于100℃的温度，该温度会导致菌体蛋白质凝固变性，达到灭菌的目的。

三、主要试剂用量及规格

待灭菌培养基、培养皿、试管、水等。

四、实训步骤

1. **检查**　首先将内层置物篮取出，再向灭菌锅底部加入适量的水，使水面保持与支撑搁架略低为宜。

2. **分装**　将置物篮中装入待灭菌物品后，放回支撑搁架上，若置物篮为两个，放置时使上下置物篮摆放整齐、稳定。

3. **加盖**　将灭菌锅锅盖旋至灭菌锅正上方，检查密封胶圈，确保气密性，盖紧锅盖。

4. **灭菌**　利用灭菌锅控制系统设定灭菌条件，121℃，15分钟。启动灭菌锅工作程序，开始加热，升温后打开排气阀，至水沸腾排尽冷空气。关闭排气阀，让锅内的温度随蒸汽压力增加而逐渐上升。当锅内压力升至所需压力时，维持压力所需时间。

5. **取出**　灭菌结束后，让灭菌锅温度自然下降，当压力表的压力降至为"0"时，打开排气阀，打开锅盖，取出灭菌物品。

6. **存放**　灭菌的培养基经检查无菌后，待用。培养皿等尽快转入60～80℃烘箱内，烘干待用。

五、注意事项

1. 切勿忘记加水，同时水量不可过少，以防灭菌锅烧干而引起炸裂事故。

2. 底层置物篮中物品不得高于篮筐边,不要装得太挤,以免妨碍蒸汽流通而影响灭菌效果。

3. 锥形瓶与试管口均不可与锅壁接触,以免冷凝水淋湿包口的纸而透入棉塞。可在篮筐上部放置一张灭菌后的报纸,减少冷凝水淋湿。

4. 灭菌的主要因素是温度而不是压力,因此锅内冷空气必须完全排尽后,才能关上排气阀,维持所需压力。

5. 压力一定要降到"0"时,才能打开排气阀,开盖取物。否则就会因锅内压力突然下降,使容器内的培养基由于内外压力不平衡而冲出烧瓶口或试管口,造成棉塞沾染培养基而发生污染,甚至灼伤操作者。

六、探索与思考

1. 高压蒸汽灭菌开始之前,为什么要将锅内冷空气排尽?灭菌完毕后,为什么待压力降低至"0"时才能打开排气阀,开盖取物?

2. 在使用高压蒸汽灭菌锅灭菌时,怎样杜绝不安全的因素?

能力训练项目8 青霉素发酵实验操作

一、实训目的

1. 通过本实训,掌握逐级稀释法操作技术。

2. 掌握空罐、实罐、连续灭菌操作。

3. 会进行培养基的制备,正确进行接种操作,正确进行发酵过程各项控制操作。

二、实训原理

见本教材第五章~第九章相关内容。

三、主要试剂用量及规格

名称	分子量	熔点/℃	用量	规格
石英砂土孢子			2g	低温保藏
无菌水	18	0	适量	
小米基质			适量	
各种培养基			适量	
苯乙酸	136	76.5	适量	分析纯
硫酸铵	132	230~280	适量	分析纯
氨水	35		适量	

四、实训步骤

(一) 种子制备

1. 单菌落培养 取少量(约2g)低温保藏的石英砂土孢子,加定量无菌水稀释,制成孢子悬液。定量吸取孢子悬液,采用逐级稀释法稀释至10^{-5},在双碟中固体培养基上进行涂布分离,于25℃±2℃培养7天,即得到单菌落。

2. 斜面孢子制备 挑选形态正常的单菌落,研磨均匀后加无菌水稀释,定量吸取菌悬液涂布至茄子瓶斜面上,在25℃±2℃培养7天,长成斜面孢子。

3. 小米孢子制备 将长好的斜面孢子加入30ml无菌水制成孢子悬液。吸取定量孢子悬液接种到灭菌后的茄子瓶内的小米基质上。接种好的小米基质放入25℃±2℃恒温室培养48小时左右,翻动一次,7天后长成丰满绿色孢子。经过孢子计数后,合瓶,并作生产能力鉴定、无菌检测等质量检查,合格后,于2~4℃保存备用。

(二) 种子培养

1. 种子培养基的配制 根据配方要求分别称量各种物料,分开放置。液体料经计量体积后加入配料罐。接到灭菌岗位订料通知后,按照种子培养基配制操作规程进行配料,合格后打入已清洗、检查过的种子罐。

2. 种子培养基的灭菌 采用实罐灭菌模式。待罐内培养基温度升至120~130℃、压力0.12~0.13MPa时,保温灭菌40分钟后结束。待罐压低于空气压时通入无菌空气,开冷却水冷至26℃左右,保压待用,取样作生化分析。

3. 接种 采用火焰法接种。提前关闭门窗,用0.1%(g/ml)苯扎溴铵清洁接种环境。调整罐压接近零时,缓慢稳妥地打开由火焰保护的接种口,按无菌操作要求迅速将小米孢子倒入罐内,立即盖闭接种口,通入无菌空气,调整好罐温、空气流量和罐压,开动搅拌进行培养。接种后每隔一段时间取样作无菌检查、生化分析。

(三) 发酵

1. 培养基的配制 根据配方要求分别称量各种物料,分开放置。液体料经计量体积后加入配料罐。接到灭菌岗位订料通知后,按照培养基配制操作规程进行配料,调整好pH和体积,加热至40~50℃。取样送生化室检测合格后打入已清洗、检查过的发酵罐。

2. 发酵罐空罐灭菌 提前将空气高效过滤器定期灭菌,在120℃、0.10~0.11MPa压力下保温30分钟。将各路蒸汽(含培养基灭菌系统蒸汽)分别通往发酵罐内,40分钟内罐压逐渐升至0.14~0.16MPa,温度125~130℃,保温1小时。保温结束,通入无菌空气保压。发酵罐灭菌的同时,与发酵罐相连的各路补料系统也同时灭菌。

3. 发酵培养基灭菌 培养基料液从配料岗位经缓冲罐进入消毒塔,与蒸汽混合,控制混合温度135℃左右,料液流速16~18m³/h。料液经维持罐维持10分钟左右,再经喷淋冷却器进入发酵罐。当培养基全部灭菌后,还要连消一定量的水,以冲洗管路并使罐内培养基体积达到规定要求。当培养基温度降到26℃时,即可移种。

4. **移种**　先将接种管路及相关阀门灭菌 1 小时,并作全面严密度检查。移种时,先升发酵罐罐压,降待移种种子罐罐压,将少量冷却好的发酵培养基倒入种子罐内,以冷却管路和稀释种子液。然后升种子罐罐压,降发酵罐罐压,利用压差将种子罐内已生长好的种子液连同部分发酵培养基移入发酵罐。

5. **补料灭菌**　液糖、苯乙酸钠、硫酸铵、氨水的消毒。液糖采用连续灭菌法,灭菌条件与发酵培养基相同;苯乙酸、硫酸铵采用实罐灭菌,和种子培养基灭菌法基本相同;氨水采用两级滤芯过滤除菌。

6. **发酵工艺控制**　根据工艺控制指令,在发酵过程中要持续补入液糖、苯乙酸、硫酸铵、氨水等,以保持各项发酵参数符合要求。各种补料之间的协同控制:通过加糖、加油和氨水控制 pH,前期必要时可加硫酸;通过加硫酸铵和氨水控制氨氮;通过检测残留苯乙酸浓度控制苯乙酸加量;通过加糖控制发酵液黏度,必要时可加水稀释;通过加油或消沫剂消除泡沫,防止逃液。

7. **无菌检查**　对种子罐和发酵罐,每 8 小时要取样作无杂菌检查,分别放置 37℃和 25℃恒温室培养。每 4 小时检查一次,判断杂菌污染情况。

五、注意事项

1. 本实验严格遵循无菌操作规程,培养基及过滤器、发酵罐等相关仪器设备灭菌要彻底。

2. 本实训是综合性发酵实训,包括从种子制备、培养到发酵、分析检测的全过程,时间长,技能要求高,提前预习,合理安排。

六、探索与思考

1. 湿热灭菌的原理是什么？空罐、实罐、连续灭菌操作有何异同？

2. 种子制备、种子培养、接种、发酵各过程需注意哪些事项？

参考文献

1. 刘斌.制药技术.北京:化学工业出版社,2006

2. 李丽娟.药物合成技术.北京:化学工业出版社,2010

3. 陶杰.化学制药技术.北京:化学工业出版社,2006

4. 储炬,李友荣.现代工业发酵调控学.北京:化学工业出版社,2002

5. 叶勤.发酵过程原理.北京:化学工业出版社,2005

6. 刘振宇.发酵工程技术与实践.上海:华东理工大学出版社,2007

7. 于文国.发酵生产技术.第3版.化学工业出版社,2015

8. 齐香君.现代生物制药工艺学.第2版.北京:化学工业出版社,2010

9. 顾觉奋.分离纯化工艺原理.北京:中国医药科技出版社,2002

10. 刘国诠.生物工程下游技术.北京:化学工业出版社,2003

11. 张雪荣.药物分离与纯化技术.第3版.北京:化学工业出版社,2015

12. 王效山,夏伦祝.制药工业三废处理技术.北京:化学工业出版社,2010

13. 郭春梅,赵朝成.环境工程基础.北京:石油工业出版社,2007

14. 国家食品药品监督管理局.药品生产质量管理规范(2010年修订).2011

15. 国家食品药品监督管理局药品认证管理中心.药品GMP指南.北京:中国医药科技出版社,2011

16. 何国强.制药工艺验证实施手册.北京:化学工业出版社,2012

17. 何国强.制药洁净室微生物控制.北京:化学工业出版社,2013

18. 国家食品药品监督管理局药品安全监管司,国家食品药品监督管理局药品认证管理中心,国家食品药品监督管理局高级研修学院.药品生产质量管理规范(2010年修订)培训教材.天津:天津科学技术出版社,2012

19. 滕晓颜,宋辉.原料药欧美文件注册及欧盟非无菌原料药GMP实战指南.北京:中国农业大学出版社,2014

目标检测参考答案

第一章 工艺确定及控制技术

一、选择题

（一）单项选择题

1. B　　2. B　　3. A　　4. C　　5. D　　6. B　　7. A　　8. A　　9. B　　10. C

11. B　　12. D　　13. D　　14. C　　15. C

（二）多项选择题

1. ACD　2. ABC　3. CD　4. ACD　5. ABC

二、简答题（略）

三、实例分析

1. 答案要点

(1)醋酐为液态，水杨酸为固态，醋酐过量溶解水杨酸，过量部分循环套用。

(2)形成均相，利于反应进行。

(3)查文献确定反应温度，根据官能团显色判断反应终点。

(4)阿司匹林在水中溶解度小，在乙醇中溶解度大。一定比例的乙醇-水组成的混合溶剂极性恰当，既能除去杂质又能使产品结晶析出。

2. 答案要点　确定配料比时，首先要对反应类型、可能出现的副反应以及在反应过程中发生的物料性质的变化等因素作全面考虑。

(1)该反应氯苯为液态，邻苯二甲酸酐为固态，过量的氯苯兼作溶剂溶解邻苯二甲酸酐形成均相，且氯苯性质稳定，价廉，易于回收循环利用，所以，采取氯苯过量的配料比。

(2)所得乙苯由于乙基的供电性，使得苯环更为活泼，极易继续引入第二个乙基，如不控制氯乙烷加入量(降低氯乙烷浓度)，就易产生二乙苯或多乙苯。

第二章 反应设备及操作技术

一、选择题

（一）单项选择题

1. D　　2. A　　3. A　　4. C　　5. B　　6. D　　7. B　　8. D　　9. C　　10. B

11. D   12. D   13. B   14. C   15. A

（二）多项选择题

1. AD   2. ABCD   3. ABCD   4. AD   5. BC

二、简答题(略)

三、实例分析

1. 答案要点

(1)该反应温度下,物料状态均为液态,属于液-液相反应,应该选釜式反应器;

(2)浓硫酸(强酸)为催化剂,应该选搪瓷反应釜。

2. 答案要点

(1)青霉素发酵过程,菌丝需要均匀充足的氧气,氧气不溶于水介质,所以,需要靠搅拌将氧气分散,完成供养,要求搅拌器要有很好的剪切效果;

(2)培养基总体黏度较低。

综合以上,应选择涡轮式搅拌器。

第三章　中试放大技术

一、选择题

（一）单项选择题

1. B   2. A   3. D   4. B   5. B   6. C   7. C   8. A   9. B   10. D

11. D   12. B   13. A   14. C   15. C

（二）多项选择题

1. ABC   2. ABCD   3. ABCD   4. ABC   5. ABCD

二、简答题(略)

第四章　化学制药生产实例

一、选择题

（一）单项选择题

1. A   2. C   3. A   4. A   5. B   6. C   7. A   8. D   9. B   10. D

11. B   12D   13. C   14. A   15. D

（二）多项选择题

1. ABC   2. ABCD   3. ABCD   4. ABD   5. ABC

二、简答题(略)

三、实例分析

1. 答案要点:对氨基苯酚是酰化的原料。

(1)若酰化试剂为醋酸,那醋酸与酚的反应应该可逆,原料对氨基苯酚也不可能彻底消失。

(2)既使用酸酐作酰化试剂也会产生醋酸副产物,醋酸也会与对氨基苯酚反应。故其含量低于2%(经验数值)即可认为达到终点。反应过程中任一原料消失,即为反应终点,但可逆反应除外。可逆反应检测终点可控制某一原料的含量。

2. 答案要点

(1)裂解阶段 pH 8.0~8.1 是裂解酶的最适 pH,能够很好发挥催化活性。

(2)萃取阶段的主要目的是除去裂解液中的侧链部分(苯乙酰基),所以酸化至 pH 0.6~1.0,使其转化成苯乙酸分子,以便萃取至有机溶剂中(甲苯)与水相分离(水相主要是 6-APA)。

(3)6-APA 同时含有氨基、羧基,是两性化合物,即采用等电点法结晶,pH 3.8±0.1 是其等电点。

第五章　培养基制备技术

一、选择题

(一)单项选择题

1. A　　2. C　　3. D　　4. D　　5. B　　6. B　　7. A　　8. B　　9. B　　10. D

(二)多项选择题

1. ABD　2. AB　3. ACD　4. ABCD　5. ABCD　6. ABCD

二、简答题

1. 种子培养基和发酵培养基的成分要求上有什么不同?

种子培养基:主要是以制备生长活力强的菌丝体为目的。是供孢子发芽和扩大菌丝繁殖所用,成分要求适当地丰富和完全,浓度以稀薄为宜。二级种子培养基可比一级种子培养基丰富些,以利培养出适宜发酵过程的菌丝。

发酵培养基:是供产生菌快速繁殖菌丝和长时间生物合成抗生素所用,除了满足菌丝繁殖需要外,还要满足次级代谢和其产物积累的需要。因此发酵培养基成分应达到一定的丰富和完全。并且在整个发酵过程中,还需要不断补充重要的原料,维持发酵工艺所要求的水平,保证发酵周期与生产水平达到同步和协调,利于大量合成抗生素。

2. 青霉素发酵过程中所需氮元素的来源有哪些? 它的去向又到了哪里?

来源:①基础培养基中的氮(玉米浆、麸质粉等);②种子罐带入的氮;③补料中的氮(硫酸铵、氨水)。

去向:①菌丝体中的氮(蛋白质、核酸等);②发酵液中的蛋白质氮;③产物青霉素中的氮;④发酵液中残留的氮;⑤氨水挥发带走的氮。

3. 培养基的功能有哪些?

提供菌体生长、繁殖、代谢和合成产物所需的各种营养和原料,包括碳源、氮源、无机盐、微量元素和生长因子等;提供菌体生长、繁殖、生产所必需的环境条件。

4. 控制培养基 pH 的措施一般有哪些?

首先依靠培养基中的酸性原材料或碱性原材料来调节培养基的 pH,如玉米浆本身就是酸性的,液糖(葡萄糖)自身也是酸性的,菌体在利用葡萄糖的过程中产生大量酸性有机中间代谢产物,使发酵体系 pH 降低。

通常需要在培养基中加入一定量的 pH 缓冲物质,如碳酸钙、磷酸盐等。碳酸钙是一种难溶于水的盐,不会使培养基的 pH 大幅升高,但它能不断中和菌体代谢过程所产生的酸。磷酸盐主要是依靠一氢和二氢磷酸盐(如 K_2HPO_4 和 KH_2PO_4)组成的混合物进行缓冲。

培养基配后如果 pH 偏低,一般采用加液碱(30%氢氧化钠)的方式进行调整;消后或发酵过程中需要调高 pH 时一般加无菌氨水(根据氨氮需求量)进行调整;如果培养基配后或发酵过程中 pH 本身就有增高的趋势,需要调低时一般根据菌体代谢需要进行调整:首先考虑采取加糖的方式,通过糖代谢使 pH 降低;其次,如果加糖不足以将 pH 控制下来,需要根据发酵体系中对阴离子的需求而定,即如果发酵体系需求 SO_4^{2-} 则加入硫酸,如果需求 Cl^- 则加入盐酸。生产中各种后期补料必须协同控制,既要稳定 pH,又不能造成残糖、氨氮等其它参数偏离。

5. 培养基中如果使用淀粉时需要注意哪些问题?

使用淀粉时,如果浓度过高培养基会很黏稠,所以培养基中淀粉的含量大于 2.0%时,应先用淀粉酶糊化,然后再混合、配制、灭菌,以免产生结块现象。

三、实例分析(可给出简单要点)

第六章　种子制备和菌种保藏

一、选择题

(一) 单项选择题

1. C　　2. A　　3. D　　4. B　　5. C　　6. A　　7. C　　8. B　　9. D　　10. B

(二) 多项选择题

1. ACD　2. ABCD　3. ABCD　4. ABCD　5. ABC　6. ABCD

二、简答题(略,其中计算题类题目可给出答案)

1. 种子生长缓慢的主要原因可能有哪些? 如何处理?

主要原因:①原材料质量的波动;②接种孢子量不足;③灭菌温度/时间过长或降温时间过长;④罐温、通气量、搅拌等不符合要求;⑤其他异常情况。

处理方式:①适当升温控制;②空气流量加大;③适当延长种子周期。

2. 菌种制备过程经常需要用到梯度稀释法,为什么要这样操作? 请叙述具体操作过程。

答案略

3. 发酵大罐移种前,需要控制种子罐的哪些质量指标?

①确保无杂菌污染;②要保证一定的菌体浓度;③pH 的变化:种子罐的残糖等参数下降到低点,pH 则会出现回升的现象,这个点即是种子罐移种的时机;④代谢状况:碳源、氮源等营养物质的利用程度也是判断种子罐生长好坏的重要指标;⑤菌体形态等其它参数:要确保种子罐菌体生长形态正

常,无明显的自溶现象。

4. 摇瓶培养时,一般较多采用八层纱布封口,其原因是什么?

主要有两个方面:一方面为接种后摇瓶培养考虑:八层纱布既保证了不易染菌,又保证了充足的空气能够进入摇瓶为菌体的生长提供足够的溶氧,而棉塞由于相对厚实,摇动培养过程中空气的进入和二氧化碳的排出均不如八层纱布;另一方面是为了操作方便考虑:灭菌前将纱布折叠成棉塞状,接种时将折叠的纱布取出,接种后将折叠的纱布打开下翻包裹并绷紧瓶口,用细绳快速绑好,整个过程非常顺畅。

5. 菌种退化的原因和防止退化的措施有哪些?

原因:①菌种遗传的不稳定性;②环境因素的影响;③诱变剂处理后菌种的退化和变异。

措施:①合理地保藏菌种;②减少传代;③不断复壮;④自然选育。

三、实例分析

1. 种子罐培养基中各种原材料质量、培养基 pH、接种量、培养温度、培养时间、通气量、搅拌转速等均是影响种子罐种子质量的关键因素。如果出现种子生长缓慢的问题,请从上述方面分析其可能的原因并提出解决方案。

主要原因:①原材料的波动;②接种孢子量不足;③灭菌温度/时间过长或降温时间过长;④罐温、通气量、搅拌等不符合要求;⑤其他异常情况。

处理方式:①适当升温控制;②空气流量加大;③适当延长种子周期。

2. 无菌良好是种子罐最重要的基础条件。请从设备和操作角度分析造成种子罐染菌的可能原因。

一是种子罐培养基的灭菌条件,必须确保培养基的配制质量以及温度、压力、时间等各项灭菌参数符合操作规程的要求;二是种子罐及其附属管线、阀门、搅拌系统(包括桨叶、连轴器、机械密封、螺栓等)不能有死角,而且必须定期进行检查清理;三是要确保上一级种子罐、摇瓶或米孢子的无菌状况,防止因来源种子带菌而导致种子罐种子培养失败;四是在移种前后一定要确保移种管线灭菌彻底和移种操作的严格和规范以及空气系统的可靠性。

3. 请分析斜面培养、摇瓶培养以及种子罐培养各自的目的是什么?对培养基营养要求有何变化?

答案略

第七章　发酵生产设备及操作技术

一、选择题

(一) 单项选择题

1. A　　2. C　　3. D　　4. B　　5. C　　6. D　　7. B　　8. A　　9. B　　10. C

（二）多项选择题

1. ABD　2. ABC　3. ABC　4. ABCD　5. ABCD　6. ABCD

二、简答题

1. 简述机械搅拌式生物反应器的结构及其特点？

2. 什么是散式流化和聚式流化？

当液体的流速高于临界流化速度时,床层空隙率增加,床层高度增加,床层均匀,这种流化称为散式流化。当气固流化床不均匀时,部分气体以气泡的形式通过床层,固体颗粒成团湍动,流化不平稳,床层自由面上下波动剧烈,床层压降也随之在一区间内波动着,此时的床层称为鼓泡流化床,也称为聚式流化。

3. 简述机械搅拌式发酵罐日常点检主要包含哪些内容？做到什么标准？

4. 生物反应器可分为几种型式？

5. 发酵罐一般设置多层搅拌桨叶,简述发酵罐底搅拌和上层搅拌各自所起的作用是什么？

三、实例分析

1. 计算　某罐批运转过程中参数如下：

周期	100	124
效价	31 000	40 500
体积	118	119
苯乙酸残量	0.3	0.3

这一天(100~124)内共带放两次,第一次带放周期为110小时,效价为34 000,体积10m³,第二次带放周期为122小时,效价为39 000,体积11m³,请计算这一天内的总亿及发酵指数？已知该发酵罐公称容积145m³。

总亿：(405×119−310×118+340×10+390×11) = 19 305 亿

指数：19305/145/24 = 0.555BOU/(m³·h)

2. 发酵热是生产过程中菌体代谢热、搅拌热、补料带入热量等的综合体现。请分析和叙述生产过程中利用进出口温度测量法测量菌体发酵热的具体过程。

要想准确测量发酵热的具体数值,只需知道该发酵罐冷却水进出口的温度,只要保持发酵液温度基本恒定,通过测定冷却水进口和出口的温度 t_2 及 t_1(℃)以及冷却水的流量 G(kg/h)即可计算出发酵热,如下式：

$$Q_{发酵} = GC(t_2-t_1)/V$$

3. 某工厂青霉素发酵罐批周期180小时,批发酵总亿135 000亿,整批加糖折干48 000kg,加苯乙酸为2900kg。已知该发酵罐公称容积145m³。分析计算该罐批发酵指数、糖单耗、苯乙酸单耗。

发酵指数5.17,糖单耗、苯乙酸单耗分别为3.56kg/十亿U、0.21kg/十亿U。

第八章　灭菌技术

一、选择题

（一）单项选择题

1. C　　2. C　　3. B　　4. C　　5. D　　6. B　　7. A　　8. B　　9. C　　10. D

（二）多项选择题

1. ABCD　2. ABCD　3. ABCD　4. ABCD　5. ABD　6. ABD　7. ABCD

二、简答题

1. 答：

(1)对空气过滤器进行灭菌,并用压缩空气吹干。

(2)进料,打开搅拌,打开排污阀,排除夹套和发酵罐中的冷凝水。

(3)夹套中通入蒸汽,当温度达到85～90℃后,关闭夹套蒸汽阀。

(4)打开进气阀、出料阀和取样阀通入蒸汽,打开排气阀,进料管、补料管和接种管排气阀,升温至121℃,维持30分钟。

(5)保温结束后,关闭三路进气和所有排气阀。

(6)当罐内压力小于空气管路压力时,引入无菌空气,开启冷却水,降温至发酵温度。

2. 答：

实消灭菌是指将配制好的培养基输入发酵罐(种子罐)内,通入蒸汽直接加热,再冷却至发酵所要求的温度的灭菌过程。这一灭菌过程由升温、保温维持和冷却三个连续单元组成。连消灭菌,是指将培养基在发酵罐外,通过专用灭菌装置,连续不断地加热,维持保温和冷却,然后进入发酵罐(或种子罐)的灭菌过程。

实消灭菌的优缺点:优点:①设备投资较少;②染菌的危险性较小;③人工操作较方便;④对培养基中固体物质含量较多时更为适宜;缺点:灭菌过程中蒸汽用量变化大,造成锅炉负荷波动大,一般限于中小型发酵装置。

3. 答：

空气净化一般是吸气口吸入的空气先经过压缩前的过滤,然后进入空气压缩机。从空压机出来的空气(温度可达200℃),先冷却到适当的温度(20～25℃)除去油和水,再加热到30～35℃,最后通过总过滤器和分过滤器除菌,从而获得洁净度、压力、温度和流量都符合要求的无菌空气。

三、实例分析

1. 答题要点：

$t = 1/k\ln(N_0/N) = 1/0.0287 \times \ln(80 \times 1000 \times 1000 \times 1.8 \times 10^7/0.001) \div 60 = 25\text{min}$

2. 答题要点：

(1)培养基采用连续灭菌方式(连消);

(2)前体采用分批灭菌方式(实消)。

第九章　发酵过程及控制技术

一、选择题

(一) 单项选择题

1. C　　2. B　　3. C　　4. D　　5. A　　6. B　　7. D　　8. A　　9. C　　10. B

(二) 多项选择题

1. AC　2. ABCD　3. ACD　4. CD　5. BD　6. AD

二、简答题

1. 略

2. 青霉素发酵过程需要连续补入糖、苯乙酸、硫酸铵和氨水,请说明这四种补料的主要作用是什么?

糖:作碳源,供菌体合成各类细胞物质和代谢产物的碳架,而且糖的氧化又可以产生大量生物能,供合成各种代谢产物使用。

苯乙酸:前体物质,能诱导菌体代谢向合成青霉素方向转化。

硫酸铵:无机氮源,生理酸性物质。

氨水:无机氮源,生理碱性物质。

3. 画出微生物在分批发酵过程中的生长曲线,并对各个阶段进行描述。

答:图略

描述:①延迟期:微生物接种到新鲜培养基中对新环境的适应过程,菌体浓度无明显变化,细胞诱导代谢酶的产生;②指数生长期:也称为对数生长期,细胞以最大生长速度生长,菌体浓度呈指数增加,此阶段细胞生命力最强,代谢最旺盛;③稳定期:也称平衡生长期,细胞生长速度和死亡速度相等,此时,发酵液中菌体浓度达最大并保持稳定,初级代谢维持在最低限度,而次级代谢旺盛,抗生素大量合成;④衰亡期:细胞衰亡速度远大于生长速度,菌体浓度快速下降,抗生素合成速度降低。

4. 染菌的危害有哪些?

(1)与抗生素产生菌争夺培养基中的营养。使培养条件如 pH、溶氧、黏度等发生变化,造成生产水平下降。

(2)有的杂菌还分泌一些对抗生素产生菌有毒的或能使抗生素降解失活的物质,使抗生素产量进一步下降。

(3)如果污染了噬菌体,不仅引起产生菌菌体严重自溶,而且还将迅速大面积蔓延,造成生产全军覆没。

(4)污染杂菌还常常影响发酵液过滤速度和滤液质量,使提取时出现乳化现象,影响收率。

5. 发酵过程应严格控制菌体的最适生长或生产温度,以期高产。从菌体、设备、动力等角度分析,如果一旦出现罐温偏高的问题,可能是哪儿出了问题? 应检查哪些部位?

①冷却水温度是否正常;②阀门开度是否正常;③补料是否正常,是否有漏糖、漏油等问题;④运行体积是否过大;⑤与罐体相连的各个管路和阀门是否有漏蒸汽的问题;⑥代谢是否正常。

三、实例分析

1. 消灭染菌工作是发酵过程中最严格、最细致的一项工作,必须不断地提升操作员工的无菌意识和操作技能,辅之以严格的无菌管理制度,做到预防为主,措施得力,这样才能保证消灭染菌工作卓有成效。请从发酵生产的各个环节分析,如何才能做到预防染菌?

一是强化菌种制备和保藏管理,严格执行各项无菌操作和管理制度,避免在菌种制备过程发生污染。对菌种培养基、器具和环境进行严格的消毒灭菌。二是认真做好种子罐、发酵罐等设备的清理、清洗工作,每批放罐后都需下罐检查,清除死角,尤其是清理易存料的挡板背面、人梯、搅拌轴底轴承、中间拉杆、联轴器、冷却蛇管及支撑件、监控仪表焊接处、空气分布管、罐底阀等部位;认真冲洗罐顶部位的人孔、视镜、各种接管口处,清除积料;检查冷却蛇管、监控仪表套筒及托胎、减速机轴封等,及时发现维修泄漏点。三是严格按灭菌标准操作规程进行操作,合理控制各项参数,避免超标;合理控制蒸汽进汽阀和排汽阀的开度,控制升温速度,防止升温过快发生泡沫顶罐、逃液及染菌。四是对空气系统进行严格管理:每天检查空气系统小排气口是否正常排气,一旦发现有水吹出,必须立即查找原因和解决问题;空气除菌过滤器要定期灭菌,灭菌操作要严格按照操作规程进行,避免因温度过高,时间过长,流量过大或结束时切换空气操作过猛而损坏滤芯。要对空气加热器进行每天巡检,确保加热后的空气温度和总空气过滤器小吹口正常排气,防止由于设备穿孔而使蒸汽进入空气系统。五是严密监控蒸汽系统,温度、压力、流量必须随时关注,防止灭菌过程中出现波动的问题;蒸汽中的冷凝水也需要及时排放,不能累积。六是要定期拆检关键设备,如连消塔、维持罐等,检查清理内部结焦;用扭矩扳手定期紧固罐内各螺栓;定期更换和维修重要部位的阀门,防止出现内漏。七是定期进行碱水煮罐,彻底消除人工无法清理和冲洗到的部位,防止形成死角。碱水用蒸汽加热至90℃以上,微开蒸汽阀,保持碱水在微沸状态。生产系统可以存贮一罐碱水来回倒罐循环使用。八是定期对发酵辅助设备和仪表进行保养和检修,确保其处于最佳的工作状态。

2. 美国著名安全工程师海因里奇提出了 300∶29∶1 的法则,称为"海因里奇法则"(Heinrich's Law)。请解释这个法则的含义。如果把这个法则推广到消灭染菌过程中,我们得到的启示是什么?

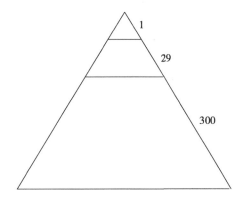

上图解释：出现一次大的事故（比如安全、染菌等），其内部必然存在 29 个中等异常情况，进一步挖掘，又可以发现其背后必然存在 300 个小的事故隐患！

事故法则的启示：

（1）现场发现的问题必须及时解决，不能积累，以避免更大问题的发生。

（2）把小问题消灭在萌芽之中，就能避免大的问题出现。

（3）操作员工、组长、主任每次现场巡检，没发现问题是不正常的，肯定会有问题，发现不了问题，只能说明我们找问题的能力还欠缺！

（4）为了不发生或少发生问题，怎么把工作做好，这是我们每天需要思考和实施的。

（5）用脑工作就可以做到少出问题。

3. 发酵液中的溶氧水平取决于发酵罐的供氧能力和微生物的耗氧速率两个方面。溶氧的任何变化都是供氧和好氧不平衡的表现。为了提高发酵液中的溶氧水平，从供氧角度分析，可以采取哪些措施？从成本经济性和综合效果考虑，实施这些措施的优先顺序是什么？

（1）改善设备条件：在深层培养过程中，机械搅拌是确保空气气泡有效破碎促进氧溶解的关键环节，从根本上改善搅拌系统的装备更容易收到实效。改善设备装备水平包含几个方面的提升：一是要保证和发酵工艺相匹配的适当的搅拌功率；二是要选择好搅拌器型式、搅拌叶直径，从流体力学的角度确保混合效果；三是采用变频器控制搅拌系统的模式，根据溶氧的高低灵活调整搅拌转速；四是采用合适的空气分布器使空气合理分布并尽可能减小气泡直径；五是改变挡板的数目、位置或型式，使剪切发生变化，也可以提升比表面积，但在强化搅拌效果的过程中，需要注意过大的剪切作用可能会导致菌体受损，尤其是丝状菌，进而影响生产水平。

（2）提高空气流速：提高空气流速（即提高通气量），可在一定范围内提高供氧能力；但当空气流速超过一定限度时，继续增大流速，其对氧的溶解度提升作用是减小的；并且当空气流速如果过大，搅拌器叶轮对空气的控制发生过载，即叶轮不能有效地分散空气，发生液泛时，泡沫增大，传质速率就会显著下降。

（3）提升罐压：罐压增大，在一定范围内可使溶氧量增大。但由于二氧化碳的溶解度比氧气的溶解度大很多，因此罐压增大的同时，氧的溶解度增大，同样也会大大增加二氧化碳溶解度，从而造成二氧化碳浓度过高，制约发酵过程，溶液 pH 也降低。

（4）在通入的空气中掺入纯氧，提升含氧量：富氧空气可提高氧分压，提升溶解氧量，但这种方法成本高，只适用于高附加值产品的发酵过程。

第十章 下游技术概述

一、选择题

（一）单项选择题

1. C   2. D   3. A   4. D   5. A   6. C   7. A   8. A   9. A   10. C

11. B   12. C   13. A   14. B   15. D

(二) 多项选择题

1. ABCD　2. ABCD　3. ABCD　4. ABC　5. ABD

二、简答题

1. 发酵液预处理的目的主要有去除杂蛋白和高价离子;采用凝聚和絮凝的方法,形成较大颗粒,便于固液分离;降低发酵液黏度,便于固液分离。

去除杂蛋白的方法有等电点沉淀、变性沉淀、盐析沉淀、反应沉淀等。

2. 结晶的工艺过程包括过饱和溶液的形成、晶核的形成、晶体的生长。

过饱和溶液形成的方法:冷却法、蒸发法、真空蒸发冷却法、反应法、盐析法。

3. 固液分离的方法主要有过滤、沉降和离心分离。

工业上常用的固液分离设备有转鼓真空过滤机、板框式过滤机、三足式离心机。

4. 选择萃取剂依据　萃取剂与溶质的互溶度越大越好,萃取剂与原溶剂的互溶度越小越好,萃取剂化学性质稳定,价廉易得,挥发度适中等。

5. 冷冻干燥的工艺过程　预冻结、升华干燥、解析干燥。

三、实例分析

1. 答题要点　采用萃取的方法对羧酸、酚、胺和酮进行分离时,可利用四种有机物的自身酸碱性,分离过程如下图所示。

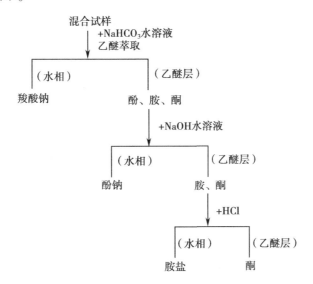

2. 答题要点

(1)红霉素显碱性,萃取时应将 pH 调至碱性,使其尽量转入有机相。

(2)萃取液加乳酸,可使红霉素与乳酸形成乳酸盐,其在水相溶解度增大,在有机相溶解度减小,使其结晶析出。

(3)红霉素湿晶体在水中的溶解度随温度升高而降低,在55℃时溶解度最小,因此选择55℃进行干燥。

(4)红霉素乳酸盐加氨水或碳酸氢钠,会在碱性条件下转化为红霉素,其在水中的溶解度变小,会结晶析出。

(5)红霉素乳酸盐沉淀法是在萃取液中加入乳酸、草酸、硫氰酸等,形成红霉素复盐,再转化成红霉素。相比单纯的溶剂萃取法,采用成盐再碱化的方法,能够使红霉素纯度更高,省去重结晶等步骤。

第十一章　环境保护及资源循环利用

一、选择题

(一) 单项选择题

1. A 　　 2. A 　　 3. C 　　 4. D 　　 5. A 　　 6. C

(二) 多项选择题

1. ABCD 　2. AC 　3. ABCD 　4. BCD

二、简答题(略)

三、实例分析

答题要点:产生的废气如二氧化硫、氨气等可采用吸收的方法进行处理,可用水作吸收剂,制成硫酸溶液及氨水溶液;

产生的废液中主要为有机溶剂,可采用蒸馏的方法进行回收利用;

产生的废渣钯碳可进行再生、回收利用,其他的废渣可进行焚烧或深埋处理。

第十二章　生物制药生产实例

一、选择题

(一) 单项选择题

1. A 　　2. D 　　3. C 　　4. A 　　5. C 　　6. C 　　7. D 　　8. C 　　9. C 　　10. B

11. B 　12. C 　13. B 　14. A 　15. C 　16. D

(二) 多项选择题

1. ABD 　2. BD 　3. ABCD 　4. ACD 　5. ACD

二、简答题(略)

三、实例分析

答案要点:

菌丝浓度与需氧量成正比关系,菌丝浓度越大,微生物总体的呼吸量越高所需氧气量也就越大;反之,菌丝浓度小其需氧量就越小。

工艺措施:发酵前期,特别是对数生长期,呼吸强度很强;发酵中后期,微生物呼吸强度减弱。在发酵初期,尽管呼吸强度大但总菌量小,总需氧量不大,通气量可减小一些;进入对数生长期,微生物菌体大量增加,而呼吸强度又在较高水平上,此时需氧量增大,直到最高,这时通气量要加大,直到最大。发酵后期,供氧量逐渐降低。

第十三章　药品生产洁净技术与验证技术

一、选择题

（一）单项选择题

1. A　　2. C　　3. D　　4. A　　5. B　　6. D　　7. C　　8. C

（二）多项选择题

1. ABC　2. ABCD　3. ABCD　4. ABD　5. ABCD

二、简答（略）

三、实例分析

1. 答题要点：为了避免由于使用同一设备、场所和设施不洁净而带来的污染和混淆，在每批药品的每一生产阶段完成以后，必须将生产现场的产品、半成品、原辅料、包装材料以及设备上残留药品等进行清理。所以，清场的目的就是为了避免发生药品生产过程中的污染和混淆。

2. 答题要点：要基于科学的理论定义"关键工艺参数"，通过对关键参数的验证和控制，确保产品质量持续符合预期的标准。

药品生产技术课程标准

ER-课程标准